Mako, administrateur français en Côte d'Ivoire (1908-1939)

Collection « Études africaines »

dirigée par Denis Pryen et son équipe

Forte de plus de mille titres publiés à ce jour, la collection « Études africaines » fait peau neuve. Elle présentera toujours les essais généraux qui ont fait son succès, mais se déclinera désormais également par séries thématiques : droit, économie, politique, sociologie, etc.

Dernières parutions

WAIS (Ilyas Said), *L'ambivalente libéralisation du droit du travail en République de Djibouti*, 2016.
KABAMBA MBIKAY (André) (dir.), *Prospective pour une paix durable en RDC – Horizon 2050*, 2016.
KWILU LANDUNDU (Hubert), *Sociologie de la santé au Congo-Kinshasa*, 2016.
KAMTO (Maurice), DOUMBE-BILLE (Stéphane), METOU (Brusil Mirand) (dir.), *Regards sur le droit public en Afrique*, 2016.
ROCHE (Christian), *La casamance face à son destin*, 2016.
IBIKOUNLÉ (Salami Yacoubou), *Politiques d'éducation / formation et coopération internationale décentralisée au Bénin*, 2016.
BAUDAIS (Virginie), *Les trajectoires de l'État au Mali*, 2015
NDZANA BILOA (Alain Symphorien), *La fiscalité, levier pour l'émergence des pays africains de la zone franc. Le cas du Cameroun*, 2015.
MAMA DEBOUROU (Djibril), *La résistance des Baatombu face à la pénétration française dans le Haut-Dahomey (1895-1915), Saka Yerima ou l'injuste oubli*, 2015.
EKANZA (Simon-Pierre), *L'historien dans la cité*, 2015.
GODEFROY (Christine), *Éthique musulmane et développement. Territoire et pouvoir religieux au Sénégal*, 2015.
TAMBWA N. NKULU K., GHOANYS K., MWANACHILONGWE K., MPYANA K., BUKASA K., *Le développement du Katanga méridional*, 2015.
FODOUOP (Kengne) (dir.), *Le Cameroun. Jardin sacré de la débrouillardise*, 2015.
DJILA KOUAYI KEMAJOU (Rose), *Le droit pénal des affaires au Cameroun*, 2015.
ATTISSO (Fulbert Sassou), *Le mal togolais. Quelle solution ?*, 2015.

Simon Pierre EKANZA

Mako, administrateur français en Côte d'Ivoire (1908-1939)

Un commandant à un poste colonial, au cœur des transformations économiques et sociales

L'Harmattan

DU MÊME AUTEUR

- L'impérialisme moderne et l'Afrique : XIXe – début XXe siècle (sous la direction de), n° spécial Godogodo, Abidjan, 1989.
- Le dernier siècle de l'Afrique libre. L'Europe au chevet de l'Afrique, PUCI, Abidjan, 1995.
- L'Afrique au temps des Blancs : 1880-1935, CERAP, Abidjan, 2005.
- Côte-d'Ivoire, terre de convergence et d'accueil, CERAP, Abidjan, 2006.
- De l'Ethnie à la Nation, CERAP, Abidjan, 2007.
- La Chefferie du Moronou. De Dangui Kpanyi à Ano Asoman II, CERAP, Abidjan, 2008.
- L'Afrique et le défi du développement. Des indépendances à la mondialisation, L'Harmattan- Côte d'Ivoire, 2014.

EN COLLABORATION

- Assinie et sa région dans l'histoire, Imprimerie Nationale, Abidjan, 1973.
- Grand-Bassam, Bingerville, Abidjan : Recherche d'une capitale, Imprimerie nationale, 1974.
- La Côte d'Ivoire par les textes. N.E.A., Abidjan, 1978.
- Mémorial de la Côte d'Ivoire, 4 vols. A.M.I., Abidjan, 1988.
- Histoire et Politique. Mélanges offerts au professeur J. Bony, éd. F.H.B. 2010.
- Sources orales et histoire. Mélanges offerts au professeur Henriette R. Dagri-Diabaté, éd. CERAP, Abidjan, 2012.
- L'écriture de l'histoire en Afrique. L'oralité toujours en question. Karthala, 2013.

5-7, rue de l'École-Polytechnique ; 75005 Paris

http://www.librairieharmattan.com
diffusion.harmattan@wanadoo.fr
harmattan1@wanadoo.fr

ISBN : 978-2-343-05164-2
EAN : 9782343051642

SOMMAIRE

AVANT-PROPOS

Mako - piment en français - fut le surnom que donnèrent les Agni à l'un des premiers « commandants » du poste de Bongouanou. D'où lui vient cette appellation imagée et humoristique ? Pourquoi ? Les « commandants » de l'époque coloniale, loin d'être des hommes tendres, étaient plutôt des hommes à poigne, sans pitié. *Mako* était encore plus cruel, plus inhumain que tous les autres qui eurent à défiler à la tête du poste. Un jour, il s'amusa à éventrer une femme enceinte. Un autre jour, il tira, comme un lapin, un homme qui, fuyant les corvées, était monté dans un arbre. Taisons les sévices et autres cruautés qu'il fit endurer aux Agni. C'était sa manière de conduire le poste et de l'administrer, au vu et au su de tous, y compris du commandant de cercle et de ses autres supérieurs. Serait-ce pour son manque de cœur qu'il fût muté, de Soubré à Bongouanou, afin de mettre au pas les *Morofwè* (habitants du Moronou) ?

Mako ou encore *Bètè mako* (l'écraseur de piment), selon l'expression complète du surnom, désigne le commandant, mais il symbolise ici le pouvoir colonial en général, et l'administration locale en particulier, avec sa cohorte de gardes, d'interprètes et de chefs, soumis et veules, plus portés encore sur la « chicotte », le bâton magique, s'autorisant tout pouvoir et sévissant impunément, pourvu que les ordres et instructions soient respectés, que les administrés s'aplatissent, et que la paix imposée aux vaincus prédomine dans les limites territoriales du poste : c'était là le signe du bon fonctionnement de la circonscription et, aussi, la marque du bon administrateur, promis à un avancement certain.

Sous la férule de *Mako* ou de l'administration locale, le Moronou évolua dans la direction tracée depuis le chef-lieu du gouvernement : Bingerville de 1901 à 1933, puis Abidjan de 1934 à la fin de la colonisation. Les anciens chefs, détenteurs des « chaises » venues d'Anyuanyuan, incarnation d'un pouvoir sacro-saint, reconnus comme étant l'autorité réelle de la communauté, seront progressivement balayés. Ceux parmi eux, qui avaient osé sonner la résistance dès l'aube de la colonisation, au moment de la pénétration française, seront arrêtés, conduits comme de vils prisonniers dans les geôles coloniales du Sénégal ou de Mauritanie, ou encore détenus à Bingerville. Dans ces prisons, beaucoup mourront et ne reverront plus jamais leur village. A la fin de la Grande Guerre, les autres, restés jusque là en place, seront chassés de leur « trône », jugés trop mous et inaptes, et remplacés par d'anciens tirailleurs plus dévoués à la cause coloniale, à moins qu'on ne leur substituât des rivaux intrigants, qui guettaient le moindre faux pas pour prendre la place. Plus conciliants et se prêtant plus aisément au jeu du colonisateur, les chefs « coloniaux » ou « administratifs » se muent alors en agents, souvent très actifs, des changements sociaux et surtout économiques, survenus au cours de la colonisation.

Au plan économique, la mutation est particulièrement remarquable sous la baguette de Mako: les activités anciennes, notamment l'extraction de l'or et les expéditions commerciales à l'étranger, sont définitivement abandonnées; les cultures vivrières sont au contraire intensifiées ; les produits de cueillette (caoutchouc, cola, palmistes), propres à alimenter le commerce international, sont activement recherchés dans la forêt; les cultures de rente : cacao et café, qui feront les beaux jours du Moronou colonial, sont introduites ; enfin des modes culturaux, plus adaptés à ces nouvelles cultures, sont inculqués et assimilés. En un mot, une nouvelle économie, celle de plantation, se greffe sur l'économie traditionnelle, sans réelle interpénétration, ouvrant cependant l'Agni sur le monde extérieur, créant à l'intérieur même du Moronou, un flux de capitaux, inconnu jusque là, mais aussi de personnes, en l'occurrence des salariés ruraux, venus des territoires voisins ou encore des cercles du Nord et du Centre ivoiriens. L'insertion de l'agriculture dans l'économie de marché signifie un surcroît de travail pour le *Morofwè*, et non pas nécessairement la promotion de son bien-être.

Les sociétés à « vocation économique » : Chambre de commerce, Sociétés de prévoyance, par leur action théorique et pratique auprès du paysan du Moronou, ont contribué à leur niveau, non pas tant à la prospérité du *Morofwè*, qu'au progrès du secteur agricole, davantage soucieuses d'initier le paysan aux soins exigés par l'entretien des cultures spéculatives. Ainsi, au même titre que les agents de l'administration locale, doit-on reconnaître, sans l'ombre d'un doute, qu'elles ont été des auxiliaires précieux de Mako, des facteurs et agents dynamiques de la mutation économique en gestation dans le Moronou.

Que dire du commerce : celui de l'import/export, mais aussi celui de détail, entre les mains des négociants, petits et moyens, et des colporteurs ambulants ? Il est perçu, à tous les échelons, par le planteur des produits, comme étant aussi l'une des causes de ses malheurs. Accusé de connivence avec l'administration locale, trop faible pour protéger le producteur – mais pouvait-il agir autrement ? - le commerce, préoccupé davantage de tirer le maximum de profits à court terme et à moindre frais, porte aussi une lourde responsabilité dans le marasme économique de la crise des années trente, durement ressentie par le planteur : le commerce triche sur le poids des marchandises, ne les paie pas au juste prix, cependant qu'il maintient les articles importés à un taux élevé. Telle est la rengaine, ressassée en ces temps difficiles jusque dans le plus petit hameau du pays.

Ces formes d'exploitation diverses et de mépris de la personne humaine ont engendré pour le colonisé souffrance et traumatisme, qui laissent encore des traces indélébiles. Aussi, l'œuvre de Mako est-elle diversement appréciée. Grâce aux cultures de rente, la population voit progressivement se transformer son mode d'existence. Désormais l'acquisition d'un capital monétaire, même s'il est encore réduit, par l'intermédiaire des nouvelles cultures, modifie profondément les relations du paysan avec les autres et avec l'extérieur. Mieux, il bénéficie des avantages sociaux et matériels créés par le système colonial. Mais il paie chèrement ces divers avantages dont il eut à jouir.

Le jeu en valait-il la chandelle ? Mako ne pouvait-il pas user d'autres moyens que la violence, les atteintes à la personne humaine, le pillage et les exactions, pour accomplir la « mission civilisatrice » qu'il s'était assignée, en conduisant, progressivement, le colonisé – en l'occurrence le Morofwè – des cultures vivrières anciennes à une agriculture moderne ? Cette équation a-t-elle-même effleuré un instant son esprit ? Nous touchons là l'essence même du fait colonial qui est d'avoir privé le colonisé de faire sa propre histoire.

INTRODUCTION GENERALE

A partir de 1908, le Moronou entre dans une phase nouvelle de son évolution. En lieu et place du pouvoir traditionnel, s'instaure le pouvoir colonial, représenté localement par le « commandant », chef de poste, et au bas de l'échelle par le « chef de canton » et le chef de village. Beaucoup parmi ces derniers proviennent de la classe des roturiers ou sont d'anciens tirailleurs. Ce nouveau mode électif de l'autorité, par opposition au mode héréditaire ancien, bafoue le caractère sacro-saint du pouvoir traditionnel, entame son prestige et déstabilise la société dans son ensemble, scandalisée d'être ainsi placée sous un commandement qu'elle considère comme illégitime.

L'économie de marché s'implante, elle aussi, progressivement. La modernisation des activités agricoles ou plus exactement «l'exploitation» de la région, préconisée par Mako, n'a eu en réalité pour but que de fournir les matières premières dont avait besoin le commerce international. Les principales cultures d'exportation, introduites dans la région, n'ont engendré que souffrances physiques et morales, déstructurant la société ancienne de type rural. Il en a résulté plusieurs maux dont le moindre n'est pas la détérioration constante des termes de l'échange, qui empêche le paysan de tirer profit, encore aujourd'hui, de ses efforts.

Et cependant, le Moronou possédait d'énormes atouts qui lui conféraient une certaine identité et originalité. D'abord sur cet espace territorial, marqué par une uniformité relativement harmonieuse de son sol, son climat et sa végétation, l'homme a su construire dans le passé sa propre société et son économie, en organisant avec les sociétés voisines de réelles complémentarités qui ont été à l'origine d'échanges assez intenses.

Le colonisateur, par un découpage administratif arbitraire, obéissant davantage à ses intérêts, a fait ainsi éclater la cohésion de cette région dont l'unité culturelle était le fondement de sa force, rattachant tantôt le Moronou à l'Ouest baoulé, le dépeçant tantôt en deux morceaux, liant la partie occidentale à Dimbokro, et la partie orientale à la région voisine de l'Indénié. Son unité a été ainsi détruite par la logique administrative, qui n'a jamais su donner à cette région les moyens de son propre développement.

L'objectif est donc de décrire le fait colonial dans le Moronou, sous un aspect bien déterminé, l'économie agricole : son avènement, son implantation et son évolution avec toutes ses exigences, ses progrès et ses effets extrêmement marquants sur la société. Ont été ainsi privilégiées, dans les pages de l'ouvrage, les mutations provoquées par les structures économiques mises en place, au détriment des transformations dues à l'introduction de l'école ou des structures sanitaires et sociales, qui n'ont par ailleurs émergé que timidement dans la région au cours de cette première période de colonisation...

Les documents, qui ont servi à élaborer le livre, appartiennent presque intégralement aux sources écrites émanant exclusivement du pouvoir colonial. Les observations et les points de vue, qui y sont présentés, sont le plus souvent des interprétations, entachées de parti pris, que le lecteur saura, de lui-même, relever. Du reste, avant qu'elles ne soient exposées, la plupart de ces thèses ont fait préalablement l'objet de remarques et de critiques. Le traitement de ces documents, lorsque la nécessité s'imposait, a donné lieu à un débat interne, au fil de l'exposé. De surcroît, les notes infrapaginales, semées volontairement, en grand nombre, tout au long des pages, au risque de lasser le lecteur, permettent de le guider et de lui donner les moyens de se prononcer chaque fois en connaissance de cause. Il y a là aussi une exigence de rigueur à laquelle il était difficile de se soustraire, par formation.

L'ouvrage, articulé autour de trois grands axes, s'ouvre sur une première partie consacrée aux conditions et agents déterminants du progrès agricole : la conquête militaire, opérée sur un laps de temps très court d'environ un mois, et sanctionnée par l'arrestation et l'internement des principaux chefs et meneurs. C'est l'objet du *chapitre 1*, suivi de l'exposé des grandes options de l'agriculture coloniale (*chapitre 2*). Aux chapitres suivants, entrent en scène l'administration locale et les sociétés à vocation économique : Chambre de commerce et Sociétés de prévoyance. Si le rôle de ces structures est d'inciter à la production agricole, il revenait au premier chef à l'administration d'impulser le mouvement (*chapitre 3*). On s'imagine que l'effort demandé ne fut pas sans difficulté, quand on sait que le cultivateur agni s'était contenté jusque-là de ce qui lui était strictement nécessaire pour subvenir à ses besoins. Mako dut user d'une pression constante sur la population, recourir au « dressage des indigènes », pour parvenir à faire adopter les nouvelles cultures et inculquer les bonnes habitudes culturales. Quant aux organismes de développement, ils mettront davantage l'accent sur la valorisation du produit de la récolte et sa présentation sur le marché international (*chapitre 4*).

L'insertion des produits agricoles dans l'économie de marché, objet de la deuxième partie de l'ouvrage, introduit le planteur morofwè dans un système économique agité, en proie aux fluctuations incontrôlées des prix, auxquelles il était très peu familier. Il était donc important de débuter cette partie par un chapitre sur les fluctuations conjoncturelles, telles qu'elles étaient perçues dans la région (*chapitre 5*). Prendre conscience qu'il pouvait trouver son compte en vendant sa récolte était un facteur déterminant pour le planteur, dans l'ardeur déployée sur son exploitation. De même, être assuré de pouvoir écouler sa récolte jusqu'aux centres d'achat, par les voies et pistes de la région, représentait aussi un facteur stimulant. D'où la nécessité d'évoquer, dans ce même chapitre, les routes et pistes, autant que le chemin de fer, construits par les soins de l'administration, qui vont contribuer à décloisonner les villages et rendre plus aisé l'acheminement des produits de récolte.

L'insertion de la production agricole du Moronou dans l'économie de marché s'est néanmoins traduite par des progrès, grâce à son adaptation aux besoins et aux conditions du marché international (*chapitre 6*), en dépit de la crise mondiale qui s'y fait sentir durement à partir de 1930 : baisse de la production consécutivement à la chute des prix sur l'ensemble des produits agricoles. Un bouc émissaire est vite trouvé : le commerce bénéficiant de la complicité tacite de l'administration. Mais les causes réelles de la crise sont plus profondes, elles sont dues à un mouvement long de baisse des prix agricoles, lié au krach de Wall Street. Les planteurs s'organisent et protestent, conduits par le roi Boa Kouassi de l'Indénié, membre du Conseil de l'A.O.F. : ils refusent de vendre le cacao et les autres produits de récolte et se constituent une « caisse noire agni » en vue d'une exportation directe des produits, sans passer par le biais du commerce local.

Au lendemain de la crise de 1929, les mutations survenues dans l'économie ne manquent pas de laisser des traces sur la population et la société du Moronou. La troisième et dernière partie a donc pour objectif de souligner quelques uns des changements, qui ébranlent dans ses fondements une société à la recherche d'un nouvel équilibre. La population, la première à être affectée, accuse une croissance de plus en plus rapide, due certes à la diminution de la mortalité infantile, mais aussi en grande partie à l'apport d'effectifs extérieurs, alimenté par une main-d'œuvre relativement importante, exigée par le développement des plantations et des activités artisanales en progrès (*chapitre 7*). Le recours sur les plantations à la main-d'œuvre extérieure vient ainsi modifier la structure de production, réduite à l'époque précédente au chef d'exploitation, aux proches et assimilés, bref à la *cellule domestique*. Mieux, celle-ci éclate ; le Morofwè embrasse désormais sans réserve, à la suite des cultures du cola, du caoutchouc et des palmistes, le cacao et le café ; on assiste alors à un accroissement numérique des plantations mais aussi du groupe des planteurs, au sein duquel s'ébauche déjà une stratification sociale complexe, composée entre autres de petits, moyens et grands planteurs. L'homogénéité de la société ancienne vole ainsi en éclats. Dans le même temps, émergent d'autres catégories sociales non issues du travail de la terre : représentants du commerce européen, maçons, menuisiers, charpentiers et autres artisans.

Les conditions d'existence du Morofwè se transforment également, sans qu'il puisse cependant espérer un avenir meilleur. S'il a acquis, grâce aux cultures pérennes, un peu d'argent pour améliorer son quotidien, mieux se vêtir et se loger, il est toujours appelé à faire face au système colonial contraignant, fait de prestations et de servitudes (*chapitre 8*). Enfin, les rapports sociaux subissent une transformation radicale : les liens entre membres de la même communauté lignagère se relâchent, les relations de dépendance maître/esclave disparaissent. Même la hiérarchie traditionnelle, fondée sur la naissance, est progressivement éliminée de la vie sociale, tandis qu'émerge une nouvelle élite rurale, dont les critères sont : soit le montant des revenus, soit le niveau d'instruction. Entre l'ancienne structure sociale, hiérarchisée, fondée sur la naissance, et les nouvelles catégories sociales à base économique, le fossé se creuse. L'argent apparaît à la source de maints conflits, en particulier de la mise en cause de l'ordre ancien. Tel apparaît le sens fondamental de l'évolution dans le Moronou colonial : une mise en cause de l'ordre et des valeurs anciennes (*chapitre 9*).

Reste à dire un mot sur la dernière partie de l'ouvrage, consacrée aux sources et bibliographie, volontairement réduite. N'a été retenu sur ces listes que l'essentiel de la documentation susceptible de conduire le lecteur à une réflexion personnelle sur les centres d'intérêt, qui pourraient avoir éventuellement retenu son attention : les caractéristiques physiques et géographiques de la région, ses potentialités économiques, l'effort de mise en valeur, les changements socioculturels opérés au cours de la période d'étude et que sais-je encore ?

Le souhait de l'auteur, en écrivant ces pages, est d'aider le lecteur à mieux s'imprégner du vécu quotidien de cette région si attachante qui fut encore, il n'y a pas si longtemps, le moteur du développement économique de la Côte d'Ivoire.

PREMIERE PARTIE

LES CONDITIONS ET LES AGENTS DETERMINANTS DU PROGRES AGRICOLE

Le Moronou est fortement marqué, de 1909 à 1939, par d'importantes transformations qui s'opèrent sur son sol. A la conquête militaire du pays, achevée définitivement en novembre 1908, fait suite une période *d'exploitation agricole intense.* Si le rythme du progrès économique fut, en ces débuts, relativement lent, voire freiné par la réticence de la population qui n'en perçoit pas toujours le bien-fondé, celui-ci s'accélère au lendemain de la crise de 1929, sous l'impulsion du gouverneur Reste. On enregistre alors la fin des disettes, l'intégration de produits agricoles de plus en plus nombreux au marché international. Produire toujours davantage et produire mieux, tel est le maître mot, et plus que jamais la notion de progrès est à l'ordre du jour.

Cette mystique du progrès, dont l'initiative et l'animation reviennent avant tout à l'administration coloniale, est aussi le fait d'un certain nombre de sociétés ayant des rapports plus ou moins proches avec l'agriculture. Eclairer les exploitants morofwè, au besoin les contraindre par la force à une production accrue et de meilleure qualité, dans la perspective d'une commercialisation plus rentable sur le marché international, voilà leur tâche primordiale. Ce zèle agronomique en terre ivoirienne pousse quelque peu à un rapprochement avec l'œuvre physiocratique du 18e siècle dans le monde occidental. La Chambre de commerce de Côte d'Ivoire et les Sociétés de prévoyance régionales font preuve d'un grand dynamisme. Leur influence, bien qu'incontestable, et les principes qu'elles prônent, ne trouvent pas toujours hélas ! un prolongement sur le terrain, auprès des exploitants morofwè, comme cela se rencontrait déjà dans d'autres régions de la colonie.

CHAPITRE 1

LA CONQUETE MILITAIRE : CONDITION NECESSAIRE AU PROGRES AGRICOLE

Le Moronou n'était que très peu connu de l'administration coloniale, avant l'installation de l'administrateur Marchand à Sawua (Sahoua), en janvier1907. Quelques rares missions d'exploration françaises s'étaient contentées de le traverser, en glanant ici et là des bribes d'informations, plus erronées qu'exactes, sur les limites de l'étendue du territoire, les populations qui le composaient et les chefs du pays. Même les renseignements économiques, qui peignaient le Moronou sous un jour extrêmement favorable, demeuraient vagues et n'avaient pu susciter antérieurement l'occupation effective du pays; de même, l'exploitation des essences rares et nombreuses, et l'or, qui faisaient du Moronou « une source de richesse considérable », avaient jusque-là laissé indifférent le colonisateur français.

La soumission militaire et effective du pays, rendue nécessaire dans le cadre de la « pacification » générale de la colonie, se réduira à une « parade militaire » qui ne manquera pas pour autant de frapper l'attention des habitants. La « campagne du Moronou », une suite de simples opérations de police, s'achève au bout de quelque quatre semaines. La fin des hostilités se solde néanmoins par l'arrestation des principaux chefs du pays, l'âme d'une résistance militaire qui s'étouffa, avant d'avoir eu le temps de s'exprimer réellement.

L'obstacle politico-militaire aplani, la voie devenait libre, pensait-on, pour la « mise en valeur du pays ». Mais c'était sans compter avec les barrières idéologiques qui, pour être de nature différente, n'étaient pas moins une résistance difficile à vaincre. Tant que l'Agni ne fut point convaincu du profit qu'il pouvait tirer de l'effort de développement, qui lui était demandé, ce fut peine perdue, malgré les violences et les pressions de toutes sortes qu'il eut à subir.

I. LES MISSIONS D'EXPLORATION

Elles sont au nombre de cinq et s'échelonnent de façon discontinue sur dix huit années, de 1889 à 1907. Elles avaient pour objectif de recueillir des renseignements géographiques, économiques, et au besoin de nouer des contacts avec les populations locales. Le bilan des informations, recueillies et conservées à titre de sources archivistiques, plutôt maigre, se réduit à deux documents cartographiques et à quelques lignes glanées ici et là sur chacune des missions. Cartes et écrits permettent de se faire une idée assez peu précise sur l'étendue géographique du Moronou, ses localités, ses potentialités économiques, et aussi sur l'attitude de la population et de ses chefs à l'égard de la pénétration française. Quelles étaient ces missions d'exploration ?

A. Binger à la frontière orientale du Moronou en 1889

Les premières informations écrites, que nous possédons sur le Moronou, remontent au commandant Binger qui longe celui-ci sur sa bordure orientale, en suivant le cours du Comoé, d'Attakrou à Aniansué, en mars 1889, dans le cadre de son long périple africain, qui le conduit du « Niger au Golfe de Guinée » (1887-1889). Mais ni Arrah, l'agglomération principale de l'Ahua, toute proche, ni Brou-Attakro, située sur le Comoé, ni aucune des localités du Moronou, mentionnées par l'explorateur français, ne reçoivent la visite de celui-ci, à l'exception de Kabrankrou, campement fondé par Kabran, chasseur de profession et agni morofwè d'origine, qui accueille Binger pendant deux jours, les 5 et 6 mars 1889. Les informations rapportées par Binger, bien que limitées, sont d'un grand intérêt :

> Le Morénou, beaucoup moins étendu (que le Baoulé), a pour limites au nord et à l'ouest le Baoulé, à l'est le Comoé et l'Indénié, et au sud l'Attié. Ce pays n'aurait qu'un chef nommé Tangouao et l'héritier présomptif se nommerait Cassiquouao. Les villages principaux du Morénou d'après nos informateurs sont : Abangua, Créby,

Daresso, Andé, Arrah, qui serait la résidence de Tanqouao[1].

Les limites géographiques du Moronou apparaissent ici de façon relativement précise, même si l'auteur omet de localiser, à la frontière sud du Moronou, le pays abè. Par ailleurs, les renseignements fournis sur les personnalités de la région, les principaux villages, sont précieux, même si ceux-ci sont quelque peu entachés d'erreurs. On aura relevé entre autres que pour Binger, le Moronou se réduit au seul groupe ahua, limitrophe du Comoé. En effet, indépendamment d'Andé, village sahié, toutes les autres localités énumérées appartiennent au territoire ahua. Il n'est pas étonnant alors qu'il accorde à Tano Kwa (*Tanqouao*), chef du groupe ahua, une place prééminente dans le Moronou, que la tradition ne lui reconnait pas en réalité.

Ces renseignements politiques, d'utilité pratique, vont orienter pendant longtemps l'action administrative vers Arrah et l'Ahua, considérés à tort comme le centre du Moronou. Même les renseignements géographiques datant du passage de Binger, portés sur la carte en annexe de son ouvrage, où apparaissent quelques campements de la frange orientale du Moronou, le long du Comoé, seront encore privilégiés quelque dix années plus tard par la mission d'études, confiée à Houdaille.

B. La mission topographique Houdaille (1898-1899)

Chargée d'effectuer une étude topographique pour le tracé du futur chemin de fer ivoirien, la mission Houdaille couvre une superficie de 20.000 km^2, du littoral ivoirien au 6° 50' de latitude nord. Elle eut à parcourir le Moronou et rapporta, de son passage dans cette région, un lever topographique, plus précis, de la partie-est du pays, plus exactement de la zone de Kabrankro*u* et de Dalosso *(Daresso*), explicitement mentionnés dans le compte-rendu de la mission, publié par la *Revue de Géographie*, en 1900.

Plusieurs éléments de cette mission seront exploités ailleurs, essentiellement par le *Supplément* au *bulletin du Comité de l'Afrique française*, et par M. Delafosse dans son *Manuel de la Langue agni,* paru en 1901. Le document cartographique,

---

1 L.G. Binger, *Du Niger au golfe de Guinée*, Paris, 1892, t.2, 411 p. (p.265-267). Le passage cité a été rédigé par Binger le 25 mars 1889.

rapporté de cette mission et reproduit par le *Supplément* au *Bulletin du Comité de l'Afrique française*, sous la dénomination : *Projet de chemin de fer*, est riche à plus d'un titre, pour la connaissance géographique du Moronou ancien. Outre la frontière sud-est du Moronou et l'Akyé, dessinés avec plus de netteté, y apparaissent plusieurs localités du Moronou, disparues, pour quelques unes, de la carte régionale actuelle; mais dans l'ensemble, les principaux villages, figurant sur ce document cartographique, subsistent encore aujourd'hui sensiblement au même emplacement, malgré le nombre des années. Si Goliéso, Katimasson et Gadammanson ont disparu de nos jours, d'autres villages tels que les trois principales agglomérations du groupe assiè[2], Aquaoussou (Akpaoussou ou Kotobi), Abongoua, Agbossou, Afri (Aféri), Arrali (Arrah), Darosso (Dalosso), et Kabran Bourouattakrou (Brou Attakrou) de l'autre côté du Comoé, comptent encore aujourd'hui parmi les localités du Moronou *(Voir schéma 10 « localités anciennes du Moronou » p. 390)*.

Par ailleurs quelques villages de culture, anonymes, au sud d'Arrah, sont indiqués. Il en est de même d'un autre village abandonné, signalé sans autre précision, entre Assiè-Assasso au nord-ouest et Gadammanson (Ehuikro?) au sud-est. Selon toute vraisemblance, ce « village abandonné » est à assimiler au village actuel d'Ahoresso. Sont également marquées, sur ce document cartographique, les voies fluviales : l'Agnéby et les monts d'Agbossou où cette rivière prend sa source, ainsi que les voies fluviales du Comoé et du N'zi. Enfin, dernières indications précieuses de la carte, les pistes vicinales reliant la plupart de ces villages les uns aux autres.

C. Les missions Crosson-Duplessis et Jordan : leurs apports pour la connaissance du Moronou (1904)

La mission *Crosson-Duplessis*, effectuée en 1904, est suivie quelques trois semaines plus tard du passage de l'ingénieur des mines, Jordan, qui a laissé de sa mission en Côte d'Ivoire, un rapport dactylographié de vingt cinq pages, où le Moronou figure en bonne place. Si la mission *Crosson-Duplessis*, qui s'inscrit dans le cadre des études préliminaires au tracé du

---

[2] Assékokoré (*Assiè-Kokorè*), Assékouassé (*Assiè-Kumasi*), Asséoussou (*Assiè-Assaso*).

chemin de fer, note incidemment le litige opposant Katimanso (*Assafoufoué* ?) à Bongouanou, au sujet du meurtre d'un colporteur bambara, Jordan se fait fort de souligner, outre le modelé et la composition schisteuse du sol du Moronou, l'abondance des puits d'or, le long des sentiers de la région. Au moment où l'ingénieur des mines, Jordan, visitait la région, les puits d'or « étaient pleins d'eau » et représentaient un danger permanent pour le voyageur; « *car, on risquait à chaque instant - et nous n'avons pas échappé à ce péril - de mettre les pieds dans un puits, en croyant le poser sur la terre ferme* ». A la suite de sa mission, Jordan attire l'attention sur la circulation de l'or dans le Moronou, en tant que monnaie, et fait remarquer entre autres que si « *dans le Sanwi et l'Indénié, la poudre d'or a à peu près complètement cessé d'être employée comme monnaie d'échange, elle est au contraire d'un usage courant dans la région d'Assaoufoué* »[3].

D. La pénétration administrative 1904-1907

Elle précède de peu l'installation administrative et empiète sur les débuts de cette dernière. Rappelons en brièvement les temps forts. La pénétration administrative s'ouvre par l'envoi de Boa Kouamé, notable de M'basso (Indénié), comme agent de renseignements auprès de Koffi Pri (*Kpli*), chef d'Arrah. Ce fut un échec. Boa Kouamé fut saisi et enchaîné sur l'ordre du chef d'Arrah, qui ne consentit à le libérer qu'après que sa famille ait acquitté une rançon de 2.800 F. Le gouverneur Clozel réagit, en imposant à Koffi Kpli une amende de 15.000 F, dont le tiers devait être reversé comme « indemnités » à Boa Kouamé et aux autres « *porte-canne n'denien, envoyés à Koffi Pri (...) et maltraités par celui-ci.* ». Ceci date de 1904.

Trois années plus tard, au mois d'avril 1907, l'administrateur d'Aoussoukrou, le poste administratif du pays agba voisin, créé deux années auparavant en 1905, croyant que les villages assiè, alangwa et ngatia, riverains du N'zi, relevaient de sa juridiction,

---

[3] Archives de la SODEMI (ASOMI) Abidjan, P. Jordan, *Mission à la Côte d'Ivoire, 1904*, 25 p. dactyl. (p.24)

y effectue une tournée de visite et y perçoit à l'occasion l'impôt de capitation[4]. En janvier 1907, l'administrateur Marchand arrive dans le Moronou avec pour mission d'y créer un poste administratif.Tantôt seul, tantôt accompagné de Lamblin, administrateur du cercle des Lagunes, son supérieur hiérarchique, Marchand parcourt le Moronou, prend contact avec les habitants, procède au dénombrement de la population et édifie le poste de Sawua (Sahoua). En juillet 1908, Marchand, malade, est obligé de rentrer en France, afin de « rétablir sa santé ébranlée ». Il est alors remplacé à la tête du poste administratif du Moronou par l'administrateur Hostains.

Un bilan de ces premiers contacts avec le Moronou peut être établi. En dehors de l'incident fâcheux et localisé, survenu à Boa Kouamé et aux notables de l'Indénié, à l'occasion de leur mission auprès de Koffi Kpli d'Arrah, les rapports entre l'administration coloniale et les habitants du Moronou ont été plutôt cordiaux :

> Aucune agitation malveillante nulle part dans le poste (...) Les chefs se montrent toujours bienveillants à notre égard (...) Les populations ne donnent aucun signe d'antipathie à notre égard. Persuadées de trouver en nous des protecteurs dignes de toute confiance, elles s'adressent à notre justice pour en réclamer l'impartialité sur les différends déjà jugés par les chefs

[4] ANCI, 1 EE 140 (312), *Rapport politique du poste d'Aoussoukro (N'zi-Comoé) pour le mois d'avril 1907.* Le rapport politique du mois de mai de la même année révèle :
« Pendant le mois écoulé, les Agni Alangoua et les Agni Kohuénou sont venus faire leur soumission à Aoussoudro. Dans ce but, Aséri Kouassi, chef des Alangoua, accompagné d'une trentaine de notables, est venu au poste, le 7 mai (...) Il a été entendu que l'impôt serait payé dès cette année. La répartition par village qui a été aussitôt établie, a été acceptée par tous les chefs de villages présents. Trois de ces derniers ont payé depuis la somme qui eur a été demandée ». A propos des Ngatiafwo, proches du N'zi, on lit dans ce même rapport : *« Agnin Koffi, neveu d'Aka Kouamé, chef des Kohuénou (tribu qui comprend quatre gros villages, est venu au poste, le 20 mai. La répartition par village, aussitôt établie, a été acceptée par tous les notables présents. Un de ceux-ci, Molo Kouakou, chef de Tronobo (sic), a payé séance tenante, l'impôt de son village ».*

> indigènes et dans lesquels la plupart ont succombé arbitrairement[5].

Cet esprit de conciliation, constaté encore au mois de juin 1908, est la note dominante, qui prévaut dans le Moronou jusqu'à la fin du séjour de Marchand :

> L'attitude des chefs est bonne. Ceux du groupe Sahoua ont été prévenus du désir de monsieur le gouverneur de les voir payer l'impôt, dès cette année et de faire procéder immédiatement au recensement de leurs villages, ils n'ont pas paru trop étonnés de cette mesure[6].

Quant au bilan sur la connaissance de la région, il est également positif. Des renseignements géographiques, démographiques et économiques, obtenus ici et là, bien que lacunaires, permettaient à l'administration de se faire une idée approximative de la nouvelle circonscription administrative du Moronou.

II. L'INTERVENTION MILITAIRE (1908)

Suscitée par l'hostilité de certains chefs du Moronou et d'une partie de leur entourage immédiat à l'implantation coloniale, l'intervention militaire qui, en fait, se résume à une simple opération de police, fait appel à une troupe de deux cents tirailleurs, qui ne séjourne dans le Moronou que l'espace de quelques semaines, le temps de produire une forte impression sur les différents groupes de population réputées turbulentes et soupçonnées de se préparer à un soulèvement. Le passage des troupes s'achevant par diverses sanctions, et en particulier par l'arrestation des plus « récalcitrants », parmi les chefs du pays, suivie de leur internement, suffit à ramener le calme dans le Moronou.

---

[5] ANCI 1 EE 140 (3/3), *Rap. sur la situation politique du poste de Sahoua, pendant le mois de mars 1908.*

[6] ANCI 1 EE 140 (315), *Rap. sur la situation politique du poste de Sahoua, pendant le mois de juin 1908.*

A. L'hostilité des chefs, motif de l'intervention militaire

A l'arrivée, à la tête du N'zi-Comoé, de Hostains, « administrateur énergique », fortement soutenu par le gouverneur Angoulvant, homme à poigne, correspond un changement brutal pour le Moronou. Alors que, jusque là, l'administration s'était bornée à « *relever le pays et à étudier ses habitants* », désormais celle-ci devra manifester une plus grande fermeté, « *poser et maintenir* » le principe de l'autorité coloniale. Concrètement, selon les directives données à Hostains, cela devait se traduire

> de la part des indigènes par un accueil déférent, un respect absolu de nos représentants quels qu'ils soient, le paiement intégral de l'impôt, un concours sérieux donné à la construction des pistes et des routes, l'acceptation du portage rétribué, l'observation de nos conseils relatifs à la nécessité du travail, le recours à notre justice[7].

Une politique aussi rigoureuse qui mettait en cause l'ordre ancien, qui restreignait les libertés, privait les habitants des villages de revenus relativement substantiels, qu'ils avaient coutume de se procurer, en rançonnant les voyageurs; qui privait les chefs de sommes importantes obtenues en rendant la justice selon les coutumes du pays, toujours défavorables aux faibles et aux pauvres, ne pouvait s'appliquer, sans susciter des remous. En effet, trois mois à peine après qu'il eût pris le commandement du cercle, Hostains rendait compte, au gouverneur de la colonie, du mécontentement général, suscité par l'application des nouvelles mesures: le chef d'Arrah, Koffi Kpli, refusait de verser le reliquat -soit 2000 F- de l'amende qui lui avait été infligée quelque deux années auparavant par Clozel, le prédécesseur d'Angoulvant;Téhoua, le chef de M'baoucesso, « appelé à

[7] ANCI 1 EEE 13B, *Rap. 848G, a/s situation politique du cercle du N'zi-Comoé*, Bingerville le 14 octobre 1908.

Sahoua pour régler une affaire de justice »[8], refuse non seulement de répondre à l'appel de l'administrateur, mais

> fait prendre les armes à ses hommes et envoie des émissaires dans les villages voisins pour exhorter tous les Agnis à se soulever[9].

Le chef alangwa, Tano Kakou, « laissait entendre qu'il était résolu à se révolter » et avait envoyé des messagers dans tous les groupes agni pour rallier des partisans ... En fait, toute la population était loin de partager cette attitude hostile à l'égard de l'administration et de ses représentants. A Bongouanou, dans l'Essandane, la plupart des villages refuse de suivre N'ganza, le chef de Kangandi qui, avec l'aide de ses partisans, avait ourdi un complot, afin de massacrer les administrateurs Poujade et Vallon ainsi que le détachement de dix-sept personnes, qui surveillait l'avancement des travaux de construction du futur poste administratif de Bongouanou[10]. A Assafoufoué, Kassi Amana, le neveu et héritier de Ban, le chef du village, désavoue son oncle, l'âme de la révolte contre l'administration, dans cette partie du Moronou. Dans l'Ahua, Benuakon Tano de Dalosso, qualifié de « chef suspect » par Hostains, qui « *n'avait pas jusqu'alors payé son impôt, s'est empressé de le faire* », pour dégager sa responsabilité, semble-t-il, au cas où ceux du groupe ahua se compromettraient avec Koffi Kpli - celui-ci refusant de payer l'impôt - mais aussi pour marquer son désaccord avec les

---

[8] ANCI, 1 EE 138, *Rap.848 G, op. cit.* Voir aussi ANCI 1 EE 141 (2*), Réponse n°3 à la lettre n° 40 de Hostains au gouverneur de la Côte-d'Ivoire*, Sahoua, août 1908 :

Un nommé Goa (N'goan ?) a fait appel au tribunal du cercle d'un jugement de M. Marchand qui le condamnait à payer à Téhoua Téhoua), chef de M'baoucesso une somme de 1 800 F. L'affaire me paraissait mériter un nouvel examen, je fis convoquer Tahoua (...) Le lendemain, j'appris qu'ayant su pourquoi je l'appelais, ce chef s'était ravisé et refusait catégoriquement de se présenter ».

[9] ANCI 1 EE 141 (2), *op. cit.* : *« Il avait essayé de lier par le fétiche (ce équivaut à signer un traité d'alliance offensive et défensive) le village de N'zuékokoré qui avait refusé. Néanmoins, il avait réussi à décider un nombre considérable de jeunes gens à venir le rejoindre en armes ».*

[10] ANCI 1 EE 140 (3/5), *Rap. a/s situation politique du poste de Sahoua, pendant le mois d'août 1908.*

partisans d'un soulèvement[11]. Dans l'Alangwa, Tano Kakou semble avoir eu recours à la violence, pour parvenir à décider certains villages à le suivre, dans sa révolte contre le pouvoir colonial. Ce fut le cas à Ahnia, village situé à deux heures de Sahoua, où seule la brutalité eut raison de la réticence des habitants[12].

Bref, on peut affirmer que, d'une manière générale, la masse du peuple était assez bien disposée à recourir à la justice coloniale, souhaitait l'ordre social nouveau, et que « *seuls certains chefs et leur entourage immédiat, qui précédemment tiraient de gros profits de leur autorité personnelle* », refusaient de se soumettre. Pour étouffer dans l'œuf cette hostilité, l'administration décide alors un déploiement de forces dans la région.

B. Les opérations militaires : moyens et déroulement

Les forces militaires déployées dans la région furent à la mesure de la menace suscitée par l'hostilité des chefs, tout au moins suffisamment impressionnantes pour décourager toute offensive adverse et réduire le temps des opérations.

1. Les moyens

En fait, plus qu'une promenade militaire, l'on décida de mener de véritables opérations de guerre où rien ne devait être laissé au hasard. Une stratégie minutieuse, appuyée à la fois sur une connaissance cartographique approfondie du pays, la position exacte des « villages turbulents », et consistant à détruire l'une après l'autre les « poches de résistance », avait été préalablement arrêtée, afin que cette opération fut « foudroyante et absolument décisive ». Le gouverneur Angoulvant décida de

---

11 ANCI 1 EE 138, Rap. 848 G, *op. cit.*

12 *Ibidem* : « *Avant-hier, trois Amantian du village d'Ahnia se sont présentés à moi, couverts de sang, ils m'ont raconté que Tano Kakou s'était transporté avec soixante deux hommes armés dans un village voisin du sien (sic) et les avait convoqués au nombre de cinq devant sa justice pour le règlement d'un différend qu'ils auraient eu avec son propre fils (...) Tano Kakou, au lieu de régler le différend lui-même, s'en est remis à des hommes de sa suite qui ont commencé par extorquer aux défenseurs des sommes exorbitantes. Ceux-ci, ayant déclaré qu'ils viendraient s'en plaindre à moi, ont été aussitôt frappés de coups de bâtons et de coups de couteaux (...) Trois d'entre eux ont pu s'enfuir, deux sont restés entre les mains des assaillants* ».

se rendre personnellement à Sahoua, afin d'étudier, le moment venu, *« les meilleures dispositions à prendre pour faire rentrer dans l'ordre les dissidents »*[13].

Sur sa demande, deux cents combattants, sous le commandement du capitaine Déliberos, furent affectés à cette opération par l'autorité militaire de la colonie. Ceux-ci se décomposaient, selon leur provenance, de la façon suivante : soixante tirailleurs arrivaient de Bouaké, soixante dix de Kodiokofi, trente de Toumodi, auxquels il faut ajouter quarante miliciens, prélevés sur les forces de police du cercle. Toute cette troupe était encadrée, outre le capitaine Déliberos, par deux officiers français, les lieutenants Vian et Raymond. Outre les moyens humains, le gouvernement colonial mit à la disposition du cercle, pour cette action militaire, 250 F, et fournit les approvisionnements et les vivres nécessaires.

2. Les différentes opérations

Le déroulement des opérations ne dure qu'un mois, du 18 octobre au 18 novembre 1908, date à laquelle la colonne militaire, après mission accomplie, se disloque. Quelles furent les différentes phases de l'opération militaire ?

La prise d'Assiè-Akpessé (18 octobre 1908)

Le 17 octobre au soir, toutes les troupes sont rassemblées à Sahoua. Le lendemain, 18 octobre, la première opération, comprenant une section de tirailleurs et une autre de gardes, s'effectue contre le village d'Assiè-Akpessé, proche de Sawua et « connu pour son arrogance ». Les habitants, étonnés par cette attaque-surprise, se rendent sans coup férir. Les principaux meneurs sont arrêtés et conduits à Sawua. L'après-midi, le chef de ce village venait présenter sa soumission.

La reddition de Tano Kakou
et des Alangwa (19-23 octobre 1908)

Le 19, les deux cents hommes de troupe s'ébranlent en direction de Tano Kakoukro, la résidence du chef alangwa, Tano Kakou, *« l'un des plus menaçants et des plus arrogants »*. A l'étape d'Assémienkro, situé à une heure de marche, des émissaires de ce dernier, venus aux devants de la colonne

[13] Archives Nationales du Sénégal (ANS) 5 G 48, *pièce 37, Rap. n° 914 G au gouverneur général à Dakar, a/s situation politique du N'zi-Comoé.* Bingerville le 26 octobre 1908.

militaire, se présentent pour « demander pardon ». Dès lors, l'action militaire devenait inutile. Néanmoins, la troupe pénètre dans Tanokakoukro, déserté par les habitants. La troupe y bivouaque du 19 au 23 octobre; elle en profite pour fouiller les taillis et les fourrés des environs, où étaient cachés les habitants. Quelques uns de ces derniers sont ramenés au village ; ils étaient tous armés. Ce qui confirme que Tano Kakou et ses sujets étaient décidés à résister. Mais impressionnés probablement par le déploiement des forces, ils se ravisent. Tano Kakou s'était déjà livré spontanément, le 20 octobre. Les jours suivants, les chefs alangwa qui avaient fait cause commune avec Tano Kakou, sont convoqués pour se voir infligés une amende de 150 tas d'or. Le calme étant revenu dans l'Alangwa, la troupe lève le camp.

La promenade militaire chez les Assiè (25-26 octobre 1908)

Dès le 25 octobre, le détachement, commandé par le lieutenant Raymond, quitte Tano Kakoukro, en compagnie de l'administrateur-adjoint Vallon, en direction du territoire assiè. Une amende sévère leur est infligée : la construction de la route entre le groupe de villages assiè et Bongouanou. De surcroît, l'administration procède au remplacement du chef du groupe assiè « *par un autre jugé plus dévoué* ».

L'occupation du N'gatianou (26-29 octobre 1908)

Le reste des troupes demeuré à Tano-Kakoukro, après le départ du détachement du lieutenant Raymond pour la région assiè, quitte l'Alangwa le 26 octobre, en direction du N'gatianou. La colonne arrive le 27 au matin, à Boadikro, le premier village du N'gatianou. Elle y séjourne deux jours, durant lesquels les messages de proposition de paix affluent de tous les villages. Aux conditions qui leur sont imposées ils n'opposent aucun refus, bien au contraire, ils proposent à l'avance de se soumettre à toutes les exigences. Et cependant, tous les villages du N'gatianou, à l'exception de Niandian, N'zuékokoré et Nguessankro, avaient refusé auparavant de s'incliner devant les ordres de l'administration. Ebrin Boto de Nguessankro, l'un des principaux agitateurs de la région, pris de peur à l'approche de la colonne militaire, guidée par Kouadio Konin de Niandian[14], qui eut à souffrir quelque temps auparavant de ses sévices, se donne la mort par pendaison.

La soumission des Essandane
(29 octobre -11 novembre 1908)

La colonne, après avoir quitté Boadikro le 29 octobre, arrive le soir même à Bongouanou, où se tient le lendemain une réunion de tous les chefs essandane. Plusieurs de ces derniers sont arrêtés: Nganza de Kangandi, qui avait projeté de massacrer au cours du mois précédent l'administrateur Poujade, chef de poste, et l'administrateur-adjoint Vallon, Ban d'Assafoufoué « *qui avait insulté Vallon et menacé de l'attaquer, le 26 juillet dernier* », Ehoumankon, conseiller et chef militaire essandane, Kinimo Kpeïn et Bassa Kouadio, tous deux notables importants, « *connus (...) pour leurs sentiments hostiles contre les Français et leurs déclarations incendiaires* »[15]. La colonne, après être restée jusqu'au 11 novembre à Bongouanou, gagne Arrah.

La réduction d'Arrah (12-18 novembre 1908)

Les troupes pénètrent à Arrah dans l'après-midi du 12 novembre, sans la moindre résistance. On y procède aux arrestations de Koffi Kpli, chef du groupe Ahua; de Benuakou Tano, chef de Dalosso ; de Kadio Kumano et Boni Kakou, neveux de Koffi Kpli, du nommé Assoumou, conseiller de Benuakou Tano, qualifié de « très mauvais esprit », et de Beda Aondion, notable d'Arrah et conseiller de Koffi Kpli. On procède également, séance tenante, à la nomination de Nouaman Téhoua, l'un des plus jeunes neveux de Koffi Kpli, « *passant pour avoir bon esprit* », et « *qui a mérité à diverses reprises les éloges de monsieur l'administrateur Lamblin* », à la *chaise* du groupe ahua, en remplacement de Koffi Kpli.

Pour justifier ce changement de titulaire à la « chaise » des Ahua, plutôt précipité, Angoulvant écrivait au gouverneur

---

[14] Pour avoir abattu des bœufs d'Ebrin Boto, qui saccageaient régulièrement leurs cultures, Kouadio Konin et son frère Boa Koa de Niandian, sont arrêtés et constitués prisonniers (*bè bôle bè kanhou*) par Ebrin Boto qui de surcroît détruit, avec l'aide des habitants de Nguessankro, le village de ces deux victimes, et pille les biens de toute leur famille. Cf. *Entretien avec Ekiè*, fille de Koidio Konin, née en 1906, Bongouanou, le 10/01/1981. Bande n° 5.

[15] ANS 5 G 48, pièce 60, *op. cit.*

général, son supérieur hiérarchique, que la troupe trouva à Arrah « *des restes nombreux de victimes assassinés ou exécutés par Koffi Pri* ». En conséquence, ajoutait-il, « *la fin de sa tyrannie criminelle sera favorablement appréciée et ressentie dans toute la région, où aucun indigène ne pénétrait sans terreur* ».

La tâche, qui avait été assignée à la colonne militaire, étant achevée, celle-ci se disloque le 18 novembre au matin. Tandis que le capitaine Déliberos, à la tête de la moitié de l'effectif des troupes, se dirigeait sur le pays akyé, le lieutenant Raymond, étant resté quelque cinq jours de plus à Arrah avec un peloton de tirailleurs, regagna à son tour Bouaké, le 23 novembre 1908.

Ainsi s'acheva la conquête militaire du Moronou, sans qu'il y eût un seul coup de feu de tiré. Le seul déploiement des forces militaires avait eu raison des rodomontades des chefs du Moronou. Quelles furent les sanctions prises à l'endroit des chefs reconnus coupables et de l'ensemble de la population ?

C. La fin des hostilités : arrestation et internement des principaux meneurs, amendes et autres sanctions, érection du poste administratif de Bongouanou

La fin des hostilités est marquée par un certain nombre d'actes qui tendent à instaurer dans la région la paix du vainqueur.

1. Arrestations et internements

Au cours de la tournée effectuée par la troupe ou peu après, ceux des chefs qui avaient été convaincus de rébellion, furent arrêtés et conduits à Bingerville, la capitale de la colonie, en attendant que l'on statuât sur leur sort. En juin 1909, le verdict intervint. Les chefs et notables du Moronou inculpés - onze au total - furent condamnés à être internés pour une période de dix ans, soit en Mauritanie, soit au Sénégal. En attendant leur transfert aux différents lieux d'internement, ils furent provisoirement gardés à Bingerville, où épuisés par l'âge et aussi par les conditions défectueuses d'internement, les moins vigoureux succombèrent [16]. En 1910, seuls huit d'entre eux purent bénéficier de la grâce gouvernementale qui prononça, par

[16] Koffi Kpli, Tano Kakou et Ban d'Assafoufoué devaient mourir à Bingerville. Le chef Téhoua de M'baoucesso, interné à Dabou, devait se suicider dans sa prison.

mesure de clémence, leur remise en liberté, à la date du 1er novembre 1910[17].

2. Amendes et autres sanctions

Outre les arrestations des chefs, suivies de leur internement, prononcés par les instances coloniales, il fut infligé un montant total de 95214 F. d'amendes à la population du Moronou ; la presque totalité de cette somme fut exigée en or[18].

Par ailleurs, l'arriéré de l'impôt de capitation de l'année précédente, l'exécution de certains travaux comme la construction de la route Assiè-Bongouanou, furent exigés à la même occasion. D'autre part, la confiscation des armes, prescrite, fut progressivement réalisée. L'opération de saisie fut considérée comme définitivement achevée, en novembre 1909. Enfin, l'on procède, après destruction, au regroupement de plusieurs campements et villages. Ainsi, Anoumaba et Angouanou reconstruits à proximité de la voie ferrée, sur l'ordre de l'administration, regroupèrent « les Béda disséminés auparavant dans dix campements »[19].

Tous ces impôts et prestations de tous genres suscitent de vives réactions au sein de la population, dont la moindre ne fut

---

[17] Ce sont : N'ganza, Bassa Kadio, Kinimo Kpeïn, Benuakou, Boni Koutou, Assoumou, Béda, Aondion, Kadio Koumano,

[18] Liste des amendes infligées, dressée par Hostains :

- Tano Kakou et consorts 22 500 F
- Tehoua et les Ngatiafwè 15 000 F
- Benuakou Tano et Koffi Kpli 15 000 F
- Ban d'Assaoufoué.... 4 150 F
- Village d'Assiè-Akpessé 700 F
- N'ganza de Kangandi 15 000 F
- Aka Kpli Koffi, chef d'Aféré 6 000 F
- Groupe Assiè pour solidarité avec Tano Kakou 3 997 F

Hostains double ensuite le chiffre d'impôt de tous les villages qui avaient refusé de le payer ; ce qui a produit une amende supplémentaire par groupe de tribus :

- Ahua 3 192,50 F
- Alangwa 1 190 F
- Essandane 3 027,50 F
- Sahié 5 457,50 F.

Cf. ANCI 1 EE 141 (2), *Rap. 306 Administrateur du N'zi-Comoé au Lt-gouverneur, a/s sanctions infligées dans le Moronou*. Bongouanou, le 15 décembre 1908.

[19] ANCI 1 EE 147, R*ap. du poste de Bongouanou pour le mois de novembre 1909*.

point l'émigration. L'Indénié, limitrophe du pays ahua, attira en particulier de nombreux éléments de ce groupe qui, désireux d'échapper à l'impôt et de mettre à l'abri leurs biens, à l'approche de la troupe, passèrent dans le Cercle voisin. Bien entendu l'autorité coloniale tenta d'enrayer ce flux migratoire. « Afin de barrer le chemin aux fuyards du Moronou », rapporte l'administrateur de l'Indénié, Prouteaux, l'administrateur-adjoint du Cercle est envoyé à Attakrou, accompagné de « vingt cinq gardes, pour tenir la frontière du cercle ».

3. Erection du poste administratif de Bongouanou

La fin de la conquête militaire est aussi marquée par l'érection du nouveau poste administratif de Bongouanou[20], en remplacement de celui de Sahoua. Doté en 1908 d'un premier crédit de 3.000 F, imputé au budget local, pour les débuts des travaux, puis successivement de 2.200 F et 1500F, l'année suivante, à répartir entre Bongouanou et Dimbokro, pour l'achèvement des postes de Dimbokro et Bongouanou, le poste administratif de Bongouanou, œuvre de Hostains et joyau de l'architecture coloniale, est pratiquement achevé, en octobre 1909. Il est visité, le 19 octobre de cette année-là, par le gouverneur Angoulvant, qui en admire le site de hauteur, la pureté des lignes du bâtiment et le confort de l'aménagement. L'accueil du chef de la colonie à Bongouanou, qui coïncide, jour pour jour, au premier anniversaire du début de la tournée militaire dans la région, peut être valablement retenu comme la fin de la conquête coloniale du Moronou.

Cette date est d'autant plus significative qu'elle marque aussi le début de la politique de développement agricole, que le gouvernement colonial désirait promouvoir dans le Moronou. En effet, l'après-midi du 20 octobre, « *en présence de tous les chefs du Morénou (...) et d'un concours considérable de population* », le gouverneur Angoulvant, après avoir complimenté les habitants de leur attitude actuelle, toute d'ouverture et de compréhension, encouragea les chefs à pousser

[20] *Arrêté local n° 697 bis du 18 décembre 1908*. Par cet arrêté, Bongouanou est promu chef-lieu de Cercle du N'zi-Comoé. Deux années plus tard, en décembre 1910, le chef-lieu de Cercle est transféré à Dimbokro. Cf. *Arrêté local n° 678 du 3 décembre 1910*. L'arrivée du rail qui faisait de Dimbokro un carrefour et un centre commercial important ne devait pas y être étrangère.

les habitants des villages aux cultures productives et à l'exploitation des richesses forestières. Il leur promit par ailleurs « *que des conseils allaient leur être donnés pour la mise en valeur de leur sol, dont les ressources sont, jusqu'ici, restées inutilisées* ».

III. LA RESISTANCE A L'EXPLOITATION DES RESSOURCES NATURELLES ET AGRICOLES

La conquête militaire était un préalable au développement agricole. L'administration, qui en était consciente, avait tout mis en œuvre pour y parvenir. La paix obtenue, après l'extirpation des éléments de trouble, il restait à mettre le développement sur les rails. Tant d'obstacles demeuraient encore à vaincre ! La divergence, au niveau des objectifs et des moyens à mettre en œuvre pour tirer parti des ressources naturelles, constituait un premier obstacle, qui trahissait, au-delà des conceptions théoriques inconciliables, l'opposition des intérêts entre colonisateurs et colonisés. Enfin, l'image que l'on avait les uns des autres, et les sentiments consécutifs qui en résultaient, représentaient autant de "barrières idéologiques" à une véritable promotion agricole.

A. L'économie de traite, un système d'exploitation économique opposé aux intérêts du Morofwè

Hormis les activités d'extraction aurifère et de commerce lointain, le cultivateur agni s'était contenté jusqu'ici, au niveau de l'exploitation agricole, de produire ce qui lui était strictement nécessaire pour subvenir aux besoins de sa famille. Désormais on lui demande de produire, non seulement ce qui est nécessaire à la consommation de la cellule domestique, mais aussi de fournir un surproduit pour la vente, mieux, d'étendre son activité à des produits nouveaux de vente, appelés à alimenter le circuit du commerce de traite.

1. L'introduction de l'agriculture de traite dans le Moronou – 1911

En 1908, le Lieutenant-gouverneur de la Côte d'Ivoire, exploitant les possibilités commerciales du riz à l'intérieur de la colonie et à l'extérieur, exigea sa culture à grande échelle dans la plupart des cercles, déjà ouverts à l'administration[21]. Dans le Moronou, les premiers ensemencements de riz, sous le contrôle du Service de l'agriculture, sont opérés en 1911, c'est-à-dire trois années après que le calme se soit définitivement établi dans le pays. La répartition de grains de riz, destinés à l'ensemencement et portant sur une tonne de paddy, s'inscrit dans le cadre du programme de diffusion de cette céréale, recommandée par le gouverneur Angoulvant. Sur ce volume de semence, cinq cents kilogrammes sont destinés « *aux chefs de groupes ou de villages les mieux disposés de la circonscription de Bongouanou* ». Quant au reste, il devra être réparti au gré de l'administration, de façon à permettre la plus grande diffusion de la « précieuse céréale ».

En 1917, l'importance commerciale du riz, malgré la répugnance de l'Agni pour cette céréale[22], est néanmoins remarquable. En effet, si les ignames, les maniocs et les autres cultures vivrières servant presque exclusivement à la nourriture des habitants, ne donnent pas encore lieu à un trafic externe, le riz dont la production totale au niveau du cercle atteint à cette date 200 tonnes environ, *« pourrait, selon le rapport agricole annuel, acquérir, quelque importance* » :

> Si les indigènes se décidaient à cultiver les marais (...) cette culture décuplerait[23].

D'autres cultures nouvelles, exclusivement destinées à la vente extérieure, sont recommandées et effectivement pratiquées dans le Moronou, au cours des premières années de la colonisation. On peut citer le colatier, l'arbre à caoutchouc, le bananier, le palmier à huile. Quant aux cultures vivrières dont

---

[21] « Le riz est entré dans la ration des tirailleurs (...), le riz est donc dès aujourd'hui un produit commerçant (sic) dans le vrai sens du mot, puisque des transactions et un mouvement étendu s'en sont emparés ». Cf. ANCI 1 RR 12, *Minute du Lieutenant-gouverneur au Gouverneur général à Dakar, a/s réorganisation du Service de l'agriculture, 1908.*

[22] D'après une vieille légende, recueillie en 1910, les Agni refuseraient de se livrer à la culture du riz, parce que « cette graine aurait la propriété de faire disparaître l'or du sol ». Cf. ANCI 1 EE 147 (2/2), *Rap. du poste de Bongouanou, pendant le mois de septembre 1910.*

[23] ANCI 1 RR 39, n° 3932, *Rap. économique et agricole du poste de Dimbokro pour le deuxième trimestre 1914.*

l'extension est encouragée depuis plusieurs années, elles connaissent en 1913, à la veille de la première guerre mondiale, un tel développement que la population approvisionne, outre le marché local de Dimbokro, les villes de la Basse Côte. Le rôle du chemin de fer, qui attire, dans la zone occidentale du Moronou, de nombreux travailleurs, et l'ouverture des "travaux neufs" (construction de route, chantiers forestiers) ont contribué, de façon positive, à accroître l'étendue des champs vivriers et, par voie de conséquence, le surproduit destiné à la commercialisation.

Enfin, l'ouverture du marché mensuel de palmistes à Dimbokro en juin 1914, sur l'initiative de l'administration, drainant régulièrement vers le centre commercial, en dehors des palmistes, du caoutchouc, des vivriers et des objets artisanaux de fabrication locale : cuillers en bois, nattes *(ékô)*, soufflets pour activer le feu, etc. ... constitue un foyer non moins dynamique de diffusion de l'économie de traite.

2. L'économie de traite contre les intérêts du Morofwè

Le succès de l'expansion de l'économie de traite ne fut point obtenu- on s'imagine - sans difficulté. Ce résultat fut « *la résultante de la pression constante, de l'influence personnelle, exercées par les administrateurs, aux fins de faire leur éducation commerciale* ». Ce ne fut point chose aisée et ce n'est qu'à la suite du « dressage des indigènes » que l'on parvient à inculquer les habitudes culturales des nouvelles plantes introduites dans le contexte de l'économie de traite:

> L'effort demandé aux Agni en vue de l'extension de leurs cultures et de l'exploitation des produits de cueillette (...) n'a malheureusement rien de spontané[24].

Par ailleurs cette nécessité de vendre, qui aurait dû provoquer un accroissement sensible du volume de production et un changement radical dans les méthodes et la technique de travail, ne modifia en rien la situation antérieure. Enfin - et il est important de le souligner - jusqu'à la première guerre mondiale

---

[24] ANCI, 1 RR 39, *Rap. n° 429 du chef de poste de Bongouanou*, a/*s situation agricole pendant le 2e trimestre 1915*. Bongouanou, le 26 juillet 1915.

et même au-delà, le commerce de traite, dont il est relativement aisé de suivre le mouvement de progression, et auquel dut s'adresser le cultivateur agni pour la vente de ses produits, répond plus à une contrainte administrative qu'il n'est motivé par la perspective d'un gain monétaire. La nécessité de s'acquitter de l'impôt, par exemple, ou encore la crainte de la « chicotte » pousse davantage l'Agni à embrasser les cultures nouvelles, introduites par le canal de l'administration...

Quoi qu'il en soit, on constate une superposition de deux économies : l'économie de traite et l'économie de subsistance, ou plutôt une greffe de l'économie d'échange sur l'économie de subsistance. Mais cette greffe est loin d'être parfaite et totale. Car, la divergence entre les deux systèmes est extrêmement patente. Certes, les « expéditions » de l'époque antérieure permettent, par le système d'échange des produits de cueillette, de l'or et de l'ivoire entre autres, contre la verroterie et la quincaillerie européennes, une bonne transition vers le système de l'économie de traite, qui prend désormais le relais. Mais la mutation demeure néanmoins profonde, tant au niveau du contenu de l'échange - celui-ci revêt désormais l'allure d'une transaction entre produits agricoles bruts et marchandises industrielles élaborées - que de l'espace économique. En effet, de type domestique dans l'économie de subsistance, celui-ci devient pluri continental dans l'économie de traite.

Cette dernière opposition entre les deux systèmes, quant à l'espace économique, dans lequel chacun d'eux s'exprime, est soulignée de façon particulièrement vigoureuse par Badouin, dans son étude récente sur l'économie rurale:

> A l'échange direct entre l'homme et la nature qui caractérise l'économie de subsistance, elle (la traite) substitue une série de transactions qui se situent dans un espace intercontinental[25].

Par voie de conséquence, l'économie de traite donne naissance au traitant qui en devient le pivot[26]. Dans le Moronou,

---

[25] Badouin, *Economie rurale*, 1971, 598 p. (p.72)

[26] C'est le traitant qui a donné son nom au système : *« il est considéré comme le personnage central, celui dont le rôle et l'attitude déterminent le fonctionnement du système* ». Cf. Badouin, *op. cit.*, p.72

on distingue, pendant la période coloniale, le traitant d'origine africaine : Sénégalais, Bambara ou encore Nzema, et le traitant d'origine méditerranéenne: Libanais ou Syrien. Il est l'intermédiaire entre le commerce international et l'agriculture de subsistance. Il exerce son activité en relation avec les maisons d'import-export, représentées par des succursales, d'abord à la limite du Moronou : à Dimbokro et Tiassalé, puis à Bongouanou, et plus tard dans d'autres centres du Moronou, pour le compte desquelles il effectue des opérations de ramassage, et qui lui assurent le financement nécessaire aux opérations de collecte.

Le régime d'économie de traite qui, après avoir traversé toute la période coloniale, subsiste encore de nos jours, n'a nullement été favorable au cultivateur. En effet celui-ci occupe toujours dans cette opération une position subordonnée. N'étant point parvenu à modifier sa technique de production, toujours aussi archaïque, il n'a pu accroître en conséquence le volume de sa production. Il est donc toujours quémandeur, lié au traitant, surtout en période de soudure. En effet dans les périodes de disette, il se tourne vers le traitant pour racheter une fraction des produits vivriers, dont il s'est débarrassé antérieurement, à la période de récolte, par sous-estimation de ses besoins, ou plutôt par désir de se procurer un pécule élevé.

Par ailleurs étant peu au fait des techniques et des habitudes d'échange, le cultivateur morofwè s'est fait "roulé", à maintes reprises, dans les différentes opérations d'achat et de vente. Ainsi, le traitant bambara ou appolonien, mieux intégré au système, plus "fûté", a toujours réalisé, en sa faveur et aux dépens du cultivateur morofwè, les opérations d'achat et de vente. Ainsi, le cultivateur agni est-il défavorisé, quand il vend au prix de gros et rachète au prix de détail, en période de disette. Il effectue également une opération déficitaire, en vendant à terme, alors qu'il achète au comptant. Enfin, ne sachant ni lire ni écrire, le cultivateur agni s'est fait constamment « roulé » dans les pesées de sa récolte. La somme empochée après vente a été, dans la plupart des cas, inférieure au montant réel du poids enregistré. Au cours de la troisième décennie du siècle, aux environs des années 1921-1922, la grande famille du commerce fut éclaboussée d'un grand scandale à Dimbokro, chef-lieu du cercle du N'zi-Comoé ; agents et employés de commerce abusèrent, par des « procédés malhonnêtes », de la naïveté des paysans qui s'adressaient à eux pour la vente de leurs produits. Le commandant du cercle mais aussi d'autres administrateurs n'hésitèrent pas à blâmer et à dénoncer ces actes malhonnêtes, qualifiés de « liberté de voler ». On lit par exemple, sous la plume de Burger, commandant de Sinfra dont les administrés fréquentaient régulièrement le marché de Dimbokro :

> Des vols sont pratiqués sur les charges des produits acheminés des points de la subdivision sur Dimbokro. Par exemple, sur 1 tonne de marchandises expédiées, il n'en était réceptionné que 400 Kg au maximum[27].

Ou encore :

> La vente libre donne lieu au vol de la part des commerçants qui paient en-dessous du prix équivalent au poids marqué par la balance[28].

L'administration craint alors qu'à la suite de ces procédés malhonnêtes, de la part des commerçants locaux, l'on aboutisse à des conséquences désastreuses auprès des producteurs, à une absence de motivations entre autres. En fait, la réaction de la population du Moronou, à l'égard de la politique coloniale du développement, est loin d'avoir été uniforme tout au long de ces premières années de contact colonial. L'attitude du colonisé morofwè a varié, selon les périodes et les régions, en fonction de la vision qu'il se faisait du développement. Il s'est aussi déterminé en fonction des cultures nouvelles introduites, par rapport à ses convictions morales et religieuses, disons idéologiques. Quant à l'administration, elle déterminera son opinion, ses sentiments, voire son comportement, selon ces variables de l'attitude du Morofwè.

---

[27] ANCI 1 QQ 20, *Lettre de Burger, chef de poste de Sinfra-Oumé à l'administrateur du Cercle des Gouro*, Sinfra, le 6 août 1922.

[28] ANCI 1 QQ 20, *Lettre n° 113 de Burger à l'administrateur du cercle des Gouro*, Sinfra, le 1er juillet 1922.

B. Vision du développement et réactions diverses

Si le développement de l'économie de traite implique en premier lieu l'extension des cultures destinées à la commercialisation, il ne suppose pas moins la réalisation d'une infrastructure minimum, indispensable aux échanges commerciaux, en l'occurrence la construction et l'entretien de nouvelles routes, et la mise en état des pistes de l'époque antérieure. Bien d'autres réalisations sont encore indispensables, surtout quand il s'agit d'un pays neuf: construction de marchés, ouverture de chantiers divers ... Face à ces exigences multiples, quelle fut l'attitude de la population ?

1. Un état d'esprit favorable au développement économique

Les dispositions de la population, au cours des premiers mois qui suivent le passage des troupes dans le Moronou, bien que mitigées, sont relativement bonnes à l'égard des exigences de développement, émises par l'administration. Aux prestations demandées: construction du poste de Bongouanou, achèvement du village des représentants, construction de la route Bongouanou-Anoumaba « *de trois mètres de large, en dos d'âne, avec des fossés de chaque côté pour l'écoulement des eaux* », comme aux autres réalisations d'infrastructure, la population répond de façon positive, parce qu'elle sait que toute manifestation de résistance risque d'être sévèrement châtiée. Ces réalisations sont cependant coûteuses en efforts physiques, d'autant plus pénibles à supporter que les habitants n'en voient pas toujours la finalité et le profit qu'ils pourraient en tirer dans l'immédiat. Ces travaux sont au contraire perçus comme une tracasserie à laquelle on peut difficilement se dérober. En prendre son parti et laisser jouer le temps, telle fut l'attitude adoptée par la population.

2. La résistance du Morofwè aux premières tentatives de développement

Néanmoins quelques tiraillements se faisaient jour de temps à autre, ici et là, auxquels l'administration répondait toujours par des mesures disciplinaires, « *en vue de les amener à répondre et à exécuter avec plus d'empressement les ordres administratifs* ». Parmi les prestations, celle qui suscita peut-être le plus de réticence, fut le portage. Pour y échapper, les habitants du Moronou n'hésitaient pas à se mettre à l'abri, en désertant les villages, reconstruits le long des principaux axes routiers, pour les campements de brousse. Le portage, cette corvée abhorrée par-dessus tout, devenue de plus en plus intensive, au fur et à mesure que progressait le développement, posa les pires difficultés à l'administration qui eut de la peine à faire face à toutes les demandes. Le seul poste de Bongouanou réclama régulièrement, jusqu'à la date de juin 1910, un chiffre total de 250 porteurs par mois. A la fin de 1912, le poste voisin de Dimbokro, qui faisait partiellement appel à des porteurs originaires du Moronou, enregistrait par mois plus de quatre cents porteurs. Embrigader autant d'hommes pour le portage fut jugé excessif, de l'avis même de l'administration locale. Aussi, certains administrateurs comme Jacotot, le chef de poste de Bongouanou, n'hésitèrent-ils pas à plaider la cause de leurs administrés :

> Il serait de toute équité de laisser un peu de tranquillité à ces populations qui en maintes circonstances nous ont donné des marques de leur dévouement, en particulier au moment du désarmement[29].

De même que les Morofwè manifestèrent de la répugnance pour le portage, de même ils s'opposèrent à certaines cultures comme le riz, le cola et le caoutchouc, n'ayant pour tout argument que la méconnaissance de ces plantes au sein du monde agni[30]. Ils se révélèrent particulièrement réfractaires à la culture du riz qui, selon une vieille légende, « aurait la propriété de faire disparaître l'or du sol ». On ne peut comprendre la réticence du Morofwè à la culture du riz, si l'on ignore le degré de ferveur religieuse dans laquelle l'Agni morofwè tenait le métal précieux. Une autre culture, le coton n'était pas non plus dans les bonnes grâces du Morofwè. Lui ayant été imposées à son corps défendant, sous la férule du tirailleur transformé en garde-chiourme, ces deux dernières cultures, le riz et le coton, n'obtiendront que de médiocres résultats. Par contre à l'égard du

---

[29] ANCI 1 EE 147, *Rap. du poste de Bongouanou pour le mois de juin 1910*.

[30] ANCI 1 EE 147, *Rap. du poste de Bongouanou pour le mois de septembre 1910*. On y lit : « *Ils refusent de cultiver le riz, la cola et le caoutchouc, déclarant ne pas connaître ces cultures* ».

cola et du caoutchouc, l'Agni parvint à surmonter sa répugnance et à embrasser momentanément ces cultures.

3. L'attitude favorable aux cultures d'arachide, du palmier à huile et du cacao

Mais autant le Morofwè éprouva de la répugnance presque physique pour le coton et le riz, autant il accueillit à bras ouverts certaines plantes comme le palmier à huile, l'arachide et le cacao, pour ne citer que celles-là. A propos de l'arachide, dont un premier essai de culture date de septembre 1913, l'administrateur de cercle du N'zi-Comoé, après avoir rendu compte que les semences ont été, dans tous les postes, mises en terre, rapporte :

> Ce travail a été fait avec empressement par les indigènes entre lesquels elles (les semences) avaient été réparties[31].

Faisant allusion à la culture du palmier à huile, chez les Agni-Ahali, le chef de poste de Dimbokro, de Coutouly, écrivait en octobre 1914 :

> J'ajoute que ceux-ci (les Agni-Ahali) semblent s'être mis résolument à l'exploitation des palmiers à huile. Et les apports en amandes de palme aux marchés périodiques de Dimbokro qui se chiffraient le mois dernier à 1 227 kg ont plus que doublé, passant en effet en octobre à 3 510 kg[32].

Quant à la culture du cacaoyer, « *acceptée de bon gré à l'inverse de ce qui se passe pour le cotonnier* », ses débuts remontent en 1911, lorsque « *quelques chefs de la région Sahoua-Bongouanou ont manifesté le désir de recevoir des cabosses et d'entreprendre cette culture* ». Afin d'encourager ces initiatives qui se manifestaient pour cette culture, quelques années seulement après la conquête, le gouverneur de la Colonie

---

[31] ANCI 1 RR 39, *Rap. n° 267 A de l'Administrateur du N'zi-Comoé au Lt-gouverneur de la Côte d'Ivoire, a/s semences d'arachides*. Dimbokro, le 1er mai 1914.

[32] ANCI 1 EE 148 (217), *Rap. sur la situation politique et les tournées du poste de Dimbokro, pendant les mois de septembre et octobre 1914*.

recommande en 1915, l'envoi d'une délégation de notables, dans l'Indénié, où le cacaoyer était déjà largement diffusé. Une *« caravane de chefs et notables des villages agni moréfouè intéressés, placée sous la direction du chef de poste, Vieillecazes »*, se rend effectivement dans l'Indénié, afin de s'initier à la culture du cacao et à la préparation de son produit.

4. La réaction de l'Administration locale

Autant ces dispositions favorables furent appréciées par l'administration, autant celle-ci s'acharna à combattre, sans pitié, tout autre état d'esprit à l'égard du développement. Beaucoup moins de parti pris à l'égard du Morofwè et de la race noire aurait conduit le colonisateur à un jugement plus serein et juste. Mais le pouvait- t-il, alors que l'on baignait à cette époque dans une atmosphère de racisme aveugle ? Ne point céder aux jugements trop faciles, préconçus à l'égard du colonisé, était le trait distinctif de quelques rares esprits, missionnaires et administrateurs qui, comme le père Aupiais plus tard au Dahomey, et Maurice Delafosse en Côte d'Ivoire, s'intéressaient réellement au colonisé africain pour lui-même.

Les administrateurs du Moronou furent pour la plupart victimes du courant racial de l'époque. Pour eux, les chefs coutumiers du Moronou n'étaient pas suffisamment vifs à leur goût. Présentés comme nonchalants, apathiques, mauvais esprits, incapables de mobiliser les habitants pour l'œuvre de développement, les chefs - cela fut souhaité - devaient être remplacés à la tête des différents groupements par des éléments plus jeunes, dynamiques (disons soumis), et acquis aux idées du progrès colonial.

Dans les propos tenus par les administrateurs, à l'endroit de la population, dominaient les stéréotypes de l'époque. Ainsi Andrieu, chef de poste de Dimbokro, écrivait en avril 1914, à propos des Agni-Ahali :

> Des Aari, il y a peu à dire: peuplade forestière, ils sont, pris dans leur ensemble, arriérés, malpropres

> et mous, mais dociles, parce que craintifs et veules[33].

Gustave de Coutouly, jugeant insuffisante, une année plus tard en 1915, la participation du même groupe ahali à l'exploitation des produits de cueillette, stigmatisait « l'indifférence atavique des intéressés », leur « torpeur » contre lesquelles l'administration devait réagir, si l'on voulait obtenir l'exécution des ordres donnés. Vendeix qualifiait également les Ahali de « groupement de gens paresseux, de mauvais esprits » dont la « paresse invétérée » constituait un obstacle au triomphe de la politique de développement[34]. L'appréciation de Sargenton, le chef de poste de Bongouanou, n'était pas plus flatteuse à l'égard des autres groupes agni de la région :

> Le Moronou est un pays riche, mais les habitants sont des fainéants et ils ne tirent pas tout le profit qu'ils pourraient retirer de leurs richesses[35].

Evoquant d'une façon générale la *« paresse infrangible, réfractaire à l'appât du gain »* des habitants du Nzi-Comoé, y compris les Morofwè, la note sur la situation politique et économique du poste de Ouellé de juillet 1917 soulignait par ailleurs:

> Mettre en valeur les territoires qu'ils occupent mécontente (...) profondément les indigènes. Ils s'y soumettent cependant à la condition d'être suivis de très près et de sentir peser sur eux une contrainte toujours en haleine[36].

Qu'à cela ne tienne ! Si les Agni n'acceptent l'ouverture de leur pays au progrès économique qu'à coups de baguette, il faut s'y résoudre. Telle pourrait se résumer la conduite adoptée par

---

[33] ANCI 1 EE 148 (216), *Rap. sur la situation politique et les tournées du poste de Dimbokro, pendant le mois de mars 1914*. Dimbokro, le 3 avril 1914.

[34] ANCI 1 EE 148 (1), *Situation politique du poste de Dimbokro pendant le premier semestre 1917*. Dimbokro, le 25 juin 1917.

[35] ANCI 1 RR 9, Sargenton, *Rap. économique et agricole du poste de Bongouanou*, le 30 septembre 1913.

[36] ANCI 1 RR 97, *Note sur la situation politique et économique de Ouellé*. Dimbokro, le 27 juillet 1917.

l'administration à l'égard des Morofwè, pour les inciter au développement agricole. Seules, les instructions de l'administrateur du cercle, Aubin, de 1915, constituent la seule note discordante, dans cette symphonie de jugements, pour le moins qu'on puisse dire, assez peu laudatifs sur le caractère du Morofwè et de sa mentalité à l'égard du progrès économique. Sans se départir totalement de certains jugements stéréotypés, l'administrateur Aubin reconnaissait cependant au Morofwè certaines prédispositions au travail et mettait en garde ses subordonnés qui, tout en se montrant ferme, devaient éviter à son égard toute brutalité:

> Si en pays agni, il est utile de se montrer très ferme avec les indigènes, il est par ailleurs indispensable de subordonner à leurs tendances et à leur tempérament, l'effort à exiger en toutes choses (...) Les Agni du district de Bongouanou sont animés de bonnes dispositions, la situation politique y est des plus favorables. Cependant, intelligent, palabreur, peu enclin au travail, d'esprit indépendant, se déplaçant pour la moindre cause, l'indigène demande à y être suivi de très près, à être surveillé, guidé et tenu très ferme, mais sans la moindre brutalité. Prévenir à ce sujet le personnel indigène que je suis décidé à réprimer très sévèrement toute brutalité à l'égard de la population[37].

Malgré les préjugés, les susceptibilités et les lenteurs, enregistrés d'un côté comme de l'autre, l'intervention administrative tantôt brutale, tantôt souple, eut finalement raison de la résistance sous toutes ses formes, opposée à l'implantation de l'économie de traite. On peut supposer, avec la fin de la première guerre mondiale, qu'une nouvelle page de l'histoire socio-économique du Moronou venait d'être tournée. Le Morofwè avait désormais pris conscience du profit qu'il pouvait tirer du développement agricole. C'est donc avec un esprit nouveau, ouvert au « progrès », que s'ouvre la période de l'après-guerre, celle des grandes cultures industrielles.

---

[37] ANCI 1 EE 147 (1/2), Aubin, « Instructions », in *Rapport du poste de Bongouanou pour le deuxième trimestre de l'année 1916*. Dimbokro, le 15 juin 1916.

CHAPITRE 2

LES GRANDES OPTIONS DE L'AGRICULTURE COLONIALE

La fin de la conquête du Moronou, suivie de l'apaisement des esprits, coïncide avec le lancement d'un vaste programme colonial de développement agricole dont le début, en ce qui concerne le Moronou, remonte en 1912. Produire davantage pour juguler les famines et disettes, et doter la colonie d'un budget substantiel, mais aussi pour répondre aux besoins de la Métropole en produits exotiques divers, tel est le maître mot de l'administration locale. Cette mystique du progrès, qui anime les différents gouverneurs qui se succèdent à la tête de la colonie, culmine en 1931-33 avec l'avènement du gouverneur Reste qui imprime un nouveau départ au développement agricole, au lendemain de la crise de 1929. Administrateurs, agents d'agriculture, sociétés diverses à vocation économique, écloses dans la colonie, s'emploient à éclairer cultivateurs et planteurs et à leur faire prendre conscience du bien-fondé de l'extension et du soin à apporter à leurs exploitations et au conditionnement du produit, dans la perspective d'une valorisation plus accrue des récoltes.

Une série d'instructions administratives, échelonnées entre 1908 et 1939, permet de se rendre compte des grandes options arrêtées en matière de développement agricole. Il faudrait évoquer toutes les formes d'incitation administratives en faveur des cultures nouvelles, les conseils répétés sur les façons culturales, les soins à donner aux plantes, afin de lutter efficacement contre les parasites et améliorer toujours davantage le produit. Pourtant de la multiplicité des thèmes soulevés par les circulaires, quatre se dégagent essentiellement : le développement des cultures arbustives, l'extension et l'intensification de la production, le développement de l'usage du matériel agricole, l'amélioration de certaines espèces cultivées et une meilleure présentation du produit. Enfin, joignant la pratique à la théorie pour une action plus efficace, l'administration procède à des distributions gratuites de semences sélectionnées, concourt à créer des pépinières et à participer concrètement sur le terrain, par l'intermédiaire des agents de l'agriculture, à toutes les opérations exigées par les nouvelles cultures, depuis le semis jusqu'à la phase finale de la récolte, en passant par l'entretien nécessité pour le développement de la plante.

I. DU BON AMENAGEMENT DES PEUPLEMENTS SPONTANES AUX CULTURES ARBUSTIVES (1911- 1930)

Le Moronou regorgeait, avant l'implantation coloniale, d'immenses ressources naturelles : arbres à caoutchouc, colatiers et palmiers à huile croissaient abondamment dans l'immense forêt qui couvrait l'étendue de ce pays. Les habitants qui en avaient soupçonné l'importance pour le commerce de traite extérieur, se livraient déjà à la cueillette de ces produits, bien avant la pénétration française. Mais le résultat de cette forme d'exploitation plutôt « primitive » était dérisoire. Le premier objectif de l'administration fut donc d'inciter les habitants à accroître leur production, afin de tirer le maximum de profit de ces peuplements spontanés.

A. La recherche et l'aménagement des peuplements naturels de colatiers, d'arbres a caoutchouc et de palmiers à huile – 1911

Diffuser des cultures nouvelles, par un apprentissage patient et méthodique, était sans aucun doute plus payant à long terme. Mais dans l'immédiat, il fallait parer au plus pressé, maintenir et au besoin accroître la production, en améliorant la technique traditionnelle d'exploitation des produits arbustifs. Ainsi, successivement le colatier, puis l'arbre à caoutchouc et enfin le palmier à huile feront l'objet d'une préoccupation soutenue, de la part de l'administration.

1. Le colatier

Les peuplements naturels de cet arbuste, dont les noix, traditionnellement prisées par les peuples soudanais, alimentaient toujours le trafic commercial entre le nord et le sud de l'Afrique, furent activement recherchés et aménagés, afin d'en favoriser l'extension. Débarrassés des lianes parasites et de la végétation envahissante de leurs abords immédiats, ces peuplements revêtaient plutôt une allure attrayante. Nombreux dans toute la forêt du Moronou, les colatiers naturels abondaient particulièrement chez les Sawua, les Amantian et les Essandane. Du commerce conséquent auquel sa noix donnait lieu, les habitants tiraient un certain profit.

Mais la zone du Moronou, où furent découverts les peuplements naturels les plus prometteurs, est sans conteste le Sahié. Dans la proximité du village d'Andé, deux peuplements spontanés particulièrement productifs dont le premier, riche de « 280 jeunes colatiers de trois ans au plus » et le second « de 330 colatiers environ », firent les beaux jours des habitants de ce village. Outre le colatier, d'autres essences à vocation commerciale, dont l'arbre à caoutchouc, avaient fait du Moronou leur terrain d'élection.

2. L'arbre à caoutchouc

L'étendue et la densité de cette essence en avaient fait une proie privilégiée à la fois pour les habitants et les récolteurs étrangers, attirés dans la région par un gain rémunérateur. Il était cependant nécessaire, pour préserver l'avenir, d'éviter une exploitation par trop inconsidérée. Contre l'abattage effréné de l'arbre à caoutchouc, procédé jugé plus facile et plus rapide dans l'extraction du latex, ou contre une saignée à outrance des *funtumias*, l'administration s'éleva avec véhémence et donna les instructions nécessaires aux moniteurs d'agriculture pour combattre ce procédé d'exploitation, qui ne voit que le profit immédiat. De surcroit, les recommandations, les conseils et les indications de procédés furent largement dispensés aux habitants du Moronou, pour éviter le « massacre » des essences laticifères.

Apparemment, de bons résultats sont obtenus, à la fin de 1912, au niveau du procédé d'incision de l'arbre à caoutchouc. Au lieu d'être sacrifiés, désormais les *funtumias* sont « saignés raisonnablement ». Le péril étant éloigné, ils « ne se dessècheront plus et donneront chaque année du latex »[38], notait le chef de poste de Bongouanou, en septembre 1912.

---

[38] ANCI 1 RR 9, *Rap. économique et agricole n°161 du poste de Bongouanou pendant le troisième trimestre 1912.*

3. Le palmier à huile

Répandu un peu partout dans le Moronou, particulièrement dans le Sawua, l'Amantian et l'Ahali, au sol sableux, où il se présente par endroits en peuplements extrêmement denses, le palmier à huile n'avait jamais fait l'objet d'un entretien ou d'un aménagement rationnels, avant que l'administration n'incite le Morofwè à s'engager dans cette voie. Par ailleurs, en dehors du vin de palme dont l'Agni raffolait, celui-ci ne demandait rien d'autre au palmier. Même l'huile de palme, cet ingrédient nécessaire à son alimentation, était essentiellement produite par les Akyé, le peuple voisin limitrophe, à qui il s'adressait pour son ravitaillement.

Grâce à l'énergie et à l'activité déployées par Siméoni, chef de poste de Bongouanou, de 1914 à 1916, les « jeunes palmeraies qui existaient en grand nombre » furent aménagées. L'opération consistait à « abattre la brousse qui entoure les palmiers et à nettoyer la tige ». La patience, dont fit preuve Siméoni, fut récompensée. En effet des progrès sensibles furent notés dans la subdivision, accélérés par la suppression du vin de palme et l'obligation d'alimenter régulièrement le marché de palmistes de Dimbokro.

B. Les premières cultures arbustives (1912-1913)

Autant il était nécessaire, pour soutenir la production et au besoin l'accroître, de protéger le peuplement existant des essences naturelles, autant il était prudent de préparer l'avenir, en se livrant à une culture systématique de ces plantes.

1. Pépinières et premières expériences de cultures

Des pépinières sont donc très rapidement pratiquées. Celles du *funtumia elastica* sont réalisées, dès 1911, dans plusieurs villages. A cette époque, on comptait entre autres les pépinières de *funtumia* « d'Akikorakro et de M'baoucesso »[39], celles de colatiers, « *mises en stratifications, au poste (...), en de petits paniers fournis par les chefs de cases* ». Toutes les noix de cola, préalablement « triées et achetées » par les soins du chef de poste, sur le crédit accordé pour la culture du colatier, et qui

[39] Lire plutôt : « *Atikora Akakro* ». Les pépinières de ces deux villages furent « mal établies sur un sol de qualité inférieure ». La faute sera réparée, lors de la tournée de visite de l'inspecteur Bervas dans ces deux villages, en février 1911. Cf. ANCI 1 RR 39, *op. cit.*

auront germé, sont distribuées aux chefs de cases, dès les premières pluies[40]. A la suite des pépinières, des plantations sont réalisées ici et là, suscitant d'immenses espoirs de la part de l'administration.

> La culture du funturnia et du kolatier qui nécessite moins de peine, ne les répugne pas tant et a plus de chance de réussir[41].

Effectivement, à la fin de l'année 1911, Sargenton, le chef de poste de Bongouanou, faisait remarquer avec beaucoup de satisfaction :

> De nombreux villages ont en ce moment des semis de 200 à 300 kolas plantés près des villages en des allées sous bois[42].

En mars 1912, il fera à nouveau savoir :

> Durant le trimestre, plus de 4 000 noix de kolas ont été semées en des allées sous bois, aux villages d'Andé, Elinzué, Findimanou, Agoua, Brou Akpaoussou, Agbosso, Diakadiokrou et Angamankrou. Ces noix ont eu à souffrir de la grande sécheresse, mais de nombreuses ont germé et les premières pluies qui ont commencé faciliteront leur développement[43].

Ainsi, simultanément l'administration tenta-t-elle l'expérience des cultures du colatier et de l'arbre à caoutchouc avec le Morofwè. Il est intéressant de suivre pas à pas ce dernier dans l'apprentissage des techniques propres à ces deux cultures.

---

[40] ANCI 1 RR 39, *op. cit.*

[41] L'administration notait encore que « ces deux cultures entreprises de façon rationnelle, donneront de beaux résultats et constitueront une bonne source de richesse ». Cf. ANNCI 1 RR 9, *Rap. n° 62 du premier trimestre pour le poste de Bongouanou*. Bongouanou, le 31 mars 1912.

[42] ANCI 1 RR 9, *n° 276 rapport économique et agricole du poste de Bongouanou*. Bongouanou le 31 décembre 1911.

[43] ANCI 1 RR 9, *Rap. n° 62 du poste de Bongouanou, pour le premier trimestre 1912*. Bongouanou, le 31 mars 1912.

2. Technique de culture

En général, les plantations de colatiers et de caoutchouc qui étaient collectives, se localisaient à proximité du village, presque toujours sur les routes, pour plus de surveillance. Sur les terrains choisis, de bonne nature, argileux et profonds, ombragés mais sans excès, des allées d'un mètre de largeur sont ouvertes à même la végétation, espacées les unes des autres de dix mètres environ. Sur chacune des allées, sont pratiqués des trous d'un mètre de profondeur, distants également les uns des autres de dix mètres. Ces trous, creusés en saison sèche, sont comblés, après les premières pluies, de terre meuble prise en surface, à laquelle sont mêlés feuilles mortes, cendre en détritus divers, pour servir d'engrais. Il ne reste plus alors qu'à mettre dans chaque trou, le jeune plant de pépinière, de telle façon que son sommet se trouve un peu en-dessous du niveau. Avec la terre des environs, on remplit le trou, « en tassant légèrement et en laissant le niveau en cuvette ».

En juin 1912, après une visite des plantations villageoises qui venaient d'être achevées, et sur lesquelles il a été fait dix trous par homme recensé, l'impression générale, recueillie par Sargenton, est ainsi traduite :

> Les indigènes semblent s'intéresser à ces nouvelles plantations et avoir compris qu'elles étaient faites dans leur propre intérêt[44].

Bien que l'inspecteur d'agriculture, Bervas, ait relevé sur les plantations quelques lacunes, dans l'application de ce nouveau procédé de culture imposé à l'Agni, on peut cependant retenir que, progressivement assimilés, les nouveaux procédés culturaux finirent par être définitivement adoptés. Par la suite, le Morofwè en sut tirer parti pour créer de nouvelles parcelles et accroître dans des proportions remarquables ses plantations de caoutchouc et de colas. Un regard rétrospectif permet de mesurer l'étape parcourue, entre 1913, considéré comme le sommet de l'effort consacré aux cultures de caoutchouc et du cola, et l'année 1911 qui en est le début[45].

---

[44] ANCI 1 RR 9, *Rap. économique et agricole* n° 103, *op. cit.*

[45] « *Les Morofouè, depuis 1911, ont entrepris des plantations de kolatiers et y ont ajouté, en 1912, celles du funtumia elastica (...) Ils tirent de beaux*

3. Le bilan

Du stade de la pépinière en 1911, suivi des tâtonnements, voire des échecs enregistrés, au cours des premiers mois de l'année, l'on accède à des résultats plus probants, durant la seconde moitié de l'année 1912 : 30 747 plants de *funtumias* et 23 613 colatiers, tel était déjà en septembre 1912, le bilan de l'effort de culture. Par ailleurs, l'on relève que :

> toutes ces plantations sont régulières, faites en des allées sous-bois. Les trous ont 1 mètre de diamètre et 0,40 m de profondeur et sont remplis de terre meuble prise à la surface[46].

Ces progrès notables sur les mois antérieurs méritaient d'être soulignés. En 1913, le bond accompli, encore plus impressionnant tant au niveau des méthodes culturales que de l'extension prise par les différentes exploitations, ne pouvait passer inaperçu. En effet la progression de la culture du *funtumia elastica* culminait en 1913. De 27 747 en 1912, le nombre de plants passait à 318 977 en 1913, tandis que celui des colatiers se hissait, à la même période, de 17 563 à 30 253. Une répartition des différentes cultures par sous-groupe ethnique permet de dresser le tableau suivant :

Sous-groupes	*Funtumias*	*colatiers*
Ahua	8 780	5 670
Alangwa	800	500
Amantian	3 170	4 350
Assié	3 146	3 997
Essandané	5 051	3 026
Ngatianou	6 800	3 500
Sawua	4 150	3 200
Sahié	---	6 010
Total	*31 897*	*30 253*

Source : ANCI 1 RR 9, *Rap. du 3e trimestre 1913.*

---

revenus de leurs kolatiers. En ce moment, ils font un peu de caoutchouc » Cf. ANCI 1 RR 9 n°37, *note succincte sur la situation agricole du poste de Bongouanou*. Bongouanou, le 5 avril 1914.

46 ANCI 1 RR 9, n°161 *Rap. économique et agricole du poste de Bongouanou, pour le troisième trimestre 1912.* Bongouanou, le 30 septembre 1912.

L'absence du groupe ahali de ce tableau est frappante. C'est la première remarque. L'explication, loin d'être recherchée dans une dispense quelconque des travaux de développement, dont ce groupe aurait été bénéficiaire, est due à un fait bien plus simple : l'effort de développement des Ahali rattachés, dans leur grande majorité, jusqu'en 1914, à la subdivision voisine de Tiassalé, n'apparait nulle part dans les rapports économiques du poste de Bongouanou, qui regroupait tous les autres groupes agni du Moronou. Par ailleurs, dans les rapports économiques de Tiassalé de la même période, la contribution des Ahali à l'effort économique se dilue dans les chiffres globaux, relevés au niveau de cette Subdivision. Voilà le seul motif pour lequel les Ahali ne sont point mentionnés dans ce tableau.

L'examen de celui-ci révèle d'autre part la diversité des situations régionales. En effet la contribution au développement des cultures arbustives des Essandane, Ngatiafwo et Assié, regroupés au centre du Moronou, est de loin la plus importante en 1913, avec 14 997 pieds de *funtumias* (47 %) et 10 523 plants de colatiers (34,78 %). Vient ensuite, dans l'ordre d'importance de l'effort accompli pour la promotion des cultures, la zone orientale habitée par les Ahua et les Sahié. Celle-ci totalise 8 780 funtumias (27,52%) contre 11 680 kolatiers, soit 38,60 % de la totalité des colatiers plantés dans tout le Moronou. Fermant la liste, la région occidentale, comprenant les groupes alangwa, amantian et sawua, offre 8 120 pousses de *funtumia* (25,45 %) contre 8 050 kolatiers (26,60 %).

Une conversion en superficie des plants d'arbustes étant possible[47], une analyse plus détaillée permettrait d'obtenir le classement des individualités régionales, selon leur participation effective au progrès des cultures arbustives (*voir tableau infra p.61*). Selon l'ordre d'importance des superficies cultivées, se situerait, en tête de liste, l'Ahua avec une superficie totale confondue de 30,12 ha, plantée de colatiers et d'arbres à caoutchouc. Puis viendraient dans un ordre décroissant : le

[47] Selon les normes de cultures imposées par le Service de l'agriculture, et bien suivies dans l'ensemble, chaque plant d'arbuste (colatier ou arbre à caoutchouc) était distant du voisin de 10 mètres. Une surface de 100 m^2 ou 1 dam^2 (0,01 ha) regroupait donc 4 plants. Sur cette base, il est possible de calculer la superficie occupée par chaque groupe d'arbustes

Ngatianou (25, 75ha), l'Essandane (20,19 ha), l'Amantian (18,85 ha), le Sawua (18 ,37. ha), l'Assiè (17,85ha), le Sahié (15, 02 ha) et enfin l'Alangwa (3,25ha).

Etat des cultures arbustives 1913

Régions	*S/groupe*	*Nb plants funtumias*	*Nb plants colatiers*	*Total Arbustes cultivés*	*Superficie en ha*
EST	Ahua	8 780	5 670	14 450	36, 12
	Sahié	-	6 010	6 010	15,02
CENTRE	Essandane	5 051	3 026	8 077	20,19
	Assiè	3 146	3 997	7 143	17,85
	Ngatia	6 800	3 500	10 300	25,75
OUEST	Sawua	4 150	3 200	7 350	18, 37
	Amantian	3 170	4 370	7 540	18,85
	Alangwa	800	500	1 300	3,25
Total Moronou		31 897	30 253	62 150	155,42

Source : ANCI 1 RR 9, *Rapport du 3e trimestre 1913*

C. La culture du cacao (1915)

A peine avaient-ils adopté ces premières cultures arbustives et commençaient-ils à s'habituer aux techniques de culture, exigées par chacune d'elles que survient, en 1913, la crise du caoutchouc, dont les effets furent particulièrement néfastes pour le commerce local.[48] Si, au niveau des cultures, elle eut pour conséquence de susciter l'apparition de nouvelles plantes de substitution, elle ne fut pas moins pour autant désastreuse pour la poursuite de l'expérience, en matière de culture de caoutchouc. Celle-ci, compromise par le mouvement de baisse irréversible, qui affecta le prix de ce produit, devait être abandonnée. Quant à la culture du colatier, après s'être maintenue quelque temps, elle s'essouffla à son tour. Or, peu après en 1915, au moment où l'administration, pour compenser l'abandon du caoutchouc, frappé par la mévente, tentait d'imposer le coton, culture impopulaire qui n'eut jamais de

48 La crise entraîne entre autres la fermeture, à Dimbokro, de deux factoreries et la suspension des achats de caoutchouc. Cf. ANCI 1 RR 39, *Rap. économique et agricole du poste de Dimbokro pour le deuxième trimestre 1913.*

succès dans le Moronou, « *dans quelques villages (...), divers individus, tentaient de leur propre chef des plantations de cacaoyers* »[49].

Ces initiatives, bien qu'encore timides, étaient le signe que la culture de cette plante, déjà connue chez les voisins immédiats de l'Indénié et de Tiassalé, rencontrerait les meilleures dispositions auprès des *Morofwè*. Le premier responsable de la colonie recommanda donc à l'administrateur du N'zi-Comoé, de « *suivre attentivement* » ces entreprises et de « *les encourager par tous les moyens possibles* »[50]. Afin de soutenir plus concrètement ces bonnes dispositions, l'administration procède à la répartition, dans quelques villages, de cabosses de cacao, dont les graines sont semées immédiatement en pépinières. Celles-ci permettent ainsi de diffuser plus largement le cacao dans le Moronou. A cet effet, est créée au chef-lieu à Dimbokro « une petite plantation indicative ». Une autre, implantée peu après à Bongouanou, eut pour vocation d'être la « plantation modèle ».

En 1916, l'administration décide d'entreprendre, sur une vaste échelle, la culture du cacao dans le district de Bongouanou[51]. Afin de guider les habitants dans la culture de cette plante, somme toute nouvelle pour les Morofwè, l'administration désigne, comme moniteur d'agriculture, Brou Coffi d'Angbanou, qui « *aurait déjà pratiqué, en tant qu'ouvrier, la culture du cacaoyer à Tiassalé, et y aurait assisté aux enseignements pratiques qui y furent donnés en 1914-1915 par l'agent d'agriculture Dellas* ».

Par ailleurs, plusieurs dizaines de Morofwè, conduits par le chef de poste de Bongouanou, se rendent à la fin d'août 1916 à Abengourou, où ils visitent les plantations de cacao et « achètent sur place les 3500 cabosses nécessaires » à l'extension de cette culture dans le Moronou. En 1917, un premier bilan de la culture cacaoyère est établi pour une partie du Moronou : les cantons amantian, ahali, alangwa et sawua qui,

---

49 Abongoua, Arrah, Kotobi et Diakadiokro. Cf. ANCI 1 RR 97, *n° 4 612 AA du Lt-gouverneur à l'administrateur du N'zi-Comoé, a/s mise en valeur agricole.* Bingerville, le 23 septembre 1915.

50 *Ibidem*

51 ANCI 1 RR 9, n° 11 du chef de poste de Bongouanou a/s de la désignation d'un moniteur de cacao. Bongouanou, le 27 février 1916.

depuis 1915, relèvent de la subdivision centrale de Dimbokro : 25 162 plants de cacaoyers sont en 1917 comptés à l'actif de la région occidentale du Moronou[52]. Sur la base de 625 plants de cacaoyers à l'hectare en moyenne, nous obtenons, à la date de 1917, une surface d'environ 50 hectares de cacaoyers pour les quatre cantons mentionnés plus haut, se répartissant ainsi : l'Alangwa : 4,5 ha, l'Amantian : 23, 25 ha, le pays ahali : 16, 25 ha et le Sawua : 5,75 ha.

Bien que les chiffres manquent, pour se faire une idée précise de l'extension de cette culture dans le reste du Moronou, on peut néanmoins tenir pour certain que les résultats les plus brillants de la culture cacaoyère, enregistrés à cette époque, se rencontraient dans la circonscription de Bongouanou. L'administrateur du Nzi-Comoé, Le Campion, écrivait en effet en 1921 :

> L'Administration depuis huit ans surtout, a déployé un gros effort pour répandre la culture du cacao dans le Cercle (...). Les Agni de Bongouanou qui ont gardé des liens de parenté suivis et étroits avec les Agni de la Gold-Coast, frappés du développement pris par la culture de cette exploitation, furent saisis d'un véritable engouement et créèrent de nombreuses cacaoyères[53].

D'autre part, de l'avis même de l'administration, si le cacaoyer pouvait être considéré en 1921 comme une culture « désormais lancée » dans la circonscription de Bongouanou, il était loin de connaître le même degré d'essor dans la partie occidentale du Moronou, rattachée à la subdivision de Dimbokro. Ici, le mouvement fut plus lent. Une culture de ce produit « *sur grande échelle* » ne s'esquissa qu'à partir de novembre 1921. Néanmoins les cacaoyères, dans cette zone, se multiplièrent à un rythme

---

[52] Les 25 162 plants de cacao en pépinières se répartissent comme suit, selon les quatre cantons: *Alangwa* (7 villages): 2467 plants; *Amantian* (11 villages) : 22545 plants ; *Ahali* (21 villages) : 6613 plants; *Sawua* (5 villages) 3637 plants. Cf. ANCI 1 RR 39, *Tableau indiquant le nombre de plants de cacao en pépinières pour le N'zi-Comoé 1917.*

[53] ANCI 1 QQ 98, *Esquisse de la situation politique et économique du N'zi-Comoé par l'administrateur Le Campion. Dimbokro, le 23 avril 1921.*

accéléré, l'exemple des habitants de la subdivision de Bongouanou et l'influence de certains planteurs pilotes exerçant un effet contagieux.

Dans le rapport du troisième trimestre 1923, l'administrateur du N'zi-Comoé souligne au niveau de son cercle « l'engouement pour le cacao » et l'existence de "cacaoyères nouvelles dans tous les villages". Mieux, il annonce que « le tonnage de la petite récolte qui vient de finir, atteint 51 tonnes ». A la fin de l'année 1923, il note à nouveau :

> L'essor de la culture du cacaoyer dans le cercle est continu et l'exemple des Agni de la subdivision de Bongouanou a fait tache d'huile un peu partout (...) Les terrains d'élection du cacaoyer sont à n'en pas douter les subdivisions de Bongouanou, Ouellé et toutes les portions de la subdivision de Dimbokro qui s'allonge à l'Est et à l'Ouest de la voie ferrée, entre Anoumaba et Tiémélékro[54].

Bref, l'année 1924 peut être retenue comme celle de la fin de l'initiation des Morofwè à la culture cacaoyère. Désormais intégré à la gamme des cultures connues et appréciées, le cacao y connait un développement remarquable. Le passage ci-après, emprunté à l'inspecteur Mérat, en mission dans le N'zi-Comoé en 1924, est fort significatif à ce point de vue :

> Le cacao est la culture reine du Cercle et l'essor qu'il a pris est tout à fait remarquable. Son terrain d'élection est sans conteste la subdivision de Bongouanou et plus particulièrement le pays des Ahuamou (Abongoua, Arrah, Zanfouénou, Kotobi-Akpaoussou), où cette culture progresse d'année en année; mais elle fait tache et des plantations se sont créées et se multiplient chez les Ahris, les Amantian, les Sahoua (tous de race agni *comme* leurs frères de Bongouanou), dans la région comprise à l'Est et à l'Ouest de la voie ferrée, entre les stations de Tiémélékro et Anoumaba. Par ailleurs la bonne contagion a gagné les Ouellé (...)

---

54 ANCI 1 RR 39, *Rap. sur la situation agricole et zootechnique du N'zi-Comoé, 4e trimestre 1923.*

> et jusqu'aux Baoulé de Toumodi (...) Il y a là une évolution d'autant plus à retenir qu'elle est l'œuvre d'initiatives spontanées, sans qu'il y ait eu la moindre pression administrative et qu'en ce qui concerne les Agni de Bongouanou elle se traduit par le retour de nombreux indigènes qui avaient émigré à la Gold-Coast[55].

Le cacao adopté, il ne restait plus qu'à former le Morofwè à la taille, à l'entretien des cacaoyères, à la fermentation du produit, bref à « maintenir le bon renom du cacao de la région, en veillant à la parfaite préparation du produit».[56]

D. La culture du café (1926-30)

Répandu dans la forêt du Moronou en peuplements sauvages, le caféier n'y avait jamais été cultivé avant 1926[57], où il fait l'objet de recommandation de la part de l'administration auprès des habitants, sous les variétés *Liberia et Indénié*, reconnues comme étant plus résistantes au scolyte. Quelque quatre ans plus tard, en 1930, après les premières expériences de culture et l'aménagement de 99 peuplements naturels, le caféier connut « une extension fort intéressante » tant dans la subdivision de Bongouanou que dans celle de Dimbokro qui englobait la partie occidentale du Moronou. Il semble que les recommandations d'Auguste Chevalier, de passage dans la colonie ivoirienne en 1930, à la tête d'une mission agronomique, ne furent pas étrangères à l'intégration du caféier au programme des cultures ivoiriennes et à son intensification toute particulière dans le Nzi-

---

[55] ANCI 1 QQ 104, *n°2 197 de l'administrateur de Dimbokro à l'inspecteur des colonies, chef de mission, Mérat*. Dimbokro le 25/12/1924.

[56] ANCI 1 QQ 98, *op. cit.*

[57] L'administrateur du N'zi-Comoé écrivait en 1924 à propos du caféier: « Nous n'en sommes encore qu'à la période des essais, mais il y a tout lieu de penser que la culture du caféier Se développera parallèlement à celle du cacaoyer chez les Agni de la subdivision de Bongouanou et des cantons sud de la subdivision de Dimbokro (…) Il m'est revenu que des pépinières avaient été aménagées cette année par les chefs d'Arrah, Abongoua et que de son côté l'interprète principal Bilé, qui possède à Tiémélekro une plantation de cacaoyers de fort belle venue s'était mis aussi à la culture du caféier ».

Cf. ANCI 1 QQ 104, *n°2 197 de l'administrateur du N'z- Comoé à M. l'inspecteur L. Mérat à Bingerville,* Dimbokro, le 25/12/24.

Comoé, reconnu parmi d'autres comme l'une des zones de choix pour cette culture[58]. Par ailleurs « l'active propagande » faite en sa faveur par le gouvernement local, et surtout le prix rémunérateur, supérieur à celui du cacao, offert à ce produit par le commerce, au cours des campagnes 1930 et 1931, contribuèrent de façon positive à l'expansion de sa culture. En effet, en 1930, les Agni du Moronou plantent « environ 200 000 pieds de caféiers ». En 1933, 1076 000 semences de caféiers sont distribuées dans tout le cercle du N'zi-Comoé. La même année, il est dénombré pour l'ensemble du cercle un total de 21 588 600 plants de caféiers, dont 1 714 200 pour la seule subdivision de Bongouanou, et 4 481 500 pour la subdivision de Dimbokro. Ce même rapport, consacré à la répartition des cultures, permet de suivre année par année la progression des superficies cultivées en caféiers :

Superficies des plantations de caféiers en hectares -1933

Subdivision	Superficie	1 an	2 ans	3 ans	4 ans	5 ans et plus
Dimbokro	166	30	39	52	37	8
Bongouanou	280	97	58	48	47	30
Bocanda Toumodi Ouellé	341	138	75	66	50	12
Total N'zi-Comoé	*787*	*265*	*172*	*166*	*134*	*50*

Source : ANCI 1 R 12 –VI-20-212 (5 300)

58 « Cette zone est (...) couverte de forêt dense et possède un régime de pluie abondant; elle se distingue (...) par la fertilité et la nature argileuse de son sol; c'est la région des terres à couleurs foncées dont les teintes varient du jaune au rouge. C'est incontestablement; de toute la Côte-d'Ivoire, la zone la plus fertile ». Cf. M. Laplace (ingénieur agricole et d'agronomie coloniale), « à propos du développement de la culture du caféier à la Côte d'Ivoire », in *l'Agronomie coloniale, mars 1931, n° 159,* extrait conservé aux *Archives de la Chambre de commerce d'Abidjan,* sous la *côte 9.1* (culture et production)

Ce tableau est intéressant à plus d'un titre, même s'il n'apaise pas toutes nos préoccupations. Il permet avant tout de prendre la mesure du bond accompli par la culture du café, en l'espace de cinq ans (1928-1933), tant au niveau de l'ensemble du N'zi-Comoé que de chacune des subdivisions qui composent ce cercle. Il est particulièrement intéressant de connaitre quel pourcentage de superficies cultivées représente le café au niveau de Bongouanou, la subdivision principale. Mais comment déterminer la somme d'étendues cultivées qui revient à la totalité du Moronou, dans la mesure où rien ne permet de distinguer la part qui revient aux cantons agni, au niveau de la subdivision de Dimbokro ? Aussi, sommes-nous obligés de nous en tenir aux surfaces indiquées pour la subdivision de Bongouanou, et de nous dire qu'un pourcentage relativement important des surfaces, portées à l'actif de Dimbokro, revient au Moronou. Bref, quoiqu'il en soit, le caféier occupe, en 1934, « une place de premier plan dans l'économie de la colonie »[59]. Une année plus tard, en 1935, le rapport économique du cercle de Dimbokro relève à propos du caféier :

> Il n'est plus nécessaire à présent de faire une propagande quelconque à ce sujet, tant les indigènes ont compris tout l'intérêt qui s'attache à cette culture[60].

La culture du café était désormais solidement implantée dans le cercle, y compris les cantons agni du Moronou, administrativement rattachés à Dimbokro.

---

[59] Archives Nationales du Sénégal (ANS) 2 G 34-50, *Aperçu sur l'année agricole en Côte-d'Ivoire, 1934*.

[60] ANCI 1 Q 2 – IV- 15 -120 (3 743), *Rap. économique de Dimbokro, 1e trimestre de 1935*.

II. EXTENSION ET INTENSIFICATION DES CULTURES (1931-1939)

La circulaire du gouverneur Reste, en date du 4 avril 1931, concernant l'intensification de la production agricole et pastorale en Côte-d'Ivoire, complétée de celle du 28 de ce même mois de l'année 1931 sur l'éducation sociale, fiscale, sanitaire, commerciale et agricole, auxquelles il faut ajouter maintes autres instructions dont les recommandations de la Conférence économique de la France métropolitaine et d'outre-mer, [61] permettent de dégager les grandes orientations de l'agriculture ivoirienne dans son ensemble, au cours de la période de l'entre-deux guerres.

La crise de 1929, autant que l'impérieux devoir « d'apporter à la Métropole les matières premières de plus en plus abondantes et les denrées de consommation (cacao, café, banane etc.) dont elle a besoin »,[62] mais aussi la nécessité de n'exporter « que des produits d'excellente qualité et d'une présentation parfaite »[63], conduisent l'administration coloniale à se préoccuper de l'extension et de l'intensification des cultures de la colonie. Dans ce domaine, on s'efforce d'atteindre un triple objectif: accroitre

---

[61] Celle-ci a lieu à Paris, de décembre 1934 à avril 1935. L'un des objectifs fondamentaux de cette conférence était de « tracer, au vu des besoins et des ressources, des urgences de l'heure et des possibilités de l'avenir, un plan d'économie impériale destiné à coordonner et à développer les économies particulières de toutes les parties qui composent le domaine de la Grande France ». Cf. *Rapports généraux et conclusions d'ensemble* - Paris, 1935, 2 tomes 396 p. et 444 p. (tome l, p. 3). Les conclusions générales stipulaient entre autres de rétablir l'équilibre de l'économie française par l'accroissement des échanges franco-coloniaux, en permettant aux colonies d'être à même « de produire. les matières premières qui manquent à la métropole et dont l'achat à l'étranger grève si lourdement sa balance commerciale ». Cf. *Ibidem* t. 2, p. 222. On peut aussi valablement se reporter à ANSOM, *Affaires politiques, Carton 854*, « Conférence économique de la France d'Outre-mer ».

[62] *Circulaire du gouverneur des colonies Reste sur l'intensification de la production agricole et pastorale en Côte d'Ivoire* - Bingerville, le 4 avril 1931, in *JOCI 1931* p. 224 - 243 (p. 225).

[63] Allocution du gouverneur Reste, en réponse à celle du président de la Chambre de commerce de la Côte d'Ivoire, à l'occasion de la réception organisée à l'arrivée du gouverneur Reste en Côte d'Ivoire, in *Bull. de la Chambre de commerce de la Côte d'Ivoire* ... p. 996.

et améliorer le produit d'exportation industriel, intensifier « les cultures vivrières dont l'importante est capitale pour l'alimentation des populations indigènes », et enfin développer l'usage du matériel agricole.

A. Accroître et améliorer les cultures d'exportation

De la gamme des produits d'exportation, dont l'extension fut prévue dans la zone sylvestre à laquelle appartenait le Moronou, deux cultures, le cacao et le café y connaîtront un essor effectif. Cultures essentielles constituant encore aujourd'hui la renommée du Moronou, elles méritent qu'on s'y arrête, sans insister sur le triple objectif à atteindre, fixé pour l'ensemble de la colonie. Ce qui justifiait éminemment l'incitation administrative à la production, c'était l'urgente nécessité de prévenir les besoins de la Métropole en matières premières. Pour y parvenir, il fallait d'abord étendre les plantations déjà existantes, puis en créer de nouvelles, ensuite veiller à ce qu'elles soient bien entretenues, enfin améliorer la valeur marchande du produit. Le gouverneur Reste en a fait pratiquement un point d'honneur. Cette ardeur qui animait le colonisateur dans l'expansion des cultures, fut également mise au service de l'intensification des cultures vivrières.

B. Intensifier les cultures vivrières

Bien que quelques unes des plantes vivrières qui croissent aujourd'hui dans le Moronou, y aient été introduites à la colonisation, la plupart d'entre elles y étaient cultivées, bien avant la pénétration française. L'innovation réside dans l'expansion et l'intensification des vivriers sur l'ordre de l'administration, et aussi dans l'amélioration de quelques unes des espèces aujourd'hui connues, par hybridation.

La justification de leur extension n'est pas dénuée de tout profit égoïste, au bénéfice des fins poursuivies par la colonisation, bien que l'administration ait continuellement mis en avant des raisons d'humanité, extrêmement désintéressées, comme la poursuite de *« la bonne alimentation des indigènes »*, la préservation ou mieux la promotion de la race[64]. En fait,

---

[64] Circulaire du gouverneur Reste, en date du 4 avril 1931, *op. cit.* p. 238, 1ère colonne. Les objectifs réels de la promotion de l' « agriculture, indigène » transparaissent avec netteté dans les principes qui orientèrent les études de la Commission générale de la production, préparatoire à la

l'approvisionnement du marché métropolitain et le ravitaillement des cercles de la Basse Côte, où affluaient les travailleurs des entreprises agricoles et industrielles appartenant à des colons d'origine européenne, et ceux des chantiers publics, n'ont jamais été absents des vrais motifs qui guidèrent l'administration dans l'extension des vivriers. Effectivement, le sol du Moronou, profond et relativement meuble fut particulièrement propice à la diffusion des différentes cultures agricoles, au point que cette région fut considérée, à juste titre, comme l'un des greniers des agglomérations urbaines et des chantiers coloniaux de la Basse Côte.

Comme exemples de cultures dont l'essor est à rattacher à l'action administrative, on peut citer les différentes espèces de maïs, originaires d'Amérique latine, qui s'adaptèrent fort bien au climat chaud et ensoleillé du Moronou et à son sol perméable, favorables à l'expansion de cette plante. Afin de permettre à la Côte d'Ivoire de contribuer à l'approvisionnement du marché métropolitain, des « semences de maïs durs » moins farineux, et par conséquent plus résistants aux attaques des charançons, également, « plus faciles à conserver et à transporter », furent mises dans chaque poste administratif, pour « être distribuées aux agriculteurs indigènes ».

Le manioc, cultivé essentiellement pour les besoins locaux, épuisant pour le sol, fut l'objet d'une sélection. Les « espèces les plus riches en fécule, à rendement élevé », furent retenues. Bien que le riz ait fait l'objet, au niveau de l'ensemble du Nzi-Comoé, d'une attention particulière de la part des services de l'agriculture, sa culture ne fut jamais un succès dans le Moronou, à l'époque coloniale, pour les raisons précédemment exposées. Enfin, pour favoriser l'extension des différentes cultures et promouvoir la qualité du produit, il fut nécessaire de mettre à la disposition de l'agriculteur un minimum d'outillage perfectionné.

Conférence économique impériale. Cette Commission posa entre autres comme principe « l'amélioration de l'agriculture indigène pour assurer l'alimentation régulière, développer le bien-être des populations locales, en faire pratiquement, par leur travail et leur enrichissement des producteurs et des consommateurs utiles à la France totale ». Cf. ANSOM, *Affaires politiques*. Carton 854, dossier « commission générale de la production » (8 décembre 1934-13 janvier 1939).

C. L'outillage agricole

Soucieuse de "fournir régulièrement, sans à coup, à l'industrie et au commerce métropolitains, les matières premières dont ils ont besoin", l'administration coloniale pousse à la promotion d'un outillage perfectionné et à l'emploi raisonné des amendements qui, seuls, peuvent permettre d'obtenir de la terre le maximum de rendement. Faisant œuvre de vulgarisation, elle encourage l'introduction et l'emploi, en lieu et place de la « houe classique » du cultivateur africain, « des charrues, extirpateurs, herses, rouleaux, semoirs »[65].

Deux raisons semblent avoir motivé la diffusion du matériel agricole. En premier lieu l'idée du progrès. Sans souhaiter profondément, par l'introduction de la machine, alléger l'effort quotidien du travailleur africain, le gouverneur Reste entend néanmoins secouer le poids de la routine séculaire, et ouvrir l'Ivoirien aux techniques nouvelles. Mais, surtout il demeure sensible, bien que cela apparaisse rarement et de façon confuse, à la notion de productivité, de rentabilité, grâce à l'utilisation et à la diffusion d'un matériel mécanique, destiné à pallier une main d'œuvre défaillante[66].

Quelle fut l'attitude de l'Ivoirien, et en particulier du Morofwè, face à la diffusion du machinisme agricole ? Le matériel mécanique agricole fait son apparition dans le Moronou en 1914, avec l'introduction des moules pour la fabrication du caoutchouc en plaquettes. En nombre plutôt réduit- il en existait vingt pour la subdivision de Bongouanou - les moules sont répartis dans les principaux villages. En 1915, deux villages du

---

[65] Le gouverneur Reste écrivait par exemple: « Ne croyez pas que l'indigène tienne par-dessus tout à ses vieilles coutumes. Il aime le progrès. Vous voyez par exemple des colonies voisines (Guinée notamment, où l'usage de la charrue est si répandu ». Cf. Circulaire du 4 avril 1931, *op. cit.* p. 239 *(2e* col.). Dans le même document, il écrivait encore : « Il me propose de mettre des charrues et divers autres instruments aratoires à la disposition des agriculteurs indigènes ».

[66] La crise de la main-d'œuvre, permanente dans la colonie, sensible tant au niveau des entreprises européennes que dans les grosses plantations africaines, atteint son apogée en 1936, date à laquelle dans certains cercles producteurs de cacao et de café, comme l'Agnéby et l'Indénié auquel venait d'être rattaché le Moronou, l'on souffre de la pénurie de main-d' œuvre-Cf. ANS 2 G 36 - 57 (1), *Rap. annuel du Service de l'agriculture de 1936.*

Moronou, Arrah et Abongoua, se rendent acquéreurs, chacun, d'un concasseur à palmistes. Ces premières machines semblent avoir obtenu un accueil fort favorable. En effet, à la suite d'Arrah et d'Abongoua, des gens d'Assiè-Kumasi se rendent, quelque deux semaines plus tard, au chef-lieu de Dimbokro, pour se procurer à leur tour de concasseurs.

Dans quelle mesure, ces machines pour le traitement des produits agricoles connaissent-elles réellement une large diffusion ? Il est difficile de se faire une idée précise sur la question. Cependant on peut deviner que le mauvais usage qui en fut fait, dû à l'inexpérience des utilisateurs, et surtout le manque d'entretien du matériel, ont largement contribué à mettre rapidement hors d'usage moules et concasseurs. Toujours est-il qu'en 1935, nos documents sont absolument muets sur la survivance de ces premières acquisitions. En lieu et place, l'on découvre, pour l'ensemble du Nzi-Comoé, une moto-presse et un moto-concasseur, montés sur un camion parcourant les principaux villages du cercle, où sont rassemblés et traités les produits agricoles.[67]

Par ailleurs, en mars 1935, au chef-lieu de cercle de l'Indénié auquel la subdivision de Bongouanou venait d'être rattachée, une année auparavant, avaient été réceptionnés par le Service de l'agriculture douze groupes de machines pour la préparation du café. A propos de leur affectation, le rapport du mois de mars 1935 précise :

> Ce matériel sera installé dans les centres les plus importants, au moment de la prochaine récolte[68].

Enfin, en 1938 nous découvrons, dans les principaux villages de la subdivision de Bongouanou, le matériel agricole suivant: 2 dépulpeuses GM, 2 décortiqueuses, 2 dépulpeuses PM pour le

---

[67] Dans le rapport politique du troisième trimestre du N'zi-Comoé, on apprend que le concasseur est laissé à la disposition de Bongouanou, pour terminer de concasser les noix palmistes, rassemblées à Andé, Brou-Akpaoussou, Arrah, Bongouanou et Kotobi. Dans ces principaux villages, il est mentionné un total de 96,458 tonnes de palmistes. Cf. ANCI 1 E3 W- *44/7* (3 308), *Rapport politique du N'zi-Comoé pour le troisième trimestre 1933, a/s tournée du 17 août au 26 août.*

[68] ANCI 1 R-XI-46-349 (860), *Rap. agricole de l'Indénié pour le mois de mars 1935.*

traitement du café et 1 moto-concasseur pour le traitement des noix palmistes.

A l'égard de la technique moderne, le Morofwè fit preuve de souplesse et accepta sans difficulté aucune ces différentes innovations. Il fit preuve de la même attitude envers l'usage des engrais, et ce, malgré les obstacles multiples. En effet les habitudes ancestrales de culture extensive, la dissémination des parcelles mises en valeur, enfin l'ignorance même de l'engrais en général, y compris l'engrais naturel, de son efficience et de sa rentabilité, constituaient autant de difficultés préalables qui auraient pu annihiler toute tentative. Les premiers essais d'engrais chimiques sont entrepris en 1935 dans le cercle de l'Indénié, auprès « des planteurs susceptibles d'apprécier la valeur de ces produits et le rapport qu'ils pouvaient en tirer ». A l'occasion, on utilisa, d'après le rapport du Service de l'agriculture du cercle de l'Indénié, les engrais suivants: « sulfate d'ammoniaque, sulfate de potasse et phosphate bibasique en mélange »[69].

Cependant, malgré les bonnes dispositions des planteurs agni qui constituaient un marché potentiel important, la diffusion des engrais, loin de s'étendre aux cultures vivrières, se réduisit aux plantes industrielles du cacao et du café, dans les limites du Moronou. La propagande des fertilisants au niveau des vivriers fut inexistante ; mais si l'expérience des engrais ne fut pas tentée à ce niveau, cela est dû essentiellement au coût nettement élevé des engrais organiques ou minéraux, commercialisés, par rapport au rendement de ces cultures[70]. Il en résulta ainsi que les différentes expériences, tentées en matière d'outillage économique - engrais mais aussi outils mécaniques- limitées à un secteur de l'économie, le moins popularisé, demeurèrent superficielles et n'eurent qu'un impact extrêmement mineur sur la société.

---

[69] *Ibidem, op. cit. pour le mois d'octobre.*

[70] Le rapport en donne l'explication : « l'indigène n'a pas une trésorerie suffisante pour acheter des engrais et attendre sa récolte ». Cf. ANCI Q-XVII-9-19 (3 063), *Problème des engrais en Côte-d'Ivoire.*

CHAPITRE 3

QUAND MAKO SE MET A L'ŒUVRE DES TECHNIQUES ET DES HOMMES

Complétant et mettant en pratique les directives théoriques émanant, tantôt du gouverneur de la colonie, tantôt de Dakar ou encore de Paris, l'action administrative du chef de poste et de ses adjoints immédiats, appuyée sur la collaboration efficace des services de l'agriculture, et financée par les crédits affectés de temps à autre à la promotion de quelques-unes des cultures nouvelles introduites, engage l'agriculture coloniale sur la voie du progrès. Dans cette tâche de longue haleine, où la ténacité et l'unité d'action s'avèrent indispensables, l'influence de certains agriculteurs « progressistes », véritable aristocratie rurale, fut d'un secours inestimable.

I. INTERVENTION DE L'ADMINISTRATION LOCALE

Fortement hiérarchisée même au niveau du poste, l'administration locale, en tant qu'animatrice de l'action du gouvernement colonial, eut à jouer un rôle de premier plan, particulièrement au niveau de l'exploitation des ressources agricoles. Cette action, considérée à juste titre comme une « mission », a été sobrement résumée dans la phrase suivante de Vendeix, l'administrateur-adjoint du N'zi-Comoé, en 1917 :

> C'est justement notre rôle à nous, administrateurs de conduire, d'éduquer et forcer ces grands enfants à travailler leur terre et à mettre en exploitation méthodiquement les diverses ressources dont est peuplé leur pays[71].

---

[71] ANCI 1 RR 97, *Rap. sur les ressources du sol du N'zi-Comoé*. Dimbokro, le 27 juin 1917.

A. La hiérarchie administrative

Outre le chef de poste[72], représentant de l'administrateur du cercle et premier responsable de la subdivision, le pouvoir administratif colonial était partagé par une série de subalternes « indigènes » : chefs administratifs, interprètes, gardes et représentants, qui exécutaient, chacun à son niveau, avec la plus grande promptitude, l'ordre émanant de l'autorité supérieure. Les chefs traditionnels, descendants des premiers guides de l'immigration, choisis selon la coutume locale, ayant été jugés trop mous et sans aucune influence réelle, furent remplacés, pour la plupart[73], par des « chefs administratifs », choisis en général, non pas selon le critère traditionnel de succession, mais « *parmi des hommes énergiques et intelligents ou parmi des anciens tirailleurs dégagés de tout fétichisme* ».

---

[72] De 1907 à 1939 se succèdent à la tête de la Subdivision de Bongouanou : H. Marchand (1907-1908), Hostains (1908-1909), Jacotot (1909-1910), Sargenton (1911-1914), Siméoni (1914-1916), Rogues (1917-1918), Braud (1918-1920), Pecarrère (1925-1927), Thaly (1927-1928), Van Kempen (1928-1930), Rogues (1930-1935), Ph. Battesti (1935-1937), E. Ponsot (1937-1939). Il faut noter que de 1920 à 1924, le poste de Bongouanou demeura sans titulaire. La surveillance du poste, au cours de ces quatre années de vacance, fut confiée à l'interprète Messou N'guessan.

[73] Le problème de la chefferie fut l'un des plus complexes. Afin de parer à la carence de leur autorité qui fut abusivement généralisée - l'administration coloniale reconnut en effet parmi les chefs traditionnels du Moronou de très fortes personnalités, comme Assoumou Baka du Sawua, Diakadio, chef des Amantian pour ne citer que ces deux exemples pris parmi les chefs de la première génération coloniale. (Cf. ANCI, 1 EE 148 (1*), Rap. sur la situation politique du poste de Dimbokro, 1er semestre 1917*).- il est décidé, dès 1909, d'« 'affermir' » leur pouvoir, en leur donnant "l'autorité et le prestige qui leur manquent" (ANCI, 1 EE 148 (2/1), *Rap. politique mensuel du poste de Dimbokro septembre 1909)*. En fait, il n'en fut rien. Après avoir procédé, à partir de 1918, à une enquête sur leur aptitude au commandement, beaucoup parmi eux furent évincés. En 1923, l'on opère déjà dans le Moronou à la nomination des « chefs administratifs », sans référence à la coutume et à la tradition. Ce qui provoque mécontentements, exodes de plusieurs centaines d'habitants en Gold Coast (le pays d'origine), et d'autres remous dans la région. Cf ANCI, 2 EE 7 (36), *Extrait d'un rapport de l'Inspecteur Bourgine sur les chefs indigènes du N'zi-Comoé, 1923.*

> La création de chefs administratifs causera sans doute un certain bouleversement, au point de vue des coutumes indigènes, mais aux circonstances spéciales doivent correspondre des mesures spéciales[74].

Instaurer un nouveau système politique, afin de parer à la carence de l'autorité traditionnelle, tel est l'objet des différentes réformes sur « le commandement indigène », qui s'échelonnent de 1919 à 1935. Mais c'est l'arrêté local du 10 octobre 1934, portant constitution de l'administration indigène, qui en représente le sommet[75].

Ce texte instituait les chefs de village administratifs, soumis à des chefs de cantons, placés à la tête d'un groupement de villages ou de territoires plus vastes. Au niveau du Moronou, furent constitués initialement trois cantons. La subdivision de Bongouanou en regroupait deux, en 1932 : le *canton des Ahua* qui rassemblait, outre les Ahua, les Sahié, et le *canton des Ngatianou,* où se retrouvaient Ngatifwè, Essandané et Assiè[76]. Le dernier canton du Moronou, baptisé « *canton des Agni* » et relevant de la subdivision de Dimbokro, rassemblait en 1932 les quatre groupes: Ahali, Amantian, Alangwa et Sawua[77]. Les premiers titulaires des trois cantons étaient: Nuama Téhoua pour le canton des Ahua, avec résidence à Arrah ; Ahonzi Kokora pour le canton Ngatia avec résidence à N'guessankro ; Krou Kaménan pour le canton des Agni avec résidence à Sandiébounga.

Parmi les adjoints immédiats du chef de poste : interprètes, gardes de cercle, représentants, extrêmement mobiles selon les nominations, il y a seulement lieu de citer les noms de quelques interprètes influents, dont la mémoire collective n'a retenu que

---

[74] ANCI 1 EE 148 (1), *Rap. politique du poste de Dimbokro, 4e trimestre 1918.*

[75] Arrêté n° 3206 B.P. « portant constitution de l'administration indigène en Côte-d'Ivoire du 10 octobre 1934 ». *J.O.C.I, 1935*, p. 64-67.

[76] Une modification intervenue plus tard, crée trois cantons dans la subdivision de Bongouanou : le *canton Ahua* limité aux seuls Ahua, le *canton Assiè* regroupant Assiè et Sahié, et le *canton Ngatianou* renfermant N'gatia et Essandane.

[77] En 1932, le canton des Ahua regroupait 25 villages, celui des Ngatianou 21 villages et celui des « Agni » 35 villages, soit 81 au total.

leurs exactions ou leurs méfaits. Parmi ceux de la première heure, qui ont fait leur apparition dans le Moronou, en même temps que la conquête coloniale, ou qui ont suivi de très peu la pénétration française, on peut citer : Koffi Yao, François Ettien, originaire d'Assikasso, ancien élève de l'école d'Aboisso, nommé en 1911, en tant qu'interprète stagiaire, en remplacement de Koffi Yao. A la même période, l'interprète principal, en service à Bongouanou, était le fameux Tano, condamné le 4 juillet 1910 par le tribunal de province de Bongouanou à un mois de prison, et à rembourser plusieurs sommes d'argent extorquées aux habitants. Il faut aussi nommer l'interprète Bilé, courageux, qui fut blessé de plusieurs balles, lors de la conquête du pays Ouellé, en 1910. Par la suite, il s'installera à Tiémélékro, à la tête d'une plantation de cacaoyers et de caféiers. Puis se succéderont à cette fonction: Messou N'guessan (1921-1933), craint et respecté, celui qui laissa peut-être le souvenir le plus contesté dans le Moronou ; Sapim Kouao (1934-1937), originaire de l'Indénié, et enfin Gustave Koffy (1937-1939), fils de la région.

B. L'Administration et le progrès agricole

Bien entendu, au sein de ce groupe, les responsabilités, le degré d'engagement et de la perception des objectifs à atteindre varient, et l'on voit se dessiner les différents rôles assumés par chacun à son niveau.

1. L'administrateur, chef de poste

Le gouverneur Reste, en désignant la tournée administrative comme étant le nœud de toute animation de développement, retrace avec clarté ce que l'on attend du chef de poste. Présent au début de toute entreprise de développement, celui-ci doit être à même de la suivre et de la guider jusqu'à son achèvement. D'où la nécessité pour l'administrateur de « visiter les villages, situés sur les routes accessibles aux automobiles », mais aussi les « agglomérations dispersées dans la brousse ». C'est en étant « en contact permanent avec les indigènes », ajoute-t-il, que celui-ci « marquera aussi à nos administrés tout l'intérêt que nous leur portons »[78]. Conseiller les habitants dans le choix des terrains propres à chaque culture, les guider dans l'aménagement

---

[78] *Circulaire du gouverneur Reste, en date du 28 avril 1931, J.O.C.I, 1931,* p. 354 (2e col.)

des plantations, dans leur entretien et aussi et surtout dans la préparation et la présentation des produits tels que le cacao et le café, voilà résumées les principales tâches, en matière de développement agricole, dont devra fidèlement s'acquitter le premier responsable de la subdivision administrative.

Une telle œuvre ne fut point de tout repos. C'est ici que *Mako – le commandant* - eut à faire preuve de son talent : il exerça un contrôle extrêmement rigoureux, secoua la négligence des planteurs, pour obtenir un produit de qualité et de présentation irréprochable. L'essor des cultures dans le Moronou, la vitalité en général dont fit preuve cette région, furent en grande partie la résultante de la pression constante, de l'influence personnelle, exercées par *Mako* sur les habitants. Cette tâche, ingrate d'un point de vue, engrangea de beaux succès et enregistra des félicitations. On lit dans le rapport du service agricole du cercle d'Abengourou, auquel était encore rattachée en 1938 une bonne partie du Moronou:

> En vue d'encourager la production des différentes denrées agricoles d'exportation, tel que le cacao, l'activité de l'administration locale s'est notamment manifestée dans le domaine de la persuasion, c'est-à-dire en incitant les planteurs à créer de nouvelles cultures dont la production devra suppléer, dans quelques années, à la déficience des vieilles cacaoyères. Par ailleurs la plus grande vigilance fut exercée quant à la surveillance des travaux intéressant les cultures existantes et en plein rapport. Effectivement des mesures sont prises en vue d'orienter l'indigène vers un judicieux entretien des plantations[79].

A l'échelon inférieur, les fonctionnaires subalternes locaux : interprètes, gardes de cercle et chefs administratifs prirent plaisir à jouer le même rôle : contraindre à produire.

---

[79] ANCI 1 R3 XI-46-332 (805), n° 144, *Rap. annuel agricole du cercle d'Abengourou, 1938.*

2. Le rôle des fonctionnaires subalternes

Parmi les fonctionnaires subalternes, émerge l'interprète, personnage-clef des rouages administratifs. Faisant la jonction entre administrateur et administrés, de par la nature même de sa fonction, qui est de transmettre verbalement les ordres du chef de poste aux villageois, il est parvenu à jouer souvent un rôle de premier plan. Accompagnateur fidèle du « commandant » dans les tournées villageoises, il bénéficie assez rapidement du prestige attaché à l'autorité de ce dernier. Son influence grandira d'autant plus, et sa contribution dans le processus d'adoption et de développement des cultures nouvelles sera d'autant plus importante qu'en maintes occasions, il se substituera, auprès des villageois planteurs, au chef de poste, empêché par d'autres tâches administratives.

Outre la surveillance et le contrôle du bon entretien des cultures, on peut s'interroger sur la nature de ses autres interventions. Certains parmi les interprètes, conscients de la limite de leur connaissance en matière agricole, s'assuraient judicieusement, au cours de leur mission, de la collaboration du moniteur d'agriculture. Ce fut le cas pour l'interprète Messou N'guessan, « l'intelligent auxiliaire », à qui fut confiée « la surveillance » du poste de Bongouanou, pendant quatre années entières, de 1920 à 1924, en cette période, où l'administration eut à souffrir d'une pénurie aiguë de personnel.

Messou N'guessan, au cours de la vacance de poste, où il devint le premier personnage de la subdivision, eut à effectuer, au même titre que le commandant, les tournées nécessaires dans les villages. Mais plus particulièrement il veilla, secondé du moniteur d'agriculture du poste, à la bonne préparation du cacao, « *parfois insuffisamment fermenté ou plus souvent encore insuffisamment sec* »[80].

Les autres fonctionnaires subalternes : gardes de cercle, représentants et chefs administratifs, brillent plutôt par l'absence de tout esprit de coopération, en matière agricole. Le garde de

---

[80] Voir entre autres ANCI 1 QQ 104, n° 197, Administrateur de Coutouly à M. l'inspecteur L. Mérat à Bingerville, le 25/12/1924. S'adressant à Messou N'guessan, l'interprète, il recommande : « *J'insiste à nouveau pour que tu t'emploies par tous les moyens à ce que lors de la récolte de 1923 il ne soit acheminé sur Dimbokro que du cacao de première qualité, parfaitement fermenté et sec* ».

cercle, appelé à surveiller des travaux d'utilité publique (confection d'ouvrages d'art, réfection de routes) ou d'intérêt collectif (plantations de coton comme ce fut le cas entre 1927-1930), outrepassait bien souvent ses droits. Il pratiquait, sans aucun remord de conscience, l'exaction auprès du villageois sans défense dont il exigeait, sans compensation aucune, vivres, poulets, voire fruits de la vente de ses produits[81]Il savait aussi manier avec beaucoup de sadisme la chicotte contre certains planteurs « récalcitrants », qui préféraient se consacrer à leurs plantations plutôt que d'aller trimer dans le champ collectif de coton, culture peu rentable pour le sol du Moronou et envers laquelle il nourrissait à juste titre la plus grande aversion.

Les représentants et les chefs administratifs n'ayant ni armes, ni influence personnelle le plus souvent, pour se couvrir du prestige des autres agents administratifs, plus soucieux de leur avancement personnel, prêtaient davantage l'oreille aux sollicitations de l'autorité supérieure qu'aux besoins de ceux qu'ils étaient censés représenter auprès du chef de poste. Dans leur désir de se couvrir de gratifications et de récompenses, certains parmi eux se révélèrent « plus royalistes que le roi ». C'est ainsi qu'en 1935, le chef de canton ahua, Nouaman Téhoua, s'opposa farouchement à des planteurs de plusieurs villages qui, désireux de « porter tous leurs soins aux cultures de cacaoyers et caféiers », décidèrent de « racheter en argent » les prestations en nature, au lieu de les exécuter.

Dans une lettre, datée du 5 avril 1935 et adressée au gouverneur de la colonie à Abidjan, des ressortissants de la subdivision de Bongouanou, après avoir exposé leurs doléances, concluaient en ces termes :

> Dans tout l'Indénié, les prestations se rachètent par tout indigène solvable. Nous croyons qu'il ne peut y avoir deux poids et deux mesures. Nous savons

[81] ANCI, 1 EE 139 (8), *Rap. du N'zi-Comoé pour le troisième trimestre 1922, ais punitions infligées*. Dimbokro, le 30 septembre 1922. Dans certains cas, le garde de cercle empoche le paiement des prestations de plusieurs jours, puis recrute des travailleurs qu'il rétribue avec une partie du montant des rachats. Cf ANCI, 1 D7-VI, *13/1*(3038). Lettre de Kouamé Houagnini, Edja Koissé et Assémian Koutou, planteurs à Assoikro, district de Bongouanou, à M. le gouverneur de la Côte d'Ivoire à Abidjan, *a/s demande pour rachat des prestations*. Bongouanou, le 15 novembre 1935.

> par ailleurs que c'est le chef de canton qui s'évertue à nous forcer à effectuer les prestations en nature, car il en profite pour faire travailler les prestataires dans ses plantations (...) Nous vous prions, M. le Gouverneur, de donner les ordres nécessaires à notre chef de subdivision de nous autoriser à racheter nos prestations, afin que nous puissions préparer la prochaine traite qui s'annonce très bonne[82].

Une telle attitude, de la part du chef de canton ahua, ne pouvait être jugée que négative pour le développement agricole. Ainsi, autant le chef de poste anime et entretient l'expansion du cacao, du café et des autres cultures dans le Moronou, autant ses collaborateurs immédiats en freinent le mouvement de façon plus ou moins consciente.

II. COLLABORATION DU SERVICE D'AGRICULTURE ET ANNEXES

Dans le processus de développement agricole, quel fut l'apport du Service de l'agriculture ? Depuis les premières tentatives de développement, le Moronou avait été rattaché à la circonscription agricole de l'Est qui regroupait, outre l'Indénié, l'Agnéby, le Sanwi et la région de Bondoukou. En dépit du nombre extrêmement réduit de son personnel, le Service de l'agriculture avait pu progressivement étendre son rayonnement et contribuer ainsi au fil des années au développement agricole du Moronou.

A. Un personnel insuffisant

Prospecté sur toute son étendue par l'inspecteur des services agricoles de la colonie, entre 1911-1912, après qu'il ait été ouvert à l'action administrative, puis fréquenté régulièrement, dès 1913 par le chef de la station agricole principale d'Assikasso, le Moronou ne s'attache cependant en permanence que les services d'un personnel technique, extrêmement réduit et d'un niveau de formation plutôt moyen: un moniteur

82 ANCI 1 D7 – VI- 13/1 (3038), *Lettre des habitants de la subdivision de Bongouanou à M. le gouverneur de la Côte d'Ivoire à Abidjan*. Bongouanou, le 5 avril 1935.

d'agriculture, secondé d'un apprenti, tous les deux ayant acquis leur formation sur le tas.

Ces deux agents étaient solidement encadrés, tantôt par un conducteur de travaux, tantôt par un ingénieur d'agriculture d'origine européenne. Celui-ci se rendait, une fois le trimestre, dans le Moronou, inspectait les travaux et faisait la mise au point avec ses adjoints. Par ailleurs, bien que les tâches aient été distinctement réparties entre les deux moniteurs, on ne peut se féliciter que de l'étroite collaboration, qui a toujours prévalu entre les deux représentants du service d'agriculture. De 1911 à 1921, les planteurs du Moronou furent régulièrement suivis par le moniteur de caoutchouc Tigoli, et par le moniteur de cacao Brou Coffi, du village d'Agbanou (Amantian). Désignés nommément, pour initier les Morofwè, chacun dans la spécialité qui lui était propre, ils ne limitèrent point leur mission dans un domaine d'activité aussi étroit, mais assumèrent des responsabilités bien plus importantes. Au mois de juillet 1914, lorsque Dellabonin, le seul agent d'agriculture européen, resté dans la circonscription, rentre en France, les moniteurs d'agriculture, laissés pratiquement à eux-mêmes, donnèrent la mesure de leur compétence, en poussant activement à l'extension des diverses cultures. On doit mettre à leur actif l'établissement des premières cacaoyères villageoises, la création des plantations de colatiers et de *funtumia*. Par ailleurs ils initièrent les habitants du Moronou à « la saignée rationnelle et à la préparation du caoutchouc ».

Les moniteurs Ouollo Ouattara et Kouamé Kouakou qui leur succèdent dans le Moronou, ne sont mentionnés, pour la première fois, qu'en 1922 et 1923. Il reviendra au tandem, Ouollo Ouattara - Kouamé Kouakou, de parfaire l'œuvre de vulgarisation, commencée par les prédécesseurs, et de conduire progressivement les planteurs du Moronou à une plus grande maîtrise des techniques culturales.

B. Une contribution appréciable

Tout en parachevant l'éducation des planteurs par une intervention directe de ses agents auprès de ces derniers, le Service de l'agriculture assure une formation permanente pratique et solide auprès des jeunes agriculteurs dans le cadre des fermes-écoles. D'autre part, les stations agricoles de la colonie mettent, à la disposition des villageois, des plantes et des variétés nouvelles, et, à l'occasion, organisent des stages de formation gratuite à l'intention des planteurs stagiaires.

1. L'éducation des planteurs

Faire adopter le cacao, le café et les autres cultures nouvelles au Morofwè, représentait un énorme progrès. Mais encore fallait-il s'assurer de la maîtrise de l'ensemble des procédés nécessaires pour conduire convenablement une plantation. Il revint au Service de l'agriculture de constituer, tant au niveau de la subdivision que des divers cantons, des pépinières suffisamment étendues, pour hâter le développement des cultures, diffuser les bonnes variétés sélectionnées et connues, initier le Morofwè au bon conditionnement des produits, bref stimuler la production.

Pour cela, les agents d'agriculture effectuent des tournées périodiques, afin de se rendre compte de l'état des plantations. A l'occasion de ces prises de contact avec les planteurs, des conseils sont dispensés, suivis de démonstrations pratiques sur le terrain[83]. Ils veillent particulièrement à ce que les normes de culture soient respectées et « que les récoltes soient effectuées en totalité en temps voulu, afin d'obtenir des produits de qualité ». Parallèlement aux conseils de bon entretien et d'intensification des cultures, l'agent d'agriculture attire l'attention du planteur sur une préparation de plus en plus soignée du produit, afin de le valoriser toujours davantage sur le marché international.

2. La formation permanente

Malgré la vulgarisation sur le terrain de ces méthodes, «simples, pratiques, palpables », en vue d'obtenir de meilleurs résultats, on constatait toujours ici et là une répugnance, voire une « *réelle mauvaise volonté à suivre les exemples et les conseils des agents de l'agriculture* ». La position adoptée fut de réagir vite et de façon efficace. On envisagea de prononcer de sévères sanctions contre ceux qui négligeraient les conseils et les

[83] Un rapport de tournée agricole, extrêmement circonstanciée, effectuée du 28 janvier 1937 au 5 février de la même année, dans la Subdivision de Bongouanou, permet de suivre au jour le jour, le conducteur des travaux E. Bailly, dans ses visites sur les diverses plantations villageoises. Cf. ANCI, 1 R3 XI-35-383 (893), n° 42, *Rapport de tournée du 28 janvier 1937 au 5 février 1937, subdivision de Bongouanou.*

avis des agents de l'agriculture. En même temps, l'on décida d'augmenter le nombre des fermes-écoles, appelées à recevoir à la fois des élèves réguliers et des agriculteurs.

Ce projet de formation agricole, annoncé en 1931, vit effectivement le jour sous plusieurs formes. Outre l'enseignement technique agricole, dispensé dans les différentes stations agricoles de la colonie [84], pour la formation des moniteurs de l'agriculture, un enseignement agricole de type plus général était largement diffusé à la fois dans les écoles rurales, régionales et dans les écoles expérimentales populaires. Tandis que dans les écoles rurales, l'enseignement se résumait à des travaux pratiques, effectués dans le jardin ou le champ d'expérimentation attenant au « domaine scolaire », dans les écoles régionales, coexistent des sections pratiques agricoles, dispensant un enseignement agricole plus développé. Enfin, les écoles expérimentales populaires étaient davantage orientées vers un programme agricole encore plus poussé, et vers la pratique des procédés de culture perfectionnés[85]

Dans le N'zi-Comoé, l'enseignement agricole populaire, représenté par la « plantation-école » et les « plantations modèles », s'efforça d'atteindre le plus grand nombre possible de planteurs de la région. En effet dans la « plantation-école » de Dimbokro, tous les dimanches et souvent certaines matinées de la semaine étaient consacrés à des séances de causerie, qui rassemblaient plusieurs groupes de villageois, et aussi à des travaux pratiques, au cours desquels l'on apprenait à établir des planches pour les semis, à exécuter les semis, repiquer, biner, sarcler, tailler et récolter... D'autre part, furent aménagées, le long de grandes artères du cercle, des plantations modèles de cacao et de café. En 1934, il en existait trente deux dans le cercle, d'une étendue de 1 à 4 hectares. L'objectif était d'inciter les villageois, par la vertu de l'exemple, à créer des plantations

---

[84] Les stations agricoles de Bingerville, de Bouaké et de Soubré, issues de l'arrêté général du 1er juillet 1913, créant l'organisation et de la vulgarisation agricole, contribuèrent à former les moniteurs d'agriculture.

[85] Cf. Semi-Bi Zan, « Equipement public et changements socioéconomiques en Côte d'Ivoire 1930-1937 », 3 tomes, 1019 p., dactylographiées. *Thèse d'Etat soutenue* à l'université de Paris VII, décembre 1981. Tout particulièrement les pages 381-397.

semblables à ces réalisations collectives qui, par leur existence même, constituaient déjà un enseignement vivant et concret.

3. Les autres interventions du Service d'agriculture

Prodiguer des conseils sur les façons culturales, guider les planteurs dans le choix des semences et la préparation du produit de la récolte, réaliser à leur intention des plantations modèles afin de susciter en eux le phénomène d'imitation, tout ceci ne représente qu'un aspect des différentes opérations, déployées par le Service de l'agriculture, pour provoquer le progrès agricole dans le Moronou. Il faudrait ajouter, sans prétendre faire le tour de toutes les réalisations, les interventions ponctuelles, accomplies ici et là, qui ont contribué en outre à diffuser les différents préceptes agricoles dans la campagne. En dehors de la distribution gratuite ou de la vente à perte des semences de qualité, de matériel moderne, on se doit d'insister particulièrement sur le concours inestimable, apporté par les équipes phytosanitaires dans la lutte permanente contre le *sahlbergella singularis*, cette maladie du cacaoyer, provoquée par le manque d'entretien de la plantation, ou le *lasiodiplodia theobromae*, cette autre affection du cacaoyer, qui fait surtout des ravages dans les terrains marécageux ou régulièrement inondés. Le concours de ce service spécialisé de l'agriculture est également à mentionner dans le combat mené contre les différentes maladies du caféier, dont le scolyte du grain (*stephanoderes*)[86].

Enfin, les agents du Service zootechnique, au cours de leurs tournées, multiplient les conseils sur l'hygiène des animaux et les procédés curatifs. Leur tâche fut d'autant plus lourde qu'ils avaient à vaincre préjugés et superstitions. On peut dire que l'un des buts, partiellement atteint, a été d'imposer dans ce domaine le vétérinaire à la société rurale du Moronou. Parmi les maladies du bétail, le Service zootechnique se penche particulièrement sur la peste et la péripneumonie bovines qui, à périodes régulières,

[86] Les sauterelles (*zonocerus variegatus*) constituaient aussi un fléau. Elles causaient d'énormes dégâts dans les plantations; de surcroît il est très difficile de les détruire. Pour lutter contre elles, des traitements à l'arséniate de plomb étaient nécessaires. Cf ANCI, 1 R1-XI-346-349 (860), *Le mois agricole dans l'Indénié : janvier et février 1935.*

déciment les troupeaux [87]. Outre l'examen des troupeaux et l'isolement pratiqué en cas d'épizootie, l'unique moyen de lutte contre ces affections se résume à la vaccination, pratiquée de temps à autre par le vétérinaire du cercle, lors de ses tournées.

III. PIONNIERS DE L'AGRICULTURE COLONIALE

Complétant l'action du Service de l'agriculture et celle de l'administration dont souvent elle fait partie, une élite de planteurs pratique une culture fondée sur les principes précédemment évoqués. Ils poussent l'agriculture dans la voie du progrès et servent de modèles aux autres habitants du Moronou. Inférieur, par le nombre de ses « pionniers », à la région voisine de l'Indénié, véritable pépinière de cette aristocratie rurale, le Moronou renferme néanmoins quelques uns de ces novateurs qui fraient la voie du progrès. Ces hommes en assurent à l'occasion la renommée dans les concours et les expositions organisées, au niveau de l'ensemble de la colonie [88], le représentent dans les instances les plus réputées du monde agricole. Ils sont cités en exemple dans la presse coloniale. Bien entendu, au sein de ce groupe, le degré de compétence et d'ouverture d'esprit, les qualités agronomiques, mais surtout la capacité productive liée aux possibilités d'investissement varient. Ainsi, voit-on se dessiner deux catégories de planteurs-pionniers correspondant à deux niveaux du perfectionnement agricole.

---

[87] Ces périodes sont indiquées : 1917-1918 ; 1924-1925 ; 1927. Au cours de ces années-là, la peste bovine cause dans la subdivision de Bongouanou, « la perte d'environ 250 têtes de bétail sur les 1.000 qui composaient le cheptel de cette région ». Cf ANCI, 1 RR 39, *rapport sur la situation agricole et zootechnique du N'zi-Comoé, 2ème trimestre 1927 ; 1928 ; 1929.*

[88] En 1934, à la première foire d'Abidjan, sur un montant total de 15 050 F accordés aux agriculteurs méritants, le cercle de l'Indénié (y compris la subdivision de Bongouanou) s'approprie 5725 F, soit 44,68 % du montant total des primes distribuées à l'ensemble des agriculteurs de la colonie. Si l'on ajoute aux 6725 F le montant de 300 F de primes enlevé par le N'zi-Comoé, qui englobait une partie du Moronou (la partie ouest), nous obtenons, pour les deux cercles de l'Indénié et du N'zi-Comoé, la somme de 7025 F. Ce qui représente 46,67 % de la totalité des primes.

Quelle fut l'influence réelle des uns et des autres sur la société du Moronou? Une étude sur ces planteurs pionniers devrait nous permettre de répondre à cette question et à bien d'autres préoccupations, comme, par exemple, de déterminer le nombre exact de ces premiers planteurs et de pouvoir suivre l'évolution de leur effectif, au cours de la période étudiée. Par ailleurs quelle était l'étendue de chacune des exploitations? Comment celles-ci étaient-elles conduites? La production de ces entreprises était-elle rentable? Autant de questions auxquelles nous sommes en droit d'attendre la réponse de la documentation. Celle-ci, lacunaire ou au contraire variée, mais disparate, ne saisit que rarement l'information de détail qui permet de réaliser des synthèses ultérieures. Force est cependant de nous satisfaire des éléments archivistiques, glanés ici et là à travers plusieurs séries de documents, et de recourir à l'occasion à des constatations personnelles.

A. Les sources

Le *Journal Officiel* de la Côte d'Ivoire de 1935, récapitulant « les primes accordées aux agriculteurs exposants » à la première foire d'Abidjan - celle-ci eut lieu en 1934 - fournit par la même occasion une liste des planteurs participants. Bien qu'il souligne la proportion écrasante des planteurs de l'Indénié[89], auquel administrativement la majeure portion du Moronou venait d'être rattachée, ce document est à la limite inexploitable pour une étude circonscrite à une région, même aussi importante sur le plan géographique que le Moronou, dans la mesure où il est absolument impossible de déterminer, sur la liste des 112 agriculteurs exposants de l'Indénié, à combien s'élève effectivement le nombre des planteurs installés dans le Moronou.

La même remarque est valable pour les trois planteurs du N'zi-Comoé, primés à la même foire d'Abidjan. Qui de ces trois agriculteurs exposants du N'zi-Comoé est effectivement implanté dans le Moronou ? Les noms des planteurs eussent pu

[89] Sur 230 « agriculteurs exposants » ayant bénéficié d'une prime, le cercle de l'Indénié se détache de loin en tête avec 112 planteurs exposants, soit 48 % du total des agriculteurs primés de tout le territoire ivoirien qui englobait, en 1934, une partie de la République du Burkina Faso actuelle (Bobo et Koudougou particulièrement). Cf. « Primes aux agriculteurs exposants » in J.*O.C.I. 1935*, p. XXIX-XXX.

servir de critère de répartition, si les noms agni du Moronou n'étaient pas aussi proches, voire identiques, de ceux portés par les Baoulé, qui constituent l'autre fraction de la population du N'zi-Comoé.

Les sous-séries *1 R 1, 1R 3 et 1 R 12*, conservées aux Archives Nationales de la Côte d'Ivoire à Abidjan, offrent pour leur part des possibilités d'utilisation. La sous-série *1 R 1 - XIII - 38 - 28/160 (60)*, bien qu'elle omette de fournir la liste nominative des planteurs, livre tout au moins, pour chacune des trois subdivisions composant le cercle d'Abengourou, à la fois le nombre des villages visités et le nombre des planteurs pour l'année 1936. Ainsi avons-nous :

- subdivision de Bondoukou, 20 villages visités, 1.001 planteurs recensés;
- subdivision de Bongouanou, 25 villages visités, 1.310 planteurs recensés.

Un autre dossier de la même sous-série *1 R 1 - IV - 17 - 46 (3.722)* mentionne l'existence de deux grandes plantations, sises dans le Moronou et dont l'ancienneté remonterait, pour l'une à 1924, et pour la seconde à 1928. Ce sont:

- la plantation *Harambat et Bardon* à Arrah : 98 hectares plantés de cacao, café et bananes et dont la création daterait de 1928 ;
- la plantation *Ernest Dadié à Tiémélékro*, de 17 hectares environ, remontant à 1924.

La sous-série *1 R 3 - XI - 47 - 489 (924)* constitue également une source précieuse, dans la mesure où elle révèle en 1939 l'existence d'« une plantation de 75 hectares, située à Kotobi (Bongouanou) et appartenant à Beuglot ». Elle mentionne aussi l'existence d'une plantation de 35 ha de café appartenant à Harambat.

La sous-série *1 R 12 - VI - 20 - 252 (5300)* retiendra davantage l'attention dans la mesure où elle rapporte, en 1933, une liste nominative de tous les planteurs autochtones du N'zi-Comoé avec, à l'appui la localisation, l'étendue et l'âge de la parcelle cultivée. Ce document permet de noter qu'en 1933, le N'zi-Comoé renfermait soixante six (66) planteurs dont l'exploitation appartenait au Moronou et totalisait 445 hectares de cacaoyers, 74 hectares de caféiers et 170 pieds de colatiers.

Les sous-séries *2 D 3 - XII - 33 - 50/156 (451) et D - IV - 53 - 22 (2.970)* offrent des informations similaires, mais inégales, dans la mesure où elles n'indiquent pas toujours pour chaque propriétaire la superficie de l'exploitation :

- plantation E. Harambat au kilomètre 32 de la route Dimbokro-Bongouanou, de 15 hectares (café, bananes) ;
- plantation Bernard Yao.[90]

Enfin, pour la première fois, la sous-série *Q - IV - 15 - 120 (3.743)* mentionne en 1939 l'attribution de titres fonciers accordés à quatre planteurs, originaires du Moronou :

*titre foncier n°75 accordé à Ebi Ettien, planteur à Anoumaba ;
*titre foncier n°76 accordé à Ena Ettien, planteur a Ménou ;
*titre foncier n°77 accordé à Fossou Aka, planteur à Alongo ;
*titre foncier n°78 accordé à Sadiè Victor, planteur à Tiémélékro.

Certains témoignages oraux, attestés par les vestiges d'anciennes exploitations, relatent l'existence de plantations de café et cacao, florissantes à notre époque, et ayant appartenu à des individus dont les rapports archivistiques n'ont point retenu les noms. On peut citer l'interprète de l'administration Bilé qui crée une plantation de cacao et café à Tiémélékro ; Athanase Tahi dont l'exploitation caféière fructifia à Kplohoumanso (Bongouanou). Les témoignages oraux retiennent aussi le nom de Gouabo Assalé, originaire d'Abongoua, « le premier Morofwè » ayant introduit le cacao dans la région.

B. L'effectif

Bien que nous soyons conscients d'atteindre non pas une parfaite exactitude, mais une réalité plutôt approximative, on obtient, en relevant le nom des planteurs mentionnés, les résultats suivants.

1. Les planteurs européens

Ils sont au nombre de quatre, pendant toute la période étudiée: Edgar Harambat, Bardon, Beuglot et Georges Drévet. Si Harambat possède, en association avec Bardon, une exploitation de 90 hectares, sise à Arrah, il détient par ailleurs à titre individuel deux autres parcelles, l'une de 35 hectares de café en

---

[90] Sans autre précision. Cf. ANCI, D-IV-53-22 (2.970), *L'exploitation de Bernard Yao*, alangwa du Moronou, était située au km 25 de la route Bongouanou-Dimbokro, à l'emplacement actuel de Yaokro (Eliam-nanmuo).

1939 et une deuxième de 15 hectares dont 5 en bananes, encore visible en 1937 à Soungassou, Km 32 de la route Dimbokro-Bongouanou. La concession rurale de Beuglot, sise à 11 km de Bongouanou, à Kotobi, d'une étendue de 75 ha, était plantée de caféiers. Quant à la concession rurale de Drevet, d'une étendue de 50 hectares en 1927, elle était localisée à Bongouanou.

Ce groupe de planteurs, d'origine française, représentait la catégorie la plus élevée des exploitants ruraux du Moronou. Incontestablement, ils donnaient le ton et dirigeaient leurs plantations avec beaucoup de soin, bien que les planteurs européens de la colonie dans leur ensemble ne soient point cités comme des modèles dans le domaine. D'une façon générale, par leur conception de l'exploitation et les résultats acquis, les planteurs européens du Moronou sont en avance sur le planteur africain.

La spécificité de ceux-ci découle de caractéristiques communes: ils bénéficient entre autres de l'aide administrative dans le recrutement de la main-d'œuvre, à une période où la pénurie de l'ouvrier rural se faisait cruellement sentir dans toute la colonie. Mais le fondement essentiel de leur prospérité comme de leur importance réside dans l'exercice d'une activité, à la fois agricole et industrielle. Ces industries agricoles, en particulier la coupe de bois de chauffe pour le chemin de fer, supposent des investissements et une gestion, qui n'ont rien de commun avec la direction d'une exploitation « indigène ». A l'échelon inférieur, se situe le planteur africain « progressiste ». Sa position offre moins d'éclat, et il ne remplit que certains des traits définissant le personnage précédent du planteur européen.

2. Les planteurs « progressistes » africains

On peut citer ici les pionniers des cultures du cacao et du café dont les noms n'ont pas été nécessairement retenus par les documents d'archives: Gwabo Assalé d'Abongoua[91] qui alliait de façon active le commerce à l'exploitation agricole ; l'interprète de l'administration coloniale, Bilé, qui se tailla tout

[91] Son nom *Gwabo* vient de *Gwa* ou Cape-Coast en agni. Ce surnom lui fut donné à cause des rapports commerciaux extrêmement suivis qu'il eut avec la Côte de l'Or, essentiellement avec Cape-Coast. On lui attribue l'introduction du cacao dans le Moronou, bien avant que la culture de cette plante ne soit tentée à grande échelle.

un immense domaine agricole de café et de cacao, en pays ahali, dès les premières tentatives de cultures coloniales dans le Moronou. Il n'est pas à douter que ce N'zéma, originaire de la Basse-Côte d'Ivoire, ait été en liaison avec la forte colonie appolonienne et fanti de Tiassalé, carrefour commercial et ville coloniale de la première heure, à l'embranchement du N'zi et du Bandama. En effet, c'est de cette ville, où s'illustrèrent, dans la culture du cacao les éléments fanti et appolonien, dès les premières années du siècle, que le cacao fit irruption en pays ahali, et de là dans les régions voisines. Il faut aussi mentionner un autre Appolonien, Athanase Tahi, venu sur le tard dans le Moronou et qui s'approprie le site en hauteur *d'Etouéyéngé*, entre Bongouanou et Kotobi, pour créer, à la veille de la deuxième guerre mondiale, l'une des exploitations de café et de cacao les mieux entretenues du Moronou.

Mais comment évaluer, en l'absence de toute estimation chiffrée, l'étendue et au besoin la production de ces exploitations? On ne peut donc se référer qu'aux producteurs, qui sont nommément cités par les documents d'archives, et sur lesquels nous disposons de quelques renseignements écrits et chiffrés. Ernest Dadié figure parmi les premiers planteurs « progressistes » dont les archives ont gardé le nom. Implanté à Adibrobo, près de Tiémélékro, sur la ligne de chemin de fer, il emploie, en 1937 pour son exploitation de cacao et café, mesurant 17 hectares, dix manœuvres.

A Bernard Yao, qui pendant l'entre-deux guerres est à la tête d'une exploitation agricole, est réservée une place sur la liste de ceux qui en 1936 sont recensés comme planteurs au niveau du N'zi-Comoé. Il est représenté à côté des « capitaines d'agriculture », réputés du cercle, comme les Beuglot, les de Kersabiec, les Reinach, les Delpeyroux à Dimbokro, les Jouffroy à Yamoussokro... Mais, en dehors de la référence à son nom, pas une ligne de plus sur lui dans les archives. Tout ce que l'on sait par ailleurs à son sujet, nous le tenons des témoignages oraux. Il incarne parfaitement le type du planteur morofwè de l'époque, qui associe à l'exploitation agricole d'autres activités comme celles du commerce et du transport.

Planteurs et cultures industrielles recensés –Moronou (1933)

Groupe	*villages*	*Nb planteurs*	*Cacao (ha)*	*Café (ha)*	*Total en ha plantations*
AMANTIAN	Ahnien	2	25	--	25
	Ahounan	3	17	--	17
	Alongo	3	49	14	63
	Angamankro	2	4	--	4
	Angbanou	13	150	18	168
	Anoumaba	7	73	21	94
	Diekadiokro	7	30	2	32
ALANGWA	Assahara	3	9	4	13
AHALI	Adibrobo	3	3	--	3
	Ménou	1	5	--	5
	Tiémélékro	5	43	4	47
SAWOUA	Assoumoukro	1	5	--	5
	Gramassabo	1	6	--	6
RESTE MORONOU	Abongoua	3	4	--	4
	Kotobi	1	5	--	5
	Assiè-kokoré	3	17	--	17
TOTAL		58	445	63	508

Source : ANCI 1 R 12 –VI-20-252 (5 300)

Autres individus, extrêmement entreprenants en ces premières années de cultures industrielles, révélés par la documentation écrite, ce sont les cinquante huit planteurs recensés en août 1933 dont l'étendue ainsi que l'âge des exploitations ont été enregistrés par le Service de l'agriculture. A la lecture du tableau ci-dessous, l'on est frappé, de prime abord, par la répartition géographique de ces planteurs, originaires dans leur majorité du Moronou occidental[92], et répartis comme suit: 37 dans l'Amantian, 9 dans l'Ahali, 3 dans l'Alangwa et 2 dans le Sawua. Sur les 7 autres planteurs recensés, 4 sont originaires de l'Ahua, 1 d'Assiè. Aucun planteur du Ngatianou, de l'Essandane et du Sahié n'apparaît sur ce tableau.

[92] 51 sur 58 planteurs, soit 87, 93% des planteurs.

Répartition des parcelles cultivées selon les villages et la taille

Villages	*0 - 10 hectares*		*10 – 20 hectares*		*Plus de 20 hectares*	
	Cacao	**Café**	**Cacao**	**Café**	**Cacao**	**Café**
Anoumaba	3	2	2	1	2	-
Angbanou	8	6	2	-	3	-
Adibrobo	3	-	-	-	-	-
Ahnien	-	-	2	-	-	-
Ahounan	3	-	-	-	-	-
Alongo	1	2	1	-	1	-
Assahara	2	2	-	-	-	-
Assoumoukro	1	-	-	-	-	-
Diékadiokro	7	1	-	-	-	-
Angamankro	2	-	-	-	-	-
Gramassabo	1	-	-	-	-	-
Ménou	1	-	-	-	-	-
Tiémélékro	4	2	1	-	-	-
Abongoua	2	2	-	-	-	-
Kotobi	1	1	-	-	-	-
Assié-Kokoro	3	-	-	-	-	-
Total	*42*	*18*		*8*	*6*	

Source : ANCI 1 R12 –VI-20-252 (5 300)

On est également frappé par l'exigüité des superficies mises en valeur selon le tableau ci-dessus : seules 14 parcelles cultivées de cacao et 1 de café sont supérieures à 10 ha. Plusieurs parcelles forment cependant une seule et même exploitation. Perçus sous l'angle de la propriété appartenant à un même planteur, ces domaines agricoles revêtent une dimension plus respectable. Ainsi, 6 exploitations sont d'une taille supérieure à 20 hectares, 6 autres s'échelonnent entre 15-20 hectares, et enfin 4 ont une superficie comprise entre 10 et 15 hectares. (Cf. *tableau de la p. précédente*). Par ailleurs la moyenne d'âge de ces plantations en 1933 était de 7 ans. Seules quelques rares parmi elles accusaient entre 10 et 15 ans d'âge. Ce qui sous-entend que la création de la majeure partie des plantations remonterait à 1926, les plus vieilles (15 ans d'âge) datant de 1918.

A cette avant-garde de planteurs progressistes, il convient d'ajouter les quatre planteurs de la zone occidentale du Moronou: Ebi Ettien, Ena Ettien, Fossou Aka et Sadié Victor, auxquels furent accordés en 1939 les titres fonciers définitifs de leurs exploitations. Par contre les 1310 planteurs de la subdivision de Bongouanou, recensés en 1936, appartiennent sans ambiguïté au bataillon des cultivateurs-planteurs, dépourvus de grands moyens, qui ne peuvent apporter à leurs exploitations toutes les améliorations nécessaires. En fait, la démarcation est fort minime entre ces deux catégories de planteurs. Celle-ci ne tient ni à la dimension ni à l'ancienneté des plantations. La différence résiderait plutôt dans un certain savoir-faire et la puissance des moyens.

C. Fondements de l'influence des planteurs progressistes

Impossible à mesurer, l'ascendant qu'ils exercent sur leurs contemporains est cependant incontestable. A des degrés divers, ils servent de modèle, à tout le moins éveillent les esprits à un certain nombre de problèmes, même si ceux-ci ne reçoivent pas toujours une solution. La grande exploitation, propriété en général européenne, doit avoir une fonction exemplaire, du moins se plait-on à le croire. Banc d'essai des nouvelles techniques et de nouvelles cultures, elle doit être la source de référence pour les plantations limitrophes, en sorte que son influence puisse s'étendre sur tout le voisinage. Si elle suscite des imitateurs dans les rangs des exploitants pionniers, son rôle fut néanmoins limité. Témoin les échos désabusés recueillis à propos des cultures de l'époque:

> Nombreuses sont les plantations privées et administratives auxquelles l'indigène pourrait se référer en dépit de ce qu'il observe, il n'en dégage rien, nous en voulons comme témoignage irréfutable l'état de quasi-abandon de ses cultures[93].

[93] ANCI 1 R1-XIII-38-28/160 (60), *Rapport agricole de l'Indénié, 1936.*

Quel rôle précis jouent à leur tour les planteurs pionniers d'origine africaine? Donnent-ils une impulsion réelle à la culture industrielle dans le Moronou et contribuent-ils à l'orienter dans la voie de la modernisation?

Les atouts ne leur manquent pas. Premier trait distinctif, ce sont des « lettrés » pour la plupart: interprètes administratifs à la retraite; moniteurs d'agriculture ayant mis à profit, dans une exploitation personnelle, les connaissances techniques et l'expérience acquises au cours d'une longue carrière dans le passé; maîtres d'école qui, en prévision d'une retraite plus heureuse, établissent, sur une portion de la forêt du village natal, la plantation personnelle dont ils suivent tant bien que mal le fonctionnement, au gré des affectations. Beaucoup d'autres, parmi ces planteurs progressistes, comptent à leur actif plusieurs séjours prolongés dans les villes de la Basse-Côte, où ils ont été quelque peu « dégrossis » par le contact permanent avec la "civilisation". Ce sont des ouvriers du chemin de fer ou du port ou encore des commerçants. Ce sont enfin les anciens combattants de 1914-18, revenus du front. Certains parmi eux héritent, en guise de récompense, d'anciennes plantations collectives[94].

Le planteur progressiste africain, par sa formation et son expérience personnelles, est donc bien disposé au progrès. Il s'équipe, selon ses ressources, d'outils agricoles « modernes », crée des exploitations « faites en lignes, à écartements réguliers ». Les arbres fruitiers: oranger, mandarinier, avocatier, manguier etc. largement diffusés dans la colonie, pendant l'entre-deux-guerres, tiennent aussi une grande place sur les superficies mises en valeur, et disputent le terroir au caféier et au cacaoyer ... Ces agriculteurs n'ignorent pas non plus le rôle des engrais pour forcer le sol; ils s'ouvrent les premiers à l'emploi des engrais verts et aussi des engrais chimiques dont la

---

[94] Les plantations collectives « faites méthodiquement et de belle venue », remontant pour la plupart d'entre elles à 1916-17 et destinées au départ à devenir « le moyen de vulgarisation », devaient être réservées, selon une idée du chef de la subdivision de Bongouanou, qualifiée d' « excellente », à « des tirailleurs réformés ». Cf. ANCI 1 RR 39, *le cacaoyer dans les cercles d'Assinie, de l'Indénié et du N'zi-Comoé, Tournée du 7 décembre 1917 au 7 janvier 1918.*

diffusion fut, il faut le reconnaître, plutôt parcimonieuse, à cause de leur coût élevé à l'achat.

Tout cela aboutit à une élévation des rendements qui sont toujours supérieurs à ceux du planteur ordinaire et aux moyennes fournies par les autres enquêtes agricoles. Par exemple, de son exploitation de 17 hectares, plantée de café-cacao, E. Dadié retire « 5 à 6 tonnes de produits »[95]. Sans être une récolte extraordinaire, cette production représente cependant en 1937 un record, comparée au taux de rendement obtenu sur les autres établissements.

Cette agriculture, en voie de devenir « intensive », repose évidemment sur un minimum d'investissement. Elle exige par ailleurs une certaine technicité, et surtout elle fait appel à des ouvriers de plus en plus nombreux que la main-d'œuvre locale ne peut suppléer. Cette carence de main-d'œuvre, permanente sur les plantations industrielles du Moronou, au cours de notre période, devient fort aiguë durant les dernières années. En 1939, l'administration du cercle soulignait:

> Le planteur indigène se trouve maintenant devant des superficies en rapport qui dépasse sa faculté de travail, celle de ses parents et même de sa clientèle, au demeurant peu laborieuse. La grande propriété indigène, si elle veut subsister, doit s'organiser. On n'attirera plus, on n'a déjà plus attiré cette année, des gens désireux de travailler en leur donnant pour tout salaire quelque argent de poche et même en l'admettant au grand plaisir de manger le foutou patronal à la table familiale[96].

Ainsi, investissements de plus en plus coûteux, pénurie de main-d'œuvre de plus en plus prononcée causent « déjà des ennuis » et deviennent, à la veille du conflit mondial, une menace grave et un frein à l'expansion des cultures pérennes du cacao et du café :

---

[95] ANCI 1 RI-IV-17-46 (3 722), *Rap. sur l'état des planteurs de l'ensemble du cercle du N'zi-Comoé.* s. d.

[96] ANCT 1Q2-TV-1S-120 (3 743) *Rap. économique du N'zi-Comoé pour le 2e semestre 1939 – a/s main-d'œuvre.*

De plus en plus, le planteur indigène- « le patron noir »- devra s'imposer, parallèlement à ses bénéfices, des dépenses d'entretien et de personnel. A ce prix, mais à ce prix seulement, son effort de ces derniers temps ne sera pas stérile[97].

---

[97] *Ibidem.*

CHAPITRE 4

LES SOCIETES A VOCATION ECONOMIQUE : UNE CONTRIBUTION IMPORTANTE AU PROGRES AGRICOLE

Créées en vue d'aider, dans l'intérêt commun, au développement de la production agricole, au conditionnement du produit de récolte, dans la perspective d'une valorisation plus grande de ce dernier sur le marché international, les sociétés à vocation économique, essentiellement la Chambre de commerce de Côte d'Ivoire et les sociétés de prévoyance font preuve, au cours de la période coloniale, d'un grand dynamisme. Au-delà des antagonismes de personnes, doublés de frictions politiques, elles concourent effectivement au progrès agricole, et dans une moindre mesure à l'amélioration des conditions de travail des individus.

I. L'INFLUENCE DE LA CHAMBRE DE COMMERCE DE LA COTE-D'IVOIRE

Instituée à Grand-Bassam par arrêté du gouvernement général de l'AOF, en date du 23 décembre 1908, la Chambre de commerce de la Côte d'Ivoire, regroupant en son sein tous les secteurs d'activité économique de la colonie, se réunit périodiquement tous les mois en séance de travail. Là sont prises et consignées par procès-verbal, adressé au Lieutenant-gouverneur, toutes les décisions nécessaires à la bonne marche économique de la colonie, à charge pour le gouverneur colonial de les appliquer, s'il les juge utiles. L'éventail de ses interventions dans le domaine agricole, fort important, s'étend de la production jusqu'à la commercialisation, en passant par l'incitation au travail et la recherche des moyens adéquats pour atteindre les objectifs fixés.

A. Création, organes et attributions de la Chambre de commerce

Cette longue liste de prérogatives attribuées à la Chambre de commerce incite, avant de s'informer sur ses réalisations, à faire plus ample connaissance avec cet organisme.

1. Création et organes de la Chambre de commerce

Issue de la Chambre consultative du commerce et des mines, créée en 1903, dont elle prend définitivement la relève, cinq ans plus tard, en 1908, la Chambre de commerce de la Côte d'Ivoire est l'un des organismes de développement économique les plus dynamiques de la colonie. Elle se compose de quatorze membres titulaires et de onze membres suppléants, élus par un collège électoral, rassemblant tous les commerçants payant une patente annuelle d'au moins 150F, les directeurs des compagnies européennes de commerce, d'exploitations agricoles, les agents de change, les capitaines au long cours et les maîtres de cabotage.

Elus pour trois ans et renouvelables par 1/3 tous les ans, les membres, titulaires et suppléants, procédaient, dès la première séance, à la mise en place d'un bureau composé d'un président, d'un vice-président et d'un secrétaire-trésorier. Des membres correspondants, établis dans les différents cercles de la colonie, étaient désignés et agréés par le Lieutenant-gouverneur.

Pierre Kipré, dans les quelques lignes consacrées à l'évolution chronologique des membres électeurs de la Chambre de commerce, de 1928 à 1939, démontre que le pourcentage des citadins au sein de cet organisme était de 95% en 1928 et de 97,8 % en 1935[98]. Il révèle ainsi *a contrario* que le nombre des adhérents non citadins, c'est-à-dire les sociétaires pouvant être classés comme propriétaires ruraux, vivant à la campagne à la tête d'une exploitation de café ou de cacao par exemple, décroît de 5 % en 1928 à 2,2 % en 1935. En soulignant la faiblesse des adhérents ruraux, il convient de noter qu'il eût été intéressant de connaître, sur ce petit nombre qu'ils représentent, le pourcentage des planteurs d'origine africaine. Pour ma part, je n'ai relevé, dans aucun document, le nom d'un Africain, habitant le Moronou, qui ait appartenu à un moment quelconque à cet organisme[99].

Sans doute, la situation économique médiocre des planteurs ivoiriens explique leur absence de cet organisme. Mais étaient-ils beaucoup moins intéressés pour autant par les problèmes

[98] P. Kipré, *Les villes coloniales de Côte-d'Ivoire, 1893-1940,* thèse pour le doctorat ès lettres, Paris VII, 1981, 1012 p. (p. 459).

[99] Pendant l'entre-deux-guerres, Sendral puis Harambat sont les correspondants de la Chambre de commerce pour le N'zi-Comoé.

agricoles qui y étaient débattus ? On est alors en droit de se demander quelles étaient les intentions réelles de la Chambre de commerce qui passait pour défendre les intérêts des Africains en général ...

> Le commerce a toujours eu en vue, au contraire l'intérêt de nos populations indigènes dont souvent, trop souvent même, il a dû prendre la défense[100] .

2. Attributions

Des attributions consultatives, administratives et financières étaient dévolues à la Chambre de commerce. Par exemple, ses attributions consultatives lui conféraient le droit de présenter au Lieutenant-gouverneur ses vues sur les moyens d'accroître la prospérité de la colonie, de donner son opinion sur l'exécution des travaux d'intérêt général: routes, chemin de fer, bâtiments publics .... L'exercice de ces droits donne lieu à des relations extrêmement tendues entre la Chambre de commerce et le gouvernement local, dont l'un des sommets sera le conflit ouvert à partir de 1913, entre Barthe, président de la Chambre de commerce et Angoulvant, à propos du recrutement de la main-d'œuvre locale.

En mai 1913, des observations ayant été rapportées à la Chambre de commerce sur la brutalité de quelques administrateurs, et certains de leurs comportements qui frisaient l'illégalité, et dont la portée pouvait être préjudiciable à la production agricole et au commerce, la Chambre de commerce écrit au Lieutenant-gouverneur, afin d'obtenir de plus amples informations sur ces différents incidents. Le gouverneur Angoulvant, jugeant que la Chambre de commerce outrepasse ses droits, fait preuve, dans la lettre qu'il adresse à celle-ci, d'un ton qui, pour le moins qu'on puisse dire, est extrêmement vif. Ironisant sur le rôle dont, à son avis, s'arroge la Chambre de commerce, Angoulvant écrit:

> Beaucoup des électeurs de l'intérieur (...) considèrent votre compagnie, non point comme un organe représentatif et consultatif des intérêts du commerce, mais comme une sorte de comité de

[100] Procès-verbal sur la lutte contre l'alcoolisme –*Bulletin Mensuel de la Chambre de commerce de Côte-d'Ivoire (BMCCCI),* octobre 1912, p. 3.

salut public, placé à côté du gouverneur et de ses collaborateurs, pour surveiller leurs actes, les critiquer, les dénoncer et sonner de temps à autre le tocsin d'alarme[101].

Poursuivant sur ce même ton, Angoulvant ajoute plus loin :

Je n'ai, en effet, de comptes à rendre de ma gestion qu'au gouverneur général dont je relève.[102]

En janvier 1922, à l'occasion du banquet offert à messieurs les députés Proust et Valude en mission[103], et en présence du gouverneur Antonetti, successeur d'Angoulvant, la Chambre de commerce, revenant sur le conflit qui l'oppose à l'administration, définit sans ambiguïté et par la voix de Barthe, son président, le rôle qu'elle entendait jouer dans la colonie :

En ce moment, tout le pouvoir des colonies est entre les mains d'un gouverneur assisté d'un Conseil d'administration dont la majorité est formée de fonctionnaires. Ce Conseil n'a aucun pouvoir, le gouverneur pouvant passer outre à (sic) ses avis. Nous sommes donc : commerçants, industriels, indigènes, taillables et corvéables à merci.
Des arrêtés sont pris augmentant d'une façon considérable les taxes actuelles, sans que les intéressés ou la Chambre de commerce soient consultés. (...) Nous voulons être appelés à discuter l'opportunité des taxes. Nous voulons pouvoir obliger l'administration à réduire les dépenses de certains chapitres de son budget.
Nous voulons en quelque sorte deux pouvoirs : législatif et exécutif, tout comme en France. Le

[101] Lettre du Lieutenant-gouverneur de la Côte d'Ivoire à Monsieur le Président de la Chambre de commerce à Grand Bassam, Bingerville le 29 mai 1913, in *Bull. de la Chambre de commerce de la Côte d'Ivoire (BM CCC 1)* 1913, p. 22-25 (p. 22).

[102] *Ibidem*, p. 22.

[103] Membres de la mission parlementaire en visite en AOF en vue de fournir à la Commission coloniale tous les renseignements nécessaires pour la mise en valeur des colonies ouest-africaines.

> premier pourrait être confié à une assemblée locale nommée par les commerçants, industriels, indigènes lettrés citoyens français. Le pouvoir exécutif serait confié naturellement au gouverneur de la colonie[104].

Comment mesurer effectivement l'influence de la Chambre de commerce sur le progrès économique de la Côte-d'Ivoire coloniale? Ayant mis, au premier plan de ses préoccupations, la tenue régulière de séances de travail et d'informations, auxquelles prenaient activement part la majeure partie des membres, soucieux de confronter leurs points de vue et de se tenir informés, la Chambre de commerce détient encore aujourd'hui dans ses archives, les feuilles de son bulletin mensuel, où se trouvent consigné chacun des procès-verbaux de ses assemblées. Ceux-ci constituent, pour l'historien, une source inestimable, permettant d'apprécier chacune des interventions de cet organisme.

B. Rôle de la Chambre de commerce dans la production agricole

La gamme de ses activités, extrêmement vaste, s'étend de l'incitation à la production au recrutement d'une main d'œuvre de plus en plus rare, en passant par la défense des intérêts des producteurs

1. L'incitation à la production

Pour alimenter le commerce, les produits agricoles étaient indispensables. La Chambre de commerce incite donc à la production. A défaut de produits de culture, elle préconise, au début de la colonisation, les produits de cueillette dont essentiellement le cola. Le vœu émis, par la Chambre de commerce « de voir les indigènes se livrer à la culture intensive des colatiers », est largement réalisé en 1912, particulièrement dans la circonscription agricole de l'Est dont fait partie le Moronou. Et le gouverneur Angoulvant se plaît particulièrement à le souligner dans une lettre adressée au président de la Chambre de commerce, le 1er décembre 1912 :

---

[104] « Discours prononcé par Barthe, président de la Chambre de commerce, à l'occasion du banquet offert à messieurs les députés Proust et Valude et au gouverneur Antonetti », le 6 janvier 1922, *BM CCCI*, 1922, p.1-8 (p.2).

> L'indigène, mieux éclairé sur ses véritables intérêts, se consacre à la culture méthodique de ce produit (le cola) (...). Les administrateurs et chefs de poste font procéder au débroussement des peuplements naturels situés à proximité des villages[105].

En cette première période de colonisation ivoirienne, contre les mesures restrictives dont on cherchait en 1912 à « entourer la récolte ou l'exploitation du caoutchouc et de l'acajou », la Chambre de commerce met en garde l'administration coloniale. Non seulement, rappelait-elle en substance, ces restrictions « *ne sauraient être considérées comme un accroissement de la richesse des indigènes, mais elles représenteraient un danger réel pour la situation économique actuelle de notre colonie* ».

Plutôt que de restreindre les cultures de la colonie, il faut au contraire les diversifier. Aussi, encourage-t-elle les efforts louables du gouvernement local, déployés en 1912 au service de la diffusion du cacaoyer. Mieux, tout en stimulant les initiatives individuelles à embrasser cette culture, la Chambre de commerce suggère à l'administration locale de doter le service de l'agriculture de moyens plus importants afin que cette dernière « soit complètement à la hauteur de sa tâche »[106].

Outre l'exploitation des produits de cueillette et la culture du cacaoyer, la Chambre de commerce pousse successivement aux cultures du cotonnier, et aussi à l'intensification des cultures vivrières. Afin de rendre compétitif sur le marché extérieur chacun de ces produits, la Chambre de commerce participe aux côtés de l'administration à la création du corps spécialisé des contrôleurs de produits, dont la finalité est - comme nous le verrons plus loin - d'inciter le planteur à améliorer la qualité marchande de son produit.

---

[105] Lettre du Lt-gouverneur de la Côte d'Ivoire au président de la Chambre de commerce à Bassam, Bingerville, le 4 août 1912, P.V. du 1er décembre 1912 in BMCCC I 1912.

[106] Archives de la Chambre de commerce de Côte d'Ivoire (ACCI), *Rap. sur la culture du cacaoyer* – BMCCCI I, vol. 1911-1919, p. 174.

2. La défense des intérêts des producteurs

De même que la Chambre de commerce eut à encourager la production, de même elle prit la défense de tous ceux qui, à un degré quelconque, y concouraient, dans la mesure où ces derniers subissaient dans leurs intérêts de graves préjudices, pouvant compromettre l'avenir même de la production.

En 1912, mille cinq cents récolteurs de caoutchouc d'origine ashanti, accusés de « ravager les arbres à caoutchouc » et de se livrer à de "nombreuses rapines" dans le Haut-Cavally et le Haut-Sassandra, font l'objet d'une mesure d'expulsion du territoire ivoirien. Sans attendre, la Chambre de commerce adresse successivement au Lieutenant-gouverneur un télégramme, puis une lettre, demandant à ce dernier de rapporter d'urgence cette mesure d'une rigueur excessive à ses yeux. En effet la Chambre de commerce fait remarquer que « *l'indigène indolent laisse la plupart du temps les richesses naturelles inexploitées*", et que "*sans les Ashanti bon nombre de régions seraient improductives* ». Elle souligne d'autre part :

> Il n'est pas niable que ces étrangers aient été d'excellents éducateurs et si certaines qualités de caoutchouc, comme le *manoh twist*, sont hautement appréciées sur le marché international, c'est aux Ashanti qu'on le doit[107].

De même, pour sauvegarder les intérêts des producteurs de palmistes du Moronou, du N'zi-Comoé et même des cercles limitrophes, tel que celui des Gouro, qui ravitaillaient le marché de Dimbokro, la Chambre de commerce demande en 1922-1923 la suppression radicale des pisteurs, « ces véritables parasites, fainéants et peu scrupuleux », qui courent au-devant des produits et fraudent sur le poids, en payant un prix très inférieur à celui marqué par la balance.

Enfin, dernier exemple témoignant de la sollicitude de la Chambre de commerce pour les producteurs, la condamnation sans fard de la politique confusionniste de l'administration, qui sans discernement impose en 1928 la culture cotonnière aux planteurs de cacao et de café du Moronou. Non seulement

[107] Procès-verbal de la séance du 7 mai 1912, a/s « récolte du caoutchouc par les Ashanti », in BMCCCI, 1912.

l'expérience a prouvé précédemment que le sol forestier convenait peu à la culture du coton, mais les Morofwè ont toujours manifesté la plus grande répulsion à l'égard de la culture cotonnière. Pour avoir fait fi des leçons du passé, l'essai de cette culture se solda à nouveau par un effet catastrophique :

> Il s'ensuit que la plus grande confusion règne dans l'esprit des agriculteurs en ce qui concerne les graines à semer, les quantités, les espèces, les zones propices. Les ordres et les contre ordres se succèdent, les expériences les plus vaines sont entreprises. On a vu à Bongouanou, 500 indigènes, hommes, femmes et enfants, couper des hectares de forêt pour y planter du coton (...) Il est extraordinaire que monsieur l'inspecteur des textiles prenne de pareilles initiatives qui auraient pour résultat de compromettre la culture si intéressante du cacao et du café et d'amener l'exode des populations indigènes sur la Gold-Coast[108].

3. *La Chambre de commerce et le recrutement de la main-d'œuvre*

La position de la Chambre de commerce à l'égard de la main-d'œuvre ne saurait être appréciée sans nuance. Elle a varié au cours de la période étudiée, essentiellement en fonction des intérêts de ses membres adhérents, qui ne sont autres que ceux-là mêmes qui sollicitent les services de la main-d'œuvre locale.

Pendant la première période coloniale qui s'achève approximativement en 1921, la Chambre de commerce épouse parfaitement, contre l'administration coloniale, la cause du producteur ivoirien. C'est la phase du démarrage des cultures spéculatives, postérieure à l'exploitation des produits de cueillette, ayant prévalu, des premiers moments jusqu'à la fin du premier conflit mondial. Pendant cette période, point n'est besoin d'une main-d'œuvre nombreuse, pour répondre aux exigences du commerce et des autres entreprises coloniales, dont le volume d'affaires est encore faible. La Chambre de commerce prend donc fait et cause, jusqu'en 1921, pour des récolteurs de caoutchouc ashanti, menacés d'expulsion, en 1912. Elle réagit

---

[108] Extrait du P-V de la séance de la Chambre de commerce du 16 juin 1928, a/s politique du coton, BMCCCI, p. 880.

violemment contre les réquisitions d' « indigènes », opérées ici et là, par l'administration au profit de quelques exploitants, dont la seule préoccupation est de réaliser en temps record de gros bénéfices, sans respect des termes de contrat d'embauche, passés avec les « indigènes » du pays ... Afin de mettre fin aux abus, Barthe, président de la Chambre de commerce, invite en 1922 l'administration locale à réglementer le travail de « l'indigène » et à instituer une "inspection de la main-d'œuvre". Mais dès cette date, la situation économique de la colonie subit une profonde mutation.

A l'incitation de l'administration et à la lumière des conseils du Service de l'agriculture, les habitants de la zone forestière (y compris les Morofwè) dont le sol est fort propice à la culture du cacao, s'étaient mis hardiment à cette culture nouvelle. Ailleurs, l'on fait fructifier toutes les autres cultures recommandées : riz, caoutchouc, palmiers à huile, colatiers ... Toutes ces cultures, bien plus rémunératrices que la solde payée sur les chantiers privés, retiennent les habitants, au grand dépit des exploitants forestiers et des grosses entreprises coloniales, qui tentent momentanément de résoudre la pénurie en main-d'œuvre, en faisant appel aux moyens mécaniques : voies decauville, tracteurs à chenilles, tracteurs à roues, treuils…

Devant l'échec des moyens envisagés et face à la crise persistante de la main d'œuvre qui met en péril la vie même des entreprises de la colonie, la Chambre de commerce change d'attitude. Hostile jusque là au recrutement de la main-d'œuvre locale qu'elle trouve contraire aux intérêts du commerce, la Chambre de commerce s'ouvre progressivement au problème de la pénurie en main-d'œuvre, dont souffrent les entreprises de la colonie[109]. En 1925, elle finit par épouser le point de vue, sur la question, des exploitants forestiers, des agriculteurs et des patrons des autres entreprises, tous membres adhérents de la Chambre de commerce :

---

109 « Certaines entreprises sont totalement arrêtées dans leur développement par ce fait ». Cf. Rapport de Mr Sterlin, membre de la Chambre de commerce, séance de la Chambre de commerce du 26 mars 1924. BMCCCI p. 554. On lit dans le même document : « On voit actuellement une grande partie des exploitants forestiers passer à grands frais des mois entiers, à la recherche d'une main-d'œuvre qu'ils ne trouvent qu'avec les plus grandes difficultés ». Cf. *Ibidem op. cit.* p. 555.

> Vous pouvez être assuré, Monsieur le Gouverneur, que je n'ai pas pris partie "à la légère" dans cette grave question de main-d'œuvre, mais bien après mûres réflexions et après avoir pris avis des membres de notre assemblée et de tous les intérêts en cause[110].

On lit plus loin, dans la même lettre adressée au gouverneur Brunot, très réticent au recrutement de la main-d'œuvre locale, au profit des entreprises privées de la colonie :

> Il n'a jamais été dans l'esprit de la Chambre de commerce que l'Administration doit recruter par force des manœuvres pas plus pour les exploitants forestiers que pour le commerce et l'agriculture. Nous savons tous que le manœuvre est libre et ne peut être contraint au travail forcé. Mais nos indigènes sont de grands enfants paresseux et insouciants et comme tels doivent être conseillés et dirigés, au début surtout, d'une main paternelle mais ferme. Nous devons apprendre à travailler à nos races primitives et leur apporter la possibilité d'évoluer grâce au produit de leur travail. Les exploitants forestiers, en allant chercher en pleine forêt des manœuvres à moitié sauvages, certains mêmes anthropophages, de les avoir amenés sur la voie ferrée ou au bord de la mer, d'avoir appris à parler français à plusieurs d'entre eux, de leur avoir enfin inculqué le travail régulier, leur ont rendu un très grand service[111].

En notant au passage le relent raciste, propre à l'époque, de ce passage, l'argument d'infériorité raciale invoqué qui n'est somme toute qu'un prétexte avancé pour expliquer le recrutement, il convient d'enregistrer l'évolution opérée dans l'attitude de la Chambre de commerce à l'égard du recrutement de la main-d'œuvre. D'autre part, il est à souligner que, par rapport à l'administration, la position de la Chambre de commerce évolue

[110] N° 923 *Lettre de M. le Président de la Chambre de commerce à M. le gouverneur par intérim, Brunot*. Abidjan, le 23 avril 1925, *op. cit.* p. 641.

[111] *Ibidem*, p. 642.

à l'inverse de celle adoptée par cette dernière. En effet, tandis que l'administration, jadis partisane du recrutement de la main d'œuvre, se fait désormais, en la personne du gouverneur Brunot, le défenseur acharné des intérêts des Ivoiriens, essentiellement des planteurs, tournés résolument vers la culture du cacao, la Chambre de commerce, plus sensible aux pressions des solliciteurs privés de main-d'œuvre, se prête volontiers à leur jeu et fournit à l'occasion sa collaboration. De fait, face à la crise permanente de la main-d'œuvre, sévissant dans la colonie, la Chambre de commerce, la première, propose de s'adresser au réservoir de la main-d'œuvre voltaïque. Et ceci, dès 1924 :

> Les entreprises forestières et agricoles ont de plus en plus besoin d'une main-d'œuvre sûre et régulière (...) Il serait bon que les colonies du Haut-Sénégal-Niger et de la Haute-Volta aient une conception plus large de tous les intérêts de l'AOF, intérêts qui sont d'ailleurs connexes, et favorisent chez elles le recrutement des équipes nécessaires à l'exploitation de nos chantiers forestiers, de nos huileries et de nos plantations de cacao.
> Actuellement, une bonne partie de la main-d'œuvre de Haute-Volta se dirige sur les plantations de cacao de la Gold-Coast. Nous demandons qu'une partie de cette précieuse main-d'œuvre soit affectée aux travaux de chemin de fer, aux entreprises agricoles et industrielles de notre Colonie qui manque de bras pour sa mise en valeur[112].

C. Chambre de commerce et commercialisation des produits

Pour être concurrentiels sur le marché extérieur, les produits ivoiriens devaient être conditionnés, subir une inspection rigoureuse, bref revêtir les mêmes normes et être d'une qualité irréprochable, à la sortie. Cette valorisation du produit marchand, dernière étape d'un long processus qui comprend l'incitation, l'accroissement de la production et la fourniture de la

[112] Document annexe au Procès-verbal de la séance du 26 juin 1924, a/s main-d'œuvre - BMCCCI p. 572.

main-d'œuvre indispensable, préoccupe tout autant la Chambre de commerce, qui s'y attèle avec la même ardeur.

1. Le conditionnement des produits

Il porte sur la plupart des produits récoltés. Les produits dérivés du palmier : l'huile de palme et les palmistes en sont les premiers concernés.

L'huile de palme et les palmistes

Des fraudes sont constatées, dès 1913, sur l'huile de palme et les palmistes. L'huile recèle des impuretés, tandis que les sacs de palmistes contiennent des matières étrangères : coques, terre, pierre, pour plus de 5 %. Que faire ?

La Chambre de commerce suggère les solutions suivantes. Pour les palmistes, au lieu de détruire le lot qui contient un pourcentage trop élevé de matières étrangères, il faut obliger les producteurs à « assainir leurs lots de palmistes, et s'ils refusent leur dresser une contravention ». Quant à l'huile de palme, la mesure arrêtée, pour en améliorer la qualité, est la suivante : « parvenir à réduire le pourcentage des corps étrangers de l'huile à 1 % ».

Le cola

Le conditionnement de ce produit devient urgent en 1923. La commercialisation, au cours de la campagne précédente, avait connu une hausse considérable sur le marché sénégalais, où les colas de Sierra-Leone avaient été fortement désavantagés, du fait de la hausse de la « livre ». L'appât du gain pousse donc à récolter en Côte d'Ivoire jusqu'aux noix vertes, insuffisamment mûres, qui se rident très facilement. Ces noix de mauvaise qualité, mélangées avec des noix de valeur, provoquent le « brûlage »[113]. Pour éviter que de pareils inconvénients ne se renouvellent, l'on décide d'opérer désormais l'inspection de ce produit, avant emballage, dans les grands centres de production : Abidjan, Dimbokro, Agboville :

> Les noix de cola devront avoir l'enveloppe intacte, sans aucune trace de coupures ni de cisaillements[114].

[113] La fine pellicule qui recouvre la noix se détériore et celle-ci prend la couleur brunâtre.

[114] Cf. BM CCCI, p. 551.

La Chambre de commerce accepte de prendre la responsabilité de l'opération d'inspection.

Le cacao

Produire, et beaucoup, tel a été surtout le mot d'ordre, à propos du cacao. Mais rien ou si peu avait été réellement fait, avant 1931, pour améliorer la qualité de ce produit.

Le planteur de cacao emploie, pour la fermentation, toutes sortes de vieilles caisses et tines en fer blanc, dans lesquelles il entasse les fèves et les laisse ainsi cinq, six ou sept jours, sans aucune manipulation. Il en résulte une fermentation hétérogène; les fèves obtenues d'une telle opération deviennent et restent noires, présentant un aspect désavantageux. Le séchage, autre opération délicate, offre la plus grosse difficulté, du fait que la récolte coïncide avec la petite saison pluvieuse. Mal abrité de la pluie, le cacao met du temps à sécher, et une fois les fèves sèches, celles-ci conservent une teinte grisâtre, signe de moisissure extérieure. Certes, l'aspect extérieur de la fève n'a rien à voir avec sa qualité, seulement le cacao qui aura une couleur homogène plaira davantage au marchand et obtiendra un meilleur prix.

Quelles mesures envisage-t-on pour obtenir un cacao impeccable? La Chambre de commerce suggère d'intervenir au niveau du stockage du produit. Afin de soustraire le cacao aux intempéries, dans les divers points d'achat qui se sont multipliés, en 1924-1925, la Chambre de commerce décide de créer des magasins de stockage. Ceux-ci seront le point de départ des premières concessions commerciales au plus profond des zones productives de cacao. Dans le Moronou, Bongouanou, Kotobi-Akpaoussou, Arrah, Andé et Krégbé sont choisis comme postes d'achat, dès l'année 1925. Le nombre limité de ces centres facilitera, malgré les inconvénients nombreux qu'il entraîne pour le vendeur [115], le contrôle des produits auquel participe la Chambre de commerce.

[115] Entre autres le transport, sur la tête, des charges de 50 kg environ de cacao, du village au centre d'achat. Ce qui les empêche, pendant ce temps, d'en cueillir, récolter ou préparer de nouveaux.

2. Le contrôle des produits

C'est la mesure complémentaire et efficace qui achève de parfaire la qualité du produit. Pour atteindre cet objectif, il fut décidé de créer un corps d'inspecteurs de produits. Déjà en 1913, la Chambre de commerce demandait que « deux inspecteurs indigènes assermentés, nommés par elle et agréés par le gouverneur local, soient chargés de la vérification de la qualité de l'huile et des palmistes ». Cette institution étend son rayonnement, en 1921, aux autres produits : cola, caoutchouc, cacao..., sur la demande expresse du Lieutenant-gouverneur Antonetti. En 1922, une reconnaissance officielle du corps des contrôleurs de produits sanctionne l'autorité de ces agents et étend, si besoin en était, leur influence. Cette année-là, la Chambre de commerce, après étude de la question, procède à une meilleure répartition du personnel dont le nombre est fixé à quinze moniteurs indigènes, travaillant sous l'autorité directe d'un inspecteur européen. Le cercle du N'zi-Comoé avec le Moronou accueille 4 moniteurs contre 1 pour Aboisso-Assinie, 2 pour Abidjan-Lagune, 2 pour l'Indénié[116].

Quant à leur activité, le tableau de la page suivante, bien que discontinu, en donne une petite idée. Ainsi par exemple, au cours de la campagne 1929-1930, 10 710 tonnes de cacao (soit 48 %), sur une production totale ivoirienne de 22 240 tonnes, ont pu être vérifiés. Il en est de même pour 3 319 tonnes de palmistes (soit 30 %) sur une production totale de 10 964 tonnes, et aussi pour 2 930 tonnes d'huile de palme (soit 45,50 %) sur 6439 tonnes. Au cours de ces dix mois de vérification de produits- du 1septembre 1929 au 30 juin 1930- 318,951 t. de cacao (2,97 %), 75,836 t. de palmistes (2,28 %) et 5,625 tonnes d'huile de palme (0,19 %) ont pu être reconditionnées. Il a été saisi, pendant la même période, 33,815 t. de cacao (0,31 %), 3,834 t. de palmistes (0,11 %) et 2,044 tonnes d'huile de palme (0,06 %). Enfin, 129 procès-verbaux ont été infligés.

Pour l'ensemble des périodes cumulées sur lesquelles nous disposons des chiffres, l'inspection des produits enregistre des

[116] La répartition complète des moniteurs de contrôle des produits, pour l'ensemble du territoire ivoirien, se présentait en 1922, comme suit : Aboisso-Assinié 1 ; Bassam 1 ; Lagunes-Abidjan 2 ; Agboville 1 ; Indénié 2 ; Dimbokro 4 ; Bouaké 1 ; Lahou 1 ; Sassandra 1 ; Tabou 1 Cf. BM CCCI, p. 551.

résultats encore plus satisfaisants. Ont subi la vérification : 47 335 t. de cacao, soit 66 % du tonnage total vérifié ; 7 836 t. de palmistes, soit 36,65 %. Sur la production totale du café qui fait une apparition tardive parmi les cultures ivoiriennes, 1 664 t. (45 %) des 3 672 t. de la production totale, ont été vérifiées par le service d'inspection. 455 tonnes du tonnage vérifié (27 %) subissent un reconditionnement, tandis que 8,092 t. de produits sont saisies, soit 0,48 %. Pour parvenir à ce résultat appréciable, il aura fallu dresser, d'après les statistiques consultées, 387 procès-verbaux.

II. LES SOCIETES DE PREVOYANCE

A. Création et objectifs

Crées en AOF, en juin 1910, par le gouvernement général, puis modifiées à plusieurs reprises sous certains de ses aspects, les sociétés indigènes de prévoyance, de secours et de prêts mutuels agricoles, après avoir d'abord vu le jour au Sénégal, sont généralisées dans toutes les colonies de l'A.O.F.

Bien que la première circulaire du Lieutenant-gouverneur, pour sensibiliser les administrateurs des différents cercles à la nécessité de créer des sociétés de prévoyance, dans leurs circonscriptions administratives, date du 24 décembre 1913, il faut attendre le troisième trimestre de 1932 pour que des dispositions pratiques soient prises, pour la mise en place de la première société de prévoyance, au niveau du Nzi-Comoé. En réalité, son fonctionnement ne sera effectif qu'à partir du 1 janvier 1933.

Cette société, la première du cercle, est composée de « notables indigènes, choisis principalement parmi les agriculteurs (...), par les indigènes des villages ». Elle est dotée de deux structures fondamentales : la section locale, créée au niveau de la subdivision et le conseil d'administration qui regroupe des délégués de chacune des sections du cercle. Trois des membres, délégués en 1939 au conseil d'administration de la Société de prévoyance de l'Indénié, et originaires de la subdivision de Bongouanou, nous sont connus, grâce au Journal Officiel[117].

Quels étaient les objectifs de la Société de prévoyance ? Outre les buts généraux, elle poursuivait, dans le Moronou, cette région à vocation cacaoyère, des fins spécifiques : faciliter « dans de grandes proportions l'intensification de la production et l'amélioration de la qualité des produits ». Plus particulièrement « son activité s'exercera d'abord sur le cacao et sur les palmistes ». Mais encore, il reviendra à la société de prévoyance de « faire acquérir aux planteurs, hier encore paysans frustres, la technique de la culture rationnelle ». Dans cette perspective, il était recommandé en 1936, que la société de prévoyance de l'Indénié reçoive un indigène de chacun des villages en stage, d'une durée d'un mois, sur une plantation « modèle ». Au cours de ce stage, « il apprendra à s'initier de façon plus substantielle aux travaux afférents à chacune des cultures pratiquées »[118].

B. Réalisations

L'analyse des rares documents consacrés aux sociétés de prévoyance permet de souligner quelques unes de leurs réalisations. Soucieuses de promouvoir le progrès agricole, les sociétés de prévoyance interviennent de façon efficace dans trois directions: elles concourent à l'introduction et à l'usage des machines agricoles, dont elles financent l'achat sur leur propre budget. Enfin aux conseils sur les méthodes culturales, le conditionnement des produits, elles joignent la pratique, en procédant de temps à autre à des distributions gratuites de semences sélectionnées.

1. La diffusion des machines à traiter les produits

Faisant œuvre de vulgarisation, les sociétés de prévoyance encouragent dans le cercle l'introduction, la diffusion et l'usage des appareils de concassage pour les palmistes, des dépulpeurs à café, la vulgarisation des bacs à cacao ... Dans l'Indénié, aux

[117] Ce sont Aka Assoua, Manon Kan et N'da Kouassi. Cf. liste des membres des Conseils d'administration des sociétés indigènes de prévoyance appelés à désigner les délégués de ces sociétés au sein de la Chambre d'agriculture et d'industrie. JOCI, 1939, p. 564.

[118] ANCI 1 RI - XIII-38-28 *1160* (60). *Rapport du Service de l'agriculture pour l'année 1936. a/s de l'Orientation agricole.*

environs de 1936 et grâce à la Société de prévoyance, le cercle est doté d'une moto presse, de trois dépulpeurs et de quatre déparcheurs. Par ailleurs, une usine de traitement du café, installée en 1938 au chef-lieu de cercle, à Abengourou, apporte sa contribution à la préparation du café.

Dans le N'zi-Comoé, à la même époque, deux moto concasseurs, montés sur camion, parcourent les villages pour traiter les noix de palme. Les trieurs, les bacs à cacao, les séchoirs, les décortiqueuses pour le café se rencontrent régulièrement dans les villages. Un agent du service d'agriculture en assure la surveillance. Certes l'idée du progrès, mais surtout celle de rentabilité qui apparait encore assez confuse au niveau des exploitations, en justifient la diffusion. Pourquoi ne pas utiliser les avantages de l'outillage mécanique, pour améliorer le rendement et surtout pallier le manque de bras à une époque où l'absence de main-d'œuvre se fait cruellement sentir !

2. Les autres interventions économiques et sociales

Outre l'achat de l'outillage mécanique propre à traiter les produits agricoles, les sociétés de prévoyance inscrivent à leur programme la distribution de semences et des plants sélectionnés, en vue d'augmenter et d'améliorer la production. Des milliers de plants et des tonnes de semences, pour accroître les performances tant des cultures industrielles que des vivriers, sont à mettre à l'actif des sociétés de prévoyance[119]. Par ailleurs le concours de ces organismes au niveau de l'enseignement agricole pratique, de la réalisation des plantations modèles, fut d'un secours précieux pour l'impulsion économique du Moronou. L'alignement correct des plantations, l'écart judicieux respecté entre les plants constituent autant d'enseignements pratiques qui ont eu les meilleurs effets sur les planteurs de la région.

---

[119] En 1937, l'entretien et la création de cultures et pépinières, au niveau du budget de la Société de prévoyance, s'élevait à 15 000 F. les pépinières forestières à 25 500 F. 19 000 F. avaient été aussi inscrits à ce même budget pour les semences de coton. Cf. ANCI 2 H4 - IV – 15 125 (3 742), *Programme d'action sociale pour l'amélioration du sort de l'indigène par le travail, a /S Société de prévoyance, cercle de Dimbokro, 1e octobre 1937.*

Enfin, l'idéal social n'a pas été perdu de vue par les sociétés de prévoyance, même si l'action dans ce domaine fut limitée. Des forages de puits ont pu être effectués ici et là ; ou à défaut de "spécialistes" demandés au Nord ivoirien, dont l'arrivée se faisait longuement attendre, les citernes remplaçaient les puits. L'imprévoyance de certains cultivateurs, à l'époque de la soudure, était palliée toujours efficacement par la fourniture de l'igname ou des grains nécessaires. En 1937, la Société de prévoyance de Dimbokro achète 40 tonnes de maïs, qu'elle vend ensuite « aux meilleures conditions », aux populations du cercle, atteintes par la sècheresse.

Cependant les sociétés de prévoyance ne semblent pas avoir toujours rempli le rôle que l'on attendait d'elles. Témoin les vives critiques adressées, en 1935 à l'endroit de la Société de prévoyance de Dimbokro, par Codé, l'inspecteur du Service de l'agriculture, en tournée dans le cercle:

> Ces organismes dont on pourrait attendre une action très bienfaisante (...) constituent trop une forme d'assujettissement des sociétaires et des fonctionnaires des cadres techniques (...) Pour l'instant, ces sociétés se limitent surtout à une vulgarisation intensive de la culture du caféier et les agents agricoles, au lieu de rester les conseillers, sont de simples employés de ces sociétés qui en fait se substituent au service de l'agriculture. Chaque cercle se livre avec les moyens financiers de ces sociétés à des improvisations, des expériences qui ne sont pas toujours, tant s'en faut, justifiées par une documentation préalable[120].

Malgré le défaut de coordination avec des organismes similaires, tel que le Service de l'agriculture, qui poursuivent les mêmes

[120] ANCI 1 R3-XI-46-343 (859), extrait du rapport de M. Codé, en tournée dans le N'zi-Comoé. Dimbokro, le 10 décembre 1935. On lit ailleurs « Dans les palabres, au chef- lieu du cercle comme dans les hameaux, on a porté haut le rôle, le but de la Société de Prévoyance. Mais on a parlé plus qu'on a agi ». Cf. ANCI 2 H4-IV-15-125 (3742), Programme d'action sociale pour l'amélioration du sort de l'indigène par le travail, a/s Société de Prévoyance. Cercle de Dimbokro, 1er octobre 1937.

objectifs, et certaines autres erreurs, imputables à l'inexpérience de ses membres, il faut cependant reconnaître le dynamisme des sociétés de prévoyance qui ont été pour beaucoup à l'origine du mouvement économique, imprimé à tout le Moronou.

3. Le financement des réalisations

Mais bacs de cacao distribués gratuitement au départ aux planteurs villageois, achats de véhicules et autres moyens mécaniques, nécessaires au traitement de la production agricole, exécution des programmes d'action sociale, autant d'activités qui ne peuvent se réaliser sans un minimum de budget. Quel est le volume de celui-ci et comment évolue-t-il ?

Une saisie globale des différents budgets, en l'occurrence le budget de la Société de prévoyance du N'zi-Comoé et celui de la Société de prévoyance du cercle d'Abengourou, eût été l'idéal. Mais les lacunes, dans les deux séries de documents, qu'une recherche active dans les différents centres de documentation n'a pu combler, rendent la chose plutôt malaisée. En effet, si la série des budgets annuels du N'zi-Comoé est relativement complète - seul manque le budget annuel de 1939 - dans le N'dénié, nous n'avons pu recueillir que les données des années 1933, 1934 et 1935.

Que suscite-t-elle, la vue des budgets de ces deux sociétés de prévoyance ? La première réaction est de pouvoir déterminer la part d'investissement prévue ou réalisée de part et d'autre, au profit du Moronou. Mais le peut-on? Le Moronou, compris dans sa globalité dans le cercle du N'zi-Comoé jusqu'à la fin de 1933, est désintégré à cette date[121]. Si la partie ouest, rassemblée aujourd'hui dans la préfecture de M'bato, demeure toujours liée administrativement au cercle du N'zi-Comoé, la subdivision de Bongouanou à l'est est rattachée au cercle de l'Indénié, dès janvier 1934. Cette répartition administrative qui détruit l'unité politique du Moronou ancien, a eu entre autres une incidence sur la répartition des budgets des sociétés de prévoyance des deux cercles, en 1934. Ceci explique, à l'examen des deux budgets, le fléchissement intervenu au niveau du budget de la Société de prévoyance du N'zi-Comoé, et le gonflement enregistré au niveau de celui de l'Indénié. En effet, tandis que le premier chute de 196 080 F. en 1933 à 168 616 F. en 1934, soit de -14%,

[121] Arrêté général A.O.F. n° 1865 du 16 décembre 1933.

le second – le budget de l'Indénié croît au cours de la même période, de 87 575 F. à 461 952 F., soit une augmentation de plus de 427%.

Budgets des Sociétés de prévoyance des Cercles Indénié et N'zi-Comoé

Années	**1933**	**1934**	**1935**	**1936**	**1937**	**1938**
Indénié	87 575 F.	461 952 F.	514 644 F.			
N'zi-Comoé	196 080 F.	168 616 F.	231 174 F.	317865 F.	289705 F.	346469 F.
Total Côte -d'Ivoire	48 754 762 F.	8 005 677 F.	9392805 F.			

Sources : ANCI 1Q2 *Rap. économique du cercle de Dimbokro, 1e semestre 1938*. ANCI RR1-VI-12-219 (3 575) *Rap. Situation économique 1935.*

De 1934 à 1935, la courbe des deux budgets est ascensionnelle, même si elle est plus accélérée pour le N'zi-Comoé. De 168 616 F. en 1934, le budget de la Société de prévoyance du N'zi-Comoé grimpe à 231 174 F. en 1935. La hausse subie, qui est de 37%, est nettement supérieure à celle notée au niveau de la courbe budgétaire de l'Indénié, dont la croissance demeure dans des proportions plus modestes, pendant la même période, soit + 11,40%. A partir de 1935, l'analyse de l'évolution du budget ne peut se poursuivre qu'au niveau du seul cercle du N'zi-Comoé, compte tenu du manque de données chiffrées, disponibles pour l'Indénié. La courbe du budget du N'zi-Comoé, après avoir atteint l'un de ses sommets en 1936 (317 865 F.), redescend à 289 705 F. en 1937 (- 8,85%), avant de culminer en 1938 avec un chiffre global de 346 4690 F., soit (+ 19,58%).

Les montants de ces deux budgets parallèles, qui représentent, toutes proportions gardées, des sommes relativement importantes pour l'époque, ont servi à faire face aux dépenses administratives (rétribution du personnel, frais de fonctionnement et autres), mais aussi à financer tous les différents projets, inscrits au programme des réalisations des Sociétés de prévoyance, dont nous avons tenté de donner un bref aperçu.

III.- QUEL BILAN ?

Pour achever cette longue mais nécessaire étude, relative aux sociétés baptisées ici de l'expression « à vocation économique », qui par moments a pu donner l'impression d'être une répétition de ce qui a été déjà exposé, au chapitre précédent, sur l'intervention de l'administration locale et la collaboration des services de l'agriculture, il suffit de se demander si les objectifs fixés ont été atteints. Par leur action théorique et pratique, la Chambre de commerce de la Côte d'Ivoire et les sociétés de prévoyance ont contribué à bien d'égards, au niveau ivoirien et dans le Moronou en particulier, aux progrès du secteur agricole. Elles ont joué un rôle positif en introduisant les plantes industrielles, en initiant l'Ivoirien aux soins exigés par l'entretien de nouvelles cultures spéculatives. Afin d'améliorer les rendements, les sociétés à vocation économique ont aussi diffusé les techniques et les machines de traitement du cacao, du café et des autres produits de culture industrielle. Mieux, les méthodes et les moyens préconisés ont été, les sanctions et les mesures disciplinaires aidant, rapidement assimilés et adoptés.

On aurait souhaité le perfectionnement des instruments de travail traditionnels, la transformation de l'ancien système de culture, lié avant tout à l'approvisionnement de la subsistance quotidienne. Au lieu de cela, l'on s'est orienté exclusivement vers la recherche du rendement, la croissance de la production industrielle qui, au mieux, a permis au Morofwè, par les bénéfices réalisés à l'issue de la vente de la récolte, d'être en possession des biens de consommation de l'industrie moderne, sans que survienne pour autant une réelle modification des conditions de travail, et par suite une amélioration du bien-être matériel.

Aussi, est-on en droit de se demander quel en est l'impact réel sur la société du Moronou de l'époque. Une nouvelle économie, celle de plantation naît, se superposant à l'agriculture traditionnelle de subsistance. Lentement mais sûrement, la société du Moronou se transforme. L'orpailleur de l'Aowin, devenu chercheur d'or dans le Moronou précolonial, se mue lentement en planteur. Bien que dans la vie quotidienne, le changement soit peu perceptible, on peut néanmoins le tenir pour certain. On peut admettre que l'économie de plantation, qui se greffe sur l'économie traditionnelle sans interpénétration profonde, à l'avènement de la colonisation, « ouvre » l'Agni sur le monde extérieur, crée à l'intérieur même du Moronou un flux de capitaux (encore peu important certes!), de personnes, en l'occurrence, les salariés ruraux des cercles du Centre et du Nord ivoiriens, et aussi de produits, qui progressivement finissent par rompre les formes anciennes d'isolement.

A ce niveau-là, on peut admettre que les sociétés à vocation économique : Chambre de commerce de la Côte-d'Ivoire, Sociétés de prévoyance, mais aussi les différents services d'agriculture ont été des facteurs dynamiques de mutation économique.

DEUXIEME PARTIE

L'INSERTION DE L'AGRICULTURE DANS L'ECONOMIE DE MARCHE

L'insertion de l'agriculture ivoirienne dans son ensemble, dans l'économie de marché, enregistre à la fois des éléments positifs et négatifs qui n'ont pas manqué d'avoir des retentissements certains auprès des planteurs du Moronou, ignorant tout des mécanismes complexes du marché international.

L'insertion de l'agriculture ivoirienne dans l'économie de marché signifia d'abord, pour le planteur du riche terroir agricole du Moronou, un surcroît de travail, afin d'étendre son exploitation et d'améliorer la qualité du produit de sa récolte, dans une perspective plus compétitive de son café et de son cacao.

La crise de 1929, qui frappe de façon sévère l'économie mondiale dans son ensemble et plus particulièrement les produits coloniaux dont le café et le cacao, a un effet négatif sur la courbe de la production ivoirienne, même si les planteurs du Moronou ont particulièrement bien « encaissé » la baisse du coût des produits. Mais le marasme général des affaires suscite néanmoins un émoi, des réactions spontanées ou organisées qui, dans un autre contexte, auraient pu dégénérer en crises sociales aigües.

Il s'imposait donc de retracer les fluctuations de la courbe évolutive du développement agricole, en commençant par ouvrir un chapitre sur les fluctuations, enregistrées par les prix des différents produits.

CHAPITRE 5

LES FACTEURS CONJONCTURELS ET COMMERCIAUX

Si l'administration et les sociétés à vocation économique ont milité en faveur de l'extension des surfaces cultivées et d'une meilleure présentation du produit commercialisé, encore fallait-il que le planteur du Moronou fût réellement motivé. Prendre conscience qu'il pouvait trouver son compte, en vendant la récolte de son café, de son cacao et les autres produits, fut un facteur déterminant dans l'ardeur déployée sur son exploitation.

Le planteur a, dirons-nous, l'œil constamment fixé sur les mercuriales. Il est extrêmement sensible aux fluctuations de la conjoncture. C'est la raison qui explique ce chapitre consacré aux mouvements cycliques tels qu'ils furent « perçus » dans la région.

Produire, c'est bien, encore faut-il être assuré de pouvoir écouler le produit de la récolte. Les routes et pistes, autant que le chemin de fer, construits par les soins de l'administration, vont contribuer à décloisonner, inégalement il est vrai, les villages et rendre plus aisé l'acheminement des denrées vers les centres de redistribution: marchés, centres d'achat ou de consommation.

I. LE MOUVEMENT DES PRIX

Avant de déterminer la tendance et le rythme d'évolution générale des prix, il importe de s'attacher à étudier dans le détail le mouvement particulier des grands groupes de produits rencontrés dans le Moronou colonial.

A. Les produits de cueillette.

De ce premier lot de produits, se détachent de loin, par l'importance de leur trafic, le caoutchouc, le cola et les palmistes. Quelles sont les sources principales de l'étude des prix des produits dits de « cueillette » ? Quelle en a été notre démarche ? Enfin, quelles sont les grandes tendances que l'on peut tirer de l'étude de ces prix ?

1. Sources et méthodes.

Faute d'une information suffisante, il n'est pas possible de suivre les fluctuations du cours des produits dits de "cueillette", durant l'ensemble de notre période. Cela tient au mode de vente particulière de l'époque. Avant l'organisation du marché de Dimbokro, en 1915, par l'administration locale, le caoutchouc, le cola et les autres produits en provenance du Moronou, écoulés vers les factoreries de Tiassalé ou acheminés en direction de Brou-Attakrou et le pays baoulé, échappent au contrôle de l'administration. Aussi, les mercuriales de cette époque ne font-elles pas état des produits du Moronou. Il faut attendre 1917 pour obtenir, grâce aux *Bulletins et Rapports agricoles du N'zi-Comoé*, des chiffres annuels. Encore, doit-on se contenter de renseignements épisodiques, épars. Le cours des produits, effectivement pratiqué au niveau du Moronou, est souvent sacrifié au profit du prix général retenu pour l'ensemble du cercle. Par ailleurs, nous ne disposons pas toujours de données continues, couvrant toute la période étudiée. Recourir aux mercuriales générales de l'ensemble ivoirien ou même d'un cercle voisin pour parer les lacunes, eût été la solution. Mais la disparité des prix, enregistrée d'une région productrice à une autre, est si importante qu'il a fallu y renoncer, de peur de trahir l'orientation spécifique des prix de la région. Pour toutes ces raisons, nous avons tenu à en esquisser fidèlement - avec toutes les lacunes - l'évolution générale.

La construction de séries continues de prix n'a pas été sans poser de problèmes. Plusieurs démarches s'imposaient. Se référer à la fois aux mercuriales de Dimbokro, la subdivision centrale qui englobait une bonne partie du Moronou, à celles de Bongouanou regroupant le reste du Moronou et, après 1933, au cours des produits en vigueur au chef-lieu de cercle d'Abengourou, quand ils n'étaient pas spécifiquement déterminés à Bongouanou, a été une démarche, opérée de façon systématique pour le calcul du prix moyen mensuel de chacun des produits. Il a fallu ensuite déterminer le prix moyen annuel, puis l'indice de chacun de ces prix, avant de procéder à l'obtention de la moyenne des indices annuels.

Enfin, malgré l'originalité de comportement de chacun de ces produits, force nous a été de les considérer globalement, compte tenu des lacunes repérées dans les séries individuelles. La synthèse de toutes les informations obtenues sur chacun d'eux a donné naissance à une courbe des prix unique.

2. Le mouvement des prix

L'examen de la courbe des prix des produits de cueillette permet de tirer deux constatations immédiates. D'une part, se dessinent avec netteté trois grandes tendances fondamentales : une première phase de hausse des prix qui culmine en 1925, puis une phase de baisse de longue durée qui persiste jusqu'en 1934; à partir de 1935, nouveau renversement de la tendance caractérisée par une deuxième phase de hausse - la seconde apparaît plus accentuée que la première - encadrant une période de baisse. D'autre part, soulignons l'allure plus heurtée de la courbe dans sa première phase de hausse (1917-1925). Après 1925, elle affecte au contraire une allure très molle, elle s'émousse. Précisons ces caractères généraux, en étudiant l'amplitude des phénomènes constatés.

Evaluation des mouvements de longue durée

Il s'agit de souligner, au-delà des fluctuations annuelles des prix, le mouvement de longue durée, autrement dit, la tendance majeure à la hausse ou à la baisse, telle qu'elle a pu apparaître au regard des contemporains. Nous recourons ici au procédé désormais classique des *moyennes mobiles*, afin d'éliminer les fluctuations cycliques. Ayant repéré, au total, sept cycles sur la courbe des produits de cueillette, nous en avons arrondi la durée moyenne à trois ans pour calculer la moyenne mobile; puis adoptant le point de vue du Morofwè contemporain, nous avons tenté d'évaluer le mouvement de longue durée tel qu'il a pu le percevoir[122]. C'est en effet cette perception qui guidera l'activité du producteur morofwè, le stimulera ou au contraire, jouera en sens inverse.

[122] E. Labrousse estime que l'historien doit se préoccuper davantage du mouvement des prix tel que les contemporains l'ont ressenti ou ont cru le ressentir, que le mouvement des prix tels qu'ils se sont manifestés réellement. Ce qui permet de ne pas faire intervenir dans les calculs les années futures. Autrement dit, la moyenne mobile sera calculée en faisant la somme des prix annuels de l'année considérée et des deux années antérieures.

La courbe du mouvement de longue durée, obtenue d'après les moyennes mobiles, fait ressortir avec plus de netteté le phénomène précédemment constaté: l'existence de deux tendances fondamentales à la hausse encadrant une longue phase de baisse. Jusqu'en 1925, la courbe offre un caractère d'irrégularité, marqué par un mouvement de hausse quelque peu ralenti par le "piétinement" de courte durée des années 1920-22. En effet, entre 1917 et 1922, la croissance des prix est de 6,4% par an, tandis qu'elle atteint un taux de 22% entre 1922-25. Néanmoins, dans l'ensemble, les années 1917-1925 sont considérées comme une période de hauts prix.

Une longue chute des prix s'amorce dès 1925, atteignant en 1934 son plus bas niveau, avec un taux de croissance de - 8% par an. La croissance reprend en 1935 et se prolonge jusqu'en 1938 avec un taux annuel de 65 %. Elle ne subit qu'un léger fléchissement en 1939 à la veille de la deuxième guerre mondiale. Pour apprécier l'amplitude du mouvement de longue durée, comparons les moyennes mobiles au début et à la fin de chaque phase.

Moyennes mobiles début et fin de cycle

Phase de longue durée	Minim	Maxim	Ecart absolu	Ecart : %	Taux de croissance moyen annuel[123]
1917-1925	99	236	+137	137,37	+ 17,46
1925-1935	54	236	-182	182,33	-18,22
1935-1938	54	160	+106	+106	+35

Sources : ANCI 1 QQ 98 *Rap. sur la situation économique et commerciale générale du N'zi-Comoé et des postes de Bongouanou, Ouellé, Dimbokro et Bocanda, 1915, 1920-24* ; ANCI 1 RR 39, *Rap. économiques des différents, postes du N'zi-Comoé, 1912-1933*.

Notons que, malgré l'ampleur du mouvement de baisse, de l'ordre de 182 %, celui-ci n'annule ni les 137 % de hausse de la phase 1917-1925, ni celle plus modérée de 106 % de la période

[123] Il est calculé entre l'année initiale et terminale de chaque cycle.

postérieure à la crise de 1929-34. Si nous attribuons la base 100 à la moyenne mobile de l'année 1917, nous obtenons :

1917 : 100
1925 : 236
] 935 : 54
1938 : 160.

On ne peut conclure le chapitre des prix des produits de cueillette, en ignorant la période antérieure à 1917, même si celle-ci, à défaut d'informations chiffrées, n'est point prise en compte par la courbe des prix. Les renseignements qualitatifs ne manquent pas sur ces années antérieures, décrites comme une période de « hauts prix », « prospère » pour l'ensemble des produits de cueillette.

De tous ces produits, le caoutchouc semble être le premier auquel les Morofwè aient voué le plus grand intérêt, et ce, bien avant la période coloniale. Déjà, à la fin du siècle dernier, la frange-est du Moronou, la région ahua de Brou-Attakrou, voit défiler, mensuellement en direction de la côte, des centaines de charges de caoutchouc. La contribution des Morofwè à la production du caoutchouc, contrôlée par l'administration coloniale, parait déjà vraisemblable à cette époque. Toujours est-il qu'en 1901, le Moronou est mentionné par le gouverneur Clozel comme l'un des fournisseurs de caoutchouc le plus apprécié de la colonie, en l'occurrence le *hard cake*[124]. Celui-ci, contrairement au *lump* ou caoutchouc en grosses plaques, se présente sous forme de petites galettes noires. Pour l'une des rares fois, le prix du kilogramme de *hard-cake* nous est donné: il vaut 4 F. à Bassam, c'est-à-dire une fois acheminé jusqu'au port d'embarquement. Mais à quel prix était-il acheté, à la même date

[124] Outre le *hard cake* et le *lump*, d'autres variétés de caoutchouc étaient fabriquées dans la colonie. On peut mentionner : le *nigger*, le *red-nigger* et le *twist*...le *hard cake* provenait de l'Anno, du Moronou, de l'Attié et du Baoulé. Il valait 4 F. le kilo à Bassam, tandis que les autres qualités de caoutchouc s'y vendaient à 2,85 F. Cf. *Circulaire n° 21, relative aux principaux types de caoutchouc, récoltés dans la colonie, du gouverneur Clozel aux administrateurs des cercles de l'Indénié, Bondoukou, Kong et Lahou.* Bingerville, le 21 août 1901, J.O.C.I. du 31 août 1901, p. 8.

dans le Moronou ? Le document observe sur la question un mutisme complet.

La deuxième mention sur le cours du caoutchouc, datant de 1910, est purement qualitative:

> Les cours élevés du caoutchouc ont été une des causes de l'activité inaccoutumée dans la production de cette gamme (...) On peut, sans exagération, évaluer à 10 tonnes la quantité de caoutchouc exporté sur les marchés de Tiassalé, Aboisso et Dimbokro[125].

Cette phase de prospérité du caoutchouc s'étend pratiquement sur les douze premières années du vingtième siècle. L'activité du caoutchouc connaît même en 1912 un véritable « boom », qui doit être mis en rapport avec le coût élevé de ce produit. L'engouement pour le caoutchouc est tel que le Morofwè, qui ne voit que le profit immédiat, saigne littéralement à blanc l'arbre à caoutchouc, condamnant ainsi celui-ci à périr. Par ailleurs, on relève à la même époque le départ de plusieurs habitants du Moronou en pays gouro et même jusque dans le cercle de Sassandra à l'ouest de la Côte d'Ivoire, en vue d'exploiter les essences à latex de l'immense forêt, qui couvre cette région ivoirienne[126].

Mais dès le premier trimestre de 1913, les effets de la crise mondiale du caoutchouc se font sentir dans N'zi-Comoé: les maisons de commerce suspendent tout achat de caoutchouc, des magasins se ferment; les récolteurs de caoutchouc du Moronou, en particulier les Ahua, rentrent des rives du Comoé, « *découragés et criblés de dettes* ». A l'arrière-plan, l'on devine la baisse du prix du caoutchouc, conséquente à la mévente mondiale de ce produit.

La crise du caoutchouc aura aussi pour effet de tourner le regard des habitants du Moronou vers d'autres produits dont le

---

[125] Situation économique et agricole du district de Bongouanou, pendant le troisième trimestre 1910. J.O.C.I. 1910, p. 557, 1ère colonne.

[126] Chantiers accordés à deux originaires de Bongouanou pour l'exploitation des essences de latex, in JOCI, 1913, p. 643. Il s'agit d'Assali Dou (Assalé Adou ?), originaire de Bongouanou, à la tête de 21 récolteurs de caoutchouc, qui obtient l'autorisation d'exploiter le caoutchouc dans une portion de forêt, sise dans le Haut-Sassandra.

cola. Dès 1912, les Morofwè *« fouillent la forêt pour découvrir les colatiers encore inconnus »*, et quand un colatier est découvert, il est débarrassé de toutes lianes parasites et *« prend ainsi, au bout de quelques années, un plus grand développement »*[127] Déjà à cette époque, les habitants du pays *« tirent un certain profit de leurs colatiers »*[128]. Si, en 1914, *« les grands événements dont l'Europe est à l'heure actuelle le théâtre, ont malheureusement eu leur répercussion, ainsi qu'il était à prévoir, sur la vie économique du district »*[129], le mouvement commercial reprend quelques mois plus tard, en octobre 1914, essentiellement orienté sur le cola qui demeure jusqu'en 1915, *« le seul produit que le Morofwè consentit à exploiter »*[130].

A l'exploitation du cola, le Morofwè joint en 1915 la récolte du palmiste. Le marché hebdomadaire de Dimboko, créé en 1914, est ainsi régulièrement alimenté par les habitants de Bongouanou, dès cette année-là. Les exploitations de palmistes, de plus en plus importantes, s'écoulant par les différentes gares du Moronou, sont fort bien accueillies par le commerce. En 1916, la tonne de palmistes est enlevée à 275 F. environ. L'évolution postérieure du prix des produits de cueillette, suffisamment mise en lumière au travers du mouvement de longue durée, souligne les trois grandes étapes suivantes :

- une hausse des prix, entre 1917-1925, d'environ 136 %, soit une croissance annuelle de 17%, se manifeste de façon suffisamment heurtée à travers les fluctuations cycliques de grande amplitude qui, faute d'informations suffisantes, n'ont pu être toutes décrites ;

- au cours de la décennie suivante (1925-1935), le renversement de la conjoncture fait apparaitre un mouvement de baisse de longue durée, particulièrement importante par son

[127] ANCI 1 RR 9, *n°161, Rapport économique et agricole du poste de Bongouanou pour le troisième trimestre 1912*. Bongouanou le 30 septembre 1912.

[128] Ibidem, *n° 103 Rap. économique et agricole du poste de Bongouanou pour le 2e trimestre 19112*. Bongouanou, le 30 juin 1912.

[129] Au cours des mois d'août et septembre 1914, « les transactions ont été nulles ou à peu près » dans le poste de Bongouanou. Cf. ANCI 1 RR 9, n° 111.

[130] ANCI 1 QQ 98, *Rap. économique et agricole du poste de Bongouanou pour le deuxième trimestre 1915*.

amplitude de l'ordre de -182 %. Cette période correspond, dans sa deuxième partie, aux années sombres de la crise prolongée de 1929, pendant lesquelles l'exploitant morofwè, découragé par les bas prix offerts à sa production, refuse de se livrer outre-mesure à la recherche des produits de cueillette[131] ;

- la période 1935-1939 est marquée par un mouvement inverse; la hausse reprend, avec une expansion beaucoup plus mesurée que dans la première phase, de l'ordre de 106%. L'augmentation des prix est lente, régulière, sans à-coups, jusqu'au maximum de 1938.

A la veille de la guerre, le prix moyen des produits de cueillette, sans atteindre le sommet de 1925, est néanmoins d'un bon niveau.

B. Le cacao

Le prix du cacao, obtenu à partir des mêmes sources, révèle des variations annuelles fréquentes, se traduisant par une courbe relativement plus hachée. Nous retrouvons les trois grandes tendances fondamentales, signalées à propos des produits de cueillette, à la différence qu'elles sont précédées ici d'un mouvement de baisse de courte durée. L'évolution de la courbe se présente ainsi: une phase de baisse, de courte durée, s'achevant en 1921, puis une longue phase de hausse culminant en 1928; la courbe des prix décroît ensuite de façon brutale, entre 1928-1931; puis c'est l'amorce d'un second mouvement de hausse, marqué par quelques hésitations entre 1931-1933 et surtout par le long tassement de 1933-36. La montée qui devient nettement franche à partir de 1936, accuse un léger

[131] L'administrateur Duvignac, de Ouellé, écrit en 1931, à propos du marché aux palmistes de Daoukro, limitrophe de la subdivision de Bongouanou, et en symbiose avec les marchés du Moronou: « *Quant au marché de Daoukro, les prix proposés sont tellement dérisoires que les indigènes n'apporteront de palmistes que par contrainte. Ce n'est pas du reste le rôle de l'administration locale que de seconder le commerce dans cette politique à courte vue du bas prix* ». Plus loin l'administrateur ajoute : « *L'indigène en face des prix qui lui sont offerts est peu enthousiasmé pour apporter ses produits, car il n'a pas encore eu l'occasion de constater une baisse correspondante des produits manufacturés* ». A.N.C.I. Q-VI-33-84/85 (3561), *Rap. sur la situation économique et commerciale du N'zi-Comoé, pendant le troisième trimestre 1931.*

fléchissement au cours des deux dernières années 1937-1939. L'analyse du mouvement de longue durée, confirmant ces différentes tendances, permet de dresser le tableau ci-après :

Phase de longue durée	Mini	Maxi	Ecart absolu	Ecart %	Taux de croissance moyen annuel
1920-1921	35	99	-64	-65	-65
1921-1928	35	80	+45	+45	+6,42
1928-1931	16	80	-64	-64	-21
1931-1939	16	45	+29	+29	+3,6

Que constatons-nous? Nous notons une tendance très forte à la baisse, à la fois entre 1920-1921, au moment de la crise passagère, enregistrée par les prix mondiaux, et au cours de la période 1928-1931. L'ampleur de la hausse enregistrée entre 1921-1928 (+ 45, soit un taux de croissance de 6,42%), plus modérée entre 1931-1939 (+ 29, taux de croissance + 3.6%), soit + 74 au total, ne peut compenser la forte baisse (-128 au total), accusée par le mouvement du prix du cacao, pour l'ensemble de la période 1920-1939.

Etudions en détail chacun de ces phénomènes. Le mouvement de hausse, qui s'affirme dès 1921, après la chute initiale de 1920-21, est interrompu momentanément, au cours de la période 1922-24[132]. Il reprend avec beaucoup d'intensité au cours de l'année suivante. En effet, le cacao passe de l'indice 40 en 1924 à l'indice 55 en 1925, soit une augmentation de 15%. L'amplitude de la courbe des prix, entre 1925-1928, est suggérée par le pointillé marquant la distance séparant ces deux années. Elle est fort importante: l'indice du prix du cacao s'élève de 55 en 1925 à 80 en 1928, soit une augmentation de 25, correspondant à un taux de croissance annuel de 8,3%. C'est la belle époque du cacao, *« la culture reine du cercle »*.

La baisse des prix s'esquisse en 1928 et se prolonge en 1931. La chute ininterrompue jusqu'à cette date, comme le suggère le pointillé comblant la lacune entre 1928-1929, atteint - 64%, le

132 Le prix du cacao décroît de -4%, en passant de l'indice 44 (1922) à l'indice 40 (1924), soit un taux de décroissance annuel de - 2%

taux de décroissance - 21,33%. Déjà, au quatrième trimestre de l'année 1928, s'annonçait déjà la période de récession et des vaches maigres. L'administrateur du N'zi-Comoé, parlant des planteurs de cacao de son Cercle, note en effet :

> Gâtés l'an dernier par des cours excessifs et surpris cette année par des baisses successives (puisque le cacao est passé de 5 F. le kilo, prix auquel on le payait au début de la traite, à 3,40F. pour remonter à 3,70 F., prix actuel), les indigènes ont stocké dans l'espoir d'une hausse des cours[133].

Néanmoins, portés par l'espoir d'une remontée des prix, les Morofwè accentuent l'effort de production, même quand les prix continueront à dégringoler, au cours des périodes de traite des années 1929 et 1930. Le rapport du troisième trimestre de 1930 révèle :

> Convaincus désormais de la richesse que peut leur procurer le cacao, ils augmentent continuellement les surfaces déjà plantées[134]. Malgré la baisse continuelle des cours qui se poursuit durant le quatrième trimestre, période de traite, le moral demeure encore haut chez les planteurs morofwè, à la fin de l'année 1930 : malgré l'effondrement des cours du cacao, les indigènes n'ont nullement abandonné leurs cacaoyères. Certes les prix dérisoires payés cette année ne les incitent pas à planter de nouveaux cacaoyers, mais on peut compter qu'ils continueront à entretenir les plantations déjà existantes[135].

Une année plus tard, le problème devenait plus délicat. Face à la dégradation des cours, de plus en plus accélérée, enregistrée au quatrième trimestre de l'année 1931, l'administrateur souligne le découragement des planteurs, qui risque de paralyser la vie économique :

---

[133] ANCI 1 RR 39, *Rap. sur la situation agricole et zootechnique du N'zi-Comoé pour le 4e trimestre 1928.*

[134] Ibidem, *Rap. du 3e trimestre 1930.*

[135] *Ibidem, Rap. du 4e trimestre.*

> En tout cas, l'indigène hésite à apporter des produits dans de telles conditions et nous avons fort à faire pour lui faire comprendre qu'il a intérêt à les vendre quand même[136].

Fort heureusement, la tendance se renverse à partir de 1932; mais la reprise est modérée, hésitante jusqu'à 1936 (+ 4%, soit un taux annuel de 0,8%). Après 1936, la remontée particulièrement brutale, avec une ampleur de 25% en trois ans, offre un taux de croissance annuel suffisamment élevé de 8,3%.

C. Le café

Les fluctuations de détail ne doivent pas cacher l'orientation générale à la hausse, qui caractérise la courbe du prix du café, dans toute son évolution, de 1930 à 1939. Ceci même est nettement démontré par la courbe du mouvement de longue durée, qui affecte sans aucun fléchissement la forme d'une ligne rectiligne montante, depuis le début jusqu'à la fin de son parcours. L'amplitude de la courbe est de 24%, son taux de croissance de 3,3%.

Dans une première étape, de 1930 à 1933, la courbe du prix du café est de 30%, soit un taux de croissance de 10%, malgré le long palier de 1930 à 1932. Après le plafonnement de 1933, un recul d'intensité moyenne (-27%) et graduelle s'amorce et prend fin en 1936[137]. En fait, le prix du café demeure à un niveau extrêmement élevé et ne ressent que faiblement l'impact de la crise, dont les effets persistent, à cette date tardive, sur bien d'autres marchés[138].

Le prix relativement rémunérateur de ce produit n'est sans doute pas étranger à l'engouement que lui vouent les planteurs ivoiriens et particulièrement ceux du Moronou, à cette période

---

[136] ANCI Q-VI-33-84/85 (3 561), *Rap sur la situation économique et commerciale du N'zi-Comoé, pour le quatrième trimestre 1931.*

[137] Entre 1933-1936, le taux de décroissance annuel est de – 9%.

[138] Pierre LEON relève que la crise boursière, qui débute en octobre 1929 aux USA, fut longue et affecta successivement les grandes nations du monde. « Elle (la crise) atteignit son paroxysme lorsque la production tomba au plus bas, 1931 en Grande Bretagne, 1932 en Allemagne, 1933 aux E.U et 1935 en France. Les différents rouages de la vie économique furent successivement touchés ». Cf. P. Léon, *Histoire économique et sociale du monde, tome 5 : Guerres et crises 1914-1947*. Paris, 1977, p. 145.

de détérioration générale des prix[139]. L'augmentation du prix du café reprend dès 1936 : 8,5% de 1936 à 1938, 34% de 1938 à 1939 où il atteint l'un de ses sommets.

Evolution de la croissance des prix des produits en %

	Produits de cueillette	Cacao	Café
1918 - 1921 (*1*)	+ 2,4	-	-
1921 - 1924	- 10	- 13	-
1924 - 1927	- 13,4	+ 10,33	-
1927 - 1930	- 13	- 6,67	-
1930 - 1933	- 2,6	- 15, 33	-
1933 - 1936	+ 30	+ 11,27	4,66

(*1*) Les dates indiquées représentent des moyennes triennales. 1918 couvre les années 1917, 1918, 1919 et ainsi de suite.

Sources : ANCI 1 RR 39, *Rap. sur la situation agricole et zootechnique, 1918-1936* ; ANS 2 G 34-50, *Rap. annuel de l'Agriculture, 1918-1936.*

La période 1918-1921 a un taux de croissance relativement élevé, exclusivement représenté ici par les produits de cueillette. De 1921 à 1924, la progression des prix est interrompue: c'est la décroissance particulièrement sensible pour le cacao. Durant la période triennale suivante, tandis que le prix du cacao accuse une croissance manifeste, ailleurs au niveau des produits de cueillette, la décroissance se poursuit atteignant son maximum. Entre 1927 - 1930, la décroissance n'épargne aucun secteur; elle se prolonge jusqu'en 1933. Il est à noter cependant que le rythme de décroissance n'est pas identique. Si, entre 1927-1930, le recul est plus net dans le domaine des produits de cueillette, en

[139] En 1934, il est noté que le caféier « prend une place de premier plan dans l'économie de la colonie ». Cf. ANS 2 G 34-50, *Rapport annuel de l'Agriculture pour l'année 1934*. Déjà en 1930, l'administrateur du N'zi-Comoé notait à propos de la zone productrice de café de sa circonscription, c'est-à-dire le Moronou essentiellement : « Cette culture est tout à fait nouvelle dans la région et très en faveur aux yeux des indigènes, parce que, proportionnellement plus rémunératrice que celle du cacaoyer ». Cf. ANCI 1 RR 39, *op. cit.* pour le 4e trimestre 1930.

revanche ceux-ci enregistrent un taux de décroissance plus faible au cours de la période postérieure 1930-1933. Le prix du cacao, à l'inverse, connait, entre 1927-1930, une baisse relativement modérée qui s'amplifie au cours de la période 1930-1933. La dernière période triennale est marquée par une orientation majeure à la hausse à la fois pour les produits de cueillette et le cacao[140], à l'exception du prix du café qui accuse une poussée négative. Nul doute que l'exploitant morofwè, stimulé par l'administration, saura tirer parti des variations cycliques et de croissance subies par ces principaux produits.

Il reste à rendre compte de l'absence des vivriers dans ce chapitre, où ils auraient dû naturellement trouver leur place. D'y être passé sous silence n'est pas un oubli. Toute la difficulté a été de trouver des informations chiffrées en nombre suffisant pour expliquer l'évolution des prix des ignames, du maïs, de la banane, du manioc et des autres vivriers, qui entrent dans la composition de la nourriture quotidienne de l'Agni. C'est pour la même raison d'insuffisance de séries continues, quant aux prix offerts aux producteurs, que nous nous sommes permis de regrouper, le caoutchouc, le cola et les palmistes sous la seule et même rubrique que les produits de cueillette. En effet autant le cacao et le café ne souffrent, pour ainsi dire, d'aucune omission dans les mercuriales, autant les autres produits de traite, marginalisés, dont la nécessité ne se fait sentir qu'aux périodes de crise, apparaissent avec beaucoup moins de régularité a travers les documents commerciaux et les rapports administratifs.

Quant aux vivriers, ils n'ont laissé pour ainsi dire que des traces fugaces ici et là, dans la documentation écrite. Aussi s'est-il avéré impossible de reconstituer l'évolution des différentes séries. Certes, un aperçu global sur la courbe des prix de chacun de ces produits n'eût pas manqué d'intérêt. Leur restitution, bien que nécessaire, n'est cependant pas d'une présence indispensable pour la suite du débat.

---

[140] Est à noter la poussée extrêmement positive du prix des produits de cueillette : caoutchouc, cola et palmistes, dont la production est à nouveau encouragée par l'administration coloniale, en fin de période.

II. MOYENS DE TRANSPORT ET CIRCULATION DES PRODUITS AGRICOLES

Il ne suffisait pas de produire; encore fallait-il être à même d'évacuer les produits de traite jusqu'au port d'embarquement. Ainsi, apparaît la nécessité des voies de communication, l'un des principaux éléments de prospérité de toute région. Doté d'un réseau de pistes relativement important à l'époque antérieure, le Moronou colonial, tout en améliorant la qualité de celui-ci, se préoccupera aussi d'en accroître l'étendue. Parcouru d'autre part, à son extrême frange occidentale, par le chemin de fer Abidjan-Niger, sur une quarantaine de kilomètres [141] , le Moronou bénéficiera de deux stations ferroviaires, fort actives par leur trafic, Anoumaba et Tiémélékro, auxquelles il convient d'ajouter la gare de Dimbokro, le chef-lieu du cercle. Celui-ci draina, en effet, tout au long de la colonisation, la quasi-totalité de la production de la partie orientale du Moronou. Evoquer le rôle économique des routes du Moronou et celui du tronçon de chemin de fer qui traverse ce dernier, tel est l'objet de ce chapitre.

A. Le réseau routier, un équipement au service de l'agriculture

Les voies de communication n'étaient pas inexistantes à l'époque précoloniale. Néanmoins, si, par leur nombre et même leur état, les pistes « caravanières » ou de rayonnement local, étaient fort adaptées aux échanges conjoncturels, elles se révélèrent inaptes au trafic plus important de l'époque coloniale :

> Les routes n'existent pour ainsi dire pas (…) ; les ponts sont construits d'une façon défectueuse. Parfois, on fait tomber un arbre au-dessus d'une rivière et les indigènes sont obligés de passer sur cet arbre pour se rendre d'une ville à l'autre[142].

---

[141] Le rail traverse tout le cercle du N'zi-Comoé sur une longueur d'environ 100 km et donne naissance, outre les deux gares du Moronou (Anomaba et Tiémélékro), à Dimbokro, Nofou et Ndokouassikro.

[142] Cette remarque émane de Bailly, commerçant européen de la région qui implanta, dès les premières années de la pénétration française, une maison de commerce à Bongouanou et à Abengourou. Cf. BM CCCI (procès-verbal de la 8e séance, 1e décembre 1918.

La politique coloniale, dans le domaine des voies de communication terrestres, sera de prolonger les anciennes pistes, tout en les élargissant pour en faire de véritables routes, d'en ouvrir de nouvelles et de les entretenir de façon permanente, afin qu'elles puissent répondre aux besoins du trafic.

1. La fin du cloisonnement entre les villages

Ouvrir de nouvelles routes, afin d'accroître le trafic de la voie ferroviaire et rendre, par la même occasion, plus aisés les échanges commerciaux, tel est l'objectif fondamental que s'était fixé l'administration. Cette perspective ambitieuse supposait l'existence potentielle de 2.850 kms environ de pistes de circulation, antérieures à la pénétration française.

Deux routes « caravanières », d'une longueur de 210 kms environ, reliaient, grâce au commerce, le Moronou au Soudan d'une part, et au golfe de Guinée d'autre part. L'administration, au cours des premières années, sut tirer parti de ces routes « caravanières » *généralement praticables*[143]. Un service de traversée par bac, destiné à prolonger ces routes, au-delà du Moronou, à leur jonction avec les deux grands fleuves du cercle, le N'zi et le Comoé, fut créé, comprenant un droit fort modique de péage pour les commerçants. Deux bacs furent ainsi installés, le premier à Amonkro, à la frontière du Moronou et du pays agba, sur le tronçon de la route caravanière : Aoussoukrou-Sawua vers le pays abè. Le second service de bac, installé sur le Comoé, à Brou-Attakrou, prolongeait la route Sawua-Bongouanou-Daoukro vers l'Indénié.

Cinq axes secondaires, reliés à ces deux voies principales, d'un développement de 200 kms, complétaient assez bien ce réseau[144]. « Débroussés » sur une largeur moyenne de 3 mètres,

---

[143] La route Sawua-Bongouanou-Daoukro-Aka-Comoékrou dans le sens sud-ouest/nord-est, et la route nord-sud descendant d'Aoussoukro (pays baoulé) sur Sawua, en direction du pays abè.

[144]

Routes	Nombre de kms	Villages traversés
Bongouanou-Anoumaba	55	N'zuékokoré, Sawua
Bongouanou-Amonkrou	50	Assié Assaso-Assiè-Kumasi
Arrah-Krégbé	40	Daresso
Arrah-N'zanfouénou	25	
Tano-Kakoukro-Fronobo	30	

ils sont désormais portés à un état d'entretien permanent. A ces liaisons de date ancienne, viennent s'ajouter deux autres voies de création plus récente: la route Dimbokro-Bongouanou, longue de 70 km, reliant Bongouanou, le centre du Moronou, à Dimbokro, le chef-lieu de cercle. Quant à la seconde route, créée également au début de l'implantation coloniale, elle reliait Arrah au pays akyé, débouchait à Bonahouin, situé sur la grande route coloniale : Agboville-Abengourou.

La répartition des routes en 1910 montre une orientation privilégiée est-ouest des communications; les liaisons sud-nord, desservies par des tronçons de pistes anciennes, simplement élargies, sont moins aisées. Les mailles du réseau, plus serrées dans les parties occidentale et centrale du Moronou, convergent presque toutes vers Bongouanou, le poste administratif. La partie orientale, en particulier le Sahié, est nettement défavorisée, malgré l'existence de la route caravanière Sawua-Daoukro qui, la traversant sur toute sa longueur, pallie partiellement l'insuffisance de l'infrastructure routière dans cette zone relativement accidentée du Moronou.

Encore faut-il pouvoir atteindre cette voie et aussi toutes les autres du pays; seuls les chemins vicinaux sont en mesure de décloisonner les campagnes, de mettre fin au portage, cette corvée entre autres impopulaire, et aussi de permettre une évacuation plus aisée et plus importante des produits du cru. Durant la première décennie de l'entre-deux guerres, le rythme de construction est remarquable, l'accent étant mis sur les chemins de grande communication. Les habitants qui ont pris conscience de l'intérêt des liaisons faciles et aisées entre les villages, en prennent quelquefois l'initiative. C'est le cas pour la région ahua, où les chefs de villages souhaitent avoir chacun *« sa route »*. Pour présenter leur requête, ils se rendent en force durant le quatrième trimestre de l'année 1922 au chef-lieu du cercle :

> Tous les chefs de la région sont venus à Dimbokro, voici une quinzaine et m'ont demandé de vous saisir d'urgence de la question[145].

---

[145] ANCI 1 EE 139 (9), *Rap.du N'zi-Comoé pour le quatrième trimestre 1922*. Voir le chapitre consacré aux voies de communication.

Devant l'administrateur du cercle, ils *« promettent leur concours le plus entier pour fournir la main-d'œuvre »*[146], nécessaire à leur construction. De cette époque, date la construction de la route Kotobi-Arrah, qui prévalut sur un premier projet de liaison : Bongouanou-Arrah par Kangandissou et Abongoua. L'autorisation de construction de la route Kotobi-Arrah ayant été accordée, en 1925, par le gouverneur de la colonie, Nuama Téhoua, le chef agni d'Arrah, est chargé de son exécution. Les travaux de cette route seront intégralement accomplis par la main-d'œuvre prestataire du Moronou.

A cette date, le problème essentiel est le « désenclavement » des villages, c'est-à-dire leur raccordement aux grands axes de circulation. La plupart des villages étaient concernés; mais il n'était pas question que chacun d'entre eux puisse, dans l'immédiat, bénéficier d'un débouché. Ce n'est que de façon progressive que le réseau des chemins vicinaux du Moronou prendra de l'ampleur et se perfectionnera, pour le plus grand profit des planteurs. Pour la majeure partie des agglomérations, il faut attendre la décennie suivante et même pour les derniers, ce n'est qu'après la seconde guerre mondiale que le problème de la viabilité sera résolu. En attendant, la préoccupation sera à partir de 1933, l'entretien et l'amélioration du réseau routier existant.

2. *L'entretien du réseau routier, un travail de Sisyphe*

> Le problème routier est généralement mal compris. Je constate que pendant trois mois, on procède à la réparation des routes qui, le mois suivant, sont impraticables. Je m'oppose à ce que ce travail de Sisyphe, qu'on entreprend depuis des années, soit continué. Je désire que routes et ponts soient surélevés de façon à n'être pas inondés… Je ne veux plus de ces travaux inutiles qui exaspèrent les indigènes, tels que réfection, des ponts chaque année, réfection des routes, etc. Il faut faire du définitif, tout le monde y

[146] *Ibidem.*

> retrouvera son compte : indigènes, commerçants européens, fonctionnaires[147].

Ce tableau, datant de 1933, brossé par le gouverneur de la colonie qui est, en quelque sorte, un reproche adressé à l'administrateur du N'zi-Comoé, traduit bien la situation de désolation permanente du réseau routier dans le N'zi-Comoé, et singulièrement dans le Moronou. Après l'effort de construction des routes, tous les problèmes étaient loin d'être résolus; les points noirs ne manquaient pas. L'état des routes laissait à désirer: rampe trop raide [148], sections défectueuses, terrains bourbeux, ponceaux de fortune ... Bref, la consultation des rares lignes, consacrées aux voies de communication dans les rapports économiques du cercle, donne l'impression d'une situation précaire sur maints chemins vicinaux et même sur les grandes routes « coloniales ». Fréquemment ravinées par les pluies torrentielles, ces routes en terre battue devenaient impraticables. Il n'était pas rare de rencontrer, surtout en saison pluvieuse, des chaussées effondrées, sans moyen d'écoulement pour les eaux de pluie.

Cet état de dégradation permanente des routes commande des travaux constants de réfection. Les efforts d'entretien ne portent pas également sur les différentes catégories de routes. L'accent est mis sur les routes à grande circulation, essentiellement sur la route Dimbokro-Bongouanou, en direction de Wouélé (Ouellé), dont la vocation fondamentale est de permettre l'évacuation du cacao sur Dimbokro, le principal centre commercial du cercle. Les chantiers, établis en permanence en divers endroits de la route, ont pour fonction, outre le remblai des ravins, la réparation des ponceaux, la pose des buses pour le drainage des eaux. Une description empruntée à l'administrateur du N'zi-

---

147 ANCI 1 Q2-VI-16-238 (5 285), n° 26, *lettre du Lt-gouverneur à l'administrateur du cercle du N'zi-Comoé.* Bingerville le 7 décembre 1933.

148 Par exemple, à Soungassou (km 20) de la route Dimbokro-Bongouanou, la pente était tellement raide que les camions, encore en 1925, étaient obligés de vider leur cargaison de cacao au retour de Bongouanou. Pour parer à cet inconvénient, il fallut approfondir la tranchée du col à cet endroit, connu désormais sous le nom célèbre de « montagne de Soungassou ». Cf. ANCI 1 EE 139 (141), *Rap. économique du N'zi-Comoé, pour le 2e trimestre 1925.*

Comoé, commandant le cercle en 1933, permet de se faire une idée du mode d'exécution des travaux de réfection :

> Dans toute la circonscription, a été instaurée une nouvelle méthode de travail sur les routes : des équipes ont été constituées de dix hommes chacune, qui s'occupent toujours du même secteur d'environ 10 km, sous la direction d'un chef d'équipe. Les équipes travaillant sur une route, sont toutes placées sous la surveillance d'un garde de cercle, toujours le même, qui connaît ainsi son terrain d'action et dirige son ouvrage[149].

Ce texte, évoquant la durée de la prestation, dont s'acquittaient les équipes, nous informe par ailleurs que « *les prestataires sont libérés exactement à la fin de leurs dix jours de prestations* ». Peut-on mesurer l'importance de ces travaux, en appréhender l'intensité ? En théorie certainement, grâce au nombre de journées de prestation, dont les rapports administratifs trimestriels font mention, année après année. Evidemment, nous ne possédons pas la liste complète des journées de prestations, consacrées aux travaux de réfection de routes, mais seulement une série lacunaire de chiffres globaux trimestriels, limités aux années 1921, 1922, 1923 et 1924. Par ailleurs, les renseignements portent exclusivement sur les travaux d'entretien effectués sur la grande voie "coloniale", Dimbokro-Bongouanou, débouchant à Daoukro, après avoir traversé le Moronou d'ouest en est.

Journées de prestation pour l'entretien de la route Dimbokro-Bongouanou

Années	1er trimestre	2e trimestre	3e trimestre	4e trimestre	Total Année
1921	-	-	-	25 000	25 000
1922	-	-	12 000	28 000	40 000
1923	8 686	-	27 313	29 321	65 000
1924	30 858	18 500	-	32 000	81 358
TOTAL	39 544	18 500	39 313	114 321	211 678

Source : ANCI 1 EE 139

[149] ANCI 1 E1-IV-17 -33 (3 310), *Rap. politique du N'zi-Comoé, pour le deuxième trimestre 1933.*

Le tableau relatif aux journées de prestation, soumis à notre examen, n'a qu'une prétention : celle de traduire fidèlement le contenu des documents écrits, disponibles sur le nombre de journées de prestation, consacrées à l'entretien de la route principale du Moronou. Sans être exhaustif, ce document est néanmoins suffisamment éloquent sur le sujet.

Pendant quatre années, de 1921 à 1924, 211.678 journées ont été consacrées par les Morofwè à la réfection de cette route. Ce qui veut dire qu'en raison de dix journées par tête, 21.167 personnes, soit toute la population active du Moronou[150] en l'espace de quatre ans, aurait donné au moins une fois de son temps et de sa peine pour l'entretien de cette route.

Par ailleurs, il est à noter que le nombre de journées de prestations a progressé de façon continue, de 1921 à 1924 : 25.000 journées (11,8%) en 1921, 40.000 journées (18,8%) en 1922, 65. 000 journées (30, 8%) en 1923 et 81. 358 journées (38,4%) en 1924. Enfin, soulignons que le quatrième trimestre est de loin celui au cours duquel l'entretien des routes exige le plus de bras. Il absorbe 114.321 journées de prestations, soit 54% contre 39.544 journées (18,6%) pour le premier trimestre, 39.313 journées (18,5%) pour le troisième, et enfin 18.500 journées (8,7%) pour le premier.

On n'est nullement surpris que le record des journées de prestations soit détenu par le quatrième trimestre, qui correspond à la tranche de période venant immédiatement après la petite saison pluvieuse (troisième trimestre). En effet, plusieurs tronçons de la route, ravinés par les pluies et creusés de fondrières par endroits, exigent naturellement de constantes réfections, au cours de ce trimestre marqué par la sécheresse[151].

Le dernier mot sera réservé à faire le point sur la question routière, en recourant à la sous-série 1 Q2 des *Archives nationales de Côte-d'Ivoire*. Il est possible, grâce à ce document, d'opérer en 1933 un bilan : deux voies de

[150] L'expression « population active » était ignorée des estimations de l'époque coloniale. On lui préférait celle de « population imposable ». La population imposable du Moronou était estimée en 1931 à 21 807 habitants et la population globale (vieillards et enfants compris) à 33 248 habitants. Cf. ANCI 1 E1-IV-50/5 (3 233), *Rap. politique du N'zi-Comoé pour le troisième trimestre 1932.*

[151] Le dernier trimestre de l'année auquel il faut ajouter le mois de janvier.

communication du Moronou sont classées dans la catégorie des voies de grande communication, dites « routes coloniales ». Ce sont : Bongouanou-Dimbokro (75 km) et Bongouanou-Daoukro (60 km). D'une longueur totale de 135 km, ces deux voies comptent, en 1933, à leur actif, 128 km en pleine viabilité. Les routes d'intérêt local, au nombre de deux : Bongouanou-Anoumaba (55 km) et Kotobi-Arrah (20 km), relativement bien entretenues sur la longueur de leur parcours, totalisent à la même date 48 km de voies en bon état.

Ce bilan, somme toute assez flatteur, était le fruit exclusif du travail prestataire de la population du Moronou[152]. Tant d'efforts dépensés, le plus souvent au détriment des plantations individuelles, se justifiaient-ils ?

3. Le réseau routier et l'activité économique

En dépit de la pénurie de sources, il est néanmoins important de tenter d'apprécier le gain de temps ainsi que tous les autres avantages commerciaux acquis grâce à l'avènement de la voie routière.

Le problème de méthode

Il n'est pas dans notre intention d'appréhender dans le détail la nature, l'intensité et les variations des produits agricoles au niveau du trafic routier, dans la mesure où, à l'époque, aucun recensement de la circulation routière ne fut effectué. Qu'il suffise de dire qu'en dépit des fluctuations possibles, les produits du sol: produits de cueillette, puis à leur suite cacao et café et, dans une moindre mesure, produits vivriers, représentent les composantes essentielles du trafic. Le choix de Dimbokro, marché principal du cercle, ou des stations ferroviaires du Moronou, en tant que poste d'observation, le confirme.

---

[152] La part du budget local est plutôt insignifiante dans la réalisation de l'œuvre routière. Quelques chiffres des dépenses entraînées par l'entretien des routes ivoiriennes, suffiront à nous en donner une idée : 1930 : 1 575 595 F. ; 1931 : 1 569 035 F. ; 1932 : 2 996 532 F. ; 1933 : 3 008 340 F. Sur le budget de la colonie en 1933, une somme de 93 836 F. était allouée au Cercle du N'zi-Comoé. Sur ce montant global, il est difficile de connaître la part qui fut affectée à la subdivision d Bongouanou et à l'ensemble du Moronou. Cf. ANCI 1 Q2-VI-4-169 (3 379), *Rap. économique sur la Côte d'Ivoire 1933-1934*. Voir spécialement le chapitre : *Voies de communication.*

Les différents facteurs du trafic

Quant au mouvement de circulation de ces produits agricoles, il sera la résultante de quatre facteurs principaux: une constante, à savoir le rôle des marchés et des centres d'achat, et trois variables: la conjoncture, la nature de la production et la structure des transports. Il eût été intéressant d'analyser le trafic sur les différentes routes de la région, ses hauts et ses bas, selon l'évolution conjoncturelle. Mais les recensements font défaut. Force est donc de reconnaitre l'impossibilité d'une telle étude au niveau du Moronou colonial. On peut tout au plus suggérer l'inégale densité du trafic d'une route à l'autre, selon l'activité économique et les types de production des grandes zones traversées. Ainsi, le trafic du cacao fut-il plus intense sur la voie coloniale Bongouanou-Dimbokro et sa section Kotobi-Arrah[153], constituant *« la voie d'évacuation du cacao »,* dont le centre principal de production était la partie- est du Moronou[154]. Tandis que les chemins vicinaux de la partie-ouest de la région catalysaient les palmistes et les autres produits de cueillette.

Les rares documents statistiques à notre disposition, sur le trafic routier, permettent encore de faire ressortir la conjoncture économique locale, au cours des premières années de la création du marché de Dimbokro. Ainsi, sont offerts en 1914 sur ce marché, créé la même année, « un peu de caoutchouc en plaquettes » et d'autres menus objets de fabrication locale, contre 265 tonnes de palmistes en provenance de la subdivision de Bongouanou. En 1917, la production des palmistes de Bongouanou, vendus à Dimbokro, n'est plus que de 66,880 t. En 1921, le volume de palmistes acheminés par la même route et écoulés à Dimbokro atteint difficilement les 25 tonnes.

Ainsi, la route exprime-t-elle avec fidélité la situation locale; l'essor d'un produit autant que son déclin se répercutent aussitôt sur le trafic. Mieux encore, la route va modifier progressivement les structures de transport avec l'avènement de l'automobile.

---

153 La totalité des dix premières tonnes de cacao du N'zi-Comoé en provenance de Bongouanou, empruntent la voie Bongouanou-Dimbokro. De même les 31 tonnes de 1921, produites par la même région-est du Moronou, sont acheminées sur Dimbokro par la même route.

154 Arrah et le pays ahua.

Les avantages de la circulation automobile

L'introduction de l'automobile dans le Moronou va entraîner, outre les nombreux effets d'ordre économique[155], d'immenses avantages humains. L'automobile fait son apparition dans le Moronou en tant que moyen de transport, en 1925[156]. Dès cette date, le cercle est doté d'une camionnette *Panhard* 12 H.P. pour les tournées et les transports administratifs. Celle-ci ne dut pas rester de longues heures immobilisée. En effet, dès le 15 mars, c'est-à-dire quelque quatre à cinq semaines après sa réception, elle accusait déjà 5.749 km. Emboîtant le pas à la voiture administrative, plusieurs camions se lancèrent sur la « route coloniale » du Moronou, assurant *« depuis les premiers jours de décembre un va-et-vient continuel pour l'évacuation du cacao de la région agni ».* Au début de 1925, le nombre de camions circulant sur cette route était de 8 à 10; au 31 décembre de la même année, ils étaient 35. Et le même rapport du quatrième trimestre d'ajouter :

> Et il en arrive chaque jour de nouveaux[157].

L'entrée en scène de l'automobile, en tant que moyen de transport, fut un gain appréciable à tous les niveaux : gain de temps, suppression du portage à tête d'homme, désenclavment des villages et campements. L'administrateur du N'zi-Comoé, de Coutouly, mesurant le chemin parcouru depuis l'utilisation de l'automobile, saluait en 1924 l'apparition de celle-ci comme une *« grande victoire »* sur le portage, considéré comme un poids excessivement lourd pour la population. A cet égard, l'administrateur du cercle faisait déjà remarquer, dans son rapport du second trimestre 1923, que le portage à tête d'homme

---

[155] Essentiellement le gain de temps à la fois pour les commerçants et les planteurs. En donnant la possibilité aux camions d'atteindre la région agni productrice de cacao, c'est du même coup supprimer le portage et « permettre à plusieurs milliers d'indigènes de se consacrer utilement au développement de la production de cacao » Cf. ANCI 1 EE 139 (11), *n° 631, Rap. politique du premier trimestre 1923.*

[156] Le premier voyage en automobile effectué sur la route Dimbokro-Bongouanou date des 23-24 février 1923. L'administrateur du cercle accompagnait le docteur Jendy en tournée médicale dans la Subdivision de Bongouanou. Cf. ANCI 1 EE 139 (11), n° 631, *op. cit.*

[157] ANCI 1 EE 139 (14), *Rap. du N'zi-Comoé, pour le 4e trimestre 1925.*

avait diminué *« dans de sensibles proportions »*. Il souligne en particulier :

> Alors que le deuxième trimestre 1922 se chiffrait par 368 porteurs, le second trimestre 1923 n'en totalise plus que 277, soit une économie d'un tiers[158].

Encore une fois, bien qu'il soit malaisé de saisir le chiffre global des porteurs, appelés à acheminer sur Dimbokro les produits de la subdivision de Bongouanou, il est néanmoins possible de se référer à ce qu'écrivait en 1924, à ce propos, l'administrateur de cercle. Au regard du seul produit du cacao et pour l'année 1923, il notait:

> En fixant à 100 tonnes (et c'est un minimum) le tonnage de cacao apporté l'an dernier de Bongouanou et à 25 kg la charge moyenne, nous totalisons 4 000 porteurs et 12 000 si nous envisageons les 300 tonnes qui seront certainement dépassés en 1925, c'est-à-dire la presque totalité de la population imposable [159] de la subdivision productrice[160].

Nul doute que les habitants du Moronou surent apprécier ce nouveau moyen de locomotion qui, tout en les soulageant du portage, leur permettait de se livrer plus utilement à la culture du cacao et des autres produits. La preuve qu'ils avaient compris tout l'intérêt qu'ils pouvaient en tirer, c'est que, dès cette période, ils se mirent « à acheter des camions »[161] avec le gain de leurs récoltes.

---

[158] ANC 1 EE 139, n° 134, *Rap. du N'zi-Comoé pour le 2e trimestre 1923.*

[159] N'est prise en compte ici que la seule population mâle de la subdivision. De même, outre la corvée de portage des produits commerciaux, il faut noter aussi le portage pour les services civils et celui pour les services militaires:

[160] ANCI 1 QQ 104 n°2 197, *Rap. de l'administrateur du N'zi-Comoé à l'inspecteur L. Mérat à Bingerville*. Dimbokro, le 25 décembre 1924.

[161] Cf. ANCI 1 QQ 104, *op. cit. Le rapport cite en exemple le cas de Nuama Téhoua, le chef de canton des Ahua.*

B - Le chemin de fer : la promotion de l'activité commerciale

Largement bénéficiaire du développement du réseau routier, l'agriculture peut-elle tirer autant de profit du chemin de fer ? Tout en évoquant le rôle du chemin de fer dans la commercialisation agricole, nous soulignerons aussi les conséquences économiques et sociales suscitées par l'arrivée du rail dans le Moronou. Mais auparavant, rappelons brièvement l'histoire du chemin de fer et de son passage à l'extrême-ouest du Moronou.

1. Le chemin de fer dans le Moronou

Le rail n'a jamais été, dans le Moronou, un élément familier du paysage. La ligne de chemin de fer *Abidjan-Niger*, qui longe la bordure occidentale du Moronou, n'y pénètre qu'en 1908[162]. Trois stations y sont desservies: Anoumaba, Tiémélékro et Dimbokro, chef-lieu de cercle qui, par sa fondation, est plutôt à rattacher au pays agba (baoulé) voisin. Deux traits majeurs caractérisent le rail dans le Moronou: il est fort excentrique par rapport au territoire du Moronou, et d'autre part, l'on est frappé par la brièveté du circuit ferroviaire : exactement 43 km entre Anoumaba et Dimbokro, les deux points extrêmes de son parcours.

2. Le rail et l'émergence des centres commerciaux.

Les centres commerciaux d'Anoumaba, Tiémélékro et Dimbokro, implantés le long de l'axe ferroviaire, s'ils ne doivent pas leur fondation au chemin de fer, furent-ils du moins favorisés dans leur expansion par l'avènement de celui-ci.

Dimbokro, fondé, selon les récits oraux, par Djengbo, l'un des chefs agba de la suite de la reine Pokou, à la lisière de la

[162] Anoumaba est situé au point 140 km. De la tête de ligne Abidjan. Il est ouvert à l'exportation le 10 octobre 1908.Tiémélékro, autre station ferroviaire du Moronou, représente le point 162 km, il est ouvert à l'exportation le 25 décembre 1908. Dimbokro, point 183 km, est ouvert à « l'exploitation régulière, à partir ddu 1er juin 1909 », par arrêté local du 26 mai 1909. Mais l'inauguration de la gare de Dimbokro n'aura lieu que le 11 septembre 1910. Cette inauguration sera couplée avec celle du pont sur le N'zi. *Cf. Maestri, Le chemin de fer en Côte d'Ivoire : historique, problèmes techniques, influences sociales, économiques et culturelles.* Thèse de doctorat de IIIe cycle. *Aix-en-Pce, 1976, vol. 1. I-XVII, 1-448 p. (p. 22 sq.).*

savane arborée, et à proximité de l'affluent du Bandama, le N'zi, bénéficie, en dehors de ces facteurs géographiques relativement favorables, d'un concours de circonstances qui contribueront à accroître l'essor de cette localité baoulé. Situé à la croisée des pays baoulé et agni, Dimbokro constitue, par sa position, un carrefour idéal qui sera éminemment exploité par l'administration coloniale. En prévision de l'arrivée du chemin de fer, le poste administratif d'Aoussoukro, créé quelque cinq ans auparavant, y est transféré en 1908. Deux années plus tard, en 1910, Dimbokro devenait le chef-lieu du N'zi-Comoé, en lieu et place de Bongouanou qui avait, depuis la création du cercle en 1907[163], assumé cette fonction. En 1912, il y est créé, en outre, un poste militaire permanent[164]. Mais, c'est l'arrivée, en 1909, du chemin de fer en gare de Dimbokro, qui provoque peut-être la transformation la plus profonde.

En effet, petit centre commercial de médiocre envergure[165], Dimbokro devient à partir de cette date, bien avant Bouaké, le carrefour commercial le plus important du centre de la colonie. Y convergent, de fait, les pistes et les routes nouvellement créées, aussi bien à l'intérieur qu'à l'extérieur du cercle. Ainsi, permettent-elles d'intégrer à Dimbokro, non seulement l'arrière-pays du Moronou, mais aussi les pays baoulé, gouro et même bété[166].

Dans le même temps, le chemin de fer y attire les maisons de commerce, exclusivement installées, avant l'arrivée du rail, sur le rivage côtier. Toujours à l'affût d'affaires juteuses, elles s'implantent en force dans cette zone de transition entre forêt et savane, encore inexploitée. Grâce à l'arrêté du 22 août 1912 de l'administration locale qui, désireuse de trouver, dans la vente des terrains, une compensation aux lourdes charges d'aménagement du site de Dimbokro, attribue des lots de construction aux commerçants, il est possible d'être fixé sur le

[163] Arrêté général du 31 décembre 1907.

[164] N° 1326, arrêté général du 9 septembre 1912.

[165] « A part le centre de Dimbokro, le commerce est pour ainsi dire nul (…) Encore est-il fort peu prospère dans cette localité ». Cf. ANCI 1 RR 39, *Rap. agricole et économique du capitaine Schiffer*. Bongouanou, le 7 juin 1909.

[166] Voici énumérées quelques unes des principales voies reliées à Dimbokro : Dimbokro-Toumodi, Dimbokro-Bongouanou, Dimbokro-Bocanda, Dimbokro-Daloa par Toumodi, Yamoussokro, Bouaflé.

nombre de ces derniers. Quatorze au total en 1912, le nombre de ces maisons commerciales d'origines fort diverses[167], varie fort peu au cours de la période coloniale: 12 en 1912, 14 en 1921, ce chiffre demeure sensiblement le même jusqu'à la fin de la période étudiée, en 1939. Par contre celui des commerçants moyens et des traitants africains n'arrête pas de se multiplier pendant ce laps de temps[168].

Dimbokro sera ainsi, grâce à tous ces commerçants, à l'origine d'une activité commerciale intense. Le caoutchouc, le cola, les palmistes, puis le cacao et le café ainsi que les vivriers de l'arrière-pays agni et baoulé, ou en provenance du Haut-Sassandra, et accessoirement du Worodougou, destinés à la Basse-Côte, de même que le sel, les boissons et alcools, les tissus ainsi que les matériaux de construction, remontés par chemin de fer pour les régions environnantes, passent nécessairement par Dimbokro. Celle-ci devient ainsi une véritable plaque tournante.

Le rail ne fut pas étranger à ce développement commercial du chef-lieu du N'zi-Comoé. Il n'aura pas moins contribué à faire également de Dimbokro une véritable métropole, la ville coloniale par excellence, cosmopolite, où se retrouvent, dans un splendide isolement, les divers éléments de la société coloniale.

A une moindre échelle, *Anoumaba* et *Tiémelekro*, placés aussi sur le rail, vont profiter de la croissance du trafic ferroviaire. Le rayonnement de ces deux localités du Moronou, dû essentiellement au passage du chemin de fer, va y attirer ainsi que dans leur voisinage immédiat, une population flottante impressionnante. Dès 1908, les chantiers de construction de la ligne ferroviaire y drainent une population d'immigrants,

---

[167] Parmi elles, on distinguait deux maisons britanniques, douze maisons françaises se partageant, quant à leurs origines, entre Bordeaux et Marseille.

[168] Citons, parmi les commerçants moyens, d'origine européenne : de Kersabiec, Harambat, Dulout, Cadoret, Delpeyroux, etc. Ces particuliers qui s'installent à Dimbokro pour la plupart dans la décennie des années vingt, se retrouvent avec des commerçants libanais ou syriens dont la société Salomon Maouad et J. Zouain entre autres. Quant aux traitants africans, on compte parmi eux des soudanais (dioula), des sénégalais, des Appolonien. Ils forment, dès cette époque, des communautés fort distinctes, établies dans des quartiers séparés. Il exista ainsi à Dimbokro, un quartier dioula, un quartier sénégalais, un quartier appolonien.

estimée à 600 personnes environ et dont *« une partie vit de différents petits commerces ou industries »*[169].

La cohabitation n'est pas toujours aisée avec les éléments étrangers, vivant de « rapines », *« allant purement et simplement prendre dans les champs,* ignames, *bananes sans les payer bien entendu, sinon à coups de bâton, quand le propriétaire se montrait récalcitrant »*[170]. Les rapports de l'époque témoignent de comportements encore plus violents, exercés par l'élément étranger à l'égard de l'habitant, qui contrastent avec l'attitude paisible dont ce dernier faisait preuve[171]. Faut-il voir, dans le cloisonnement des habitats, établis selon les ethnies, qui caractérise les agglomérations coloniales de la région, une mesure de prévention contre les rixes éventuelles ?

A Tiémélékro, où les commerçants d'origine soudanaise affluent en masse, au moment de l'installation du rail et de la gare, un quartier distinct est concédé à ces derniers par l'autorité coutumière. L'administrateur de la subdivision de Dimbokro, s'étant rendu dans le « village dioula », à l'occasion d'une tournée à Tiémélékro, en juillet 1914, y dénombre « 35 *à 40* cases ». C'est reconnaitre l'importance de la communauté soudanaise qui, à cette date encore précoce, pouvait être estimée entre 150 et 200 personnes environ, à raison de 5 habitants par case[172].

Particulièrement actifs, les commerçants soudanais, selon l'administrateur du poste de Dimbokro, *« rayonnent dans toute la région environnante, achetant les denrées aux indigènes et les expédiant ensuite sur Dimbokro, Agboville et Abidjan, pour les*

---

169 ANCI 1 EE 141 (2), n° 187 G, Rapport de l'administrateur du N'zi-Comoé au Lt-gouverneur à Bingerville, 1908 (sans autre précision de date). La population d'immigrés est particulièrement forte à Agbanou, le fief des Béda, issus des Sawua de M'bato

170 *Ibidem, op. cit.*

171 Par exemple, dans deux villages de la région d'Agbanou, « situés à l'ouest de la voie, toutes les cases, sans exception aucune, étaient occupées par des étrangers de diverses races soudanaises qui en avaient expulsé les habitants ». Cf. *op. cit.*

172 Le chiffre de 5 habitants par case, estimé comme bas, est retenu du fait que le commerçant soudanais, en cette première période, était rarement accompagné de femmes et d'enfants. Il travaillait plutôt en association avec plusieurs compagnons.

revendre et réaliser ainsi des bénéfices »[173]. Quel est le volume de leurs transactions? Sans être exhaustifs, les renseignements que nous fournit à ce sujet l'administrateur-adjoint, de Coutouly, à la suite de deux tournées effectuées successivement en juillet 1914 et en mars 1915, dans cette région du Moronou, permettent de s'en faire une idée. Pour la première quinzaine de juillet 1914, les *dioula* (commerçants) de la région expédient 28 tonnes environ d'ignames, de bananes et de maïs, soit à Abidjan, soit à Agboville ou Dimbokro.

Le rapport de mars 1915, sur la tournée en pays ahali et amantian, révèle par ailleurs une très forte progression du mouvement commercial, animé par les commerçants dioula, au cours des mois précédents. Du 15 décembre 1914 au 15 février 1915, soit en l'espace de deux mois, 72,862 tonnes d'ignames et de bananes sont canalisées sur les deux gares de Tiémélékro et d'Anoumaba. Ces denrées, qui proviennent en totalité de l'arrière-pays, sont destinées aux villes de la Basse-Côte.

Le développement commercial des deux stations ferroviaires du Moronou, dû essentiellement à la présence active des commerçants d'origine soudanaise, ne manque pas de provoquer des conséquences économiques, bénéfiques pour la région. L'exploitation des cultures vivrières connait particulièrement un essor considérable. En effet, stimulés par les bénéfices appréciables retirés de la vente, les habitants accroissent les surfaces cultivées. Ils peuvent ainsi satisfaire non seulement la consommation locale, accrue du fait de la concentration des travailleurs du rail, mais approvisionnent en denrées le marché de Dimbokro et les villes de la Basse-Côte.

L'importance prise par ces deux centres contribue par ailleurs à asphyxier les centres commerciaux, autrefois prospères, comme Sandié-Bounga, à la limite du Moronou et du pays de Tiassalé, où *« Baouté et Agni défaisaient leurs bagages pour échanger leurs produits »*. Même Tiassalé, le célèbre carrefour commercial de la première époque coloniale, en est affecté. Les liens commerciaux, plus que séculaires, qui unissent ce dernier centre au Moronou, seront, progressivement, rompus.

---

173 ANCI 1 EE 148 (2/6), *Rap. politique du poste de Dimbokro pour le mois de juillet 1914.*

Autre conséquence, plutôt désastreuse pour le bon ordre, Anoumaba et Tiémélékro deviennent le lieu de refuge, « *une sorte d'asile pour les vagabonds venant des cercles d'Agboville, Tiassalé et d'ailleurs* ». En effet, si Anoumaba et Tiémélékro se hissèrent au niveau de centres commerciaux relativement importants, tout demeurait à entreprendre au plan de l'organisation urbaine et du fonctionnement administratif. En particulier les mesures de police, dans cette zone du Moronou, à une époque où prenait à peine corps l'infrastructure administrative, se révélèrent plutôt difficiles. Aussi, vagabonds et malfaiteurs s'y sentaient-ils à l'abri de toute mesure de rétorsion[174]. Ces désordres altérèrent à peine la vie commerciale. Celle-ci afficha au contraire beaucoup de caractère dans le mouvement du trafic des produits agricoles.

3. L'évolution du trafic des produits agricoles

L'analyse du trafic des produits agricoles ne se révèle guère aisée, car les données sont fragmentaires. Les chiffres des exportations disponibles ne couvrent que quelques années: 1921, 1922, 1923, 1924, 1925 et 1926[175]. Que pouvons-nous en tirer?

Prenons d'abord la mesure du trafic des différentes stations ferroviaires. Dimbokro, des trois gares du Moronou, l'emporte de loin pour le volume des exportations. Cette station ferroviaire vient en tête, pendant toute la période de 1921-1926, aussi bien pour l'exportation du cola, des palmistes, du caoutchouc, du coton que du cacao[176]. Elle ne le cède que pour les produits vivriers: le maïs d'une part, le manioc, les ignames et la banane d'autre part. Au niveau des vivriers, la gare de Tiémélékro se

[174] « Ils savent parfaitement qu'aussi bien dans l'une et l'autre gare, le commandant souvent passe…mais rarement s'arrête. Cf. ANCI 1 EE 148 (3), *op. cit.*

[175] Statistiques fournies par les Archives de la Chambre de commerce de la Côte d'Ivoire.

[176] Voici exprimées en % quelques unes des exportations de la gare de Dimbokro :

Produits	*1921*	*1922*	*1923*	*1924*	*1925*	*1926*
cola	79	62	57	64,4	67,8	67,6
caoutchouc	100	100	99,9	100	99,8	99,8
palmistes	99,9	99,8	99,7	99,4	97,8	99,6

détache en tête, suivie d'Anoumaba avec laquelle rivalise Dimbokro, pour la seconde place[177].

La primauté de rang, détenue par Dimbokro pour les produits de traite[178], s'explique. La gare de Dimbokro étend son aire d'approvisionnement, au-delà du Moronou et du N'zi-Comoé, aux cercles du Haut-Sassandra, des Gouro et accessoirement de Séguéla, auxquels elle est reliée par de bonnes voies. Tandis que Tiémélékro et Anoumaba se contentent d'accueillir les seules productions du Moronou. Quant au mouvement du trafic, loin d'être régulier, il offre au niveau de chacun des produits une évolution inégale. Pour l'ensemble du trafic des trois stations, nous obtenons le tableau.

Les exportations, fort modestes en 1921, prennent progressivement de l'importance. En 1922, les exportations triplent à peu près leur volume. Après une légère tendance à la baisse en 1923, la courbe des exportations reprend son ascension dès 1924 et se poursuit au cours des deux dernières années.

Malgré un parcours extrêmement réduit en territoire agni, le chemin de fer a exercé une influence incontestablement positive sur la production agricole. Il a permis le transport de la production du Moronou jusqu'au port d'embarquement. La pénétration du rail dans l'extrême-ouest de la région, relativement plus défavorisée sur le plan des communications, a rendu possible le développement des cultures commerciales de traite, essentiellement des vivriers. Le surplus de la consommation des ignames, du manioc, de la banane plantain et du maïs a pu désormais être commercialisé, grâce au débouché que lui assure le rail. Une ouverture plus grande et surtout plus rapide est par le fait même offerte au Moronou. Bref, le chemin de fer permet à ce dernier de s'intégrer à l'économie de marché.

---

[177] En effet, si le volume des exportations de manioc, ignames et banaes d'Anoumaba est plus important en 1921,1922 et 1925, Dimbokro surpasse cette dernière pour les autres années : 1923, 1924 et 1926. Il en est de même pour le maïs au niveau duquel Anomaba détient le plus fort pourcentage d'exportations en 1921, 1923 et 1924, tandis qu'elle se classe en troisième position, après Dimbokro, pendant les années 1922, 1925 et 1926.

[178] Cacao, coton, palmistes, cola, caoutchouc.

III. PROBLEME DE LA COMMERCIALISATION, MOYENS MONETAIRES, MARCHES ET CENTRES D'ACHAT

La pratique du commerce n'était pas ignorée du Moronou ancien, elle y avait même atteint une certaine performance. Les produits « dits de luxe », ivoire, or, caoutchouc..., acheminés sur les pistes de l'époque, débouchaient en particulier sur la côte de Guinée, où les Européens, partenaires commerciaux privilégiés, avaient édifié des comptoirs. Les produits du cru y étaient échangés contre les marchandises européennes: tissus, alcools et armes à feu.

Cette forme de commerce ancienne, d'une autre époque, celle du mercantilisme, pouvait-elle se poursuivre à l'époque coloniale? L'administration coloniale, désireuse de voir naitre de nouvelles structures commerciales, de mieux intégrer l'économie coloniale à celle de la métropole, opte pour les mesures les plus adéquates: suppression des cauris, des manilles[179], en tant que moyens monétaires, en même temps qu'elle introduit la monnaie fiduciaire. D'autre part, elle opte, au niveau de toute la colonie, pour la création de centres d'achat et de marchés locaux, destinés à l'approvisionnement des denrées du pays, et aussi à la diffusion des articles de l'industrie occidentale. Tout ceci provoque des réactions diverses, tantôt d'ouverture, tantôt de résistance, bref de vie commerciale en définitive fort positive, dans le sens du resserrement des liens entre l'économie coloniale et celle de la métropole.

A. Introduction de la monnaie fiduciaire française

L'introduction de la monnaie fiduciaire supposait au préalable la suppression des moyens monétaires "indigènes" ayant eu jusque là cours dans les différentes régions de la colonie. Dans le Moronou où toutes les transactions s'opéraient à base de poudre d'or, et accessoirement en ayant recours à la monnaie anglaise ou encore au billion [180], la solution paraissait théoriquement simple; il suffisait de favoriser la circulation

---

179 Monnaie métallique en forme de bracelet.

180 Monnaie divisionnaire de cuivre mêlé ou non d'argent, qui avait déjà cours dans le Moronou, dès les premières années de l'installation française en Côte-d'Ivoire.

abondante du billet de banque français. Dans les faits, le problème s'avérait plus complexe. Chasser la monnaie anglaise et au besoin interdire l'usage de la poudre d'or en tant que monnaie s'avérait peut-être nécessaire, mais la mesure ne suffisait pas. Le temps se révélait encore plus indispensable pour rendre familier l'usage des billets de banque et vaincre la résistance psychologique rencontrée. Enfin et surtout, l'administration coloniale devait parer à une dernière difficulté: l'insuffisance des billets diffusés à l'époque dans la colonie, face aux besoins de plus en plus grandissants du commerce.

1. La suppression des monnaies « indigènes »

Les plus couramment répandues, durant les premières années de la colonisation française, étaient le cauri, la manille et le *sombé*[181]. Leur suppression fut une longue et difficile opération, assez discontinue dans le temps. La première interdiction des monnaies métalliques, d'origine locale, dans les diverses transactions, remonte à 1914. Cette mesure fut fortement soutenue par la Chambre de commerce de la Côte-d'Ivoire, qui mettait en avant les abus et les inconvénients divers, auxquels leur usage donnait lieu. Elle fut par contre difficilement acceptée par les habitants des régions, où leur usage était fortement répandu. Même certains commerçants européens, soucieux exclusivement du profit personnel, tentèrent de battre en brèche l'interdiction gouvernementale, tel Grenouilleau, agent de l'Africaine Française dans le Gouro, qui pour son commerce *« emploie (...) et donne des sombé à des indigènes et se fait remettre de l'argent en échange »*[182].

---

[181] D'après une enquête conduite en 1913 par Pichot, le chef de poste d'Odienné, le *sombè* serait fabriqué exclusivement dans le canton *Nafana* (subdivision d'Odienné) par des forgerons locaux. Mais la technique de la fabrication, fort ancienne, est à rattacher à Mankono (Séguéla), où se seraient initiés, quelque quinze ans auparavant, les premiers forgerons de la région d'Odienné. Le poids du *sombè*, monnaie métallique, était en 1913 de 12,5 grammes environ. Quant au cours du s*ombè*, il était variable ; il se vendait en général par paquets de 20, appelés *sri*. Le cours le plus élevé était de 4 SRI pour 5 F., soit 16 sombé pour 1 F. Cf. ANCI 1 QQ 42,N) 53 A du chef de poste d'Odienné à l'administrateur, commandant le cercle de Touba. Odienné, le 26 septembre 1913.

[182] Cf. ANCI 1 QQ 42 114 G, *Lettre du capitaine Faussat, commandant le cercle des Gouro au Lt-gouverneur à Bingerville.*

Le Moronou suivit de loin ce « remous » monétaire et n'y fut mêlé qu'indirectement, dans la mesure où Dioula, Gouro et Bété du Nord et de l'Ouest ivoiriens, venus pour vendre leurs produits ou se procurer quelques achats à Dimbokro et dans les autres centres du Moronou, eurent à nouer des transactions avec les habitants de la région. En revanche, le Moronou fut immédiatement touché par les mesures d'interdiction à l'endroit de la libre circulation de la monnaie britannique, dans les limites de la colonie ivoirienne.

2. La proscription de la monnaie anglaise

La monnaie anglaise, connue bien avant la période coloniale[183] et d'un usage courant dans le Moronou, continuait de « *primer la monnaie française* » dans toute la région-est[184] de la Côte d'Ivoire, jusqu'à une date aussi tardive que l'année 1911. Le chef de poste de Bongouanou, Sargenton, soulignait à cette date la position précaire de la monnaie française, victorieusement concurrencée dans sa circonscription par la monnaie anglaise :

> Au village d'Arrah (...) les indigènes refusaient d'accepter l'argent français et se faisaient payer ce qu'ils vendaient avec de l'argent anglais[185]

Le peu d'estime dont jouissait l'argent français, constituait une gêne énorme pour le commerce, dans la mesure où *« les habitants refusent d'échanger leurs articles destinés à la vente contre l'argent français »*[186]. Les commerçants s'en plaignirent au gouverneur[187]. Des mesures s'imposaient. Il fallait écarter la

---

[183] La livre sterling était de loin appréciée par rapport à la monnaie française qui, par mépris, était désignée de l'expression *piquini* (petite monnaie).

[184] La même situation prévalait dans les cercles de l'Indénié et d'Assinie où « *la monnaie anglaise continuait en 1909, non seulement à circuler, mais encore à primer la monnaie française* ». Cf. ANCI 1 QQ 41, n° 8, *Rap. de l'inspecteur des affaires administratives, Nebout, au Lt-gouverneur à Bingerville, a/s monnaie anglaise.* Zaranou, le 4 février 1909.

[185] ANCI 1 EE 147 (2/3), *Rap. politique du poste de Bongouanou, pour le mois de juillet 1911.*

[186] ANCI 1 QQ 41, *Lettre du General Manager, 20, Capt. hall Avenue, London, au Gouverneur de la Côte-d'Ivoire à Bingerville.*

[187] *Ibid. op. cit.* Ce citoyen britannique dont les affaires devaient prospérer à la frontière de la Gold-Coast et de la Côte d'Ivoire, est l'un des premiers

monnaie par *« une. Interdiction formelle et générale ».* Celle-ci tardant à venir, des réunions d'explication virent le jour ici et là, conduites par les administrateurs, afin de dissuader les habitants à recourir à la monnaie anglaise. Malgré tous ces efforts, malgré aussi les répressions, l'on déplorait encore en 1916 le trafic des espèces *"nationales "*, cédées ou vendues à un prix dépassant leur valeur légale *« sur une très large échelle, non seulement à Grand-Bassam, mais encore dans les cercles »* [188] . C'est progressivement, à force de patience et de conseils, que l'on finit par évacuer des échanges commerciaux la monnaie anglaise.

3. La résistance psychologique

Mais il ne suffisait pas de « chasser » la monnaie anglaise, encore fallait-il que la monnaie française, qui était appelée à se substituer à elle, fût adoptée ! Or, celle-ci, sous sa forme de billets de banque, fut difficilement acceptée. Ceci, malgré *« les conseils donnés aux indigènes par les administrateurs et chefs de poste »,* et malgré aussi *« l'obligation d'effectuer la majorité des paiements en billets de banque »*[189].

Plusieurs raisons peuvent être invoquées, pour expliquer cette résistance à la circulation de la monnaie française, dans le Moronou et d'une manière générale dans le milieu « indigène » ivoirien. D'une part, les Ivoiriens soupçonnaient à peine ce qu'était un billet de banque, que ce « papier » puisse avoir la même valeur que les pièces d'argent ou d'or. Ils éprouvaient par ailleurs un certain nombre de craintes à l'endroit de ces « papiers », qu'ils ne savaient pas manier: ils appréhendaient de les salir ou de les déchirer, de les brûler ou de les perdre. Bref, ils ne voyaient vraiment pas les avantages qu'ils pouvaient en retirer. Habitués préalablement à transporter les pièces de monnaies, nouées dans un coin de leur pagne, sans aucune

---

commerçants à se plaindre du refus opposé par les habitants de la région-est à accepter la monnaie française, du fait que cette attitude portait préjudice à ses affaires. Il va jusqu'à suggérer au gouverneur de *« forcer les habitants à accepter l'argent français ».*

[188] ANCI 1 QQ 43, *Lettre n° 115 du procureur de la République au Lt-gouverneur à Bingerville, a/s trafic des espèces.* Grand-Bassam, le 17 août 1917.

[189] ANCI 1 QQ 42, *Lettre n° 5026 A du Lt-gouverneur au Président de la Chambre de commerce à Grand-Bassam, a/s monnaie fiduciaire.* S.P. le 15 novembre 1916.

inquiétude, ils étaient désormais soucieux que le pagne se dénoue, sans qu'ils s'en aperçoivent, et qu'ils perdent leur « argent ». Enfin, autre inconvénient, les colporteurs acceptaient difficilement les billets de banque, à cause de la difficulté du change d'une colonie à l'autre. Même dans les limites du cercle, les habitants éprouvaient encore en 1915 des difficultés à se procurer des articles dans les magasins, contre les billets de banque, à cause du refus systématique rencontré auprès des boutiquiers.

Tant d'obstination de la part des administrés du cercle révèle à quel point, il est difficile d'évacuer les vieilles habitudes. Mais c'était sans compter avec la détermination du gouvernement colonial de voir triompher coûte que coûte la monnaie française sous toutes ses formes.

4. La mise en circulation de la monnaie fiduciaire française

Progressivement, le gouvernement colonial injecte, dans le circuit des échanges, de la monnaie française en quantités variables selon la conjoncture, mais toujours suffisantes pour permettre au papier-monnaie de ravir la première place dans les échanges, et de s'imposer finalement dans les limites de la colonie. Dans la mesure où la progression du volume monétaire, au niveau du Moronou, traduit d'une certaine manière le degré de participation des habitants aux échanges commerciaux, il peut être intéressant de suivre les grandes étapes de la mise en circulation du papier-monnaie. Le Moronou comme point d'observation, n'eussent été les déficiences de la documentation, eût été le meilleur choix. L'analyse de la mise en circulation des monnaies, dans le cadre de l'évolution générale de la Côte-d'Ivoire permet néanmoins de jeter de temps à autre des coups d'œil sur la situation particulière du Moronou. Jusqu'en 1908, le stock des espèces monétaires, mises en circulation dans les limites de la colonie, était plutôt faible. En tenant compte des espèces de provenances diverses, aussi bien celles contrôlées par l'Etat que celles détenues par le commerce et les particuliers, la totalité des monnaies mises en circulation, en décembre 1908, sur l'ensemble du territoire ivoirien, se chiffrait à 3.188.871 F. (francs courants). Selon la nature des espèces, les billets de banque totalisaient 1.419.410 F.

Quel était le pourcentage des monnaies mises en circulation dans le N'zi-Comoé, à la même date ? Evaluant le montant des monnaies existantes dans le N'zi-Comoé, au 31 décembre 1908, dans un télégramme adressé au gouverneur de la Côte d'Ivoire, le 5 mai 1909, l'administrateur Hostains estimait, avec tous les détails à l'appui, que celui-ci était égal à 58.829,25 F., y compris les sommes détenues par le commerce et les particuliers. La seule subdivision de Bongouanou, qui était encore à cette date le siège de l'Agence spéciale du cercle, détenait à elle seule 35.589,45 F., soit 60,5 % de la totalité de la monnaie en circulation dans le cercle.

En 1909, le montant total des sommes mises en circulation dans le cercle passait à 66.184,35 F. L'augmentation, au bout d'une année, était appréciable: 7.354,7 F., soit 12,50%. L'absence d'informations chiffrées ne permet pas de suivre hélas ! au-delà l'évolution ultérieure de la diffusion monétaire, à l'intérieur du cercle. On devine tout au plus, à travers certaine correspondance, la menace d'une pénurie monétaire de petites coupures et de monnaie métallique qui s'annonce pour tout le territoire ivoirien, dès le début de 1916, et à laquelle on tente de parer par un dispositif approprié:

> Tous les bureaux de poste de la colonie seront invités à n'effectuer à l'avenir, tous leurs paiements qu'en billets de 25 F. et surtout de 5 F. Ils garderont par devers eux le numéraire qui entrera, pour le verser dans les agences spéciales, d'où il sera dirigé sur notre caisse pour la constitution d'une réserve (...) Il va être prescrit à toutes les agences de l'intérieur de ne faire les paiements que dans les proportions de ¾, ½ ou ¼ en billets, selon le degré d'approvisionnement des indigènes[190].

Cette crise de pénurie monétaire, malgré les précautions, frappe effectivement la Côte d'Ivoire à des degrés divers, selon les régions. Elle se fait sentir épisodiquement dans le N'zi-Comoé avec une pointe en 1921-1922. Mais dès 1923, une large diffusion de bons de caisse en atténue les effets.

---

[190] ANCI 1 QQ 42, Lettre n° 999, *op. cit.* Voir aussi ANCI 1 QQ 42. Tél. n° 64 A à tous les cercles du 4 février 1916 a/s *diffusion billets de banque.*

La diffusion de la monnaie ne sembla pas avoir été arrêtée, au cours de la crise de pénurie de petites coupures; elle poursuit au contraire une marche ascendante: 9.877.045 F. sont injectés en 1916 dans le circuit des échanges, 17 millions de francs en 1919 et 80.041.445 F. dont 41.317.975 F. en coupures de 5F. La progression est des plus remarquables, au cours de ces dernières années[191]. Cette « inflation » de monnaie aussi bien que la crise de pénurie de petites coupures constituent deux manifestations d'un même phénomène ; la situation prospère de toute la colonie, qui traduit, elle-même, l'adoption définitive du papier-monnaie d'origine française[192].

B. Marchés et centres d'achat

Assurer l'écoulement régulier de la production rurale, à l'époque de la promotion des produits de cueillette, tel est l'objectif poursuivi par l'administration, en créant en 1914 le marché de Dimbokro. Quelques années plus tard, quand les cultures de traite seront en plein rendement et à même d'alimenter les circuits commerciaux, des centres d'achat seront créés, en quelques points stratégiques, pour collecter le cacao, le café et éventuellement le coton, avant leur évacuation au port d'embarquement.

Le marché de Dimbokro, ainsi que les centres d'achat seront à l'origine de l'implantation des succursales des grandes maisons commerciales de la colonie, des boutiques et des magasins de distribution, autour desquels gravite tout un monde bigarré de traitants, *« véritables parasites »* qui, tout en animant une vie commerciale de plus en plus intense, n'ont qu'un seul objectif: s'enrichir rapidement et au détriment du producteur.

---

[191] Le taux d'augmentation annuel a été de 2 374 318 F. entre 1916 -1919 et de 10 506 907 F. entre 191-1925.

[192] On note, par exemple, en 1925, le commentaire suivant sur l'émission des 80 041 445 F. mis en circulation : « malgré cette proportion très forte, la banque est toujours démunie de ces derniers billets (...). La situation économique de la Côte-d'Ivoire est actuellement des plus prospères. Le tonnage des articles et produits importés et exportés ne cesse de croître ». Cf. ANCI 1 QQ 43, *Rap. sur le fonctionnement de la banque pendant le mois de mai 1925.*

1. Le marché de Dimbokro

Marché hebdomadaire, à fonctions polyvalentes, Dimbokro donne la possibilité aux habitants de chacun des postes du cercle d'offrir au commerce, mais aussi aux consommateurs particuliers, le fruit de leur travail quotidien: produits de consommation courante et aussi produits de traite. Des opérations auxquelles les denrées donnent lieu, résultent en particulier *« des abus de confiance et du vol au détriment des producteurs »* [193], qui auraient été susceptibles d'arrêter le mouvement commercial, sans l'intervention énergique et efficace de l'administration[194].

La vocation du marché

L'intention de créer le marché de Dimbokro remonte au mois d'avril 1914. Ce marché, dans l'esprit de l'administrateur Aubin qui en eut l'initiative, devait être mensuel et se spécialiser dans la vente des palmistes avec une *« une prime d'encouragement pour le vendeur ayant apporté la plus grande quantité de ce produit »*. La tenue effective du marché a lieu, pour la première fois, le 2 juin 1914. Il connait un succès qui dépasse toutes les espérances :

> Il a été apporté et vendu directement au commerce, sans aucune intervention de l'Administration, un peu plus de 22 tonnes de palmistes. L'opération n'a donné lieu à aucune réclamation, soit des indigènes, soit du commerce[195]

Au second marché, le 6 juillet, on relève sur les étals, outre les apports de palmistes, la présence de *« vivres ou objets de la fabrication des habitants (...) un certain nombre de poulets, (un peu ?) de caoutchouc en plaquettes provenant de la région de Bongouanou, du savon indigène, des cuillers en bois, des nattes, du piment, du tabac et des soufflets pour activer le feu »*.

---

[193] ANCI 1 QQ 20, *Procès-verbal du 25 février 1922 de la Chambre de commerce de la Côte-d'Ivoire, a/s adjudications de produits à Dimbokro.*

[194] A propos de la surveillance exercée sur les adjudications par l'Administration, il est rapporté : *« Si ce contrôle était supprimé, l'indigène ne ferait plus rien et le commerce de Dimbokro subirait une forte crise »*. ANCI 1 QQ 20, *op. cit.*

[195] ANCI 1 RR 39, N° 313 A, *op. cit.*

Cet approvisionnement spontané du marché en produits divers: palmistes, mais aussi ravitaillement et produits artisanaux, est souligné avec satisfaction par l'administrateur du cercle. Ce fait, écrit-il, « *dénote l'état d'esprit favorable chez l'habitant* »[196]. La spécialisation était loin d'être de rigueur. Au lieu d'être exclusivement, selon sa vocation initiale, un marché de palmistes, Dimbokro devient aussi un marché de ravitaillement, destiné à fournir aux habitants de la ville : poulets, piments, et autres denrées de consommation courante.

L'organisation du marché

Comment était organisé le marché ? Il a lieu le lundi, parce que ce jour-là, *« Dimbokro est particulièrement fréquenté par les indigènes »*. D'autre part, à la vente aux enchères des produits, pratiquée ailleurs dans d'autres cercles, l'on préfère à Dimbokro, pour les premiers marchés, *« le système de présentation directe des produits aux acheteurs »* [197] . Concrètement, l'administrateur Aubin en conçut l'organisation de la façon suivante :

> Les vendeurs se placeront dans l'intérieur de l'enceinte constituant le marché indigène et présenteront à l'acheteur placé à l'extérieur, le papier délivré par le cercle et sur lequel se trouvera inscrit le poids des palmistes composant le lot. Après accord sur le prix et versement du produit de la vente entre les mains du vendeur, les palmistes seront livrés[198].

Une année plus tard, en avril 1915, on revient sur cette première forme d'écoulement des produits, en adoptant une nouvelle, la vente aux enchères. Ce second procédé, après des essais probants, semble avoir eu la faveur de l'administration :

> La vente des palmistes aux enchères publiques, soutenue par la vérification de la pureté de ce produit, a donné les meilleurs résultats ; le produit, très coté, est disputé au point que sa valeur (27 F.

---

196 *Ibidem.*

197 ANCI 1 RR 39, n° 255 A, *op. cit.*

198 *Ibidem.*

les 100 kg) atteint un cours inconnu ailleurs dans la colonie[199].

D'autre part, un système de ravitaillement par roulement, s'appuyant sur la liste des villages de chacun des postes du cercle, est soigneusement mis au point: le poste de Bongouanou alimente le marché, le premier lundi du mois, Ouellé le deuxième lundi, Dimbokro le troisième lundi et Bocanda le quatrième lundi[200]. Cette réorganisation de l'approvisionnement, venant étayer la vente aux enchères, tout semble marcher pour le mieux. Palmistes, caoutchouc et autres produits écoulés sur le marché augmentent effectivement de volume, particulièrement au cours des derniers mois de l'année 1915 et pendant tout le premier trimestre de 1916, après un passage à vide enregistré durant le second trimestre de 1915. En effet, l'apport de palmistes, après la chute à 32 kg au second trimestre 1915, remonte au mois d'août de la même année à 654 kg et atteint en septembre les 1.227 kg. Poursuivant sa marche ascendante, la production de palmistes, vendue sur le marché de Dimbokro, accuse pour le premier trimestre de 1916, 187.792 kg.

Mais, dès cette période, tout est remis en cause. Les commerçants de Dimbokro, mécontents du système de vente par adjudication, jugé contraire à leurs intérêts, attaquent et exigent la liberté de commerce. Ils en saisissent la Chambre de commerce de la Côte d'Ivoire en même temps qu'ils recourent à l'arbitrage du chef de la colonie. Par faiblesse, le cabinet du gouvernement prête l'oreille aux revendications des commerçants et laisse faire. La situation se dégrade. Une réflexion de l'administrateur du N'zi-Comoé, Le Campion, le confirme. Elle qualifie la liberté de commerce de *« liberté de voler »*.

La liberté de commerce, un abus de confiance et une fraude

Entre autres procédés auxquels donne lieu la liberté de commerce, deux d'entre eux sont particulièrement remarqués, le vol et la fraude. Les "pisteurs", ces agents de commerce qui se portent au-devant des convois, s'illustrèrent essentiellement

---

[199] ANCI 1 RR 39, *Note 136 de l'administrateur Aubin, commandant le N'zi-Comoé , à tous les postes, a/s marché des palmistes*. Dimbokro, le 4 avril 1915.

[200] *Ibidem.*

dans le vol des produits. En effet, se portant à plusieurs kilomètres au-devant des convois, chargés de palmistes et autres produits du cru, destinés au marché de Dimbokro, les pisteurs, qui souvent ne sont autres que les commerçants eux-mêmes, se disputent, s'arrachent les porteurs de produits qu'ils finissent par entrainer de force, disloquant ainsi le convoi en plusieurs tronçons. Le transporteur de produits, ainsi manipulé, déboussolé, ne sait plus à quel saint se vouer. Les agents de commerce peuvent alors commercer tout à leur aise, d'autant plus que dans ces occasions, aucun contrôle ne peut s'effectuer, ni par l'administration, ni par le vendeur de produits, « *ne sachant ni peser ni compter* ».

Il arrive ainsi qu'une partie des charges de produits, ainsi convoyés, disparaisse, sans jamais être réceptionnées à l'arrivée à Dimbokro. On devine aisément que dans cette «*foire d'empoigne »,* où le contrôle des produits devient impossible, il est hors de question d'orienter le convoi sur la maison de commerce, susceptible d'offrir le meilleur prix. Il en résulte que le producteur autochtone est pillé et volé. Autre pratique abusive à laquelle donne cours la vente libre, la fraude sur le poids des produits. A l'arrivée des convois à Dimbokro, personne n'étant là pour contrôler le poids exact des denrées apportées par les producteurs, « *l'acheteur s'arrangeait de manière à ce que le prix total qu'il payait lui donne une moyenne bien au-dessous du prix qu'il avait offert et en rapport avec les limites qui lui étaient fixées »*[201].

Les conséquences de cet abus de confiance furent désastreuses pour le commerce. A la suite de ces procédés malhonnêtes, l'on enregistre « *l'asphyxie de l'apport du produit* », finalement une diminution du mouvement commercial. Les commerçants locaux tirèrent alors la sonnette d'alarme. Le président de la Chambre de commerce de la Côte d'Ivoire s'adressa en 1923 à l'administrateur du Nzi-Comoé, en

---

[201] ANCI 1 QQ 20, n° 1 400, Lettre de l'administrateur du N'zi-Comoé au Lt-gouverneur à Bingerville. Dimbokro, le 21 novembre 1922. On apprend, par ailleurs, qu'à la même date, le paiement du poids des produits était « bien inférieur à celui apporté par l'indigène », que par ailleurs « certains commerçants peu scrupuleux » n'hésitaient pas en compensation à offrir dans ces cas des »prix manifestement hors de proportion avec les cours du moment ».

le suppliant d'exercer un contrôle plus strict, afin « *d'éviter les fraudes qui se sont produites* », tandis que les agents de commerce européens du cercle suggéraient, à l'administrateur Le Campion, d'obliger « *les indigènes à apporter les produits à Dimbokro* », car, insinuaient-ils, « *de leur propre mouvement, ils n'apporteront rien ou presque rien* »[202].

2. Les centres commerciaux

Outre le marché de Dimbokro, créé pour faciliter l'écoulement des produits du cercle, des centres commerciaux voient progressivement le jour dans le Moronou. Surgis au hasard des opérations de commerce, ils furent par la suite contrôlés et limités quant au nombre. Par ailleurs au rôle d'écoulement des produits du cru, ils ajouteront un second, celui de la répartition des articles de traite dans la campagne environnante. Cette dernière fonction deviendra si prépondérante qu'à la fin de notre période, elle éclipsera, pour ainsi dire, la fonction initiale de ces centres, celle de l'écoulement du cacao, du café et des autres productions de traite.

Les centres commerciaux, un écoulement régulier des produits de traite

La première fonction des centres commerciaux est d'assurer un débouché permanent et relativement proche du domicile du planteur, aux produits de traite: cacao, café, palmistes et coton à l'occasion, cultures dont les productions permettent une vente, échelonnée pratiquement sur plusieurs mois de l'année. D'où l'origine de l'expression consacrée "*centres d'achat*", attribuée abusivement à ces places commerciales.

Les premières opérations de commerce font leur apparition dans le secteur-est du Moronou, à Bongouanou et à Kotobi, au cours du premier trimestre 1925, en pleine période de traite. Quelque six mois plus tard, au troisième trimestre de la même année, le commerce étend son rayonnement à Arrah et Andé. En 1927, d'autres centres d'achat naissent. Cette année-là, l'on dénombre au début de la traite, quatre-vingt-trois (83) opérations

---

202 ANCI 1 QQ 20, *Lettre de l'administrateur Le Campion à M. Roland, agent général de la Société Commerciale de l'Ouest Africain (SCOA) à Abidjan, en réponse à une correspondance du 20 mai 1923.*

commerciales, figurant aux rôles des patentes, dans les limites de la seule subdivision de Bongouanou. Ces opérations de commerce représentent environ cent (100) boutiques, implantées dans les villages, le long des axes principaux, dans des constructions de fortune, appelées à disparaître, à la fin de la période de traite. En 1928, le nombre des "centres d'achat" connaît un léger fléchissement. De quatre-vingt-trois, l'année précédente, il tombe à soixante-dix-huit en 1928. Par ailleurs, alors qu'ils étaient installés dans douze localités, désormais ils ne sont plus représentés que dans dix villages[203]. Que s'est-il passé?

Une rivalité commerciale âpre, engagée depuis 1925 et coïncidant avec l'accroissement de la production cacaoyère en particulier, aboutit en 1928 à la disparition de quelques-unes des maisons de commerce, les plus petites. De fait, dès 1925, devant la multiplication des points de traite, les commerçants européens patentés, mais aussi les traitants "indigènes", préalablement installés dans la région, protestent. Ils réagissent violemment, accusant l'administration de complaisance et en brandissant, parmi d'autres arguments, la quasi-impossibilité d'assurer désormais la vérification des produits et, par voie de conséquence, l'amélioration de ceux-ci. La solution, préconisent-ils, est de limiter les centres commerciaux.

En fait la raison fondamentale de cette réaction, extrêmement vive du commerce, c'est la concurrence impitoyable entre les différentes maisons de commerce, née avec le « boom » des affaires, et qui se traduit par la qualification des centres d'achat. Pour les maisons de commerce, petites et moyennes, la multiplication des points d'achat est synonyme d'augmentation des frais et des risques de commerce, en un mot de faillite et de disparition. Par contre, cette opération, encore soutenue en 1925 par l'administration, se traduit par d'immenses avantages pour

---

[203] La liste des opérations commerciales de la subdivision de Bongouanou regroupait en 1927 les douze localités suivantes : *Bongouanou, Kotobi, Krégbé, Andé, Arrah, Brou-Akpaoussou, Fronobo, Broukro, Boadikro, Banabo, N'zuékokoré, Abongoua*. En 1928, les centres d'achat ne sont plus représentés que dans dix villages et sont réduits à dix-huit (18). Cf. ANCI 1 R11-IV-33-84/85 (3 561), *Rap. sur la situation économique et commerciale du N'zi-Comoé, pour le troisième trimestre 1928, a/s concurrence commerciale à Bongouanou.*

les planteurs autochtones. Pour ces derniers, la multiplication des "centres d'achat" signifie d'abord la fin du portage. Désormais, ils peuvent vendre sur place les produits, précédemment transportés sur la tête, sur des dizaines de kilomètres jusqu'au marché de Dimbokro. Autre avantage non moins appréciable sur le plan économique, les producteurs locaux n'étant plus soumis à *« ce portage qu'ils redoutent »,* emploieront le temps qu'ils y consacraient autrefois à « *cueillir, récolter et préparer de nouveaux produits* ».

Cette crise d'opposition d'intérêts entre commerçants et producteurs locaux se résout au profit des premiers. Les centres d'achat subissent une forte réduction. Limités à six postes d'achat, en 1931, dans le cadre de la subdivision de Bongouanou, ils sont portés en 1935 au nombre de neuf, compte tenu du dynamisme commercial de la région. Ce sont: Bongouanou, Arrah, Kotobi, Assié-Kumasi, Banabo, Brou-Akpaoussou, *Etroko*, Krégbé, Kotobi et N'guessankro. Il faut ajouter, à cette liste, Anoumaba et Tiémélékro, relevant de la subdivision de Dimbokro, et y retrancher *Etrokro* – qui relèverait plutôt de Daoukro - pour obtenir la liste complète des centres d'achat du Moronou. En 1939, cette liste sera reconduite sans modification majeure, à l'exception d'Etroko qui disparait des centres d'achat.

Les centres commerciaux : une implantation géographique contrastée et un rayonnement inégal

Comment les centres commerciaux se répartissent-ils sur l'étendue du Moronou ? Le tableau de la page 172 révèle un net contraste entre la partie orientale, où ils constituent un semis relativement serré, et la partie occidentale, où celui-ci est beaucoup plus lâche. Pratiquement l'Ouest du Moronou, rassemblant les sous-groupes sawua, alangwa, amantian et ahali, en est totalement dépourvu, hormis Anoumaba et Tiémélékro, qui tiennent dès cette époque une place de choix en tant que "centres d'achats". Ils se concentrent autour des deux grandes métropoles: Dimbokro, chef-lieu de cercle et gare ferroviaire de premier ordre du Centre-est ivoirien, et Bongouanou, chef-lieu de subdivision, véritable métropole administrative et économique du Moronou.

La localisation des lieux de transaction répond largement à des impératifs économiques et techniques étroitement liés. Le dynamisme d'un centre commercial, sa forte activité, son influence sur l'orientation du trafic, rendent compte de la répartition géographique des autres points d'échange moins favorisés. C'est le cas pour Dimbokro, qui rassemble en son sein quatorze succursales des plus grandes maisons de commerce de la colonie[204]. Il en résulte pour ce centre commercial un tel rayonnement que d'anciens marchés, comme Tiassalé situé à une centaine de kilomètres environ, souffrent de son voisinage[205]. Il empêche aussi l'implantation de centres commerciaux importants ou stérilise les lieux de transactions de l'époque antérieure, situés dans la partie du Moronou proche de son orbite[206].

De même, Kotobi annihile, aux environs de 1930 pour longtemps, l'effort de développement commercial, amorcé dans les « centres d'achat » voisins, antérieurement prospères, d'Abongoua et d'Andé[207]. La première localité, Abongoua, distante de 7 km de Kotobi, était encore en 1927 un centre fort actif d'achat de produits du cru. Quant à Andé, gros village et

---

[204] En 1921, sont déjà installées à Dimbokro 14 maisons de commerce européennes dont deux anglaises. Ce sont : C.F.A.O, S.C.O.A., la Compagnie Bordelaise des Comptoirs Africains (C.B.C.A.), la Compagnie Générale de l'Afrique Française (C.G.A.F.), la Compagnie Française de Kong (C.F.K.), la Compagnie Française de Côte-d'Ivoire (C.F.C.I.), la Compagnie Française de la Côte d'Afrique (C.C.C.A.), la Compagnie Commerciale et Industrielle de la Côte d'Afrique (C.C.I.C.A.), la Société Commerciale et Industrielle des Palmeraies Africaines (S.C.I.P.A.), de Tessières, Cohen Frères (C.F.), la Société Commerciale Africaine (S.C.A.), Woodin and C°, Richard King and C°. Cf. ANCI 1 QQ 98, Esquisse sur la situation politique et économique du N'zi-Comoé. Dimbokro, le 23 avril 1921.

[205] La prospérité du centre commercial de Dimbokro devient en 1912 un obstacle sérieux pour le développement ultérieur de l'ancien marché, asphyxié progressivement par la réduction du volume des affaires réalisées dans cette dernière place commerciale. Les commerçants de ce poste s'en plaignent et « insistent pour que la route Oumé-Sinfra soit ouverte le plus tôt possible. », afin que Tiassalé soit alimenté par les produits en provenance du pays gouro. Cf. B.M. C.C.C.*I Procès-verbal de la 8e séance (1e décembre 1912), a/s marché de Tiassalé.*

[206] Il s'agit précisément des zones agni du Sawua, ahali, amantian et alangwa, situés à la périphérie de Dimbokro dont elles relèvent administrativement, durant la majeure partie de la période coloniale.

[207] Cf. ANCI 1 R 11-IV-39-162 (3 442*), Liste des opérations commerciales de la subdivision de Bongouanou.*

centre principal du Sahié, situé à 12 km environ de Kotobi, sur le grand axe commercial en direction du pays baoulé voisin, il renfermait à la même date une dizaine de maisons commerciales. En 1933, Abongoua et Andé disparaissent de la carte des centres commerciaux du Moronou au profit de Kotobi. Il en est de même pour Bongouanou dont le développement, en tant que place commerciale, est un obstacle majeur à l'éclosion du centre commercial de Broukro, distant de quelque six kilomètres de la grande métropole du Moronou.

Facteur technique enfin, c'est le problème des communications qui peuvent jouer de façon contradictoire. Si l'on explique aisément la présence de la majorité des centres commerciaux le long de l'axe principal du pays ou a un nœud de communications - c'est le cas pour Banabo et Kotobi particulièrement - le cloisonnement des pays Assiè et Ngatianou, qui demeure encore vrai de nos jours, justifie l'implantation des centres commerciaux de N'guessankro et d'Assié-Kumasi, permettant les échanges au niveau local. En revanche, la rareté des centres commerciaux dans le Sahié entre autres doit être imputée à des liaisons aisées avec Brou-Akpaoussou, sinon Krégbé et Kotobi, centres commerciaux de taille relativement importante, situés dans le voisinage du pays sahié.

L'interférence de ces éléments variés concourt à l'instauration d'une hiérarchie entre les différentes places. Est-il possible de la mesurer ? Les fiches de renseignements commerciaux de la subdivision de Bongouanou, dressées entre 1933-36, assorties à la fois du montant des patentes acquittées par chacune des maisons de commerce, du montant des chiffres d'affaires et de la valeur des marchandises en magasins, nous en donnent une certaine idée, en dépit du laconisme et des déficiences de la documentation.

En 1936, les places commerciales se distribuent en trois groupes. Deux d'entre elles, Dimbokro et Bongouanou, se détachent du lot commun, en raison du nombre élevé des maisons de commerce qu'elles renferment et surtout de leur qualité.

Maisons de commerce et Centres commerciaux
De la Subdivision de Bongouanou 1933-1936

	Bg nou	Ktbi	Arah	Andé	B.Akbu	Kgbe	Bnbo	Assié	N'Ga-kro	Ttal
Delpey-Roux	1	1			1			1		4
De Tessières	1	1	1		1	1		1		6
Dulout	1	1					1	1	1	5
Gnando	1						1	1		3
Harambat	1	1	1		1	1	1	1	1	8
De Kersabiec	1	1	1		1	1	1	1		7
Jean Kouamé			1		1	1				3
Koidio et Koné	1	1			1	1		1		5
N'Dré J.P					1	1				2
Niando	1						1	1	1	4
SCOA	1	1	1		1	1				5
Cadoret	1		1				1			3
Amanieu	1	1	1		1		1			5
Yao B.	1		1		1	1	1	1	1	7
Beuglot		1	1		1	1	1	1		6
CFAO	1	1	1							3
CFCI	1	1	1	1		1				5
CICA	1	1			1	1				4
Soucail	1		1		1	1				4
J.Adigra et P. Abey	1						1	1	1	4
Total	17	12	12	1	13	12	10	11	5	93

Source : ANCI 1 Q1-V-11- 267 (5004), Répertoire commercial de la Subdivision de Bongouanou 1936.

En se fondant exclusivement sur l'existence des succursales des grandes maisons commerciales de la colonie, l'on en relève 14 à Dimbokro. A Bongouanou, où sont aussi représentées quelques unes de ces dernières, prédominent les maisons de commerce de taille moyenne ou petite, appartenant à des

Européens ou à des traitants africains[208]. Mais ce qui retient essentiellement l'attention, c'est la valeur locative des immeubles de commerce, relativement plus élevée à Bongouanou que dans les autres centres commerciaux; ce qui témoigne de la dimension plus importante des maisons de commerce sises dans cette ville coloniale, et surtout du rayonnement bien plus considérable dont jouit cette dernière et, à un degré probablement supérieur, Dimbokro, par rapport à l'ensemble des autres centres commerciaux de la région.

Viennent ensuite les places commerciales de dimension moyenne au rang desquelles figurent Brou-Akpaoussou, Kotobi, Arrah, Krégbé et Assié-Kumasi. Enfin la dernière catégorie est marquée par la modestie sinon la faiblesse des opérations. Elle est formée par des centres commerciaux comme Banabo, N'guessankro, Broukro et Fronobo dont l'influence se réduit au voisinage immédiat et ne dépasse guère deux ou trois villages. Si la diversité et l'abondance des articles d'origine européenne ont contribué à asseoir la réputation de quelques uns de ces centres commerciaux, à la veille du conflit mondial, il nous est cependant difficile de prendre la mesure de la quantité des articles diffusés dans le Moronou, bien que l'on devine que la nature de ces derniers ne devait pas différer de beaucoup de ce qui se rencontrait, à la même époque, sur les autres places commerciales de la colonie.

Les seuls éléments quantifiables à notre disposition, permettant d'évaluer l'importance des maisons commerciales, sont: la valeur locative des immeubles, le montant des patentes et taxes exceptionnelles et le montant des chiffres d'affaires. En dépit de l'indigence de la documentation, nous les avons cependant utilisés, afin d'établir une hiérarchie entre les maisons de commerce, représentées dans la subdivision de Bongouanou. Trois remarques s'imposent face à ce tableau. En premier lieu, il apparait que les succursales des grandes maisons de commerce de la colonie ne tiennent pas nécessairement le premier rang, par

[208] Voir tableau ci-dessus. Les grandes maisons de commerce sont représentées par : la SCOA, la CFAO, la CFCI, la CICA, les maisons européennes de taille moyenne par : Delpeyroux, de Tessières, Harambat, G. de Kersabiec, Cadoret, Dulout, Soucail, Beuglot, Les boutiques africaines appartiennent à ; B. Yao, Gnando, Amanieu, Adigra et Abbey (Abé ?), Koidio et Koné (Konin ?).

le volume des affaires brassées dans le Moronou. Bien au contraire, elles y jouent un rôle commercial fort secondaire, étant classées pour la plupart dans la catégorie des maisons de taille moyenne, autrement dit bénéficiant d'un renom assez limité; même l'une d'entre elles, la *S.C.O.A.*, la prestigieuse maison commerciale de l'Afrique de l'Ouest, y est reléguée, malgré sa factorerie de grandiose dimension, sise à Kotobi, au rang des maisons de commerce de peu d'importance.

Hiérarchie des Maisons de Commerce
Subdivision de Bongouanou

Catégorie Maisons de commerce	*Montant des patentes annuelles*	*Val. locative des immeubles/An*	*Montant an des chif. d'affaires*	*Bénéfice net*
Grosses maisons				
1-Harambat	3 533 F.	50 000 F.	380 000 F.	326 467 F.
2-Gnando	1 083 F.	2 000 F.	275 000 F.	271 917 F.
3-Dulout	1 200 F.	11 500 F.	250 000 F.	237 300 F.
4-Cadoret	1 067 F.	2 000 F.	227 000 F.	223 933 F.
5-de Kersabiec	1 934 F.	23 000 F.	210 000 F.	185 066 F.
6-Beuglot	1 867 F.	2 500 F.	189 500 F.	185 066 F.
7-Amanieu	1 600 F.	5 500 F.	185 000 F.	177 900 F.
Maisons de taille moyenne				
1-B. Yao	1697 F.	11 150 F.	148 000 F.	135 153 F.
2-CFAO	917 F.	37 750 F.	134 500 F.	95 833 F.
3-CFCI	1 067 F.	90 000 F.	131 335 F.	-
4-SOUCAIL	867 F.	3 400 F.	104 000 F.	90 268 F.
5-CICA	934 F.	5 250 F.	60 000 F.	53 816 F.
Maisons peu importantes				
1 –Kadio& koné	1 067 F.	17 000 F.	50 000 F.	31 933 F.
2-Delpeyroux	1 234 F.	21 500 F.	49 000 F.	26 266 F.
3- de Tessières	1 167 F.	2 000 F.	49 000 F.	45 833 F.
4-Adigra	1 300 F.	1 500 F.	44 000 F.	41 200 F.
5-SCOA	694 F.	20 000 F.	22 000 F.	1 306 F.
6-j. Kouame	867 F.	1 500 F.	10 000 F.	7 633 F.
7-J.P. Ndre	667 F.	500 F.	10 000 F.	8 833 F.
8-E. Niando	1 433 F.	2 000 F.	7 000 F.	3 567 F.

Source : ANCI 1 Q1-V-11-267 (5 004), *Répertoire commercial. Bongouanou 1936.*

Il est par contre à noter la taille considérable de quelques unes des affaires commerciales tenues par des Africains. C'est le cas de Gnando qui occupe, avec un montant de chiffres d'affaires brut de 275.000 F. par an, la seconde place des maisons commerciales, immédiatement après la maison

Harambat venant en tête avec 380.000 F. Le dynamisme de B. Yao est tout aussi frappant: il réalise un bénéfice annuel net de 135.153 F. monnaie courante, après s'être acquitté de la location de ses immeubles, de l'ordre de 11.150 F. par an et d'une taxe commerciale de 1.697 F. par an, l'une des plus fortes redevances, versées par un particulier. Dans la dernière catégorie, figurent indistinctement commerçants africains mais aussi européens, dont le chiffre d'affaires annuel n'excède pas les 50.000 F.

Enfin, on ne peut s'empêcher de constater que, malgré tout, de beaux bénéfices commerciaux ont dû être réalisés[209], surtout quand on met en regard le montant, somme toute faible, des patentes et autres redevances, versées au titre de la location immobilière, et les chiffres d'affaires plutôt élevés pour l'époque, réalisés dans le Moronou. Les profits obtenus étaient d'autant plus substantiels que le commerce échappait à tout contrôle.

Dans la région pullulait tout un lot de traitants véreux, européens aussi bien qu'africains, qui mettaient, selon le mot même de l'administration locale, « le pays en coupe réglée » : les prix offerts aux producteurs de marchandises n'étaient point déterminés selon les fluctuations du marché, mais en fonction d'accords tacites, quand ces commerçants, peu scrupuleux, n'usaient pas d'intimidations ou d'autres pratiques frauduleuses, à même de décourager toute production.

---

209 « *Il y a dans la région tout un lot de traitants, tant européens qu'indigènes, véritables parasites, mettant le pays en coupe réglée (...) Ils pratiquent des cours généraux (...) Les prix sont le fait d'ententes, d'intimidations ou de pratiques frauduleuses. De là l'incohérence des prix payés aux indigènes* ». Cf. ANCI 1 Q2-IV-15-120 (3 743), *Rapport économique du cercle de Dimbokro, pour le premier trimestre 1934*. A propos des mêmes commerçants, surtout « européens, auxquels il ne faut pas demander de considérer l'intérêt général », l'administrateur de Dimbokro écrivait dans son rapport économique pour le 4e trimestre : « *Au-delà du calcul d'un prix de revient le plus bas possible et d'un prix de vente aussi élevé qu'il peut l'obtenir, il (le commerçant européen) perd pied et ne comprend plus rien. Ces commerçants européens opèrent donc avec des méthodes de groupement et ententes qui perdent de leur efficacité quand ils ont en face d'eux des Européens éduqués et souvent groupés aussi, mais qui restent malfaisants quand ils ont affaire qu'à des indigènes (sic). Si les traitants indigènes ne venaient tempérer ces ententes, le pays ne travaillerait plus que pour le profit d'un groupe d'individus* ». Cf. ANCI 1 Q2-IV-15-120 (3743), *op. cit.*

CHAPITRE 6

LES PROGRES DE LA PRODUCTION

Dans quelle mesure, l'insertion de la production agricole du Moronou dans l'économie de marché s'est-elle traduite par des progrès, tel est le problème que nous abordons présentement.

Nous disposons pour cette étude de sources fort diverses, essentiellement des rapports économiques trimestriels et annuels du poste de Bongouanou ou de l'ensemble du cercle, classés aux Archives Nationales de la Côte d'Ivoire, en majeure partie dans les *séries Q et R*. Mais ces différentes sources sont-elles dignes de confiance? Elles témoignent en effet parfois de tant d'indigence, voire d'imprécisions et de contradictions internes. Malgré les erreurs évidentes qu'elles comportent, il était impensable de négliger cette source archivistique irremplaçable. En s'entourant de certaines précautions et à condition de ne pas accorder à nos documents une valeur exemplaire, il était possible de s'appuyer sur eux.

Lorsque les données statistiques semblent erronées, nous n'avons pas manqué de le signaler. Par ailleurs, quand nous disposions de témoignages parallèles, d'origines différentes, nous les avons toujours confrontés les uns avec les autres. Enfin, nous nous sommes surtout attachés à l'étude de la tendance générale, aux mouvements fondamentaux. Si la précision n'a pas été toujours présente, du moins les risques d'erreur ont-ils été, nous le pensons, éliminés.

L'une des caractéristiques majeures de cette agriculture, c'est son adaptation aux besoins métropolitains certes ! mais aussi aux conditions du marché international. En effet, suivant la demande "extérieure", certaines cultures ont été "poussées" ou au contraire abandonnées et remplacées par d'autres produits, dont l'écoulement était assuré. Ce critère d'adaptation témoigne ainsi d'une agriculture spéculative, commercialisée, largement ouverte sur l'extérieur.

I. DE L'INDIFFERENCE A L'ENGOUEMENT POUR L'EXPLOITATION DES PRODUITS « DITS DE CUEILLETTE » (1908-1928)

Pour évaluer les progrès de l'agriculture, notables durant la décennie 1928-1938, il importe de prendre en compte l'effort déployé, depuis les premières années de la pénétration coloniale, pour exploiter les produits de cueillette, jusqu'à la maîtrise des cultures industrielles de cacao, en passant par l'extension des cultures vivrières, qui ont eu pour effet immédiat de juguler les disettes chroniques.

A. Les produits de cueillette Une exploitation diversifiée mais de faible tonnage (1908-1928)

Est-il possible de prendre la mesure des richesses naturelles du Moronou à l'époque de la pénétration française ? Quel parti en tirait l'habitant à cette époque? Le Moronou était doté d'immenses richesses naturelles. Celles-ci abondaient partout et étaient pour ainsi dire inexploitées.

> Dans les immenses parties de la forêt du district, existent de nombreux peuplements de funtumias (...) Les colatiers sont aussi nombreux dans la forêt[210].

Quant au palmier à huile, *« il existe dans tout le cercle. Très clairsemé dans les parties en savane, il atteint le long de la Comoé, du Bandama et du N'zi, ainsi que dans la région de Sahoua, à 25 km nord-est d'Anoumaba, une densité capable d'en rendre l'exploitation intéressante »*[211].

Peut-on se faire une idée du volume des produits exploités à l'époque des peuplements naturels? Il parait difficile d'évaluer, même approximativement, les quantités de cola, de caoutchouc ou de palmistes, fournies par le Moronou, avant les premières estimations chiffrées des années 1920. Les appréciations

---

[210] ANCI 1 RR 9, n° 280, *Rap. économique d'ensemble du poste de Bongouanou. Bongouanou*, le 31 décembre 1912.

[211] ANCI 1 RR 94, n° 3085 A. *Administrateur du N'zi-Comoé au Lt-gouverneur à Bingerville, a/s renseignements sur les produits naturels.* Dimbokro, le 30 novembre 1916.

qualitatives, par contre ne manquent pas sur les productions extrêmement variées, auxquelles se livrent déjà les habitants du Moronou, en ce début de la colonisation.

1. Le cola

A propos de ce produit, Bervas, l'Inspecteur du Service de l'agriculture, livre en février 1911 :

> On peut considérer une vente locale de 2 ou 3 tonnes pendant le mois de décembre et janvier derniers comme un minimum[212].

Une autre information isolée nous apprend, en février 1912, que la quantité de noix de colas produite par le Moronou, au cours de la dernière saison (1911), *« ne doit pas être inférieure à 5 ou 6 tonnes »*. Fort de cette information, on peut concevoir une production supérieure aux six tonnes pour l'année 1912. En effet, le r*apport économique d'ensemble du poste de Bongouanou* révèle en décembre 1912 :

> Cette année-là (1912), le commerce des colas a pris une réelle importance et les indigènes en ont tiré de beaux bénéfices. Les tribus qui sont les plus favorisées (...) sont les Sahoua, les Amantian et les Sahié. Chaque année avec leurs colas, ils se font de fortes sommes[213].

Sargenton, le chef de poste de Bongouanou, ayant remarqué de son côté que les habitants, après avoir pris goût à la récolte du cola, fouillent la forêt pour en découvrir de nouveaux peuplements, note en 1912 :

> Les indigènes du district tirent un certain profit des colas et la production augmente chaque année. Tous ces colas sont achetés par les Dioulas (...) et sont transportés sur Dimbokro, pour être

---

[212] ANCI 1 RR 39, *Rap.de tournée dans le N'zi-Comoé de l'inspecteur de l'Agriculture Bervas*. Bingerville, le 27 février 1911.

[213] ANCI 1 RR 9, n° 201, *op. cit.*

> colportés vers les cercles du Haut. Quelques charges sont portées sur Abidjan[214].

Pour les années 1913 et 1914, nous recueillons incidemment les quantités de colas produites pour le mois de septembre : la production qui était de 735 kg en septembre 1913, chute à 27 kg pour le mois correspondant de 1914. Le motif ? La guerre de 1914 a des répercussions néfastes sur le commerce : « *les transactions ont été nulles ou à peu près* ». Aussi la production de cola n'a pu être achetée par le commerce.

Une autre estimation partielle, la production du troisième trimestre de 1915- 2,5 tonnes- nous est livrée par le chef de poste de Bongouanou, Siméoni. Pour 1916, nous disposons encore d'une estimation partielle, chiffrée, valable cette fois-ci pour les quatre premiers mois de l'année. Elle est connue grâce à la *Note sur la situation agricole du poste de Bongouanou,* datée du 27 avril :

> La récolte de noix de colas se fait toujours dans les mêmes conditions. Six tonnes et demi ont été exportées du district, depuis le mois de janvier[215].

La récolte, tirée des peuplements naturels de colatiers en 1917, est estimée pour l'ensemble du cercle du N'zi-Comoé à 202,500 tonnes[216]. La contribution du poste de Bongouanou est de 75,500 tonnes, soit 37,3% de la production totale. En additionnant le pourcentage de production qui revient au poste de Bongouanou et celui de Dimbokro, renfermant le Sawua et l'Amantian, les deux régions du Moronou, qui accusent la presque totalité de la production de la subdivision de Dimbokro,

---

[214] ANCI 1 RR 9, n° 161, *op. cit.*

[215] ANCI 1 RR 9, *Note succincte sur la situation agricole du poste de Bongouanou*. Bongouanou, le 27 avril 1916.

[216] La production du Cercle se répartit comme suit :

- Bongouanou 75, 500 tonnes ;
- Bocanda 2 000 tonnes ;
- Ouellé 60 000 tonnes ;
- Dimbokro 35 000 tonnes ;
- Yamoussoukro 25 000 tonnes ;
- Toumodi 5 000 tonnes.

Total……………. 202 500 tonnes.

Cf. ANCI 1 RR 39, *op. cit.*

nous obtenons environ 110,500 tonnes de production totale pour l'ensemble du Moronou. Ce qui correspond à 54,5% de la production du cercle.

Six années plus tard, en 1923, la production du cercle semble avoir fait un bond prodigieux, à en juger par la récolte obtenue au cours d'un seul trimestre, le quatrième, chiffrée à 94 tonnes, soit 18,5 tonnes de plus que la production totale de l'année 1917. Les lignes du *rapport du quatrième trimestre 1923* qui annoncent ce taux de production, sont plutôt flatteuses :

> Après les Cercles du Haut-Sassandra et de Man, le N'zi-Comoé est certainement le plus gros centre de production de kolas (sic) de la Côte-d'Ivoire avec, par ordre d'importance, les trois régions de Sahoua, de Bongouanou et des Amantian. D'une année sur l'autre et pour le trimestre correspondant, la production a fait un bond de 94 tonnes[217].

En 1924, une autre appréciation, de nature qualitative, est saisie à travers les lignes du rapport, adressé par l'administrateur du N'zi-Comoé à l'inspecteur Mérat :

> La production accuse aux cours des six dernières années une courbe ascendante[218].

Il est à noter que depuis 1917, c'est-à-dire, six années après les premiers essais de culture du colatier, les premières sterculiacées sont entrées dans la phase.de rendement, et que les chiffres de production des années 1923 et 1924, dans la mesure

---

[217] ANCI 1 RR 39, *op. cit.*

[218] La série de chiffres de production afférente à l'ensemble du N'zi-Comoé se présente comme suit :

- 1919 226 Tonnes ;
- 1920 273 T. ;
- 1921 314 T ;
- 1922 429 T ;
- 1923 516 T. ;
- 1924 343 T.

Cf. ANCI 1 QQ 104, n° 2 197, *Administrateur du N'zi-comoé à M. l'inspecteur L. Mérat à Bingerville*. Dimbokro, le 25/12/1924.

où ils sont exacts, englobent à la fois la production des peuplements naturels et celle des cultures arbustives.

2. Le caoutchouc

Le *funtumia elastica* qui peuplait à profusion le Moronou, était déjà, bien avant la colonisation, âprement exploité, autant par les autochtones que par les *poyofwè* (récolteurs de caoutchouc) étrangers, Ashanti ou Fanti, de la colonie voisine de la Gold-Coast, si l'on en juge par ce qui restait comme essences à caoutchouc dans la forêt, et par "les traces d'incisions", relevées sur celles-ci. Malgré les signes extérieurs d'une production à outrance de cette matière, la quantité de caoutchouc récoltée, à lire les rapports de la première époque, était "très minime". Selon le capitaine Schiffer, l'adjoint au commandant du cercle, elle aurait même tendance à décroitre, « *d'autant plus que le défrichement de la forêt pour les plantations l'a fait disparaître* »[219].

Le produit, coagulé, est préparé sous forme de *cakes* (gâteaux). « *Ceux-ci, percés et traversés d'une liane, forment des chapelets* », débités soit à Dimbokro, soit à Tiassalé de préférence. Mais dans quelle proportion? Quel est le volume d'exportation de ce produit ? Les détails abondent sur les lieux de destination du caoutchouc en provenance du Moronou, que l'on retrouve essentiellement sur les marchés européens de Bordeaux et de Liverpool. Mais pas un mot pour éclairer le lecteur sur le volume de la production du caoutchouc, hormis les remarques d'ordre qualitatif, qui sont loin d'être satisfaisantes en la matière. En fait, il semble que les saignées outrancières de la période antérieure, qui ont été largement poursuivies, longtemps encore après l'installation coloniale, aient porté un coup sévère à la production. La crise mondiale de surproduction traversée par cette matière, dont les effets se firent sentir, dès 1913, de façon aigüe dans le Moronou, ne fut pas non plus étrangère au déclin de la production locale. Durement éprouvés par la mévente, les *poyofwè* (récolteurs) du Moronou s'adonnent plutôt avec mollesse à la récolte du caoutchouc, dont le niveau de production, selon l'administrateur du cercle, avait encore peine à franchir en 1916 le cap des 5 tonnes par an.

[219] ANCI 1 RR 39, *Extrait du rapport du capitaine Schiffer.*

En 1917, la production, stationnaire, n'excède pas les 5,650 tonnes au niveau de la subdivision de Bongouanou, tandis qu'elle accuse 24,2 tonnes pour l'ensemble du N'zi-Comoé. L'on constate ensuite une énorme lacune dans la série chronologique de la production annuelle, due à l'indigence de la documentation. Ni 1918, ni 1919 ne sont affectées d'aucune production chiffrée. Lorsque s'ordonne à nouveau, à partir de 1920, la série annuelle de la production de caoutchouc, la contribution du Moronou se dilue dans le chiffre global du cercle, sans possibilité de distinguer la part réelle qui revient à notre région.

3. Le palmiste

L'évolution de la production palmiste à l'époque de l'exploitation exclusive des peuplements naturels, n'est pas moins caractéristique. Jusqu'en 1912, l'unique profit tiré du palmier à huile, répandu ici et là dans le Moronou, est le vin de palme, dont l'extraction fut extrêmement préjudiciable aux peuplements naturels[220]. Une question préalable se pose : ces divers peuplements de palmiers offrent-ils un intérêt pour le commerce, et l'effort investi dans la production en vaut-il la peine ? A cette question, l'inspecteur Bervas répond par la négative en 1911 :

> Ce peuplement n'a pas une grande valeur pour le commerce, parce que Sahoua est éloigné du chemin de fer (25 km. au moins)[221].

Une autre raison, qui dut implicitement influencer l'opinion de Bervas, c'est la proportion fort importante des palmiers mâles, stériles, par rapport aux pieds femelles, seuls productifs, relevée sur la majorité des peuplements de palmiers du Moronou. Autant de motifs qui vont lourdement peser sur le rendement de la production, fort peu encouragée par l'administrateur, à cette époque. En 1911, on note, en tout et

---

[220] Sur la fabrication du vin de palme, une enquête, conduite en 1915, établit que chaque année 945 000 palmiers à huile sont abattus dans toute la Côte d'Ivoire, dont 10 000 (1,05%) dans le N'zi-Comoé. Cf. 1 RR 104. *Rapport en séance du conseil d'administration, 8 mai 1915, a/s interdiction de la vente du vin de palme.*

[221] ANCI 1 RR 39, *Rap. de tournée dans le N'zi-Comoé de l'inspecteur de l'agriculture Bervas, a/s palmier à huile*. Bingerville, le 27/2/1911.

pour tout, un apport extrêmement bas de 300 kg de palmistes, livré à Dimbokro par l'ensemble du cercle. Devant *le prix avantageux*, offert pour ce produit par le commerce, l'administrateur livre sa déception:

> Il est regrettable qu'un produit si facile à se procurer, et si abondant, soit perdu, tant pour l'indigène qui n'en connaît pas la valeur, que pour le commerce de Dimbokro et le chemin de fer qui aurait là une nouvelle source de transport[222].

Un élément fort important qui va jouer en faveur de la production du palmiste, sera la lettre reçue de Liverpool, le siège social de l'une des maisons de commerce britannique, représentées à Dimbokro. Cette lettre soulignait, à l'intention de l'administration locale, la qualité excellente des *palmistes de Dimbokro, considérés comme les mieux représentés de tous les lots provenant de l'A.O.F*[223]. Par la suite, l'institution du marché de palmistes de Dimbokro, en avril 1914, contribuera de façon notable à accroitre la production.

Mais déjà, en 1913, la gare ferroviaire de Dimbokro expédiait sur Abidjan 41 kg de palmiste. En 1915, au marché de Dimbokro, les seuls habitants du poste de Bongouanou transportaient, au cours du troisième trimestre exclusivement, 20,5 tonnes de palmistes. En 1916, ce sont 550 tonnes de palmistes que l'ensemble du N'zi-Comoé expédie par chemin de fer sur Abidjan. En 1917, le cercle exporte 651 tonnes, soit environ 100 kg de plus (18,4 %) que l'année précédente. 1919 représente le sommet de la production de palmistes, fondée sur l'exploitation des peuplements naturels. Cependant, dès 1920, c'est le déclin de la production. Celui-ci se fait sentir durablement au cours des cinq années à venir, avec une phase de dépression accusée en 1921, l'impact probable de la crise que traverse momentanément l'économie mondiale.

---

[222] ANCI 1 RR 39, *Rap économique et agricole du poste de Dimbokro, pour le premier trimestre 1912.* Dimbokro, le 31 mars 1912.

[223] ANCI 1 RR 39, *Lettre n° 35 de l'administrateur du N'zi-Comoé au Lt-gouverneur à Bingerville, a/s qualité des palmistes du Cercle.* Dimbokro le 23 juillet 1915.

La lacune de la documentation est flagrante par la suite pour les trois années successives 1925, 1926 et 1927. En 1928, les statistiques de la production réapparaissent. Mais, entre en ligne de compte désormais la production des premiers sujets, plantés ou tout au moins aménagés, recevant soins et entretiens, à partir de 1915.

B. Les cultures arbustives secondaires 1928-1939

Une documentation plus riche aurait sans doute permis une saisie plus complète de l'évolution de l'exploitation des ressources naturelles. Peut-on en espérer mieux avec les premières cultures arbustives?

On entend ici par « *premières cultures arbustives* » le colatier, l'arbre à caoutchouc (le *funtumia elastica*) et le palmier à huile, dont on se contentait, avant 1912, de soutirer le produit, sans qu'ils aient été plantés, entretenus, bref, fait l'objet du travail de l'homme. Désormais, ces arbustes sont "cultivés" dans des terrains de choix, et sont l'objet de soins continus de la part des planteurs du Moronou. Premières dans l'ordre d'apparition dans la région, ces cultures le cèdent cependant en importance devant le cacao et le café, qui deviennent, déjà dès cette époque, les principales cultures du pays. De là viendrait le qualificatif de "secondaires" qui leur est attribué. Tributaire de l'indigence de la documentation, nous ne pouvons suivre, de façon quelque peu continue, l'évolution des cultures arbustives secondaires, qu'à partir de 1928.

1. Evolution de la surface cultivée un progrès inégal

Les cultures arbustives ont tenu une large place dans l'agriculture qui voit le jour dans le Moronou colonial. Pendant une vingtaine d'années environ, de 1908 à 1928, elles ont assuré la prospérité du Moronou, procurant à la fois aux planteurs du terroir un revenu substantiel, et au budget local des sommes relativement coquettes. Les planteurs du Moronou étaient d'autant plus incités à accroitre ces cultures que la conjoncture dans les années vingt leur était favorable. Par la suite, ces produits « de cueillette », pour utiliser le terme encore en vogue à l'époque, connaitront des destins différents. Tandis que le cola et le palmiste maintiennent un rythme de progression satisfaisant, le caoutchouc périclite en 1913. Les plantations acquises continuent certes de produire. Mais les superficies ne sont pas agrandies pour autant. Tout au plus se contente-t-on d'aménager et d'entretenir les anciennes plantations du *funtumia elastica*. Grâce au recensement général des cultures de 1933 et aux différents rapports économiques annuels et trimestriels, nous pouvons mesurer les grandes étapes parcourues par chacune de ces cultures.

Cola

Comment a évolué la superficie réservée à cette culture ? Si l'on se fonde sur les données des différents recensements agricoles, opérés au cours de la période étudiée, on constate que de 1913 à 1933, la culture du cola accomplit un bond prodigieux dans le Moronou[224].

Nombre de plants de colatiers

	1913	1933	1935	1938
Moronou	30 253 plants	153 854 plants	113 155 plants	-
Cercle	-	178 628 Plants	213 795 Plants	150 000 Plants

Source : ANCI D-IV-18-73 (3 739), *Recensement des cultures industrielles, 1933.*

L'augmentation de 123.601 plants (*Cf. tableau ci-dessus*), au cours des dix années (1913-1933), représente une progression annuelle de 6.180 plants[225], soit un taux de 20,4%. La superficie de colatiers totalise en 1933, "l'année-top" de cette culture dans le Moronou, 153.854 plants, soit 87% de la superficie totale des colatiers du N'zi-Comoé.

La pression exercée par l'administration au début des cultures, et un prix relativement rémunérateur offert à la vente, justifient l'expansion du cola. Néanmoins, elle allait péricliter dans le Moronou, de 1933 à 1935, fortement concurrencée par le cacao, "la culture-reine" de la région. L'absence de statistiques, après 1935, est significative. La culture du colatier y disparait au

[224] L'estimation de 1913 indique *30 255 plants* ; le recensement de cultures industrielles de 1933, *153 854 plants* pour l'ensemble des cantons du Moronou (Ahua, Ngatianou, Agni de Dimbokro et Ahali). Cf. ANCI D-IV-18-73 (3 739), *Recensement des cultures industrielles, 1933.*

[225] 15, 45 ha.

profit du cacao et du café. La culture du colatier qui se maintient cependant dans le cercle, demeure l'apanage de la subdivision d'Ouellé, de la zone forestière de Bocanda et accessoirement de la région-ouest du Moronou, relevant de Dimbokro. D'où la baisse de la superficie cultivée de colatiers de 29,8% entre 1935-1938.

Palmiste

Bien que le N'zi-Comoé ne soit point une "terre d'élection" du palmier à huile[226], celui-ci y était cependant largement répandu. Plutôt que de mettre l'accent sur l'extension de cette culture, l'on se préoccupe davantage d'aménager les palmeraies naturelles et de les entretenir de façon régulière, afin de permettre aux palmiers un développement rapide et une production accrue. En même temps, l'on abolit la récolte du vin de palme, qui est un fléau pour l'arbuste. Cette protection, accordée au palmier, contribue également à accroître le nombre des sujets encore jeunes.

Toute cette politique aboutit à créer de réelles plantations de palmiers, dont la superficie totale, pour l'ensemble du cercle, est évaluée en 1934 à 2.600 hectares. L'effort persévérant des habitants à dégager de la végétation et à aménager les peuplements naturels, sur les conseils avisés des services agricoles compétents, sera récompensé quelque deux années plus tard, en 1936, par l'acquisition de 477,450 hectares supplémentaires[227]. Même en supposant que la superficie en palmeraies pour l'année soit le double de ce chiffre, c'est-à-dire 954,9 hectares, nous n'enregistrons pas moins un recul de 1645 hectares sur l'année 1934. L'ampleur de la régression est considérable: le taux de diminution est de - 31,6%. Comparés à la superficie globale de la palmeraie ivoirienne, estimée en 1935 à 700.000 hectares[228], les 477,450 hectares de palmeraies du Nzi-Comoé ne représentent qu'un pourcentage insignifiant, soit 0,13%.

---

226 Le palmier affectionne particulièrement le sol sableux de la Basse Côte, le long de la lagune et du littoral.

227 Chiffre enregistré à la fin du premier semestre 1936. Cf. ANCI 1 Q2-IV-15-120 (3 743), *op. cit.*

228 Gouvernement Général de l'A.O.F., *la Côte d'Ivoire*, fascicule publié par l'Agence économique de l'A.O.F., 23 p. ; s.l. 1935.

Cet abandon progressif de la culture du palmier, assez nettement marqué à la fin de notre période, n'est pas sans rapport avec la conjoncture extrêmement défavorable au palmiste. Relégué au second plan, au même titre que tous les produits de cueillette, devant la percée irrésistible du cacao et du café, au niveau de tout le cercle du N'zi-Comoé, le palmiste subissait, outre une régression dans la demande, une baisse importante de prix à la vente. On conçoit alors que le palmiste, devenu de moins en moins rentable, la culture du palmier soit progressivement délaissée. Le recul du palmier, au profit des cultures rémunératrices du cacao et du café, prouve que le planteur du Moronou se plie aux vicissitudes du marché.

2. Le mouvement des productions arbustives

Les courbes représentant le mouvement de chacun des produits récoltés, au cours de notre période, sont extrêmement heurtées et affectées de variations d'une année sur l'autre. Elles reflètent l'extrême irrégularité de la production. C'est que les produits secondaires de traite demeurent dépendants des aléas du marché extérieur; par exemple, la chute brutale de 1933-1934, qui affecte l'ensemble des produits, souligne l'impact de la crise mondiale de 1929, dont les effets se font sentir de façon plus précoce ailleurs dans la plupart des pays occidentaux. Passée la crise, le mouvement d'évolution varie selon la nature des différents produits (*Voir annexe 3 p. 376*).

Cola

Le mouvement des récoltes de cola est celui dont l'évolution subit le moins de fluctuations. Jusqu'en 1930, la production demeure à un bon niveau. A défaut de statistiques, nous possédons les appréciations des contemporains. Ceux-ci nous donnent la tendance de l'évolution antérieure : *« La production de cola est depuis longtemps très abondante »*[229], écrit en 1930 l'administrateur du Nzi-Comoé. Le recours aux seules exportations de cola des trois gares du Moronou (Dimbokro, Anoumaba et Tiéméléko) confirme cette tendance régulière à la hausse, générale à l'ensemble du cercle.

De 1930 à 1935, le mouvement est pratiquement ascendant avec un pourcentage d'augmentation de 13,2% et un taux de

[229] ANCI 1 RR 39, *op. cit.* Voir 4e trimestre 1930.

croissance annuelle de 2,6%. De 1935 à 1939, la progression est arrêtée ; on relève, au cours au cours des deux années 1936 et 1937, une absence totale de la production. En fait ce "trou" dans la série des chiffres de production pourrait s'expliquer par la déficience de la documentation, puisqu'une légère hausse est notée en 1939, en fin de parcours, après le fléchissement brutal de 1938, qui n'a d'égale que la chute de l'année 1934.

Palmiste

Le mouvement des quantités récoltées de palmistes offre une tendance fondamentale à la baisse, de l'ordre de 88,2%, marquée, au cours des quatre premières années, (1928 - 1931) par une descente successive par paliers, d'allure relativement modérée. Après une tentative de remontée en 1932 (1.043,16 t.), c'est le déclin brutal, ininterrompu, malgré l'effort de ressaisie assez faible, il faut le reconnaitre, qui s'amorce en 1935 et se poursuit pendant quatre années consécutives jusqu'en 1938.

Le recul de la production, amorcé en 1933 et accentué en 1934, s'explique. La subdivision de Bongouanou, « *productrice de palmistes pour plus de la moitié du tonnage du cercle* », est détachée du N'zi-Comoé en décembre 1933. Tout l'effort de production de cette subdivision n'est donc plus comptabilisé dans les statistiques de Dimbokro. D'autre part, il faut du temps à l'administration pour se ressaisir, porter la production du cercle au niveau antérieur, en mobilisant les habitants de cette partie du Moronou qui demeure rattachée au N'zi-Comoé, particulièrement les paysans de la savane Baoulé du Cercle, où il existe « *peu de palmeraies riches* ».

Les résultats de cette impulsion administrative, qui se font tardivement sentir, ne sont pas évalués quantitativement en 1936 et 1937. Une estimation qualitative sur la reprise de la production de palmistes nous est cependant livrée dans le rapport économique du premier semestre de 1936 :

> La production du palmiste est en très nette progression[230]...

Néanmoins les résultats sont loin d'être convaincants, la production étant confrontée, à cette date, à une « *récession des*

---

[230] ANCI 1 G2 –IV-15-120 (3 743), *op. cit.* Voir 1e semestre 1936.

cours relativement bas », pratiqués par le commerce local. De surcroit les habitants du cercle de Dimbokro, de plus en plus sollicités par les produits riches comme le cacao et le café, manifestent de moins en moins d'intérêt pour le palmiste[231]. Aussi, l'année 1939, fin de la période, est-elle marquée par une tendance à la baisse, signe que les agriculteurs de la région savent tirer la leçon qui s'impose de la conjoncture nouvelle.

Caoutchouc

La belle époque du caoutchouc est antérieure à 1913, à la crise de mévente qui frappe sévèrement ce produit, et qui en ralentit progressivement le rythme de production. La documentation, très avare de statistiques sur les récoltes annuelles, rend malaisée l'étude de leur évolution. Les chiffres de production, obtenus pour quelques rares années, entre 1927 et 1939, montrent, malgré les graves lacunes de la série statistique, le recul progressif enregistré par le caoutchouc. La baisse est particulièrement sensible entre 1927 et 1930. La production chute, en l'espace de trois ans, de 84,76%, soit un taux de régression annuelle de 28,25%. Certes, la production se hisse en 1931 à 59,7 tonnes, encouragée par la loi du 31 mars 1931 qui accorde, par mesure de soutien à la production, une prime aux planteurs pour les quantités de caoutchouc produites.

Mais cette hausse de la production ne dure qu'un temps. Effectivement, deux années plus tard en 1933, la production tombe à 16,6 tonnes. Et ce, malgré la prime de 1931 et le fonds de soutien au caoutchouc créé en 1932. La conjoncture qui prévaut entre 1934-1938, ne semble pas non plus avoir été favorable à la production du caoutchouc. L'activité de production dans la région du Moronou est tournée avant tout en direction du cacao et du café qui, aux yeux des contemporains, présentent de meilleurs atouts, même si, momentanément, les cours de ces produits ne sont pas toujours aussi rémunérateurs que ceux du caoutchouc[232].

---

[231] C'est principalement le produit préparé par les femmes et les enfants », rapporte l'administrateur du cercle en 1936. Cf. ANCI 1 G2 –IV-15-120 (3 743), *op, cit.*

[232] En août 1939, lorsque le cacao et le café étaient achetés au producteur, respectivement à 1,95 F. et 6 F. le kg à Abidjan, le caoutchouc y était acheté à 7 F. le kg. Cf. ACCCI 53, *Variation des prix de gros et de détail à Abidjan, 1940.*

En 1939, une légère hausse de la production du Nzi-Comoé est cependant à noter. Elle traduit entre autres le regain d'intérêt, manifesté à nouveau par le commerce local pour le caoutchouc, regain qui connaitra des proportions plus importantes, lorsque les besoins de la Métropole exigeront en 1941 une production plus accrue de cette matière[233].

II. LE CACAO ET LE CAFE UNE POSITION DOMINANTE (1928-1939)

Le cacao, *« la culture reine du Moronou »,* et le café tiennent, dès la fin de la première décennie coloniale, une place essentielle dans la production du Moronou, finissant par supplanter toutes les autres cultures, au terme de notre période d'étude. Il n'est pas exagéré de dire que leur apparition dans le Moronou entraîne, dans les méthodes culturales et aussi dans les mœurs tout court, une véritable révolution. Celle-ci se traduit par le retour en terre natale de *« nombreux indigènes qui avaient émigré à la Gold-Coast ».* Préférant *« posséder au village de leur père une plantation bien à eux »,* plutôt que de continuer à louer leurs services dans les cacaoyères de la Gold-Coast voisine, les Morofwè, réfugiés en Gold-Coast, à l'époque des opérations successives de recrutement militaire et des autres prestations de la première période coloniale, non seulement regagnent le Moronou, mais décident de s'y fixer et d'y créer leurs propres plantations. Entre autres effets, celles-ci développeront en eux le sentiment de propriété.

Par ailleurs, les cultures du cacao et du café aident les exploitants agni à franchir un pas décisif dans la voie des cultures de traite commercialisées. Fondées sur l'utilisation optimale des capacités du sol, elles éduquent les Agni, restés toujours à l'âge de la culture primaire, les forçant à secouer le joug de la routine. Elles habituent ces derniers à un travail régulier, les oblige à acquérir de nouvelles méthodes de travail, dans la mesure où leur adoption conduit à des rendements rémunérateurs. Non seulement l'extension et l'entretien régulier des surfaces cultivées s'imposent, mais encore la préparation

[233] *Circulaire n° 313 A.E. 1941 du gouverneur H. Deschamps à tous les administrateurs de tous les cercles et subdivisions, a/s cueillette du caoutchouc.*

d'un produit soigné devient aussi une nécessité, car il y va de l'intérêt même du producteur de n'offrir au commerce que du cacao et du café de qualité, qui soient payés a un prix rémunérateur.

A. La diffusion du cacao et du cafe

Contrairement à la plupart des régions ivoiriennes, ce n'est point par "la méthode de l'obligation" que le cacao et le café font leur apparition et se répandent dans le Moronou.

Le cacao

Particulièrement la culture du cacao est *« l'œuvre d'initiatives spontanées »*[234] dont les débuts remontent en 1911. Quelques chefs manifestent le désir de recevoir des cabosses et préparent à cet effet des terrains[235]. S'appuyant sur elles, l'administration tente en 1915 les premières pépinières « administratives » et les plantations villageoises modèles. En 1916, à la suite de la visite accomplie par le chef de la subdivision de Bongouanou, accompagné de plusieurs chefs du Moronou, à Abengourou, centre déjà actif de diffusion du cacao, la création de plantations collectives se généralise dans le Moronou.

Selon le rapport agricole de 1918, qui recense, au niveau du cercle, l'effort de culture en matière de cacao, les plantations de la subdivision de Bongouanou « *sont faites méthodiquement et de belle venue* ». Certes, les soins dans les plantations de la partie occidentale du Moronou laissent à désirer. Il n'en reste pas moins cependant que trois ans plus tard, au tournant de 1921-22, les résultats de la culture cacaoyère sont plutôt flatteurs dans tout le Moronou. La situation est particulièrement brillante dans la subdivision de Bongouanou :

> L'administrateur depuis *huit* ans surtout, a déployé un gros effort pour répandre la culture du cacao dans le cercle. Dans quelques villages appartenant aux circonscriptions de Toumodi, Dimbokro, Yamoussokro, on rencontre des cacaoyères

[234] ANCI 1 QQ 104, n° 2197, Administrateur du N'zi-Comoé à l'inspecteur des Colonies, chef de mission, Louis Mérat. Dimbokro, le 25 décembre 1924.

[235] ANCI 1 RR 39, *Rap. de tournée de l'inspecteur, a/s culture du cacaoyer*. Bingerville le 27 février 1911.

> intéressantes, mais c'est dans la circonscription de Bongouanou que furent obtenus les résultats les plus brillants. Les Agni de Bongouanou qui ont gardé des liens de parenté suivis et étroits avec les Agni de la Gold-Coast, frappés du développement pris par la culture du cacao en cette colonie, alléchés par des bénéfices élevés et faciles à retirer de cette exploitation, furent saisis d'un véritable ngouement, et créèrent de nombreuses cacaoyères. Cette culture en pays de Bongouanou est désormais lancée[236].

Les progrès de la culture du cacao sont aussi notables dans la zone occidentale du Moronou :

> De même chez les Amantian, les Sahoua, les Agni-Ahri à l'est et à l'ouest de la voie ferrée, entre les stations de Tiémélékro et d'Anoumaba, les cacaoyers se multiplient. Pour tous ceux-ci, l'influence des Agni de Bongouanou est plus lointaine, mais ils ont eu l'exemple d'indigènes heureusement inspirés, comme le notable Kouamé Tokou à Anomaba, l'interprète Bilé à Tiémélékro, qui ont retiré chacun cette année deux tonnes environ de leurs plantations[237].

Bref, on peut dire qu'en 1923, le cacao est largement répandu dans tout le Moronou. Qu'en est-il du café à cette date ?

Le café

D'introduction tardive dans le reste de la colonie, après les premières tentatives d'Elima, au siècle dernier, le café antérieurement existant dans le Moronou, sous forme de peuplements spontanés, y est encore en 1923, au stade de la culture expérimentale. Les premières plantations y voient le jour en 1927; elles sont le fait de quelques habitants qui, soit se sont procurés par eux-mêmes des plants à la station agricole de

---

[236] ANCI 1 QQ98, *Esquisse sur la situation politique et économique du N'zi-Comoé*. Dimbokro, le 23 avril 1923.

[237] ANCI 1 RR 98, *Rapport sur la situation agricole et zootechnique du N'zi-Comoé, pour le deuxième trimestre 1923.*

Bingerville, soit se sont établis à titre individuel leurs propres pépinières.

Stimulée par le cours extrêmement rémunérateur de la fin de la décennie, la culture du café connait dans le Moronou une extension prodigieuse. En l'espace de trois ans, de 1927 à 1930, cette culture, qui est cependant *« tout à fait nouvelle dans la région »,* est adoptée partout, au point qu'il n'est plus nécessaire de faire la moindre propagande à ce sujet, tant les habitants ont compris tout l'intérêt qui s'y attache. La seule ombre qui se profile à l'horizon en 1930, c'est le problème de *« l'outillage mécanique nécessaire à la décortication des grains ».*

En 1935, la culture du café est définitivement adoptée. L'administrateur de Dimbokro, soulignant le progrès de cette culture, écrit :

> Il ne reste plus qu'à les (les administrés) guider, à leur indiquer les bonnes méthodes à suivre pour l'établissement et l'entretien des plantations, les soins à donner aux jeunes plants[238].

Parlant de la culture du café comme d'une œuvre du passé, il note plus loin dans le même document:

> L'implantation de la culture du café est l'œuvre de mes prédécesseurs qui ont scrupuleusement suivi les instructions du chef de la colonie. A eux seuls en revient l'honneur et il n'est pas mince. Aux indigènes du cercle iront les profits et il y a tout lieu d'espérer qu'ils seront considérables si l'on en juge par le nombre de pieds de café actuellement plantés dans le Nzi-Comoé[239].

Par rapport aux premières années de leur apparition dans le Moronou en tant que cultures, l'extension géographique du café et de cacao, les deux cultures dominantes de la région, constitue à la veille de la deuxième guerre mondiale, un progrès indéniable. Leur diffusion a pourtant ses limites, liées aux exigences intrinsèques de ces cultures : l'entretien régulier de surfaces de plus en plus étendues fait appel à une main-d'œuvre,

---

[238] ANCI 1 Q2-IV-15-120 (3 743), *op. cit.*
[239] *Ibidem.*

qui devient de plus en plus coûteuse et rare. En outre, les fluctuations conjoncturelles de prix qui caractérisent ces deux produits, durant les dernières années de notre période, ne sont pas sans influence sur l'espace réservé à chacune de ces deux cultures.

B. Evolution des superficies cultivées

La connaissance de l'évolution de la superficie consacrée à chacune des deux cultures, cacao et café, les quantités récoltées, les rendements, posent un certain nombre de problèmes. Ils s'expliquent par le mode d'évaluation qui varie d'une source à l'autre, et aussi par les enquêtes, importantes certes ! par le nombre, mais d'inégale valeur. Ou celles-ci ont été toutes effectuées à la même période, ou ont été orientées sur une seule et même zone du Moronou. Il est donc difficile, dans ces cas, de pouvoir disposer de séries continues. Sur la période antérieure à 1917, nous possédons, grâce au *Rapport agricole annuel*, dressé à l'occasion de « *l'intensification des cultures pour la défense nationale* », un premier recensement indiquant « *le nombre de plants de cacao en pépinières* » pour l'ensemble du Nzi-Comoé.

Puis aucune statistique agricole ne prend en compte les superficies cultivées jusqu'en 1933. A cette date, deux séries de documents de nature différente : les *1 R 12-VI-20-252 (5 300)* et IV-11-107 (3 765), classés dans des séries distinctes - le premier dans les documents agricoles et le second dans la série réservée aux documents « économiques »-fournissent des données numériques à la fois pour le cacao et le café. Enfin, nous trouvons dans la sous-série *D-IV-18-73 (3739),* datée de 1933, des références sur ces mêmes cultures, classées selon les différentes catégories d'âge.

Autre difficulté: les chiffres établis par les diverses sources divergent assez souvent de l'une à l'autre. Cela tient à leur hétérogénéité, mais aussi au mode d'évaluation des superficies, extrêmement variable. Tantôt l'on fait référence exclusivement aux pépinières, tantôt aux pépinières et aux plants à la fois, ou encore aux plants et aux arbustes en plein rapport. D'où les résultats aberrants auxquels on aboutit, quand on est confronté aux sources coloniales.

Nous avons adopté le principe suivant simplifiant les données: aucun compte n'a été tenu des pépinières; entrent exclusivement dans le calcul des superficies, les jeunes plants et les arbustes en rapport. Enfin, lorsque l'estimation de la superficie est donnée en nombre de plants, nous avons toujours opéré la conversion en hectares. Considérons présentement l'évolution de la surface cacaoyère.

1. La surface cacaoyère

Notons d'abord son augmentation extraordinaire, entre 1917 et 1929, tant au niveau du Moronou que de l'ensemble du cercle, en second lieu l'importance des variations de la superficie d'une année sur l'autre. L'amplitude des fluctuations témoigne de l'aspect spéculatif de cette culture. Plusieurs phases apparaissent: de 1917 à 1929, le mouvement de progression, parallèle pour le Moronou et le Cercle, extrêmement accentué, est à multiplier par 56 pour le premier et par 77 pour le second[240]. Freiné dès 1930, il subit une forte régression dont le plus bas niveau se situe en 1933[241]. C'est l'effet de la crise en 1929 qui se fait cruellement sentir dans la région. Les producteurs de cacao du Moronou, dans une mauvaise passe entre 1930 et 1933, en raison de la baisse du prix offert au cacao, sont peu encouragés à augmenter la superficie de cet arbuste[242]. De 1934 à 1938, l'essor est à nouveau spectaculaire. Pour l'ensemble du N'zi-Comoé pour lequel nous disposons de chiffres, le triplement est plus qu'acquis, même si l'on traverse une période intermédiaire de recul en 1936 *(Cf. Annexe 4, p. 378)*. A cette période, marquée par l'étendue des terres cacaoyères, correspond une phase de hausse du prix du cacao, hormis 1937, année critique et de vives émotions, dont on a des échos à travers les rapports trimestriels de l'Indénié, avec lequel

---

[240] Notons que l'on part d'un niveau modeste : 1917, 63 ha pour le Moronou et 67,5 ha pour l'ensemble du N'zi-Comoé. 1929 : 3 550 ha pour le Moronou et 5 250 ha pour le N'zi-Comoé.

[241] Par rapport à 1930, la réduction de la superficie est de 78,3% pour le Moronou et 72% pour le cercle du N'zi-Comoé.

[242] Le gouverneur Reste écrit en 1933 qu'il a « constaté le dépérissement d'un grand nombre de plantations de cacaoyers dans la zone d'extension de cette culture. Leur disparition risque d'avoir des conséquences importantes dont les moindres ne sont pas : le manque à gagner par les planteurs, une rupture d'équilibre dans l'économie de la colonie ». Aussi propose-t-il l'extension des plantations face à l'arrêt momentané enregistré dans leur mouvement de progression. Cf. ANCI 1 R3-XI-46-343 (859), *Circulaire du gouverneur Reste aux administrateurs commandant les cercles*. Bingerville, le 4 novembre 1933.

une partie du Moronou, la subdivision de Bongouanou, est en étroite symbiose[243].

2. *La superficie des caféières*

La surface consacrée au café, aussi bien dans le Moronou que dans l'ensemble du N'zi-Comoé, a constamment augmenté de 1929 à 1938, à l'exception du recul momentané, enregistré en 1932, au niveau du Moronou. Cette expansion continue, due essentiellement au haut prix pratiqué sur le café, qui a eu pour contrepartie une désaffection régulière vis-à-vis des autres cultures[244], est caractérisée par trois phases inégales: de 1929 à 1930, période antérieure à l'apparition des effets de la crise dans la région, le rythme d'accroissement est de l'ordre de 84%; il prend plus d'ampleur, 3.866%, soit un taux de croissance annuel de 773%, au moment où la crise s'installe localement, et dans les années qui la suivent immédiatement dans le Moronou. Ainsi le café semble constituer ici un palliatif pour les difficultés de l'heure. Quoique stabilisé au cours des quatre dernières années (1935-1938), le rythme d'accroissement n'est pas négligeable entre 1935-1937 : 250%.

A quoi est dû le succès de cette culture? On peut y voir trois raisons: en premier lieu, l'impulsion administrative, créant des pépinières aux niveaux des cantons et des villages, et choisissant pour cette culture les meilleures terres, préalablement préparées, contribue à accroître la superficie consacrée au café. Par ailleurs la population réserve un accueil extrêmement favorable au café, culture jugée plus facile, et de surcroît fort adaptée au climat de la plus grande partie du Moronou. Enfin, la conjoncture économique est très favorable au café, « le *seul produit sur lequel les indigènes puissent fonder l'espoir de bénéfices sérieux »,* pendant la période de crise. Ainsi, le café apparaît-il une source de profit indéniable ; son extension se justifie pleinement.

---

[243] Au cours du second semestre 1937, les planteurs de la subdivision de Bongouanou, mécontents de la chute des prix offerts à l'achat des produits du cru, réagissent en stockant entre autres la production de cacao. Ils réduisent par ailleurs les achats dans les magasins. Les commerçants locaux manifestent alors, de leur côté, leur mécontentement

[244] « Les bas prix pratiqués, l'extension officielle donnée à la culture du caféier ont amené les cultivateurs indigènes à négliger, abandonner parfois leurs cacaoyères ». Cf. ANCI 1 R3-XI-46-343 (859), *op. cit.*

C. le mouvement de la production

Le mouvement de production du cacao et celui du café comptent parmi les plus spectaculaires. En 26 ans, de 1917 à 1933, date où l'unité administrative du Moronou se rompt par le rattachement de la subdivision de Bongouanou au cercle de l'Indénié, la production cacaoyère du N'zi-Comoé passe de deux tonnes à 7 873 tonnes; la récolte du café du même cercle, de 100 kg à 15 tonnes environ, au cours de la même période. L'on obtient la même progression vertigineuse, durant la période postérieure (1934-1939), pour les deux productions cacao/café, tant au niveau de la subdivision de Bongouanou que de l'ensemble du N'zi-Comoé, auquel demeure liée la destinée du reste du Moronou. En vingt-deux ans, la quantité de cacao récoltée a été multipliée par 4 406 fois ; celle du café par 10.898 fois en huit ans. Il s'agit là d'une véritable révolution culturale qui reflète le degré grandissant de la commercialisation du secteur agricole. Le cacao et le café, produits de traite, sont destinés dans leur totalité à la vente, et leur sort est lié aux aléas du marché extérieur.

Productions Cacao et Café (en tonnes)

Années	Produits	Subdivision Bongouanou	Cercle N'zi-Comoé
1934	Cacao Café	- -	2 500 t. 20 t.
1935	Cacao Café	- -	6 909 t. 96 t.
1936	Cacao Café	- -	- -
1937	Cacao Café	6 000 tonnes 200 tonnes	4 000 tonnes 200 tonnes
1938	Cacao Café	6500 tonnes 250 tonnes	6 600 tonnes 480 tonnes
1939	Cacao Café	7000 tonnes -	8 812 tonnes 1 090 tonnes

Source : ANCI 1 R3-XI-46-343 (8569), *Rap. Service de l'agriculture*

1. Le cacao

La courbe de la production de cacao épouse dans son allure générale celle de la superficie. Malgré les lacunes de chiffres pour certaines périodes: 1918-19 et 1925-1926, on constate la progression régulière et fort importante de la production du Nzi-Comoé jusqu'en 1933. Celle-ci est marquée par différentes phases successives au rythme variable. Très accéléré pendant la première phase, celle du démarrage du cacao (1917-1926), il accuse un taux de croissance prodigieux de 3.722% contre 64,8%, pour la période de 1927-1933 correspondant à celle de la prospérité du cacao. Quoique ralenti au cours de la dernière période 1934-1939, le taux de croissance demeure élevé: 48,8%.

2. Le café

Le mouvement de production du café, plus encore que celui du cacao, est marqué par une hausse exceptionnelle, à taux de croissance extrêmement accéléré, de 1931 à 1934, il est effectivement de 14.847%. Entre 1934 et 1937, l'ampleur de progression, quelque peu ralentie, accuse néanmoins le taux de croissance suivant : 250%. Au cours des deux dernières années, malgré la poursuite de la progression, le taux de croissance de la production subit un ralentissement; il tombe à 63,5%.

Malgré la tendance à la baisse enregistrée par les productions du cacao et du café, à la fin de notre période, ces deux cultures conservent néanmoins leur supériorité par rapport à toutes les autres cultures, et témoignent de la vitalité de l'agriculture de traite dans le Moronou et le N'zi-Comoé. Qu'en est-il des cultures vivrières?

III. LES VIVRIERS : DES CULTURES EN PROGRES

Les progrès des vivriers, notamment au cours des deux décennies qui suivent la fin de la première guerre mondiale, résultent de l'action concertée de l'administration incitant à l'augmentation des surfaces cultivées, et d'une saine réaction des habitants qui, face à la pénurie alimentaire, accroissent spontanément les productions de première nécessité. Que représentent superficies cultivées et productions vivrières, au cours de la période coloniale?

La série de rapports agricoles annuels, essentiellement les tableaux de cultures vivrières, dressés successivement en 1926, 1933 et 1938 fournissent à ce sujet des indications précieuses.

A. Juguler la famine et les disettes

Juguler la famine et les disettes, en produisant suffisamment de vivriers pour assurer la subsistance quotidienne, telle est l'invitation fondamentale, lancée à la population du Moronou, à l'époque coloniale. Cet objectif est-il atteint et comment y parvient-on?

Bien que la production vivrière, à l'époque précoloniale, ait été une préoccupation constante du Morofwè[245], celui-ci ne fut pas toujours à l'abri de la famine et des disettes[246]. Outre l'imprévoyance des habitants qui se livrent à des gaspillages inconsidérés, au cours de la période d'abondance consécutive à la récolte annuelle de l'igname, la denrée de base, d'autres motifs interviennent dans la pénurie alimentaire chronique, caractérisant les régions tropicales de l'Afrique précoloniale : sécheresse prolongée, précipitations surabondantes, invasion de sauterelles ...

Pour parer au déficit alimentaire, l'administration coloniale, tout en mettant l'accent sur les cultures secondaires, négligées

---

[245] Voici quelques extraits du *Bulletin agricole et commercial du poste de Sahoua*, le premier du Moronou, en 1908, tendant à montrer l'activité intense déployée par le cultivateur du Moronou à l'époque ancienne : *mars 1908·:* « Les indigènes sont tous occupés à leurs plantations dont ils se dépêchent de terminer (sic), afin de ne pas être surpris par les pluies ». A*vril 1908* : « Les indigènes n'ont pas encore terminé leurs plantations qui depuis trois mois font leur unique occupation ». *Mai 1908* : « Les indigènes sont si peu expéditifs dans leurs travaux de culture qu'ils sont occupés à leurs plantations ». *Juin 1908 :* « Les indigènes du pays ont enfin terminé leurs plantations et profitent du mauvais temps pour se reposer ». *Août 1908* : « Les indigènes ont commencé à cueillir des bananes et ignames plantés, il y a environ trois mois et demi, dont la récolte paraît abondante ». Cf. ANCI 1 RR 39, *Bulletin agricole et commercial du poste de Sahoua, pour l'année 1908*.

[246] Les récits de tradition orale font couramment allusion à la famine *(Eho*) et aux disettes dont « les hommes d'autrefois » étaient victimes. Au cours de ces périodes de crise alimentaire, l'une des ressources habituelles auxquelles l'on a recours, est le b*oluo* (l'igname sauvage), poussant spontanément à l'état sauvage, en forêt, sans avoir fait l'objet de culture préalable.

jusque là[247], introduit des espèces et variétés nouvelles de vivriers: riz, arachides... En étendant ainsi la gamme des cultures, l'on nourrit le ferme espoir de mettre un terme à la crise alimentaire chronique. En fait, cette politique obtient des résultats positifs, dans un laps de temps relativement bref. Le riz, après avoir rencontré une brève opposition au cours des premières années, est cultivé en 1914 dans plusieurs plantations. Cependant, l'adoption de cette culture y est loin d'être définitive. Bervas, l'inspecteur du service agricole, faisait encore remarquer en 1917 :

> Le riz pourrait acquérir quelque importance, il s'en est fait 200 tonnes environ (...) Si les indigènes se décidaient à cultiver les marais (...) cette culture décuplerait[248].

Mieux, à lire le rapport sur la situation agricole de l'année 1924, il semble que la culture de riz ait au contraire enregistré une forte régression dans la région :

> On a déjà, sans résultat, en 1912 et 1913, essayé de lancer cette culture (le riz). L'heure semble venue de recommencer cet essai infructueux[249].

Des résultats, plus positifs, sont néanmoins obtenus ailleurs, essentiellement avec les cultures plus anciennes: ignames, bananes, manioc et maïs[250]. Et ceci, quelle que soit l'incidence locale des intempéries. D'autre part, l'on rompt désormais avec la tradition, l'objectif de la production ne se limitant plus exclusivement à la consommation. En prévision de la commercialisation, les champs sont agrandis.

Cette extension de la production vivrière, propre à alimenter le courant commercial, est fortement encouragée par l'administration qui, de surcroît, facilite le transport du surplus commercialisable vers les centres de Bongouanou et Dimbokro,

---

[247] Par exemple, le manioc et le maïs sont considérés comme des « cultures de soudure ».

[248] ANCI 1 RR 39, *Rapport agricole de l'année 1917.*

[249] *Ibidem*, *Rap. du troisième trimestre 1924.*

[250] « L'indigène possède en abondance les vivres nécessaires à « son alimentation ». Cf. *Ibidem, Rapport du 28 février 1914*.

en introduisant des mono-roues, bi-roues et des charrettes. Le bénéfice assez substantiel, retiré de la vente des vivriers, représente également, autour des années vingt du moins[251], une incitation non négligeable à l'extension des surfaces cultivées, dans la mesure où les chantiers du chemin de fer et la région côtière proche, drainant une masse importante d'ouvriers, offrent un débouché "naturel" à la production vivrière de notre région[252]. On peut affirmer que le spectre de la famine disparait définitivement du Moronou, autour des années vingt, même si subsistent, par la suite, ici et là, les disettes et les problèmes de soudure. Cette amélioration de la situation alimentaire n'est-elle pas à mettre en liaison avec l'accroissement des surfaces cultivées ?

B. Evolution de la surface cultivée

Les données font défaut pour pouvoir indiquer, même très approximativement, les superficies cultivées, en produits vivriers, avant 1926. Après cette date, l'examen de l'évolution des surfaces devient possible, grâce aux enquêtes réalisées successivement en 1926, 1933 et 1938. La première constatation, extrêmement frappante, est l'augmentation des surfaces cultivées de tous les vivriers, au niveau du cercle du N'zi-Comoé, entre 1926 et 1933. Voici les chiffres:

Surfaces cultivées en vivriers –N'zi-Comoé

Cultures	*Igames/bananes*	*Maïs*	*Manioc*	*Riz*
1926	1 200 hectares	400 ha	800 ha	60 ha
1933	18 970 ha	1 250 ha	7 000 ha	1 392 ha
%	+ 1 481%	+ 212%	+ 775%	+ 2 220%

Source: ANCI 1 RR 39, *Rap. des années 1926 à 1934.*

---

251 En 1920, le prix de l'igname sur le marché était estimé « excessivement cher », coûtant jusqu'à 8 F. les dix, dans certaines localités du cercle, comme Ouellé. ANCI 1 EE 139 (7), n° 720, *Rap. sur la situation agricole du 2e trimestre 1921.*

252 En 1922, année qui ne fut pas particulièrement brillante par sa récolte, la vente de l'igname trouva aisément un débouche à l'extérieur du cercle. L'administrateur du N'zi-Comoé écrit : « C'est par wagons complets qu'ignames et maïs ont pris le chemin de Bouaké où la demande est considérable, tant en raison des troupes noires qui vont y être stationnées au lendemain du recrutement que des travaux d'avancement du rail".Cf. *ANCI* 1 EE 139, *Rapport du 4e trimestre 1922.*

On remarquera l'essor exceptionnel de toutes les surfaces cultivées, pendant cette période, sans omettre de souligner les pourcentages d'augmentation, extrêmement élevés, d'abord du riz (+ 2.220%), puis de l'igname/bananes (+ 1.481%), ensuite du manioc (+ 775%) et enfin du maïs (+ 212%).

A quoi est dû cet essor fantastique des cultures vivrières? On peut y voir trois raisons: en premier lieu, l'incitation administrative qui ne lésine devant aucun moyen; les gains substantiels retirés de la vente des excédents, dont le débouché fut assuré de façon permanente, pendant ces années; enfin la régularité des pluies favorisa, au cours de ces années, une récolte suffisamment abondante pour la consommation locale et aussi pour la vente extérieure.

Après 1933, le rythme de la progression s'essouffle. Si l'augmentation des surfaces se maintient pour l'igname et la banane plantain ainsi que pour le maïs, c'est au contraire la diminution - et dans des proportions extrêmement importantes - pour le manioc (-40,7%) et le riz (-49%). La comparaison des chiffres des enquêtes de 1933 et 1938 montre l'évolution de ces différentes cultures:

Surfaces cultivées en vivriers –N'zi-Comoé

	Ignames/Bananes	*Maïs*	*Manioc*	*Riz*
1933	18.970 ha	1.250 ha	7.000 ha	1.392 ha
1938	33.500 ha	10.500 ha	4.150 ha	700 ha
%	+ 76 %	+ 813 %	- 40,7%	- 49,7%

Sources: *ANCI 1 RR 39, Rap. des années 1926 à 1934 ;*
ANCI 1 QQ 104, Rap n° 197 Administrateur du N'zi-Comoé à l'inspecteur, Louis Mérat ;
ANCI 1 Q2-IV-15-120 (3 743), Rap. économique du cercle de Dimbokro, pour le 1e semestre 1938.

C. Productions vivrières abondantes

1. Le Mouvement des quantités récoltées

Avant 1926, l'exportation des vivriers disponibles sur la Basse Côte-d'Ivoire, par chemin de fer, laisse supposer que la production excédentaire, a largement couvert, pendant la période 1921-26, les besoins de la consommation locale. Par ailleurs, le mouvement des exportations, irrégulier d'une année à l'autre, traduit en chiffres les fluctuations de la production, sévèrement soumise en 1923 et 1924 aux aléas climatiques [253] et aux invasions de sauterelles.

De 1926 à 1938, le mouvement de production est continuellement ascendant pour les ignames/bananes et le maïs, avec des taux de croissance annuelle, inaccoutumés, de 284% pour les ignames/bananes, et 93% pour le maïs[254]. La courbe de production de riz offre une forme plus tourmentée.

La production de riz, de tendance haussière entre 1926 et 1933, subit après 1933 une diminution de l'ordre de 53%[255]. Ce déclin est imputable pour une bonne part à la prospérité dont jouit alors la région. Le cacao et le café, après les mauvaises années de crise, sont de plus en plus prisés sur le marché. Il en résulte que le riz, qui n'a jamais été très apprécié, en tant que culture, est délaissé au profit du cacao et du café, cultures reines au Moronou.

Cependant, on doit reconnaître que d'une manière générale, de 1926 à 1938, l'essor fut constant, les récoltes abondantes, les fluctuations à la baisse inexistantes, excepté le déclin de 1938 enregistré au niveau de la production du riz, trop isolé pour donner des inquiétudes.

---

[253] La sécheresse, qui suivit de mi-juillet à début septembre 1924, compromit la récolte annuelle des ignames. Cf. ANCI 1 QQ 104, *n°197, Administrateur du N'zi-Comoé à l'inspecteur des Affaires administratives, Louis Mérat*. Dimbokro, le 25 décembre 1924.

[254] Evolution des productions du N'zi-Comoé :

Productions	Ignames/Bananes	Maïs
1926	7 160 tonnes	1 000 tonnes
1933	54 856 tonnes	875 tonnes
1938	251 000 tonnes	455 tonnes

[255] De 600 tonnes en 1926, le riz atteint 975 t. en 1933, avant de chuter à 455 tonnes en 1938.

2. Accroissement des récoltes et baisse des rendements

On ne doit évoquer qu'avec beaucoup de circonspection l'augmentation des rendements ou productivité, pour rendre compte de l'accroissement des récoltes. Car les statistiques, qui en témoignent, n'ont qu'une valeur toute relative. En effet, dans la mesure où celles-ci représentent une moyenne de rendement entre zones de nature différentes, celle-ci risque de ne pas refléter la réalité. La diversité des situations, notion fondamentale en agriculture, ne peut être traduite par une donnée aussi générale qu'une moyenne. C'est pourquoi la variation des rendements, selon les *Enquêtes de 1926 et 1938*, entre des zones de fertilité aussi tranchée : la subdivision de Bongouanou, favorisée par la nature, et l'ensemble du N'zi-Comoé renfermant la partie occidentale du Moronou, relativement plus déshéritée, parait si infime, à l'examen du tableau suivant.

Rendement à l'hectare des principaux produits

	1926	Productions	1938
Subdiv. Bongouanou	6t/ha	*Ignames/bananes*	8,5 t/ha
Cercle N'zi-Comoé	6t/ha		9 t./ha
Subdiv. Bongouanou	3,4 t./ha	*Maïs*	1,5 t/ha
Cercle N'zi-Comoé	2,5 t./ha		1,1 t/ha
Subdiv. Bongouanou	5 t/ha	*Manioc*	7 t/ha
Cercle N'zi-Comoé	5 t. /ha		-
Subdiv. Bongouanou	10 t/ha	*Riz*	0,8 t/ha
Cercle N'zi-Comoé	10 t/ha		0,6 t/ha

Sources : ANCI 1 RR 39, *Rap. Service d'agriculture* ;
ANCI 1 QQ 104, *Rap n° 197 Administrateur du N'zi-Comoé*

Il en ressort essentiellement qu'en 1926, le rendement est identique dans la subdivision de Bongouanou et dans l'ensemble du N'zi-Comoé, pour chacune des récoltes mentionnées, à l'exception du maïs, dont le produit moyen à l'hectare est supérieur de près du tiers, dans la subdivision de Bongouanou, par rapport à la performance moyenne obtenue dans le reste du cercle. En 1938, la démarcation est relativement plus nette. Les écarts sont notés au niveau de tous les produits: ignames/bananes: 5,56% de rendement supérieur au profit du N'zi-Comoé; maïs: 36% à l'avantage de la subdivision de Bongouanou; riz: 33% au profit de la subdivision de Bongouanou.

Au-delà de ces précisions, il parait intéressant d'examiner l'évolution des rendements, récolte après récolte. Si les rendements des ignames/bananes et du manioc augmentent à la fois dans la subdivision de Bongouanou et dans le reste du N'zi-Comoé, pendant les douze années, qui s'écoulent de 1926 à 1938, de 49% environ, ils sont au contraire à la baisse, aux deux points d'observation, pour le mais (-44%) et pour le riz (-93%). En utilisant le procédé de l'indice synthétique nous obtenons une tendance fondamentale de l'allure générale des rendements, négative (-57%) au cours de cette douzaine d'années[256].

A quoi doit-on attribuer alors l'augmentation progressive entre 1926 et 1938, des différentes récoltes? Ce n'est sans doute pas à un rendement intensif des sols, à la productivité qui, au lieu de s'accroitre, décline. L'augmentation des récoltes est imputable essentiellement à l'accroissement des surfaces, continue, pendant les années où il nous a été donné d'en suivre l'évolution. Les cultures vivrières ont été activement poussées, grâce à un concours de plusieurs facteurs, évoqués dans cette citation, empruntée au *Rapport agricole du N'zi-Comoé, pour le premier semestre de l'année 1938*:

[256] Nous l'avons obtenue sans tenir compte, dans le calcul, des rendements du manioc :

	1926	1938
Total Rendement ttes récoltes	37, 9 ha	21,5 ha
Moyenne	6,3 ha	3,6 ha
Indice	100	57

> La propagande administrative paraît avoir porté ses fruits. La hantise de la disette a également joué. Enfin, l'indigène tient à réserver son argent pour d'autres dépenses que l'achat des matières alimentaires. Il a maintenant d'autres besoins et il sent aussi l'augmentation du coût de la vie[257].

A ces motifs, il faut ajouter les conditions climatiques extrêmement favorables – 1938 fut particulièrement une année pluvieuse, sans saison sèche, pour ainsi dire[258] - dont jouit la région, à la fin de la période étudiée - et aussi la suppression des prestations administratives qui libèrent de nombreux bras pour les travaux des champs.

Baisse de la productivité et augmentation concomitante des récoltes, c'est le trait majeur de l'agriculture extensive des pays tropicaux qui, au détriment de la rentabilité, étend démesurément son domaine territorial, par l'exploitation outrancière des forces productives. Ainsi, l'agriculture vivrière du Moronou colonial portait-elle déjà dans ses structures, les germes de son sous-développement.

Le progrès de l'agriculture du Moronou colonial s'avère indéniable. Il est manifeste à la fois dans le secteur des cultures de traite et des produits vivriers. Ce tableau de l'évolution agricole de notre région ne doit pas cependant faire illusion, bien des aspects du progrès agricole n'ayant pu être correctement abordés, voire effleurés. Il en est ainsi des disparités régionales dont on soupçonne, au-delà du progrès général, l'existence. De même l'élevage, malgré son insignifiance à l'époque coloniale, aurait mérité de trouver sa place dans ce chapitre.

Tous ces éléments, et j'en passe, ne pouvaient que contribuer à enrichir le développement de ce chapitre, consacré au progrès de la production, si une documentation suffisamment étoffée avait pu être exploitée.

---

[257] ANCI 1 Q2-IV-15-120 (3 743), *Rap. économique du cercle de Dimbokro pour le premier semestre 1938.*

[258] 1 159 mm de pluie contre 557 mm pour 1937. L'abondance des pluies fut extrêmement prononcée cette année-là et ne passa pas inaperçue auprès des habitants. On lit entre autres dans le *Rapport économique du N'zi-Comoé pour le premier semestre de l'année 1938* : « La saison sèche (janvier-février) n'a pour ainsi dire pas existé et la végétation n'a pas été desséchée comme à l'ordinaire ». Cf. ANCI 1 Q2-IV-15-120 (3 743).

CHAPITRE 7

LES FRUITS DE L'EXPANSION
Revenus et Salaires

Tenter d'appréhender la réalité du revenu du planteur Morofwè et celle du salaire du manœuvre qui est à son service, est une gageure. Comment restituer ces différentes réalités, en l'absence de toutes sources privées sur les entreprises de l'époque coloniale, aussi bien européennes qu'africaines ? Dans la meilleure des hypothèses, nous ne disposons que de sources de comptabilité théorique, autrement dit des notions générales, universellement applicables, mais jamais on n'atteindra le revenu ou le salaire concret d'un planteur ou d'un ouvrier agricole de l'époque.

I. LE REVENU AGRICOLE : UNE APPROCHE DE LA REALITE

Le débat du revenu agricole, tel qu'il se pose aux historiographes occidentaux, est loin d'avoir reçu de nos jours une solution satisfaisante, en dépit des méthodes d'analyse et d'investigations relativement poussées, utilisées pour restituer cette réalité dans le passé[259]. C'est dire la difficulté, quand il s'agit d'une telle étude à propos des sociétés du tiers-monde, en l'occurrence du Moronou colonial, caractérisé par l'absence de toutes sources privées. Prenant le risque de tenter cette aventure, il importe de souligner au départ qu'il n'est point question ici d'envisager d'autre revenu que celui tiré du cacao et du café, à défaut de toute trace de comptabilité sur les cultures secondaires et vivrières. C'est une lacune de taille, compte tenu de la place occupée par ces dernières, parmi les activités à la campagne.

---

[259] J. Poperen, « l'Etude de la comptabilité de l'agriculture : l'exemple de l'Indre et Loire », *Revue Historique*, octobre-décembre 1967, p. 303-332 ; G. Désert, *les paysans du Calvados, 3e partie, 11, les revenus*, p. 838-1076

A. Le problème de l'établissement du revenu

Même en nous en tenant aux cultures du cacao et du café, il nous a paru impossible d'établir, de façon sérieuse, le revenu net. Trop d'obstacles s'accumulent sur notre route : sans envisager des questions pratiquement insolubles d'amortissement du capital d'exploitation, des plus-values apportées à la terre (amendements, drainage}, constatons que chacune des composantes, permettant de passer du revenu brut au revenu net, est une source de difficulté. Ainsi, en va-t-il des charges salariales. Elles varient déjà à l'époque dans des proportions notables. Toutes les situations existent entre deux extrêmes, du modeste planteur, exploitant son champ avec une main-d'œuvre essentiellement familiale, mais qui a besoin de faire appel au groupe de villageois de sa génération,[260] quelques jours par an (au moment du concassage des cabosses de cacao ou de la récolte de café), au gros planteur utilisant une main-d'œuvre en permanence. Il faudrait en outre distinguer entre frais fixes et frais variables, autant de facteurs rendant complexe le calcul de la charge salariale, complexité accrue, si l'on veut distinguer entre la fraction des rémunérations versées en argent et celle représentée par la nourriture et les autres obligations. Enfin, l'établissement d'un budget type, servant à mesurer les dépenses d'une famille, demeure relativement théorique, car certains postes, incompressibles à nos yeux, voire à ceux des contemporains résidant en ville, peuvent devenir à la campagne du superflu. *« L'homme de la terre a souvent tendance,* comme l'écrit R. Hubscher, *à ne pas s'autoriser plus qu'il ne lui paraît nécessaire et à rogner sur un certain bien-être »*[261].

1. Homogénéité sociale et différence de revenus

Pour toutes ces raisons, les résultats auxquels on peut aboutir, ne peuvent guère dépasser le stade du revenu brut, calculé sur les seules exploitations cacaoyères et caféières, cultures dominantes. Comment appréhender en effet la part respective dévolue aux cultures vivrières et aux cultures de cueillette, quand les documents de l'époque ne mentionnent que le seul

---

[260] Le *willy* et le *noboa* sont encore de nos jours des formes de travail courantes.

[261] R. Hubscher, *l'Agriculture et la société rurale dans le Pas-de-Calais, du milieu du 19e siècle à 1914*, Arras, 1980, t.2, p. 521.

budget des exploitations cacaoyères et caféières ! Encore des calculs obtenus sur ces dernières sont-ils davantage la traduction d'une moyenne que le reflet fidèle de la réalité. D'autre part, ces budgets théoriques, dressés en 1936,1937, 1938, par les services administratifs compétents, s'ils sont dignes de confiance, reflètent beaucoup plus les caractéristiques de l'entreprise européenne et de la plantation africaine *« modernisée »*, que celle de la moyenne des entreprises africaines locales. Le premier exemple est l'illustration de la plantation caféière moderne, appartenant au colon bénéficiant au départ d'un capital relativement important[262].

DEPENSES : celles-ci sont établies pour une plantation de 100 hectares.

Première année

- *Frais de constitution*:

- Enregistrement du titre provisoire........ 1 000F.
- Délimitation.. 8 000F.
- Immatriculation .... 6 000F.
- Mutation... 2 250F.
- Bornage et redevance annuelle............ 700F.
- **S/total.. 17 950F.**

- *Frais d'établissement de la plantation*

- Abattage... 24 000F.
- Tassage de l'abattis................................ 4 000F.
- Brûlage... 6 720F.
- Piquetage, trouaison.............................. 14 000F.
- Plantation.. 6 000F.
- Prix de revient des plants....................... 20 000F.
- Etablissement des voies de communication ... 8 000F.
- Plantes de couverture..............................2 000F.
- Sarclage..8 000F.
- **S/total.. 95 520F.**

[262] *Détermination du prix de revient du café*, publié par ANCI 1 R1-XI-346-349 (860), 1936.

- *Frais d'équipement*

- Habitation – magasin- potager- jardin..................50 000F.
- Campement des manœuvres ....10 000F.
- Outillage...5 000F.
- Camion...30 000F.
- Frais de direction....................................30 000F.
- Frais généraux..6 000F.
- **S/total...131 000F.**

<u>Deuxième Année</u>

Frais d'entretien de la plantation	86 000 F.
- de direction	30 000 F.
- Frais généraux	6 000 F.
S/total	**122 000 F.**

<u>Troisième Année</u>

5) *Frais d'entretien*	28 000 F.
- Frais de direction	30 000 F.
- Frais généraux	6 000 F.
S/total	**64 000 F.**

<u>Quatrième Année</u>

6) Etablissement de l'usine de préparation	40 000 F.
- Frais d'entretien	30 000 F.
- Frais de direction	30 000 F.
- Frais généraux	6 000 F.
.S/total	**106 000 F.**

RECAPITULONS LES DEPENSES :

- 1ère Année	244 470 F.
- 2ème Année	122 000 F.
- 3ème Année	64 000 F.
- 4ème Année	106 000 F.
TOTAL	536 000 F.

Cet engagement de 536.000 F. est à amortir en vingt ans, soit 26.800 F. par an. Il faut y ajouter l'intérêt annuel, estimé à 5% de la somme immobilisée, soit 26.800 F. Il faut donc prévoir un amortissement total de 53.600 F.

En escomptant une récolte de 500 kg de café marchand par hectare, la récolte totale s'élève à 50 tonnes. Les frais, à partir de la cinquième année s'élèvent dont:

-Amortissement ....53.600 F.
- Frais de direction..30.000 F.
-Frais d'entretien.................................... 30.000 F.
- Frais de récolte, de préparation et
d'ensachage pour 50 tonnes 70.000 F.
- Frais généraux ....5.000 F
-Total Frais... 188.600 F.

Le prix de revient du kilogramme de café à la plantation: 188.600 : 50.000 = 3,7F.

RECETTE DE LA RECOLTE

Si en 1936, le prix d'achat au producteur est de 4 F. le kilo, la récolte annuelle de 50 tonnes peut être estimée à 200.000 F. (francs courants).

BENEFICE 11.400 F. soit 114 F. à l'hectare.

Le budget de l'exploitation du cacaoyer est identique à celui du caféier, pour la grande exploitation européenne : « *les frais d'établissement de la plantation sont à peu de chose près, égaux à ceux qu'exige une plantation de café jusqu'à la quatrième année* »[263]. Les frais d'entretien d'une plantation de cacao étant moins élevés, les dépenses se répartissent comme suit:

- Dépenses de la 1ère année ....244.470 F.

---

263 ANCI 1 R1-XI-346-349 (8601), *Détermination du prix de revient du cacao. 1936.*

- Dépenses de la 2ème année ....122.000 F.
- Dépenses de la 3ème année .... 64.000 F.
- Dépenses de la 4ème année .... 86.000 F.

- **Total... 516.470 F.**

A ce premier lot de dépenses, il faut ajouter les frais de la récolte et de la préparation du produit, au moment où le cacaoyer entre en rapport. Les dépenses engagées pour la préparation d'une tonne de cacao[264] sont les suivantes :

- Récolte et concassage	100 000 F.
- Mise en bac, surveillance du bac et du séchoir	40 000 F.
- Bois à brûler pour le séchoir	20 000 F.
- Achat de 10 sacs	40 000 F.
Total pour la préparation d'1 tonne de cacao	**200 000 F.**

Récapitulons les dépenses engagées pour les cinq années :

1ère Année	240 470 F.
2ème Année	122 000 F.
3èmeAnnée	64 000 F.
4ème Année	86 000 F.
5ème Année	200 000 F.
TOTAL GENERAL	**716 000 F.**

Amortissement du capital (716 470 F.) et de l'intérêt, à partir de la 5ème année	71 647 F.
- Frais de direction	30 000 F.
- Frais d'entretien	20 000 F.
- Frais généraux	6 000 F.
-	
TOTAL frais de revient pour 100 ha	**127 647 F.**

Frais de revient d'1 kg de cacao sec à la plantation 1,275 F.

[264] Le rendement moyen pour 1 hectare était, avant la guerre, 1 tonne de cacao, « chiffre facilement atteint et fréquemment dépassé ». Cf. *Ibidem, op. cit.*

Recette de la récolte de cacao pour 100 ha en 1936 :
1F. X 100 000 kg = 100 000 F.
Perte : 1 276, 47 F. – 1 000 F. = 276, 47 F. par hectare[265].

En effet, les bas prix pratiqués au cours des dernières années[266] « ont juste permis à la plupart des colons de tenir », c'est-à-dire de faire face aux dépenses occasionnées par la récolte du cacao, et d'assurer en partie l'entretien de leur plantation. Quant à la rémunération du capital, elle n'a pu être qu'infime dans quelques cas très favorisés et, pour tous les autres, inexistante[267].

L'établissement d'une prime à l'exportation, ayant pour but d'encourager les cultures du cacao et du café, n'eut, pour ainsi dire, aucune influence auprès des planteurs européens qui préférèrent, pour la plupart, quitter la région et se convertir à la culture de bananes, plus rentable, en Basse Côte d'Ivoire.

Le **troisième exemple** correspond à « la plantation indigène » de cacao, de taille relativement importante pour l'époque: 10 hectares. Ici, la nécessité d'une mise de fond importante ne s'impose pas dans la mesure où la terre est concédée au planteur autochtone à titre gracieux, en tant que membre de la communauté villageoise, et où ce dernier est dispensé de faire appel à une main-d'œuvre salariée, pour l'exécution d'un certain nombre de travaux. Ainsi, les frais de débroussaillement et, plus tard, du désherbage de la plantation, ainsi que la récolte du produit, travaux exécutés, soit par la main-d'œuvre familiale, soit par des amis de la même génération, sont payés en nature. De même, l'ouverture et l'entretien de la piste conduisant à la plantation, voie d'évacuation à l'occasion du produit, sont assurés collectivement par tous les planteurs qui l'empruntent régulièrement. D'autre part, il n'est pas acheté d'engrais ou très rarement, ni de légumineuses de couverture et d'ombrage, certains arbres de la plantation assurant naturellement par leur

---

[265] Sans compter le prix de transport, de la plantation au centre d'achat, et le prix de la main-d'œuvre nécessaire pour la surveillance, minime, il est vrai.

[266] Essentiellement de 1933 à 1936.

[267] La preuve la plus manifeste a été l'absence de toute plantation nouvelle, importante et sérieuse dans le Moronou, au cours des cinq dernières années de la période étudiée.

ombrage, ce rôle de protection contre l'ardeur des rayons du soleil. Enfin, les semences et les soins phytosanitaires sont fournis gracieusement au planteur « indigène » par les services compétents de l'Agriculture.

Dans ces conditions, le **budget** du planteur est le suivant :

DEPENSES :

1) *Frais d'établissement*

-Construction du campement .... 5 000 F.
- Débroussaillement, abattage .... 5 000 F.
- Implantation ....1 500 F.
- Construction de séchoirs .... 7 500 F.
- Entretien pendant 4 ans ....8 000 F.
S/ total... ...... 27 000 F.

2) *Frais engagés à la première année de récolte*

-Frais de récolte .... 2 500 F.
-Frais d'entretien... 4 500 F.
-Amortissement des 27.000 F. de frais d'établissement en 15 ans, soit par an................. 1 800 F.
-Imprévus... .. 1 000 F.
S/total .... 9 000 F.

Etant donné que les 10 hectares de plantation fournissent 10 tonnes de cacao, le prix de revient d'un Kg de cacao = 9.800 F. : 10.000 = 0,98 F.

RECETTE DE LA RECOLTE : 1 F. X 10.000 Kg = 10.000 F. pour 10 ha.

BENEFICE: 10.000 F. - *9.800* F. = *200* F. pour 10 *ha, soit* 20F. pour 1 *ha.*

Malgré la réduction des dépenses engagées, les gains réalisés demeurent somme toute peu flatteurs.

Les exemples précédemment évoqués définissent deux types de culture. Les deux premiers incarnent l'agriculture de type moderne, "avancé"; celle-ci peut être qualifiée « d'intensive »; en effet, l'importance accordée aux engrais, aux plantes de couverture, l'utilisation d'un outillage perfectionné[268] affirment le caractère moderne de ces deux premières exploitations.

La seconde exploitation, correspondant au dernier exemple, ne peut prétendre rivaliser avec celles-là au plan des moyens financiers et techniques. Elle présente de nombreux traits traditionnels, malgré l'effort d'adaptation. On notera par ailleurs que les charges pesant sur cette dernière sont beaucoup moins lourdes, et surtout que les structures sont beaucoup mieux adaptées dans le dernier exemple d'exploitation, surtout si l'on se réfère à la conjoncture de l'époque. Le résultat se traduit par un profit légèrement supérieur, réalisé dans ce dernier type d'exploitation.

Que vaut une telle conclusion ? Et sommes-nous à même, à partir de ces budgets théoriques, d'aboutir à autre chose qu'à une saisie très partielle des revenus ?

2. Revenu et niveau de vie

La vue très approximative que nous pouvons avoir des revenus de l'époque n'est, somme toute, qu'un inconvénient mineur. Reconnaissons en effet que la majorité des planteurs du Moronou, hier comme aujourd'hui, ne s'attarde pas à distinguer revenu brut et revenu net, faute de pouvoir appréhender correctement le prix de revient. L'important c'est la valeur atteinte par la vente des récoltes; aussi a-t-on constamment les yeux rivés sur les mercuriales[269].

Evoquer le problème du revenu dans le Moronou colonial, en s'en tenant exclusivement à la rémunération retirée des exploitations du cacao et du café, serait escamoter le problème. On doit prendre en compte ici d'autres éléments: les ressources recueillies des produits dits « de cueillette », des cultures vivrières, dont une partie est écoulée sur le marché local, mais encore des produits de chasse et de ramassage, qui offrent à la majorité des familles du Moronou dont la vie est à prédominance rurale, d'autres moyens d'existence que l'on ne

---

[268] L'usine de préparation.

[269] « L'exploitant est plus sensible au produit brut qu'au produit net ». R. Hubscher, *op. cit.* tome 2, p. 526.

peut appréhender par le seul examen du revenu, issu des exploitations industrielles.

On voit ainsi éclater la notion traditionnelle de revenu, assimilé ordinairement au niveau de vie, voire au train de vie. La relation établie entre revenu et niveau de vie[270]est ici illusion, même si, dans la ville coloniale de l'époque, il est possible d'inférer du revenu du fonctionnaire ou de l'ouvrier son niveau de vie. En effet si le salaire perçu en ville constitue pour ce dernier son unique moyen d'existence, il en va différemment du paysan Morofwè dont le mode d'existence, parce que plus étriqué, est mieux assumé, grâce à toutes les possibilités précédemment évoquées, à lui offertes, qui lui permettent de dépasser le minimum vital, à peine assuré autrement, étant donné les aléas de la rémunération attendue des produits industriels.

Ainsi, va-t-il de soi que l'on ne peut ignorer toutes ces composantes et s'en tenir aux seuls produits industriels du cacao et du café, pour apprécier le revenu du paysan Morofwè. Cependant, malgré toutes ces réserves, nous ne pouvons écarter l'étude du revenu; mais plutôt que de chercher à en tirer des résultats faussement précis, nous nous attacherons à déterminer les grandes tendances de son évolution. La suite de cette étude nous conduira à analyser les fluctuations du produit brut de trois secteurs fondamentaux, celui des plantes industrielles et des produits de cueillette; nous aborderons ensuite l'évolution des salaires.

B. Le produit brut des récoltes du cacao et du café

Analyser le mouvement de longue durée, perçu de la valeur des récoltes du cacao et du café, eût été souhaitable; mais la tâche s'avérait irréalisable. Il suffit d'évoquer les difficultés à saisir une évolution ininterrompue des deux productions, faute de séries continues, au cours de la période où il nous a été donné de les suivre. Il n'était donc pas possible de construire une moyenne mobile. Dans ces conditions, nous nous sommes

---

[270] La corrélation entre revenu et niveau de vie est patente, surtout dans les agglomérations urbaines de l'Occident du XIXe siècle : « *les exemples littéraires abondent, particulièrement au XIXe siècle, chez Balzac et Stendhal. Tel revenu permet d'habiter à tel endroit, d'avoir tel nombre de domestiques, etc. Il situe socialement l'individu autant que la fortune* ». R. Hubscher, *op. cit.* t. 2, p. 526.

contenté de suivre l'évolution des indices, car, au travers des fluctuations annuelles, se dégage malgré tout une tendance générale.

1. Le cacao

Une première phase (cf.*Annexe 5, p..379-380*) s'individualise nettement de 1920 à 1930, marquée par une tendance franche à la hausse. Certes, le point de départ est modeste, mais la croissance est tout à fait remarquable. Elle atteint, entre 1920 et 1928[271], 11,03%, l'ampleur de la hausse étant estimée à plus de 99%. La courbe de valeur du cacao est assez originale. Loin d'épouser une allure identique à celle des prix, elle évolue selon des traits spécifiques, présentant une relative autonomie par rapport à ceux-ci. A 1920, année de haut prix pratiqué sur le cacao, correspond le plus bas niveau du produit brut de cacao[272]. D'autre part, de 1921 à 1928, la courbe de la valeur du cacao se caractérise par un mouvement de hausse ininterrompue culminant en 1928. Ceci en dépit des fluctuations du prix de ce produit qui, malgré son bon niveau, connait en fin de période une chute de - 25% par rapport à l'année 1920.

Les rendements, continuellement orientés à la hausse, ne sont pas étrangers à cette situation de prospérité. C'est le signe du succès de cette culture auprès des planteurs du Moronou, qui ont su résister au découragement, devant l'avilissement relatif du prix du cacao.

De 1928 à 1934, s'ouvre une ère de graves difficultés. La courbe du produit enregistre un fléchissement notable avec une diminution de 66% de la valeur de la production, entre 1928 et 1934. Le taux de décroissance représente -11%. L'effondrement du produit global brut, notamment de 1930 à 1934, est un véritable désastre, malgré la brève remontée des années 1932 et 1933. Ce sont les années noires de la crise, Cependant le fléchissement du prix[273] et l'effondrement du produit global brut n'ont pas raison de la ténacité des producteurs qui, loin de baisser les bras, augmentent les superficies cultivées et

[271] Nous possédons en 1920 et 1928 des estimations chiffrées ; le taux de croissance est calculé à partir des indices obtenus à ces deux dates extrêmes.

[272] Cela se comprend dans la mesure où la culture du cacao est encore à ses débuts dans le N'zi-Comoé.

[273] La décroissance du prix du cacao entre 1928 et 1934 est de -3,8%.

accroissent la production[274]. On peut déjà affirmer que pour bon nombre de planteurs de notre région, le cacao est devenu une source indispensable de revenus.

Effectivement dès 1935, c'est la prospérité qui ne met pas en cause le fléchissement de 1938. A partir de 1937, la progression du produit brut de cacao est très rapide, et en 1939 tous les records sont pulvérisés, avec une récolte atteignant 35.262.000 F (francs courants). La courbe du produit met en valeur cette rentrée d'argent massive dans notre région dont les conséquences sociales seront soulignées plus loin. De 1935 à 1939, la valeur de la production cacaoyère s'accroit de 410%. Non seulement le niveau des belles années antérieures à la crise est retrouvé, mais il est dépassé de 398%. L'extension des superficies cultivées, la remontée du prix du cacao, à partir de 1936, en sont à l'origine.

2. Le café

L'évolution de la valeur de la production de café présente une courbe d'allure très simple (*cf. Annexe 5, p.379-380*). De 1932 à 1939, la progression ininterrompue, en dehors du fléchissement momentané de 1934, est de l'ordre de 287%. Causes structurelles et facteurs conjoncturels expliquent cette orientation générale.

Un examen plus détaillé montre l'inégalité de la vitesse de croissance. Dans une première étape, de 1932 à 1935, le taux d'augmentation s'élevant à 15,4%, soit une croissance annuelle de 5,1%, demeure relativement modeste. Une seconde étape de progression, plus remarquable s'instaure à partir de 1937, atteignant un record inédit, en 1939: le taux d'augmentation se hisse de l'indice 41 en 1937 à l'indice 290 en 1939, soit une croissance annuelle de 124,5%. Cette forte croissance résulte essentiellement de la combinaison de deux facteurs : élévation des rendements et surtout hausse des prix de 23%. Le climat étant à l'euphorie, tout incite les planteurs à développer cette culture rémunératrice.

---

[274] De 1932 à 1938, la superficie globale des plantions de cacao du N'zi-Comoé, passe de 1 320 hectares à 11 800 hectares, soit une augmentation de 894% (taux de croissance : 149%). Cf. *Annexe 4, p.377-78*. Quant aux récoltes, elles ont, sans défaillance, progressé d'une année à l'autre, de 1930 à 1939, hormis le fléchissement de 1934. Cf. le tableau de la production du cacao du N'zi-Comoé (*Annexe n° 5 p.379).*

C. Le produit des cultures « dites de cueillette »

Le mouvement de la courbe du cola et celui des palmistes, les deux plus représentatifs des produits « dits de cueillette », offrent plutôt un aspect désordonné (*Annexe n° 3 p.375 et 376*). C'est le résultat de leur grande variabilité d'une année à l'autre, entrainant des sautes de prix tout au long de la période. Mais examinons les, l'une après l'autre.

1. Le cola

Cinq phases, approximativement d'égale durée, déterminent son évolution: d'abord une brève poussée, suggérée plutôt que représentée par les estimations des deux dates extrêmes : 1917-1920[275]; ensuite une régression de deux ans, avoisinant 47%, correspondant à la crise des années 1921-22. A partir de 1923 se dessine un mouvement de hausse de grande ampleur (156%), qu'il est impossible de suivre au-delà de 1925, à cause des lacunes de nos sources. Il faut attribuer cette forte progression à la fois à la poussée de la production et à la hausse des prix.

Au-delà des années 1926-1930, caractérisées par l'absence totale de toute documentation susceptible de permettre le tracé de la courbe du cola, les sources offrent à nouveau la possibilité de suivre l'étape ultérieure de l'évolution de son produit brut. On note alors le recul impressionnant de la valeur du produit global brut, entre 1926 et 1931, recul qui se prolonge jusqu'en 1935, marqué tantôt par des remontées comme celles des années 1932 et 1933, tantôt par des baisses dont la plus caractéristique est celle de l'année1934. Quoiqu'il en soit, la phase 1931-1935 correspond à une période de régression, due essentiellement à la chute des prix du cola. Car, contrairement au volume de la récolte qui se maintient à un bon niveau[276], le prix de ce produit a progressivement diminué, d'une à l'autre, de 1931 à 1935

Le redressement qui s'opère probablement après cette date, mais qui n'est observable qu'en fin de période, sur les deux

---

275 Nous n'avons à notre disposition que les estimations des deux dates extrêmes : indice *23* en 1917, indice *96* en 1920.

276 La production de 1932 atteint 194 tonnes environ, c'est-à-dire un niveau supérieur à la production de 1923, l'une des années prospères d'avant la crise de 1929.

dernières années [277], s'explique uniquement par la forte rémunération du cola, dont le prix atteint les meilleures performances des années antérieures à la crise.

2. Les palmistes

Le profil de la courbe du produit des palmistes ressemble étrangement à celui du cola : énorme variabilité d'une année à l'autre, mais reflétant ici moins les sautes de prix que l'inconstance du volume de production. Hormis la régression des années 1921-1922 (-12%), le produit des palmistes traverse, au cours d'une première étape, longue de huit années (1917-1925), une période de prospérité relative, remarquable par son taux de croissance, de l'ordre de 32,5%. Cet accroissement du produit global brut est le fruit du travail constant des habitants du cercle du N'zi-Comoé, qui aménagent plusieurs palmeraies naturelles, dont l'entrée en rapport a un impact extrêmement favorable sur le produit global brut de cette ressource supplémentaire, bénéfique aux habitants de la région.

Au-delà de la période lacunaire des années 19261930, la valeur des palmistes traverse une phase de récession, d'autant plus frappante qu'on la compare nécessairement à la période de hausse précédente des années 1917-1926. Cette période de récession de moyenne durée - 5 ans - d'abord frappée par la stagnation (1931-1932), est prolongée par un mouvement de baisse vertigineuse, soulignée par les creux des années 1933 et 1934, que ne remet point en cause la remontée toute relative survenant en 1935[278].

Les dernières années de la période étudiée mettent en lumière le marasme qui continue de frapper les palmistes. La baisse du produit brut des palmistes est le signe patent du déclin d'une production, qui n'a jamais été en honneur et qui ne parvient pas à

277 Voici les différents indices disponibles, de 1925 à 1939, soulignant les différentes fluctuations de prix :

Années	1925	1931	1932	1933	1934	1938	1939
Indices	**256**	**36**	**58**	**41**	**15**	**64**	**84**
Prix	- 1,75 F.		1,45 F.	1,32 F.	1,27 F.	5, 12 F.	4,61 F.

278

Années	1917	1925	1931	1932	1933	1934	1935
Indices	2,6	263	31	31	1	0,7	9

être sauvée de la disparition par la hausse, dont bénéficie son prix, en fin de période.

II. COMPOSANTES ET MOUVEMENT DU SALAIRE DES TRAVAILLEURS AGRICOLES

L'administrateur du Nzi-Comoé écrivait en 1939 dans le *Rapport économique* de son cercle :

> La grande propriété indigène, si elle veut subsister, doit s'organiser. On n'attirera plus, on n'a déjà plus attiré cette année, des gens désireux de travailler en leur donnant pour tout salaire quelque argent de poche[279].

Ainsi, l'un des graves problèmes, auquel se trouve confrontée l'agriculture spéculative du Moronou, aux premières années de son extension, a été essentiellement celui de la main-d'œuvre et de sa rétribution.

> De plus en plus, insistait dans ce même rapport l'administrateur de Dimbokro, le planteur indigène – le « patron noir » - devra s'imposer, parallèlement à ses bénéfices, des dépenses d'entretien et de personnel[280].

Accepter de maintenir d'immenses surfaces cultivées implique nécessairement l'entretien d'une main-d'œuvre abondante, c'est-à-dire un facteur d'amoindrissement de revenu. Le planteur du Moronou était-il prêt à assumer cette lourde charge salariale ? Ainsi, s'ouvrait dans le Moronou, au moment de l'éclosion des grandes plantations spéculatives du cacao et du café, une nouvelle page d'histoire des rémunérations des travailleurs ruraux.

Malgré la valeur inégale des sources dont les *Rapports annuels sur la main-d'œuvre de la Côte d'Ivoire,* conservés aux

---

279 ANCI 1 Q2-iv-15-120 (3 743), *op. cit. 2e semestre 1939, a/s de la main-d'œuvre.*

280 *Ibidem*

Archives Nationales du Sénégal, [281] constituent l'élément dominant, celles-ci permettent néanmoins de s'interroger sur quelques uns des problèmes fondamentaux posés par la rémunération des salariés ruraux : les modes de rémunération et les grandes étapes de l'évaluation des salaires distribués.

A. Diversité des modes de rémunération

Les modes de rémunération, variés, sont fonction de la nature du travail accompli. On distingue une rétribution fixe pour une période déterminée, soit l'année, le mois, la journée, et une rétribution proportionnelle à la quantité de travail fourni ou salaire à la tâche.

1. Les modalités de paiement

Plusieurs systèmes ont coexisté. L'ouvrier travaillant sur une exploitation européenne, perçoit d'ordinaire un salaire mensuel. Celui-ci, qui correspond au 12ème du montant annuel, moins *« la retenue mensuelle en vue de la constitution du pécule »*[282], est effectué *« en général le premier ou le deuxième dimanche du mois »*. Cependant en 1936, il fut décidé que le paiement ne sera effectué que le *« dernier dimanche du mois, afin d'éviter les fuites »*. Mais le salaire mensuel, bien qu'étant de pratique courante, n'est pas le seul usité, même sur les exploitations européennes. En 1937, sur ces mêmes exploitations, des travailleurs contractuels sont loués pour des périodes fort brèves, soit à la journée, quand il s'agit "des hommes faisant partie de la population flottante », soit pour faire la récolte du cacao et du café, quand les travailleurs « *appartiennent aux villages environnants* ».

Sur les plantations "indigènes", où le propriétaire *« préfère se procurer la main-d'œuvre au jour le jour (...) en considération du cours des produits »*, le travailleur agricole est payé

---

[281] Voir Archives Nationales du Sénégal (ANS), essentiellement les cotes : 2 G 36-32 ; 2 G 37-40 et 2 G 38-34.

[282] Le taux du pécule est fixé en 1936 à 1 F. par jour pour les travailleurs de sexe masculin et à 0, 50 F. pour les femmes. Il n'est versé au travailleur qu'une fois de retour dans son village, après avoir accompli la durée de son contrat. C'était un moyen détourné pour l'employeur de lier le travailleur à son service. En 1938, le total du pécule amassé par les 8 668 travailleurs mossi des exploitations privées, de retour au pays, à la fin de leur contrat, s'élevait à 2 millions de francs courants. Cf. ANS 2 G 38-34. *Rapport annuel sur la main-d'œuvre de la Côte d'Ivoire 1936.*

immédiatement, dès l'accomplissement de la tâche, bien que certains planteurs autochtones aient tenté à l'époque, sans grand succès, semble- t- il, d'engager, sur contrat dûment établi devant l'administrateur, des travailleurs agricoles, et de ne leur verser leur salaire qu'à la fin de la période prévue par le contrat[283].

Bref, la distinction n'est pas à établir en fonction de l'employeur, mais essentiellement entre les ouvriers de passage, engagés à la journée, et ceux qui, liés par un contrat, sont tenus de demeurer au service d'un patron jusqu'à la fin du contrat.

2. *Du salaire à la tâche à l'**abusan** (système de métayage)*

Outre le salaire fixe, d'autres formes de salaires apparaissent dont le salaire à la tâche. Le défrichement d'une parcelle de forêt, destinée, les premières années, aux cultures vivrières, puis servant ensuite à abriter les cultures spéculatives de café et de cacao; la préparation des buttes d'ignames, le décorticage et le triage du café constituent dans le Moronou quelques unes des formes privilégiées du salaire à la tâche. Mais par dessus tout, ce mode de rétribution proportionnel aussi bien à la quantité qu'à la difficulté du travail, s'applique à la récolte du cacao et du café. D'autre part, s'il fait son apparition dans le Moronou avec l'avènement du cacao[284], il ne s'y vulgarise qu'à l'extrême fin de la période de crise,[285] et ne s'inscrit dans les mœurs et habitudes qu'autour des années 1937-1938.

Ce travail à la tâche revêt diverses formes. Il peut être accompli individuellement, de façon isolée; mais en général il s'effectue par équipe, sous la houlette d'un chef d'équipe, qui

---

[283] Cf. ANS 2 G 37-40, *op. cit. 1937, a/s* nombre de travailleurs contractuels et des modes d'engagements.

[284] C'est en 1925 précisément que pour la première fois, *le rapport économique du N'zi-Comoé* mentionne la pratique de la rétribution à la tâche, à propos du cacao, dans le Moronou. : « *Les Agba de la région de Bocanda se louent en effet chaque année comme travailleurs chez les planteurs agni de la région de Bongouanou et ils ont rapporté chez eux des graines qu'ils ont plantées et l'expérience de la culture qu'ils ont vu faire* ». Cf. ANCI 1 EE 139 (14), *op. cit.*, 2e trimestre 1925.

[285] « *Les exploitations agricoles (...) exigent déjà une main-d'œuvre considérable. Au cours des années qui vont suivre, la récolte du café et du cacao en particulier, exigera de nombreux travailleurs saisonniers* ». Cf. ANCI IV-20 -88 (5086), *n° 658 C AP/ AE, a/s main-d'œuvre voltaïque.* Bingerville, le 22 avril 1933.

recrute des compagnons pour l'aider. Une fois l'exécution du travail achevée, l'« enveloppe » de rémunération est remise au chef d'équipe qui procède à la répartition.

A la fin de cette période, il semble que, tout en poursuivant l'expérience de la rétribution à la tâche, l'on s'oriente vers une nouvelle forme de rémunération, *l'abusan* (le contrat au 1/3)[286], système proche du métayage, dont la similitude avec le mode d'exploitation aurifère en vigueur dans le Moronou précolonial est plus qu'évidente. Liant l'employeur agni et le manœuvre, l'*abusan* ou contrat au tiers est conclu en période de récolte et pour la durée de la récolte. La tâche du manœuvre ou de l'équipe de manœuvres au service de l'employeur consiste, pendant la saison de la récolte, à entretenir les superficies en rapport, à récolter les cabosses de cacao ou les cerises de café, et à procéder à la préparation du produit. En contrepartie, les manœuvres perçoivent le 1/3 du produit récolté, soit directement en nature, soit en espèces.

Toute cette période d'intense activité qui s'étend en général, de fin septembre au mois de février, coïncide avec la saison de traite. Celle-ci terminée, les manœuvres *« rejoignent leur pays d'origine avec, dans leur poche, l'argent de l'impôt »*. Si le travail à la tâche, rétribué en salaire, demeure la règle, l'*abusan* connait cependant un incontestable développement. On pourrait s'imaginer - comme c'est le cas aujourd'hui - qu'il concurrençait déjà victorieusement le travail à la tâche, du moins sur les grandes exploitations agricoles de l'époque, qui souffraient de la pénurie de main-d'œuvre.

Quelles sont les raisons de ce changement? D'abord la crise de main-d'œuvre agricole dont souffre la région, à la veille de la deuxième guerre mondiale et dont les manœuvres prennent conscience. Ils veulent vendre plus cher leur force de travail, ayant le sentiment que les *« patrons »* ont besoin d'eux. Ils se montrent désormais exigeants. L'attitude conciliante de quelques uns n'est qu'une exception; elle s'expliquerait par des liens étroits et profonds, de nature en général différente de ceux qui

[286] Vient de l'agni *abu* (partage) et *n'zan* (trois), *abusan* signifiant étymologiquement : le partage en trois.

lient habituellement employeur et ouvrier[287]. Quelquefois même, l'espoir de devenir un jour le gendre du patron, dont il courtise la fille, est un motif suffisant pour faire accepter à l'ouvrier un travail à la tâche, de préférence à l'*abusan* :

> Chez l'indigène, le manœuvre accepte une solde d'engagement tacite et verbale. Il est nourri, logé et reçoit en fin de travail une somme forfaitaire, 100 F. en général. Il n'est pas rare qu'une liaison s'établisse (...) entre lui et une fille de la maison, partant ensuite (sic) avec lui assez souvent comme femme légitime. Cet espoir fait accepter un salaire moindre[288]

Un autre reproche, formulé à l'encontre du travail à la tâche, tient dans le fait qu'il donne lieu à des *« réclamations »* ou à des *« retards apportés dans les paiements »,* et quelquefois même à des procès retentissants. A ces raisons largement développées dans les rapports de l'époque, il faut ajouter une autre : le travail à la tâche correspond à une nécessité inéluctable. Dans la conjoncture économique de l'époque où, à l'agriculture du Moronou subissant une mutation *profonde,* l'on assigne désormais comme but primordial le profit commercial, il était nécessaire pour le producteur d'aborder le marché dans les conditions optimales, en cherchant comme une priorité la réalisation du meilleur profit. En confiant, à défaut d'une main-d'œuvre familiale suffisante, une parcelle de plantation à faire fructifier, à des travailleurs agricoles étrangers, on espère en tirer quelque bénéfice, alors qu'en refusant d'embaucher une main-d'œuvre extérieure, on se condamne à enregistrer une « *perte sèche* ». Mieux vaut s'accommoder de *l'abusan,* en réalisant un gain rémunérateur de sa plantation, si petit soit-il, que de ne rien en retirer du tout.

---

[287] Les planteurs « n'ont aucune difficulté à recruter leur main-d'œuvre, « *le Noir ne trouvant pas dans un autre Noir un patron, car il peut vivre plus intimement avec lui, ayant l'illusion d'une deuxième vie de famille* ». Cf. ANC 2D3-XII-33-50/156 (451), *Programme d'action sociale pour l'amélioration du sort de l'indigène par le travail, a/s main-d'œuvre,* p.1937.

[288] *Ibidem, op. cit.*

B. Originalité du salaire agricole : la place de la rétribution en nature

Si le salaire en argent est le principal moyen de rétribution, son usage n'est cependant pas universel, et le salaire en nature demeure encore largement pratiqué en 1939.

1. Le déclin du salaire en nature

Jouant un rôle essentiel à l'époque précoloniale, puis réduit au début des cultures spéculatives, le salaire en nature subit un lent mais constant déclin au cours des dernières années de notre période, en tant qu'instrument privilégié de paiement. En revanche, en tant qu'élément d'appoint de salaire en espèces (sous forme de nourriture par exemple), il se maintient davantage. Sur les plantations "indigènes", il a pu s'appliquer encore largement dans le cadre de l'*abusan* et probablement à d'autres activités, surtout pendant les années, où le Moronou fut durement éprouvé par la crise.

Il en ressort qu'en cette période, marquée particulièrement par la rareté du numéraire, le salaire en nature a été plus largement utilisé par les petits planteurs [289] , disposant de liquidités restreintes, que par les gros planteurs de la région: européens ou africains, ayant à leur portée une masse de numéraire plus importante. Cependant, malgré les avantages et les services nombreux qu'il pouvait rendre, le salaire en nature fut au fil des années délaissé au profit de la rémunération en argent. On peut supposer qu'il est progressivement abandonné, au fur et à mesure que les différentes parties du Moronou s'insèrent fortement dans l'économie de marché[290].

Parmi les différentes raisons qui expliqueraient son déclin, il faut souligner les transformations économiques de cette fin de période, la prospérité des affaires et surtout la masse importante d'argent injectée dans le pays, qui provoque une certaine effervescence dans la région, qualifiée sans hésitation de

---

[289] *« Le paiement en salaire est la règle, même chez le planteur indigène. Toutefois, en cas de crise, dans les mauvaises années, l'argent, notamment toujours chez l'indigène, est remplacé par le paiement en nature ».* Cf. ANCI 2 D3-XII-33-50/156 (451), *op. cit.*

[290] L'adoption du salaire en argent, en tant que mode de rétribution, semble s'être généralisée à partir de 1937, sur l'ensemble du territoire ivoirien. Voir ANCI 2G 37-40, *op. cit.*

« véritable apothéose » par l'administration [291] . Il devient beaucoup moins intéressant d'être payé en nature, dans la mesure où avec l'élévation de son niveau, l'ouvrier se transforme en acheteur de produits manufacturés, et où il lui est difficile de régler ses dépenses, s'il ne dispose pas suffisamment de numéraire. Ainsi tout travailleur agricole, qui accepte de continuer à être payé en produits locaux, se voit-il pénalisé considérablement. Enfin, un dernier facteur a pu contribuer à précipiter son déclin: l'obligation générale faite à tout sujet français, y compris l'ouvrier agricole, d'acquitter son impôt et celui de toute sa maisonnée, en espèces.

2. La résistance du «salaire nourriture»

Par contre la nourriture fournie par le patron, assimilable à un paiement en nature, résiste avec succès et est loin d'avoir disparu en 1939. Son usage est général sur toutes les exploitations, tant européennes qu'africaines, et les travailleurs de toutes catégories en bénéficient. Dans quelle mesure, ce principe a-t-il été favorable aux ouvriers agricoles, et comment l'accueillent-ils?

Pour y répondre, énumérons d'abord la composition de la ration alimentaire de l'ouvrier. Avant la modification survenue en 1938, elle était exclusivement composée des quatre éléments suivants : soit 1.400 grammes de maïs, mil, soit 2.500 grammes de patate, banane ou igname, soit encore 700 grammes de riz pour l'élément de base, auquel s'ajoutent en complément 200 grammes de viande fraîche ou salée ou de poisson frais, soit 50 grammes de viande boucanée ou de poisson sec ; les deux autres éléments qui interviennent en complément de la ration alimentaire, sont le sel (20 g.) et l'huile ou le beurre végétal, d'un poids équivalent à 40 grammes[292].

---

291 « *Il (le cacao) avait dépassé 4 F. Dimbokro, entrepôt commercial, avait réalisé un chiffre d'affaires supérieur à trente millions. L'indigène, surpris par tant d'argent inespéré, avait dépensé, qui pour boire, qui pour faire des maisons et acheter des camions. Le commerce local, dépassé, n'avait pas assez de marchandises et n'avait pu contenter la demande. La fin de traite avait marqué l'apothéose de cette belle période* ». ANCI 1 Q2 –IV-15-120 (3 743), Rapport sur la situation du cercle de Dimbokro, pour le 2e trimestre 1939.

292 ANS 2G 37-40, *op. cit.* Voir l'annexe n°4, rapportant l'arrêté local 405 UAE du 4 décembre 1935. Se référer aussi à S.P. Ekanza, « la main d'œuvre ivoirienne des entreprises privées pendant l'entre-deux-guerres 1921-1939 », in *A.U.A., série I, tome IX*, 1981, p. 71-97, p. 95.

Cette ration alimentaire journalière, fixée par arrêté local du 24 décembre 1935, modifiant elle même une situation antérieure, datant du 15 mars 1927, malgré une légère augmentation par rapport au passé et un éventail plus grand de vivres offert au travailleur, s'avère insuffisante pour des organismes usés par un dur labeur physique quotidien. Il en résulte des plaintes, l'abandon des exploitations ... On tente alors d'y remédier en augmentant la ration ou en fournissant de la nourriture de meilleure qualité. On a essayé à l'époque de chiffrer ce complément du salaire agricole ; il a été successivement estimé à 1,85 F. en 1936, 2 F. en 1937 et 2,50 F. en 1938[293], pour tous les travailleurs des exploitations privées.

En définitive, à la fin de notre période, cette variante de la rémunération demeure toujours pratique courante, tant elle correspond à une réalité profondément ancienne de la « brousse » africaine, et aux données économiques de l'heure.

C. Compléments du salaire et problème de l'évaluation totale des gains.

Comment évaluer le gain véritable du travailleur agricole, étant donné les différents modes de rétribution qui lui sont appliqués ? D'autre part, il est permis de douter que le salaire nominal théorique, fixé par la législation, ait été pourtant respecté ou régulièrement perçu, sur toutes les exploitations du Moronou de l'époque. Autre difficulté, on a dû souvent juxtaposer pour le même travailleur, salaires en nature ou en argent, à la journée ou à la tâche. Dans ces conditions, comment établir une moyenne qui néglige cette grande diversité de situation ? Ainsi, apparait la difficulté dans laquelle se débat le chercheur, quand il tente d'appréhender le salaire effectif, cette réalité plus complexe qu'elle ne parait au premier abord.

1. les droits

Le salaire réel est d'autant plus difficile à appréhender que les rares données chiffrées négligent totalement les avantages, dont bénéficient les travailleurs ruraux. Ces prérogatives, qui ne sont autre qu'un complément au salaire, se présentent sous deux formes, soit des prestations patronales, soit des avantages en nature. Bien que modestes elles ne sont pas sans attrait. On peut mentionner les frais de déplacement du lieu d'engagement, en

---

[293] ANS 2 G 36-32, *op. cit.* ; 2 G 37-40 et 2 G 38-24, *op. cit.*

général le village d'origine, au lieu de travail, entièrement à la charge de l'employeur; les dépenses en nourriture au cours du trajet, désignées sous le nom *d'indemnités représentatives* ou de *compensatrice*, évaluées à une somme forfaitaire dont le montant journalier s'élève à 2 *F.* en 1937 et 2,50 *F.* en 1938.

Une autre disposition législative, intervenue en 1937, gratifie l'ouvrier agricole d'un autre *« supplément de salaire ».* En effet, le taux minimum par journée de travail, fixé en 1927 à 2,50 F. pour la première zone à laquelle appartient le Moronou[294], est majoré de 0,50 F., à condition que l'engagement soit d'une durée supérieure à six mois. Certes on ne peut nier que l'idée de lier plus étroitement le travailleur agricole à l'employeur, a largement inspiré le législateur, mais il n'est pas moins vrai que ce « droit » nouveau a été fortement apprécié par le travailleur agricole.

Au fil des années, les travailleurs s'attachent fortement à ces usages, devenus des « droits », et aucun patron ne peut s'aviser de les remettre en cause sans qu'il soit rappelé à l'ordre par l'Office du Travail.

2. Les prestations patronales

Diverses réalisations, accomplies gratuitement en faveur du travailleur agricole, doivent être considérées comme un complément s'ajoutant au salaire nominal, une sorte de rémunération indirecte. C'est ainsi qu'ont été édifiés sur les exploitations, quelquefois *« matériaux durables »,* des bâtiments d'habitation, plus connus sous le nom de «campements », à l'intention des travailleurs et de leur famille. A l'instar de ce qui se pratique de nos jours[295], des pans entiers de forêt villageoise

---

[294] La Côte d'Ivoire de l'époque était partagée en deux zones distinctes auxquelles s'appliquaient des tarifs bien déterminés pour les prestations diverses effectuées. Dans la première zone ou zone A, étaient regroupés les cercles suivants : N'zi-Comoé, Abengourou, Abidjan, Agboville, Bassam, Bouaké, Daloa, Grand-Lahou, Korhogo, Man, Sassandra et Tabou, c'est-à-dire presque la totalité de la Côte-d'Ivoire actuelle. La deuxième zone ou zone B regroupait tous les autres cercles, y compris ceux de la partie de la Haute-Volta rattachée à la Côte d'Ivoire.

[295] A Agbossou, village de la S/préfecture de Bongouanou, *« la terre est louée au manœuvre étranger. « Les sommes versées à cette occasion varient entre 5 000 et 15 000 F.* ». En revanche à Nguinou, autre localité de la même S/Préfecture, *« les terres sont prêtées gratuitement* ». Cf. Assane Djeto, *la problématique de l'implantation étrangère dans le*

sont cédés gratuitement ou loués à des prix très modérés pour une année, quelque fois pour une période plus longue, afin d'y faire pousser les cultures vivrières, nécessaires à sa subsistance quotidienne et à celle de sa famille.

Enfin, l'employeur ou sa femme assure des soins médicaux à ceux des ouvriers présentant des affections bénignes. Lorsque l'effectif des ouvriers présents sur l'exploitation excède la centaine, le propriétaire est tenu d'y entretenir à ses frais un infirmier, *« chargé de veiller sur l'état sanitaire des travailleurs ».*[296] A cet effet, dans chaque exploitation de taille un tant soit peu importante, une infirmerie est construite, comprenant: une salle de consultation, une salle de pansement, un dortoir et une chambre d'isolement.

Sur le plan social, on ne peut qu'apprécier cet ensemble de mesures, qui assurent une certaine promotion au travailleur agricole. Mais quel pourcentage du salaire nominal représentent ces divers avantages dont bénéficient les ouvriers agricoles? Il parait difficile de se prononcer, de même qu'il parait hasardeux de vouloir établir un salaire moyen. Malgré les lacunes de ce chapitre, il aura eu le mérite de mettre en relief la complexité et la variété du salaire agricole.

D. L'évolution des rémunérations

Si la distinction entre salariés de sexes différents ne nous est point possible, à cause des lacunes des sources, celles-ci permettent cependant la distinction entre salaire nominal et le complément au salaire représenté par l'indemnité de vivres, dont bénéficie tout travailleur agricole. Les renseignements, obtenus à partir des *Archives du Sénégal*, complétés de ceux recueillis à travers le *Rapport n° 2197 de la série 1 QQ 104* des Archives Nationales de Côte d'Ivoire, bien qu'ils ne couvrent pas la totalité de la période, permettent cependant de dégager une évolution globale, mise en évidence par le tableau du mouvement des salaires ci-contre :

Moronou, Rapport de stage de l'ORSTOM, Centre de Petit-Bassam, octobre 1977, 38 pages (p. 22).

296 ANS 2 G 36-32, *op. cit.*, « chapitre : soins médicaux ».

MOUVEMENT DES DIFFERENTS SALAIRES

En francs courants[297]

	Salaire nominal	*Indemnité en vivres*
Avant 1924	1,37F.	1,00 F
1924	1,62F.	1,00F.
1936	2,00 F.	1,85F.
1937	2,50 F.	2,00F.
1938	3,00 F.	2,50F.

En indices

Avant 1924	100	100
1924	118	100
1936	146	185
1937	182	200
1938	218	250

Taux de progression salariale

En %

Avant 1924-1924	+ 18	+ 0
1924-1936	+ 28	+ 85
1936-1937	+ 36	+ 15
1937-1938	+ 36	+ 50

En premier lieu, il y a une similitude d'orientation pour les deux catégories de salaires sur lesquelles nous disposons des renseignements chiffrés. Cependant, soulignons la faiblesse de la hausse au niveau des deux catégories de salaires jusqu'en 1936. L'augmentation du salaire nominal, estimé à 18%, ne doit pas faire illusion, car l'on ignore sur combien d'années elle se développe. Quant à la hausse de 28% relativement importante, enregistrée entre 1924 et 1936, on ne peut convenablement

297 Le montant du salaire ne représente que le *minimum* prescrit par la législation. Il se peut que sur certaines plantations, ce taux ait été dépassé. P. Kipré avance le taux de 7 à 9 F. de salaire journalier, payé « avant 1936 par les planteurs de l'Indénié » aux ouvriers agricoles. Pierre Kipré, *les villes coloniales de Côte d'Ivoire 1893-1940*, *op. cit.* p. 947.

l'apprécier sans la rapprocher du taux de croissance salariale annuelle, plutôt faible de l'ordre de 2,3%. L'examen de l'évolution de l'indemnité de vivres permet de souligner que l'accroissement est nul jusqu'en 1924, mais que la progression, au cours de la période postérieure (1924-1936), est très forte: 85%, même si le taux d'accroissement est relativement faible:7%.

Comparativement à la période ultérieure (1936-1938), ces chiffres de croissance sont loin d'impressionner, malgré leur bon niveau. Avant 1936, les instances coloniales, à tous les niveaux, s'intéressaient fort peu au sort du travailleur « indigène »[298], en dehors de l'intermède 1924-25, où le gouverneur Brunot réagit fortement contre le travail forcé et surtout contre les brimades, dont était victime le travailleur ivoirien. La défense de celui-ci dont il fut le protagoniste, lui valut la colère des colons du pays et le front uni que ceux-ci lui opposèrent, savamment orchestré par la Chambre de commerce de la Côte d'Ivoire, dirigé par Louis Barthe, son puissant et intraitable président, qui s'était précédemment illustré par son opposition farouche au gouverneur Angoulvant.

Parallèlement, à cette querelle qui s'achève par le rappel du gouverneur Brunot à Paris, se développe un mouvement de baisse des recrues du « deuxième contingent »[299]. Faut-il trouver un lien de cause à effet, entre l'éviction du gouverneur Brunot de la colonie, protecteur des Africains, et la réticence manifestée par ceux-ci à s'engager comme manœuvres sur les exploitations coloniales ? Toujours est-il qu'au début de l'année 1936, le taux de recrues de main-d'œuvre avait atteint un seuil si alarmant que l'autorité coloniale crut gravement menacée l'économie du pays.

En effet, où trouver les bras nécessaires pour entretenir les différentes exploitations privées, et maintenir la prospérité de la colonie, qui traversait une période de développement sans

---

298 « L'Européen fait peu pour intéresser l'indigène à son travail, pour qu'il se plaise dans son lieu de travail ». ANS 2 G 36-32, *op. cit.* , chapitre : *Amélioration des conditions de travail.*

299 Le nombre de travailleurs ivoiriens des exploitations privées passe de 17 950 en 1927 à 10 390. Cf. S.P. Ekanza, *la main d'œuvre ivoirienne des entreprises privées, op. cit.* p. 81 et 88.

précédent[300]? Le rattachement d'une bonne partie du territoire voltaïque, réservoir de main-d'œuvre, opéré en 1932, ne semblait pas avoir résolu le problème crucial de pénurie de main d'œuvre. D'autre part, la création de villages de colonisation voltaïque au cœur de la forêt ivoirienne, préconisée par le gouverneur Dieudonné François Reste[301], n'avait pas suscité un grand engouement auprès des populations de l'ex-Haute Volta. Il fallait en conséquence trouver des solutions plus appropriées.

On décida de changer de politique en appâtant la main-d'œuvre ivoirienne par un certain nombre de mesures "bienveillantes", notamment celles visant à améliorer les conditions matérielles des travailleurs : le taux minimum du salaire nominal, ayant chuté momentanément à 1,26 en 1936, est rapidement relevé; la ration alimentaire fut, par ailleurs, augmentée. C'est ce qui explique la hausse salariale de 36%, réalisée dès 1936. Le salaire sera augmenté dans la même proportion entre 1937 et 1938. Par contre l'indemnité de vivres croit selon un rythme moins régulier : 15% de 1936 à 1937 et 50% de 1937 à 1938, et tout compte fait beaucoup moins rapide[302], même si la croissance totale est très forte, pendant la période 1937-38 (50%).

---

300 « *Le développement de l'activité économique est surtout sensible dans les domaines agricole et forestier. Mouvement aux débuts asses modestes, éprouvé durement autour des années trente par les effets de la crise de 1929, l'activité agricole eut, par la suite, un rythme de plus en plus accéléré, culminant en 1936, année particulièrement prospère* ». Voir à ce propos : S.P. Ekanza, « la main d'œuvre ivoirienne des entreprises privées », *op. cit.* p. 74.

301 Furent ainsi créés, en pays gouro, les centres ou villages de Koudougou, Tenkodogo, Garango (région de Bouaflé), et Ouagadougou (région de Zuénoula). Cf. ANS K 191 (26), *Rap. semestriel sur la main-d'œuvre en Côte d'Ivoire (1937).*

302 72% pour le salaire nominal entre 1936-1938 contre 65% pour l'indemnité en vivres, au cours de la même période.

MOUVEMENT DE PRIX DU CACAO ET DU CAFE AU PORT D'EMBARQUEMENT D'ABIDJAN

En francs courants

Période	Cacao	Café
	Prix du kg en francs courants	
Avant 1933 1933 1936 1939	2,02 F. 1,29 F. 2,05 F. 2,36 F.	382 F. 4,82 F. 3,59 F. 5,24 F
	En indices	
Avant 1933 1933 1936 1939	100 64 101 117	100 126 94 137
	En pourcentage	
Avant 1933-1933 1933-1936 1936-1939	-36 + 37 + 16	+ 26 -32 + 43

Sources : ACCCI (Archives Chambre de commerce de Côte-d'Ivoire) : N° 6357 CA Administrateur-maire de la Commune d'Abidjan à M. le président de la Chambre de commerce d'Abidjan. Abidjan, le 11 août 1932.

L'analyse de ces chiffres autorise une conclusion ultime: l'indemnité de vivres, bien qu'elle subisse une augmentation plus tardive, s'est néanmoins accrue plus rapidement, au cours de la période où il nous a été donné de suivre l'évolution des deux catégories de salaires. Pourquoi ?

A partir de 1936, lorsque l'autorité coloniale prend conscience de la nécessité de "pousser" le développement du pays, les vivres nécessaires pour refaire les forces des ouvriers deviennent à ses yeux un élément essentiel du salaire. Mettre l'accent sur la quantité et la qualité de ces derniers devient une priorité par rapport au gain en espèces. Ainsi s'explique l'écart entre les deux catégories de salaires qui, de 18 % en 1924, passe à 32 % en 1938.

Quoiqu'il en soit, reconnaissons la poussée remarquable des salaires, tout au moins dans les dernières années de la période étudiée, qui ne peut être contestée, si elle est ramenée à de justes proportions, compte tenu du niveau de départ extrêmement modeste. De même il nous faut affirmer que, par la vente des produits du crû: cacao et café essentiellement, une masse d'argent de plus en plus importante a été injectée dans le Moronou.

Comparée aux mouvements des prix de cacao et de café, payés à la production au port d'embarquement d'Abidjan[303], plutôt en « dents de scie », la courbe du salaire de l'ouvrier apparait surprenante dans sa progression, régulière et constante, au cours des dernières années de la période étudiée, où il est donné de l'examiner. Face à ce déséquilibre entre le salaire payé à l'ouvrier agricole en constant progrès, et les prix offerts au cacao et au café à la production, relativement inférieurs, reflétant les fluctuations du marché extérieur, le commerce local serait-il en difficulté ?

Le déficit enregistré par celui-ci ne peut être qu'apparent. Pouvait-il en être autrement dans "l'échange inégal" qui s'instaure en pays de colonisation ? La rémunération avantageuse, offerte au travailleur agricole, constituant un "manque à gagner" pour le propriétaire de l'exploitation agricole, est largement compensée par les allègements divers dont bénéficie, au même moment, la commercialisation du cacao et du café [304], deux productions particulièrement encouragées par l'administration locale. De cette "générosité", liée à là conjoncture tirent profit les exploitants agricoles, dont la plupart ont opté, comme activité secondaire, pour les échanges commerciaux. Quelques uns parmi eux se sont même hissés à la tête du commerce local.

Au contraire, l'épargne monétaire durement accumulée par l'ouvrier agricole, est vite épongée par le biais de l'impôt de capitation entre autres dont le taux progresse inlassablement à

---

303 Les prix payés à l'exportation intègrent les frais de transport entre le lieu de production et le wharf d'embarquement de Port-Bouët. Ils sont par ailleurs presque toujours alignés sur les prix CAB payés à l'extérieur, en l'occurrence au Havre. Au cours de la période antérieure à 1933, c'est-à-dire en période de crise, ceux-ci chutent sur le marché du Havre. Par exemple, d'octobre 1931 à Janvier 1932, le cours sur le marché du Havre tombe de 37,6% ; de février à décembre 1932, il baissera encore de 7%. Cf. P. Braibant, « l'Administration coloniale et le profit commercial en Côte-d'Ivoire, pendant la crise de 1929 », RFHOM. T. LXIII (1976), n°s 232-233, p. 555-574 (p. 563-564).

304 Les frais de commercialisation du cacao, par exemple, « sont réduits » de près d'un tiers », à la suite des mesures administratives et aussi de décisions privées (baisse du tarif du fret ». Cf. P. Braibant, *op. cit.* p. 651.

l'époque coloniale. Ainsi, plutôt qu'à un accroissement réel de son pouvoir d'achat, l'on assiste, à notre période, à une paupérisation de la main d'œuvre agricole. Néanmoins l'expansion du salaire est incontestée dans le Moronou. A qui profite-t-elle ? Au Morofwè d'origine certes qui par les exploitations drainent la quasi-totalité du produit de vente. Mais aussi à la main-d'œuvre, en majorité étrangère au Moronou, et qui rapatrie, sans en faire profiter notre région, la totalité du salaire perçu, légitime rétribution du travail effectué.

CHAPITRE 8

LA SUBORDINATION AU MARCHE : LE MORONOU FACE A LA CRISE AGRICOLE

Confronté aux difficultés qui assaillent l'économie coloniale de traite, à la suite de la crise mondiale de 1929, le secteur agricole du Moronou sera l'écho sonore et amplifié de l'agriculture coloniale ivoirienne. Au moment où la crise frappe durement la colonie ivoirienne, le Moronou, rattaché partiellement par la subdivision de Bongouanou à l'Indénié, en subit d'autant plus intensément les fluctuations que le cercle de l'Indénié, auquel se trouve désormais lié le sort de la majeure partie de notre région, est sans aucun doute l'un de ceux qui, dans la colonie, par son avance économique, se trouve le plus fortement inséré à l'économie de marché.

L'auteur des « *souffrances de l'agriculture* » et des maux de la population ? Un bouc émissaire est vite trouvé, l'ennemi commun, dit-on, c'est le commerce local. Ignorant tout des mécanismes de l'économie de marché et des causes complexes de la baisse des prix du cacao, du café et des autres produits, le planteur du Moronou, sans chercher plus loin, désigne le commerçant du pays comme étant le seul responsable de la mévente de sa récolte, ou encore l'accuse de refuser de payer celle-ci au juste prix. Le remède? Mobiliser les esprits pour exprimer avec vigueur les revendications et les protestations.

Quelques chefs du pays, soutenus en coulisse par des « *indigènes évolués* », les intellectuels de l'époque, prennent la tête du mouvement. Celui-ci se traduit par une attitude de défiance et d'hostilité à l'égard de l'administration locale, suspectée de sacrifier les intérêts des producteurs. Pour ce faire, les planteurs tentent d'infléchir en leur faveur la politique agricole coloniale, en s'organisant en un véritable groupe de pression. L'élite intellectuelle de la région dont les intérêts sont étroitement liés à ceux du monde paysan, s'efforçant d'apparaitre comme le porte-parole et l'expression légitime des planteurs de la région, va chercher à rassembler sous sa bannière, en un front commun, l'ensemble des producteurs menacés.

I. L'IMPACT DE LA CRISE DANS LE MORONOU

Avant d'aborder les tentatives de lutte contre la crise, il convient d'examiner la façon dont les contemporains l'ont ressentie et expliquée. Baisse des prix, fléchissement de la production, le Moronou n'échappe pas à ce phénomène.

A. Recul du profit, mouvement de production variable

L'indice annuel du kilogramme de cola et des palmistes au producteur décline à partir de 1931 et atteint son minimum en 1934, celui du cacao subit la même tendance à la baisse à partir de 1930, connait son plus bas niveau en 1931, puis, après une tentative de hausse en 1932, retombe pour trois années (1933-35), avant d'amorcer une nouvelle hausse en 1936[305]. Ainsi, les années antérieures (1928-29) sont à considérer comme des années charnières entre une prospérité sans nuage et la crise à venir. Dans la plupart des secteurs, on décèle, autour de 1928, un essoufflement, accentué en 1930. A partir de 1931, la croissance est pratiquement interrompue. Seules exceptions, la production du cacao et celle du café poursuivent leur mouvement ascendant [306]. Effectivement, dans un climat économique de moins en moins favorable dès 1928 [307], des facteurs spécifiquement locaux, liés essentiellement à une technique de culture particulièrement défectueuse[308], annoncent les années difficiles en 1929, le tonnage des amandes de palme

---

[305] Voir graphiques des *annexes 6 et 8*, p.382, 384 et 386.

[306] Cf. *Annexe 9 p. 388.*

[307] Tous les chantiers d'exploitation de bois ferment dans le N'zi-Comoé. Dans l'Indénié voisin, on enregistre, dès le 4e trimestre 1928, une baisse du prix du cacao et, parallèlement, un marasme dans les affaires, perceptible au niveau du prix du cacao : *« Après avoir atteint le prix de 7,10 F. le kg, une baisse sensible s'est produite en fin d'année, le cacao n'étant plus coté en décembre que 4 F., baisse résultant de la situation du marché mondial ».* ANS 2 G 28 -36, Service de l'agriculture de la Côte-d'Ivoire, *Rapport annuel pour 1928.*

[308] Les plants sont particulièrement serrés et souvent établis dans des terrains qui ne conviennent pas toujours aux différentes cultures. Il en résulte qu'au bout d'un certain nombre d'années, plus court que le cycle normal, les plantations entrent en décrépitude. C'est le cas dans l'Est et le Centre ivoiriens, y compris le Moronou, en 1928. ANS 2 G 30-44. Service de l'agriculture de la Côte d'Ivoire, *Rapport annuel 1930.*

décline passablement passant de 1.413.050 kg a 1.317.805 kg. Fait plus grave, durement ressenti par les producteurs autochtones, la production de glu (3), pour les mois de juillet et août 1930, s'élevant à 12 tonnes, trouve difficilement acquéreur dans le cercle. Outre la mévente de certains produits, tels que la glu et le palmiste, le prix du kg de cacao chute de 50%, dès le premier trimestre de 1930.

Bref, la situation se détériore en 1931. Effectivement, les prix continuent de dégringoler. Les achats de glu, en particulier, qui subissent une tendance continue à la baisse, laissent désemparés les producteurs. Payé à 4 F. en 1930, le kilogramme de glu ne vaut plus que 1, 50 F. en 1931 dans certaines zones du Moronou. Quant au kilogramme de palmiste, à la suite d'une conférence regroupant les principaux commerçants locaux, il est fixé à un prix plancher minimum de 20 centimes. Si ce prix «minimum » est respecté dans les gros centres d'achat comme Bongouanou, ailleurs, il ne l'est pas toujours. C'est ainsi que le *rapport sur la situation économique et commerciale du Nzi-Comoé*, pour le troisième trimestre de 1931, souligne que le prix offert à Daoukro et probablement dans les zones limitrophes du Sahié, *« n'excédait pas 15 centimes ».* Mais, même à ce prix extrêmement bas, les charges de produits, apportées jusqu'au centre de vente par les villageois, ne sont « enlevées » qu'avec beaucoup de difficulté. Les produits abondent, mais les cours demeurent toujours bas.

Même le cacao n'est point épargné par cette tendance à la baisse des prix. Payé 1,50 F. le kilogramme à Bongouanou, au cours du dernier trimestre de 1930, le cacao ne vaut plus que 0,73 F., une année plus tard à la même période. *« L'indigène hésite à apporter des produits dans de telles conditions »*, souligne le rapport économique pour le dernier trimestre de l'année 1931. La chute des prix a des répercussions flagrantes sur l'ensemble de la production du Moronou, cacao mais y compris aussi les autres produits : arachides, cola et palmistes.

L'année 1932 est marquée par une légère amélioration de la situation. La crise continue, certes, mais on relève ici et là une certaine stabilisation. Au niveau de l'ensemble du Nzi-Comoé, les cours du cacao et du café connaissent une hausse relative. Mais on enregistre surtout avec soulagement, parallèlement à la baisse des prix d'achat des produits, une baisse corrélative des articles manufacturés, qui semblaient jusque là ne pas être atteints par l'érosion générale des prix.

En 1933, la régression des prix prévaut, même si une hausse sensible apparaît à ce niveau, au cours du dernier trimestre de l'année. Le rapport politique du premier trimestre en particulier met en évidence la dégradation des prix offerts aux produits du cru: le cours du cacao, lit-on, continue de baisser dans l'ensemble du cercle, exception faite pour Bongouanou, où le kilogramme de ce produit monte à 1 F.; le palmiste qui, *« à Dimbokro a fortement baissé (...), oscille entre 0,18 F. et 0,15 F., selon les maisons de commerce »*. Enfin, soulignant le ralentissement de la vie commerciale du cercle, le rapport relève la fermeture de nombreux *« postes d'achat »*[309].

L'horizon ne s'éclaire réellement qu'en 1934. Au cours du premier semestre, progressivement, les boutiques s'ouvrent, les planteurs reprennent les travaux agricoles, avec *« une véritable ardeur »,* soulignée au niveau *« de la majorité des cantons pour les cultures de café et d'arachides »*. De même, les tonnages de cacao, de palmistes et les autres produits retrouvent progressivement le chemin des centres d'achat.

Enfin, il faut souligner que, contrairement à l'érosion générale des prix offerts aux produits, et à la baisse générale de la production, le cacao et le café ont fait preuve, pendant toute la période de crise, d'une vitalité exceptionnelle. A aucun moment, le mouvement de ces deux productions n'a fléchi.[310]S'il existe un mot plus adéquat pour caractériser les manifestations de la crise dans le Moronou, c'est celui de « surproduction ». En effet, le cacao et le café ainsi que la plupart des produits dans leur ensemble y abondent, tandis que les prix demeurent obstinément bas. Comme le note à propos, dès l'année 1931, le commandant du cercle : « *l'argent devient rare ou se cache* ».

Sous une forme semblable, cette crise se répétera dans le Moronou en 1937, avec des conséquences beaucoup moins étendues. Au cours du second semestre de cette année, alors que « *les cours du cacao se maintenaient relativement bas* », l'on assiste à une poussée forte et régulière des prix des produits

[309] ANCI 1 E3-IV-17-33 (3 310), Rap. politique du N'zi-Comoé pour le 1e trimestre 1933.

[310] Voir *Annexe 5, p. 380.*

importés. D'abord surpris par la « *chute du prix du cacao* »[311], les planteurs réagissent, en stockant la production, en prévision de la montée des prix. Dans le même temps, ils réduisent leurs achats en produits manufacturés auprès du commerce local. Ce qui provoque le mécontentement de la part des commerçants, « *qui avaient accumulé de très gros stocks de marchandises, espérant une traite extrêmement brillante* »[312].

Au-delà de cette chronologie de la crise, qui met en relief le recul du profit et aussi le tonnage variable des différentes productions, il est possible de pousser plus loin l'analyse, en distinguant les différents niveaux de retentissement de la crise, à l'intérieur du Moronou.

B. Inégale répercussion de la crise dans le Moronou

Les documents disponibles permettent de saisir deux secteurs qui sont particulièrement exposés à l'impact de la crise: le monde agricole et le secteur commercial.

1. Des planteurs éprouvés

Le secteur agricole apparait comme le plus vulnérable à la crise. La mévente des produits et le mouvement de baisse prolongée des prix engendrent une certaine langueur du secteur agricole, qui laisse appréhender, dès 1931, découragement et désarroi chez les producteurs. L'administrateur du N'zi-Comoé rendait compte de la situation en ces termes :

> L'action agricole de l'administration auprès de l'indigène risque d'être paralysée[313]

Mais la crise va frapper avec une inégale intensité les régions du Moronou. La zone occidentale, celle des cultures moins riches comme la glu, les palmistes et le cola, est la plus durement touchée. L'entente réalisée en 1930 par les commerçants locaux, pour maintenir les bas prix déjà dérisoires,

---

311 ANCI 1 E3-IV-43-15 (3 304), Rap. politique de l'Indénié, pour le 2e semestre 1937. Le prix du cacao oscille en 1937, entre 2 F. et 2,50 F. à Abengourou, chef-lieu de cercle, alors qu'il est à 3 F. à Bongouanou, centre principal du Moronou.

312 *Ibidem.*

313 ANCI 1 Q2 –VI-33-84 (3 561), *op. cit. pour le troisième trimestre 1931.*

pratiqués sur certains produits, y aggrave davantage les difficultés. La glu et les palmistes invendus sont stockés dans les magasins. Lorsque le commerce se décide à les acheter, les prix proposés sont tellement bas que le producteur est peu enthousiasmé à apporter sa production.

Le Lieutenant-gouverneur de la colonie, dans une lettre adressée en février 1930, au président de la Chambre de commerce de la Côte d'Ivoire, laisse poindre son inquiétude. Il évoque la situation de plus en plus déplorable de certains secteurs agricoles, l'aggravation du mal qui risque de se généraliser et, finalement de porter préjudice à toute l'économie du pays, sans épargner le commerce.

Les craintes de l'administration à propos de l'arrêt de toute activité économique ou tout au moins de son ralentissement, sont pleinement justifiées. Certains planteurs, parmi les plus lésés, décident en effet de ne pas vendre leurs produits et de laisser pourrir la récolte sur pied, en délaissant les plantations.

La partie orientale du Moronou, regroupée autour de Bongouanou, riche en cacaoyères en pleine production et disposant d'autres ressources importantes, semble avoir été beaucoup moins éprouvée par la crise. Bien que le cacao ait été payé, pendant toute cette période, à un taux extrêmement bas, la subdivision de Bongouanou put tirer profit de ce produit, l'un des rares à être encore apprécié par le commerce. C'est ainsi qu'en 1933, sur les 7.833 tonnes de cacao produit par le Nzi-Comoé, la subdivision de Bongouanou fournit à elle seule « près de la moitié de la production », ce qui représente une rentrée d'argent assez coquette de 3.720.675 F. de l'époque. De même sur les 64 tonnes de palmistes sortis du cercle, en 1933, Bongouanou en produit la moitié. Le montant en est estimé à 6.080 F. courants.

D'autre part, dans la région orientale, le chef de poste de Bongouanou, pour compenser le manque à gagner, exécute, dès les derniers mois de 1933, une bonne partie du plan de redressement, décidé par le gouverneur Reste au niveau de toute la colonie: 9.000 hectares sont ensemencés de coton, au cours des six derniers mois de l'année 1933; plusieurs centaines d'hectares de nouvelles palmeraies sont aménagées; enfin la culture de l'arachide, exclusivement conçue jusque là pour la consommation locale, est envisagée désormais à grande échelle, pour le commerce d'exportation.

Le parallèle entre l'agriculture de traite et l'agriculture vivrière est également riche à plus d'un titre; il fait ressortir que cette dernière a été aussi sévèrement touchée par la crise. L'analyse de la courbe de production vivrière, dont la progression ne s'était jamais démentie auparavant, révèle que celle-ci épouse encore en 1928 un mouvement ascendant. Effectivement, le volume total des vivriers produits en 1928 est nettement supérieur de 235,683 tonnes (58,5%) à celui de 1927[314]. Or, dès 1929, elle donne déjà des signes de faiblesse. Par exemple, la production de maïs qui a toujours été croissante jusque là, le cède en 1929 de 71,711 tonnes par rapport au volume de production de l'année précédente. Après le maïs en 1929, ce sont les arachides, les bananes/ignames et à nouveau le maïs dont le volume de production accuse en 1930 une diminution par rapport à 1929. Cette affirmation est étayée par la comparaison du volume des productions, pour les six premiers mois des années 1929 et 1930, qui penche en faveur de l'année 1929[315] :

314

Produits	**1927**	**1928**
Bananes/ignames	339 821 kg	498 390 kg
Maïs	54 210 kg	119 371 kg
Arachides	8 512 kg	20 465 kg
Totaux	**402 543 kg**	**638 226 kg**

Source : ANCI 1 Q2-VI-336 (3 561), *Rap. sur la situation économique et commerciale du N'zi-Comoé, 1928*

315 La seule exception est le volume de production de riz supérieur en 1930. Cela se comprend : l'impulsion nouvelle, donnée à la culture de ce produit, remonte à l'apparition des premiers symptômes de la crise, c'est-à-dire en 1929.

Produits	1929	1930
Arachides	32 899 kg.	4 675 kg.
Bananes/ ignames	937 265 kg.	843 413 kg.
Maïs	76 852 kg.	70 318 kg.
Riz	10 303 kg.	15 801 kg.
Totaux	1 057 319 kg.	934 207 kg.

Source : ANCI 1 Q2-VI-33-84/85 (3 561), *Rap.sur la situation économique et commerciale du N'zi-Comoé, 2ème trimestre 1930.*

C'est le signe que la crise, après avoir frappé la production vivrière, une année auparavant, s'est davantage accentuée en 1930. Désormais, la totalité des vivriers cultivés dans le Nzi-Comoé - hormis le riz - accuse effectivement une perte considérable de leurs productions. Le mouvement de baisse de la production vivrière se poursuit jusqu'à la fin de la crise en 1933. On enregistre au premier trimestre de cette année-là, une perte encore sensible de quelques produits vivriers sur le trimestre correspondant de l'année précédente: le volume des arachides, des bananes/ignames de 1932, l'emporte de loin sur le premier trimestre de 1933[316].

Moins directement concernés par les vicissitudes du marché international, les vivriers n'en subissent pas moins pour autant le contrecoup. Théoriquement assurée, l'alimentation de la population rurale ne donne aucune inquiétude, pendant la période de crise, même si la courbe de la production vivrière tend inlassablement à la baisse. Il faut noter cependant qu'il en va différemment dans le Moronou et l'ensemble de l'Indénié, en 1936, au début de la *« période fiévreuse de la traite »*, où le cacao et les autres produits de traite connaissent momentanément une *« hausse énorme »* de prix. L'igname et les autres produits vivriers, *« délaissés »*, semble-t-il, traversent alors une période *« déficitaire »,* pendant laquelle on eut à redouter la disette.

316

Produits	1er trimestre 1932	1er trimestre 1933
Arachides	14 460 kg.	5 018 kg.
Bananes/ Ignames	526 440 kg	416 862 kg.

Source : ANCI 1 E3-IV-17-33 (3 310), *Tableaux de la production du N'zi-Comoé pour le 1e trimestre 1933.*

2. Le Commerce en difficulté

La crise, par ses effets, déborde le domaine agricole et atteint aussi le secteur commercial. Jusqu'à la fin de 1929, l'on est frappé par la prospérité et surtout par la vitalité dont fait preuve le commerce dans le Nzi-Comoé : des édifices de commerce, nombreux, se construisent encore ici et là, dans le centre de la ville de Dimbokro, le chef-lieu du cercle. Plusieurs commerçants de la ville, depuis plusieurs années, se paient régulièrement des vacances en France, où selon l'expression du commandant de cercle, ils vont *« se dorer comme des margouillats au soleil ».*

Une année plus tard, changement de décor; le commerce donne des signes d'essoufflement: les lots de glu, apportés des villages, demeurent invendus et stockés dans les magasins des centres d'achat. La raison ? *« Les agents des maisons de commerce déclarent que les agents généraux avaient limité strictement leurs achats ».* Les charges de palmistes, à la même date, n'ont pas plus de succès. Seul le cacao, reconnaît l'administrateur de cercle, intéresse encore *« les maisons de commerce de la place de Dimbokro ».* Puis, il ajoute : *« la plupart des boutiques de brousse sont fermées au mois d'avril ».*

Le rapport sur la situation économique et commerciale du premier trimestre 1931 mentionne à nouveau :

> La crise économique persiste entraînant la fermeture des boutiques Un peu partout. Le marasme des affaires continue[317].

L'explication de cette situation désastreuse, c'est que le commerce atteint par la chute des valeurs boursières des firmes coloniales, et privé de tout crédit, est hors d'état de payer au juste prix les produits du cru. Comment faire face à la crise?

L'*« Entente »*[318] se constitue entre commerçants européens pour faire payer la crise aux planteurs.

---

[317] ANCI 1 Q2- VI-33-84, *op. cit.* pour le 1e trimestre 1931.

[318] Ligue créée par les principales maisons de commerce de la Côte d'Ivoire dont l'un des objectifs principaux était d'acheter au plus bas prix les produits de traite.

> La baisse des divers produits du cru a continué dans de telles proportions que dans les centres éloignés ils n'offrent plus à l'indigène une suffisante rémunération de son effort[319].

Mais le commerce n'avait point prévu qu'en ne payant pas aux planteurs leurs produits, ils privaient ceux-ci de toutes ressources dont ils disposeraient pour les produits manufacturés des factoreries. Le marasme s'installe progressivement dans les affaires: les unes après les autres, les boutiques se ferment, après avoir licencié leur personnel :

> Les marchés sont réduits, tant pour les quantités que pour les délais d'exécution ; et les affaires se ressentent de cette prudence, toute constitution de stock représentant un risque dont, en fin de compte, le producteur paie l'assurance, les cours pratiqués étant maintenus au plus bas[320].

Autre conséquence: le malaise engendre dans certains centres des litiges entre producteurs et acheteurs et donne même lieu à des fraudes. A l'intérieur du secteur commercial, frappé par la récession, règne une grande inégalité. Si les grandes firmes, représentées dans la région, réduisent le nombre de leurs comptoirs ouverts avant la crise, on ne constate à leur niveau aucun cas de faillite, par contre le petit et le moyen commerces, ainsi que les intermédiaires accusent plus sévèrement le contrecoup de la crise. Il eût été intéressant de savoir combien disparaissent, soit pour faillite, soit pour *« cessation de commerce »,* pendant la période de récession: Il apparait clairement que les intermédiaires ainsi que les entreprises individuelles, liés directement au milieu agricole, connaissent les difficultés les plus sérieuses.

---

[319] ANCI 1 Q2-VI-33-84 (3 561), *op. cit.* 4e trimestre 1931.

[320] ANCI 1 Q2 –VI-16-238 (5 285), Rap. économique et commercial du N'zi-Comoé, pour le 3e trimestre 1933.

II. LA SENSIBILITE DES ESPRITS A LA CRISE ECONOMIQUE

A partir de quel moment les contemporains ont-ils eu l'impression d'un malaise sérieux, mettant un terme aux belles années qu'ils avaient connues? On peut suivre le phénomène de prise de conscience, d'après les documents d'archives, mais aussi d'après les récits recueillis auprès des planteurs villageois et des commerçants ivoiriens, en poste dans la région, et contemporains de la crise. La plupart d'entre eux sont *« sur le tas »* et donc bien placés, pour saisir à la source les changements éventuels.

A. La perception de la crise par les contemporains

Tous les témoignages s'accordent à reconnaître un ralentissement dans la vie commerciale au milieu de l'année 1928; mais bientôt, tout repart, les cours se redressent: *"Tout est acheté comme auparavant »*[321]. Mais ce n'est, semble-t-il, qu'un intermède, car, quelques mois plus tard, en 1929, le pessimisme prévaut. Envisageant le mouvement des prix, pendant cette première phase, nos témoins ont le sentiment d'une dégradation de la situation: « *le commerce faisait n'importe quoi* » ou encore : « *le commerce payait le prix qu'il voulait* »[322].

Malgré l'exagération de ces remarques, elles sont intéressantes, dans la mesure où elles traduisent la perception que les contemporains avaient de la crise : un sentiment de désordre, le plus complet, dans les prix pratiqués par le commerce. La fin de l'année 1929 confirme effectivement le ralentissement des transactions, consécutif à la baisse des prix, décidée par l'*Entente*. Même si l'administrateur du Nzi-Comoé ne se joint pas aux autres administrateurs de la deuxième région agricole de l'Est ivoirien[323], pour dénoncer, en octobre 1929,

---

[321] Entretien avec Darius Angbomon, ancien commis de la SCOA, 65 ans, retraité à Bongouanou. Bongouanou, le 5 août 1977.

[322] *Ibidem.*

[323] En octobre 1929, les administrateurs d'Abengourou, d'Aboisso, d'Agboville « déclarent l'état de crise, dénonçant l'Entente du Commerce ». Cf. R. Gossez, « Gold Coast et Côte d'Ivoire à l'épreuve de la crise mondiale (1929-1931) », p. 673-677 (p. 674), in *Colloque interuniversitaire Ghana-Côte d'Ivoire, Les populations communes de la Côte d'Ivoire et du Ghana*, Bondoukou, 4-9 janvier 1974.

l'entente du commerce, il observe cependant que la crise est bien réelle dans son cercle, que les cours des produits y ont subi une baisse de plus de moitié.[324]En 1931, le doute n'est plus possible; la crise est entrée depuis dans une phase aiguë. L'administrateur du Nzi-Comoé souligne *« les plaintes nombreuses »*, observées un peu partout. Celles-ci ont atteint un tel degré de paroxysme qu'il est devenu nécessaire d'user d'*« une propagande active et continue pour inciter l'indigène à conserver ses plantations, à les étendre et à les remplacer »*.

Rompre le front de *l'Entente* et parvenir à fixer aux produits des prix plus rémunérateurs, tel est le but des efforts développés dans la colonie. Tandis que le Lieutenant-gouverneur signale, à l'attention du commerce, *«le mécontentement provoqué chez les planteurs indigènes, par la baisse des cours du cacao et l'entente réalisée par les commerçants »*, des chefs locaux insistent, dans leurs doléances, sur la situation ruineuse qui est la leur :

> Le cacao ne paie plus son *homme,* avec le prix de *l'Entente,* il nous est impossible de payer les manœuvres[325].

Les facteurs d'approfondissement de cette crise, tels qu'ils ont été perçus par les contemporains, ne manquent pas d'intérêt, car laissant de côté les causes générales, ils montrent l'intervention d'éléments purement locaux dans le processus de dégradation de la situation. Le ralentissement des transactions, entrainant une offre supérieure à la demande, serait imputable au commerce et aux difficultés dans lesquelles celui-ci se débat à l'époque. Les planteurs sentent aussi les effets de la distorsion entre les prix des marchandises importées et les frais d'une production de moins en moins rémunératrice que par le passé, L'usure du pouvoir d'achat présente pour les planteurs autochtones une extrême gravité; elle provoque un véritable malaise financier,

---

[324] ANCI 1 Q2 –VI-33-84/85 (3 561), *op. cit.* 3e trimestre 1929.

[325] ACCCI. Dossier 8. 2, *Lettre de Boa Kouassi, chef supérieur de l'Indénié à M. le président de la Chambre de commerce de la Côte d'Ivoire.* Abengourou, le 24 novembre 1931.

reflet de l'absence de capitaux de roulement ou tout au moins de leur insuffisance.[326].

Aux yeux du planteur agni, un autre élément pèse sur les prix : la spéculation, provoquée par le commerce, et dont il est la victime. Elle se pose en termes de rapport de force: marchands et négociants, à cette époque de crise, sont dans une position favorable, il n'y a pas lieu de précipiter les achats. La pression de l'offre oriente les prix à la baisse et les commerçants peuvent spéculer sur l'obligation de vente qui est faite aux planteurs. Le plus complet désordre qui règne autour du prix des produits du cru, sera habilement exploité par le commerce. Par ailleurs, outre le coût des transports, variable en fonction des distances dont jouent abusivement les commis de commerce, une autre cause, intervenant dans la formation des prix, est à mettre en évidence: la qualité du produit. Celle-ci servira de prétexte au commerce pour marquer la distinction entre un prix de *« produit de cueillette »* et un prix de *« produit de plantation »,* ce dernier étant exclusivement réservé aux planteurs européens. Certains commerçants, profitant de cette situation, "expédiaient", selon Gossez, *au Havre (...) le bon produit acheté aux Africains au prix courant, mélangé avec le « tri » ramassé à vil prix »*[327]. Très critique à l'égard de la malhonnêteté des commerçants européens, Gossez observe :

> De là à dire que les Africains étaient incapables de produire des produits de qualité constante, le pas était vite franchi alors même que toute l'action concertée des planteurs africains, dès, 1929, qui débouche après-guerre sur le Syndicat Agricole Africain, portera sur la qualité[328].

Mais en attendant, le planteur africain, en situation d'infériorité, est contraint d'accepter les exigences du commerce. La surproduction relative de la période de crise renforce encore sa dépendance.

---

[326] ACCCI, n° 184 B.P. *Lieutenant-gouverneur de la Côte d'Ivoire au président de la Chambre de commerce à Abidjan.* Bingerville le 20 février 1930.

[327] R. Gossez, *op. cit.* p. 675.

[328] *Ibidem*, p. 675.

Enfin, les facteurs purement psychologiques ne doivent pas être sous-estimés. On craint les brimades comme la destruction des produits apportés, décidée selon l'humeur des inspecteurs locaux des produits; on appréhende les pénalités de toutes sortes, infligées à tort et à travers, selon que la tête du producteur revient ou non à l'inspecteur des produits. Somme toute, la conjoncture ne paraît guère favorable au progrès de la production.

Ainsi facteurs économiques, sociaux et psychologiques se mêlent étroitement pour conférer une coloration locale à un phénomène d'ordre général. Bref, le sentiment qui prévaut, est celui d'un malaise grave, injustifié, comme en témoigne le slogan suivant : « *On nous a trop volés* »[329].

B. La recherche des responsabilités

Confrontés à de graves difficultés, désorientés par le caractère insolite de la crise, les planteurs de la région cacaoyère de l'Est ivoirien dont le Moronou, ont cherché des responsables. Comme dans ces cas, lorsque les esprits sont frappés d'inquiétude, les maux dont on souffre, sont attribués à des forces malfaisantes, extérieures à la communauté. Désigner des coupables est le moyen d'éviter de s'interroger sur ses propres faiblesses, et favorise le maintien de la cohésion du groupe. Pour clarifier le débat, nous examinerons successivement les griefs, énoncés contre le commerce, puis ceux contre les pouvoirs publics.

1. La mise en cause du commerce

Dénoncé comme le principal responsable du marasme, le commerce est mis en cause sous un double motif : on lui reproche d'abord de se livrer à la spéculation, en refusant d'acheter les produits du cru. On lui fait d'autre part grief, quand il consent à procéder à des transactions, de ne pas acquérir les produits au juste prix, alors que dans le même temps, il maintient les articles d'importation à un taux jugé extrêmement élevé.

Un homme a joué un rôle déterminant, dans cette prise de conscience du déséquilibre instauré entre les prix d'achat des

---

[329] *Le trait d'union,* organe local de la SFIO, livraison du 22 décembre 1932. Ce slogan était inspiré par Houphouët-Boigny, médecin africain, alors en poste à Abengourou. Cf. *Fraternité Matin* du 17 janvier 1964.

produits locaux et les prix de vente des articles manufacturés, c'est le roi Boa Kouassi, chef supérieur de l'Indénié. Il lance, aux planteurs agni de la région-Est de la colonie, *l'appel du 9 novembre 1931,* de ne pas vendre leur cacao. Ce point de vue rallie davantage l'opinion générale, bien qu'un *« consensus universel »* se soit préalablement dégagé aussi bien en pays agni de Côte d'Ivoire que dans la population voisine, de même origine, vivant de l'autre côté de la frontière séparant la Gold-Coast de la Côte d'Ivoire.

L'autorité coloniale française s'en émut d'autant plus que quelques semaines auparavant, le conflit entre la *Cocoa Federation* et le *Pool* formé par les maisons de commerce orientales, représentées dans la Gold-Coast britannique, venait de se solder par quarante tués[330]. Enfin, le point de vue du roi Boa Kouassi retient d'autant plus l'attention de l'administration locale que peu auparavant, dans l'Agnéby et dans le Bandama, d'autres planteurs influents s'étaient fait remarqués par un appel semblable à leurs compatriotes, incitant ces derniers à refuser de vendre les produits de leur récolte[331].

2. La responsabilité de l'administration coloniale

Si le commerce a une lourde responsabilité dans la situation de l'agriculture, celle-ci se trouve aggravée par une certaine complicité tacite de l'administration coloniale. Reconnue coupable, cette dernière n'est pas dénoncée avec moins d'acrimonie. L'administrateur constitue une cible de choix, car la politique coloniale est rendue responsable de la crise et de sa persistance. Avant tout, la législation coloniale en matière de commerce est mise en accusation; on reproche à cette dernière de faire la part trop belle aux maisons de commerce[332].

---

330 ANCI 1 Q2-VI-33-84/85, *op cit. 4e trimestre 1929*. Voir aussi R. Gossez, *op. cit.* p. 674.

331 Obodji Soboa, chef supérieur des Abè à Agboville et Lambert Acka à Lahou. Cf. ACCCI, dossier 8.2 n° 1347 A E, *Lt-gouverneur au président de la Chambre de commerce de la Côte d'Ivoire, a/c cacao et campagne du sieur Lambert Acka contre la vente de la récolte*.

332 L'hostilité contre le commerce est particulièrement manifestée dans une pétition adressée au Ministre, Marius Mouttet, de passage en 1936 à Abengourou. Elle est signée exclusivement d'Ivoiriens, originaires du cercle de l'Indénié, et reproche essentiellement à l'administration de ne pas prélever, sur les « bénéfices considérables », réalisés par les maisons de commerce opérant dans la région, un « impôt local », qui pourrait

S'agit-il de traiter avec le commerce[333] d'un litige ou d'une affaire importante se posant dans la colonie, le gouvernement colonial est suspecté, soit de lui accorder des avantages trop substantiels, soit de montrer trop de faiblesse face à ses exigences. De toute façon, dans un cas comme dans l'autre, c'est au détriment du secteur agricole. Bref, l'administration coloniale est accusée de connivence avec le commerce, et de brader les intérêts des planteurs[334].

On reproche également au pouvoir colonial de mal organiser la politique de mise en valeur économique, d'avoir mesuré les investissements d'infrastructure dans les campagnes et d'avoir sacrifié d'une manière générale, dans les modalités d'application de la politique de mise en valeur régionale, les intérêts des ruraux au profit des commerçants[335]. Et dans la crise qui s'abat sur la colonie, la responsabilité des pouvoirs publics est d'autant plus grave que « *sans réelle politique de mise en valeur économique, les administrateurs, écrit P. Kipré, avaient été dans l'obligation de laisser l'initiative aux petits négociants et aux entreprises *internationales* -SCOA, CFAO, CFCI, Woodin, etc., préoccupés de tirer le maximum de profits commerciaux à court terme et à moindre frais* »[336].

---

contribuer aux diverses charges du Cercle. Le gouverneur Mondon, dans un rapport ; adressé le 18 août 1937, au gouverneur général à Dakar, reconnaît le bien-fondé de cette pétition. ANSOM, *Carton 568, dossier 21* (*Revendications du Comité du Cercle de l'Indénié),* « Rap. n° 412. Cabinet du gouverneur de la Côte-d'Ivoire ». Abidjan, le 18 août 1937.

333 La Chambre de commerce de la Côte d'Ivoire, dirigée à cette époque, par son bouillant président, Louis Barthe, était considérée comme le véritable pouvoir dans la colonie.

334 Les signataires des revendications présentées par le Comité de l'Indénié, soulignaient à juste titre que l'unique délégué de la Côte d'Ivoire au Conseil Supérieur de la France d'Outre-mer (F.O.M.) était un « représentant du monde commercial », en l'occurrence, Delmont. ANSOM, Carton 568 Côte d'Ivoire, affaires politiques, *Rap. 412, op. cit.,* Abidjan, le 18 août 1937.

335 Par exemple, dans la répartition des concessions et locations de terrains urbains et semi-urbains par catégories socioprofessionnelles, au niveau du Moronou, prédominaient les intérêts commerciaux.

336 P. Kipré, « la crise économique dans les Centres urbains en Côte-d'Ivoire, 1930-1935 », *C.E.A. 61-62 XVI (1-2) 1976, p. 119-146 (*p. 129).

C. Les causes de la crise

Quelle valeur faut-il accorder aux arguments développés pour expliquer la dépression ? Refusant de recourir au déficit de la balance commerciale pour en rendre compte, en rejetant l'hypothèse de facteurs climatiques, cause de la chute du tonnage des produits, Pierre Kipré, dans un important article de synthèse[337], retient à juste titre l'existence d'un mouvement long de baisse des prix agricoles, s'insérant dans un processus global de régression des prix. Il est lié essentiellement au krach de Wall Street, qui engendre des chutes de prix successives, se répercutant sur les matières premières d'origine coloniale[338],

Commencée effectivement en 1929, la baisse des prix n'est réellement sensible dans le Moronou qu'en 1930. A partir de cette date, le mouvement ira en s'accélérant. D'un mois à l'autre, les prix des denrées subissent une diminution de plus en plus forte (*Cf. tableau p.256*). Il en résulte un recul de la production des produits dits secondaires du cercle: palmistes, puis cola. Les planteurs de cacao, dans l'espoir de voir revalorisé ce produit, en arrêtèrent momentanément la vente. Mais tout ceci n'y fit rien. D'une manière générale, en l'espace de trois ans (1930-1933), les prix dégringolèrent de 60% au moins. Les années 1932 et 1933, suivant les produits, représentent le creux de la vague; puis progressivement les prix se stabilisent. Mais la reprise ne se situe que beaucoup plus tard, en 1936.

---

337 *Ibidem,* p. 146.

338 Il engendra, selon P. Léon, « *une nouvelle chute des prix de 1929 à 1932, comparable à celle qui avait eu lieu en 1920-1921* ». P. Léon, *Histoire économique et sociale du monde, tome 5 (Guerres et crises) 1914-1947*, Paris, 1947, p. 297.

Prix moyens pratiqués dans le Moronou de 1930 à 1933
(en francs courants)

Date	Palmiste	Caout chouc	Cola	Cacao	Café	Coton	Glu
3etrim30							4,87
4etrim30				1,16			
3e trim31	0,36		1,75	1,06			.
4e trim31				0,79			
1e trim32				0,77			
4e trim32				1,075			
1e trim33	0,16		1	0,9	…	0,70	
2e trim33	0,23		1,69	1,04	5,41	0,85	
4e trim33	0,14						

Source : ANCI 1 RR 39, *Rap sur la situation agricole et zootechnique du N'zi-Comoé.*

Le phénomène de baisse n'est pas propre aux produits du cru. Les marchandises manufacturées d'importation en sont également atteintes. De cette situation nait de surcroit un marasme dans les affaires. Les habitants de la subdivision de Bongouanou, par l'intermédiaire des chefs de canton, venus trouver l'administrateur, chef de poste, font savoir « *qu'ils ne comprenaient pas que les maisons de commerce n'appliquent pas la règle du prix unique aux marchandises comme au cacao* », et qu'en conséquence, *« ils sont décidés à réduire leurs achats dans les boutiques au strict minimum*[339] *»*.

III. LA PROTESTATION DES PLANTEURS

Les années de crise[340] vont être marquées par une nette politisation des actions conduites par les planteurs, contrastant avec la période antérieure. Elle traduit le souci de créer un courant d'union des intérêts agricoles menacés. Les manifestations des planteurs revêtent une ampleur particulière à

[339] ANCI 1 RR 39, *Rap sur la situation agricole et zootechnique du N'zi-Comoé (4e trimestre 1929).*

[340] 1929-1933 et 1936-1937 forment presqu'une continuité, à l'exception des années 1934 et 1935 où la tendance à la baisse se renverse, aussi bien pour les prix que pour la production.

l'occasion des réunions, des réceptions officielles, afin de peser sur les décisions prises au sommet.

Le problème de la main-d'œuvre et des prix des produits sont au cœur des débats, car, de l'avis de tous, ils conditionnent le relèvement et la survie même de l'agriculture d'origine africaine. Fer de lance de la contestation, les associations multiples, aux objectifs divers, qui voient le jour, prennent fait et cause pour la population agricole, et s'expriment d'autant plus librement sur les problèmes agraires qu'elles bénéficient du consensus de presque toute la population. Les difficultés économiques provoquent, elles aussi, une radicalisation de cette région productrice des denrées de traite. Les membres de ces différentes associations, sortant de la réserve imposée par la colonisation, font entrevoir les possibilités d'une action concertée pour la défense de leurs intérêts, conseillés et aidés en cela, semble-t-il, par certains *« indigènes plus évolués »* de la colonie britannique voisine.

Faute de structures d'accueil propres pour exprimer ce mécontentement, les associations diverses, vont servir de cadre à la protestation rurale. Ce rôle inattendu va reléguer au second plan leur vocation naturelle, à savoir, la poursuite d'objectifs littéraires et artistiques, le resserrement des liens fraternels, l'intervention charitable auprès des membres nécessiteux. Ce rôle nouveau leur confère bien entendu un regain de vitalité. Il va de soi que leurs dirigeants, représentant l'élite nouvelle, vont en tirer bénéfice, et leur poids social s'en trouvera accru. Pour eux, l'opération est payante, surtout si la lutte pour la défense des intérêts agraires recoupe opportunément chez certains une opposition politique.

Qu'elle provienne de l'autorité traditionnelle ou de l'élite nouvelle[341], la critique à l'égard de l'administration devient une réalité. C'est là un grand changement par rapport au passé : cet esprit, avoue le gouverneur Mondon, parlant de l'une de ces associations, le Comité du Cercle de l'Indénié (CCI), est *"un nouveau témoignage de l'évolution de la Côte d'Ivoire et plus*

---

[341] « Nombreux sont les jeunes gens qui ont été jusqu'au Sénégal pour suivre, avec succès, les cours des grandes Ecoles de l'AOF », observe en 1937 *l'Impartial de la Côte d'Ivoire*, à propos de la région agni de l'Est ivoirien. Cf. l'article, « il faut réagir », in *L'Impartial de la Côte d'Ivoire*, n° 8 du 15 avril 1937.

spécialement de certaines régions de cette colonie, où l'élément indigène avance très rapidement ».[342] Certes, la masse rurale ne sort pas encore de sa réserve en 1937, et les notables demeurent toujours à cette période des porte-paroles assez discrets, même s'ils captent à leur profit le mouvement de revendication.

A. L'organisation des associations en groupe de pression

A la faveur de la crise économique, plusieurs associations d'entraide et groupements professionnels, reconnus ou clandestins, font leur apparition et exercent des pressions à plusieurs échelons, afin de faire aboutir leurs *desiderata.* Quelles sont les possibilités et la nature de leurs interventions ?

1. Quelles sont ces associations ?

Il faut reconnaitre que l'existence des associations ne date pas de la crise, même si celle-ci favorise leur diffusion. Bien qu'elles soient de tendances fort diverses, elles ont au moins ceci en commun : le rejet plus ou moins conscient du colonialisme ou de tout ce que celui-ci secrète; leur ardeur à défendre et à protéger les éléments les plus déshérités de la société colonisée contre l'injustice et l'exploitation.

La première association du Nzi-Comoé, connue du point de vue chronologique, remonte en 1923. Il s'agit d'un groupe clandestin, formé de quelques intellectuels *« indigènes »*, manifestant des *« tendances nettement communistes »,* [343] et tenant régulièrement des *« réunions secrètes »* à Dimbokro, au domicile de l'un d'entre eux, le boutiquier Engolah[344]. Ils étaient au nombre de sept, connus de l'administration, surveillés discrètement mais étroitement dans leurs déplacements[345]. En

---

[342] ANSOM, *Côte-d'Ivoire, Affaire politique*, Carton 567, dossier 21*, op. cit.*

[343] ANCI IV-17-34 (632), *n° 20 C du commandant de cercle du N'zi-Comoé au Lieutenant-gouverneur à Bingerville, a/s des menées communistes (confidentiel*). Dimbokro, le 7 avril 1923.

[344] *Ibidem.*

[345] Voici les noms des intéressés, tels que nous les avons relevés, figurant sur une photo prise à l'époque, jaunie et délavée, mais où l'on distingue encore les visages et la tenue vestimentaire à l'européenne, impeccable, des sujets (faux-col ou cravate, veste, pantalon et chaussures). Ce sont :Anoma Aoussi, l'infirmier Braka, Ernest Kouassi, comptable à la CFAO, Basile Bilé, comptable à la SCOA, Engolah, gérant de la Société Commerciale Africaine (ex-maison MANSOUR), Victor Aouah, aide-boutiquier de la Société Commerciale Africaine et Abdou Tomasi,

fait, ces jeunes Ivoiriens, dont quelques uns sont originaires du Nzi-Comoé, appartiennent par leur formation et leur fonction à l'élite intellectuelle du pays. C'étaient des instituteurs, des boutiquiers et des employés de l'administration.

En 1930, à la faveur de la crise économique, la surveillance s'exerce de façon plus étroite à leur égard. Plusieurs feuilles qualifiées de "subversives" sont alors saisies au domicile de quelques uns d'entre eux. Parmi ·les journaux confisqués, on retient des titres reconnus – à l'époque - pour la diffusion des idées pan-nègres et anticoloniales. Ce sont: *La Race noire, l'Ouvrier nègre, la Dépêche africaine.*

A côté de ce premier groupe dont l'action semble davantage orientée vers les problèmes politiques que sociaux, coexistent plusieurs associations d'entraide dont l'action s'inspire à la fois des clubs de détente, créés par les Européens dans les centres de l'intérieur, autour des postes administratifs, et des formes traditionnelles de solidarité villageoise. Ainsi, virent le jour les associations de sport, de danse, les amicales diverses à base ethnique, et poursuivant des objectifs sociaux, de Dimbokro, Bongouanou et d'autres centres de la région.

Par ailleurs, à la faveur de la crise, apparaissent en 1930 les premières organisations professionnelles de la région, dont l'existence ne sera reconnue que plus tard en 1937 par les premiers administrateurs, issus du Front populaire[346]. Celles-ci constituent la réplique de l'*Entente*, ce groupe de pression informel, rassemblant en son sein les représentants des grandes compagnies commerciales, présentes dans la colonie [347] . L'*Entente* essaya, comme on le sait, de « faire payer la crise aux planteurs africains »,[348]en réduisant au plus bas les prix d'achat des différents produits.

Enfin, dans les milieux ruraux du Moronou, les difficultés dues à la crise économique ont aussi favorisé les conseils

---

tirailleur de deuxième classe, affecté à l'époque, à la 4e Compagnie de Dimbokro. Cf. ANCI IV- 17-34(632), n°20, *op. cit.*

346 Le gouverneur général, J. Coppet à Dakar, le gouverneur G. Mondon à Abidjan, respectivement installés en septembre et novembre 1936, sont des personnes très proches du Ministre des Colonies, le socialiste Marius Mouttet.

347 On peut citer la CFAO, la SCOA, l'Africaine Française, la CFCI, de Teissières et la CCAF.

348 R. Gossez, *op. cit.*

villageois et les autres structures traditionnelles, propres à mobiliser les esprits et à créer l'union entre membres d'une même communauté.

2. *La nature des interventions*

Quelles sont les possibilités et la nature des interventions des diverses associations dans ce contexte de crise ? Tout d'abord, chacune d'elles agit dans sa sphère d'influence. Un problème est-il posé ? La première réaction est de sensibiliser et de mobiliser les esprits. Puis, au cours d'un débat, en séance extraordinaire, chacun se fait entendre. Les différentes thèses, devant servir de plateforme revendicative, sont alors précisées, et quelquefois publiées et diffusées par la presse locale. L'expression de ces doléances revêt la forme, tantôt de protestations, tantôt de pétitions[349], s'achevant le plus souvent par une liste relativement nourrie de signatures.

La nécessité de conférer plus de force à la revendication a poussé quelquefois le regroupement des planteurs à rechercher l'alliance ou l'appui de quelques *"lettrés"*, pour une mise en forme plus adéquate des revendications. De même, des prises de contact avec certains partis métropolitains ou tout au moins des représentants de ces partis ou encore avec des membres de la presse locale, ont facilité l'organisation et amplifié l'audience des revendications.

L'idée d'une nécessaire union entre tous les planteurs d'une même zone aboutit parfois à des serments fétichistes, à des amendes infligées à tout planteur, tentant de rompre le front commun, en vendant en cachette le produit de sa récolte[350]. De

---

[349] Un exemple de *protestation* : le fameux article, « On nous a trop volés », datant de 1932, et signé de Houphouët-Boigny, alors médecin africain en poste dans l'Indénié, auquel une partie du Moronou (la subdivision de Bongouanou) sera administrativement rattachée, fin 1933. Un exemple de *pétition* : le discours de revendications du Comité indigène du cercle de l'Indénié, prononcé en 1937, à l'occasion du passage du Ministre des colonies, M. Mouttet. ANSOM Côte-Ivoire, *Affaires politiques, Carton 568, dossier 21.*

[350] L'administrateur Vazeilles du cercle de l'Indénié donne l'écho de l'un de ces serments fétichistes qu'il désigne improprement de l'expression « Entente des planteurs », scellée sur les conseils de leurs chefs ». Il observe particulièrement : « L'administrateur doit intervenir auprès d'eux (planteurs) pour faire cesser cet état de choses préjudiciable à la liberté du commerce : certains chefs faisant pression sur leurs administrés pour faire

même, il est décrété de boycotter les marchandises d'importation[351]. Une dernière forme d'action mérite d'être mentionnée, car elle se situe à un très haut échelon et frappe l'imagination: c'est l'intervention directe et personnelle du roi Boa Kouassi, membre du Conseil de l'AOF, auprès du gouverneur général à Dakar. Il transmet en 1930 au gouverneur-général à Dakar, les doléances des planteurs du cercle de l'Indénié.

B. Le Roi Boa Kouassi et la défense des intérêts des planteurs de la région- est de la Côte- d'ivoire

Non seulement, le Roi Boa Kouassi se fait le porte-parole des planteurs de la région-est de la Côte d'Ivoire, auprès de la plus haute instance de la Fédération de l'A.O.F., mais en outre, il est à l'origine de deux autres initiatives, qui laissent ahuri le commerce local. En effet, sur l'instigation du chef supérieur de l'Indénié, les planteurs du Cercle *« ne vendent leur cacao que pour récupérer quelque argent en vue d'une utilisation immédiate : funérailles, mariages, voyages »*[352]

Les recommandations de l'administrateur de cercle de vendre le cacao dont le prix, selon lui, « est assez rémunérateur », demeurent sans effet. Le milieu commercial, exaspéré, juge une telle attitude « intolérable » surtout de la part de Boa Kouassi, désigné comme le principal responsable. " :

> Boa Kouassi, écrivait Fernand Fleuret, commerçant à Abengourou, entièrement sous l'influence des jeunes intellectuels exaltés (...) met

---

respecter leur Entente ». ANCI Q2 IV-33-84/85(3561), *Extrait du rapport sur la situation économique et commerciale du cercle de l'Indénié, 4e trimestre 1928.*

351 Il semble qu'il faille relier à cet état d'esprit la manifestation des boys-cuisiniers de Dimbokro, le 3 mai 1938, suivie d'une requête d'augmentation de salaire à la suite de la cherté de la vie, vivement ressentie à cette époque, dans la région. ANCI A D7-IV-48/5 (2 918), *n° 27 (Confidentiel), Administrateur Durepaire, commandant le cercle au gouverneur de la Côte-d'Ivoire à Abidjan.* Dimbokro, le 4 mai 1938.

352 ANCI 1 D7-IV-*48/52 918) N°17 C, Confidentiel A E,* Note pour M. le chef du Bureau des Affaires politiques et administratives. Abidjan, le 10 décembre 1937.

> en véritable coupe réglée toutes les populations dépendant de son ressort[353].

Le chef de la colonie s'émeut, à son tour, des « troubles signalés sur le marché du cacao » à Abengourou. Craignant l'effet de la contagion, il recommande aux administrateurs des cercles voisins *« la plus grande vigilance »*. Il exige par ailleurs qu'on lui rende compte « *d'urgence de tout mouvement du genre* » qui parviendrait à leur connaissance. A la circulaire du gouverneur, l'administrateur de l'Indénié répondra :

> Les Indigènes saturés d'argent pendant la dernière traite et par suite nullement pressés de se débarrasser de leur produit, ont attendu la hausse des cours au début de janvier 1938[354].

Enfin, la seconde action de Boa Kouassi qui, pour être tout aussi insidieuse, ne fut pas moins efficace, fut de constituer une « *caisse noire Agni* », en vue d' « *une tentative directe d'exportation du café récolté dans l'Indénié »*.[355] A cet effet, des fonds nécessaires d'un montant de 80.000 F. (francs courants) sont recueillis, « *payés par tous les Agni : planteurs, employés de commerce, manœuvres »*[356].

C. Un objectif souhaité : la représentation du monde agricole africain au Conseil supérieur de l'A.O.F.

C'est le sens même du *Mémoire* destiné à Monsieur le Ministre des Colonies en 1937, par le Comité indigène du Cercle de l'Indénié. Voici un extrait de ce texte, reproduit intégralement en *Annexe* :

> Nous voulons savoir aujourd'hui si la délégation au Conseil Supérieur de la France d'Outre-mer de la Côte-d'Ivoire, représente seulement la Chambre

---

[353] ACCCI, Dossier 8.2, *Lettre de Fernand Fleuret à Abengourou à M. le Président de la Chambre de commerce.* Abengourou le 1er juillet 1938.

[354] ANCI-IV-43/5 (3 304), Rap. politique du cercle de l'Indénié pour le 2e semestre 1937.

[355] L'un des principaux promoteurs de cette action fut, semble-t-il, Pons, socialiste SFIO, délégué pour la région de l'Est ivoirien.

[356] ACCCI, Dossier 8.2, *Lettre de Fernand Fleuret, commerçant à Abengourou à M. le Président de la Chambre de commerce de la Côte-d'Ivoire.* Abengourou, le 1er juillet 1938.

> commerce d'Abidjan ? Ou bien si elle représente toute la masse indigène ? Est-ce légitime que 1 839 petits citoyens étrangers au pays imposent leur volonté à un pays qui compte quatre millions d'âmes ? La Côte-d'Ivoire est un pays essentiellement agricole. Et les besoins de ses propres enfants diffèrent de beaucoup de ceux du commerce local. Nous sommes des producteurs, nous avons besoin d'un représentant, ou plutôt d'un délégué pour la défense de nos intérêts[357].

Nul doute que, si le monde agricole y était représenté, les revendications de celui-ci seraient reprises et amplifiées devant cette instance. Le délégué du monde agricole donnerait ainsi une caution officielle à la protestation rurale. Une pression plus forte s'exercerait ainsi sur les pouvoirs publics. Parmi les tâches les plus urgentes attendues de sa part, l'organisation des pétitions tiendrait une place importante. En raison de son poids social et politique, il aurait eu les meilleures chances de se faire entendre et de collecter les signatures, rôle que jouera plus tard avec beaucoup de succès, le président du Syndicat Agricole Africain (S.A.A.).

En attendant, la requête du Comité Indigène de l'Indénié (C.I.I.), malgré la justesse de ses revendications, est assez mal accueillie par l'autorité administrative de la colonie et même par le Roi Boa Kouassi, qui se sent quelque peu débordé sur sa gauche par l'élément jeune et intellectuel de la région agni :

> Il ne semble pas que le Comité du cercle de l'Indénié soit fondé à parler au nom de toute la Côte-d'Ivoire et c'est une des raisons entre beaucoup d'autres, qui avait conduit le chef supérieur de la région, Boa Kouassi, à s'opposer à la remise, à monsieur le ministre des colonies, du mémoire préparé[358].

---

357 ANSOM CI, Affaires politiques, Carton 568, Dossier 21, *Revendications du Comité du Cercle de l'Indénié, 1937.*

358 ANSOM, Côte d'Ivoire, Affaires Politiques, Carton 568, dossier 21, *op. cit.*

Incontestablement, la crise économique a fait prendre conscience aux planteurs, de la force qu'ils représentent, et favorise leur organisation, même si celle-ci ne débouche pas encore sur une formation syndicale. Diffusant dans la masse des cultivateurs, confrontés à de sérieuses difficultés, des mots d'ordre mobilisateurs, jouissant d'un large consensus, les associations régionales se transforment en groupes de pression; administrateurs de cercle, commerçants, colons, doivent tenir compte de leurs exigences. Nul doute que les associations de planteurs de l'Est servent de cadre, ou tout au moins inspirent les promoteurs du Syndicat agricole africain, dont la plupart des membres fondateurs ont, de près ou de loin, des attaches avec la région de l'Est Ivoirien, l'une des premières à avoir donné naissance à l'esprit d'émancipation, qui anime, à la veille de la guerre, la jeune élite intellectuelle ivoirienne.

TROISIEME PARTIE

UNE SOCIETE EBRANLEE DANS SES FONDEMENTS ET DANS SES STRUCTURES, A LA RECHERCHE D'UN NOUVEL EQUILIBRE

Les mutations de l'économie coloniale ivoirienne dont participe l'économie régionale du Moronou –*subordination grandissante de l'agriculture au marché, création progressive d'exploitations industrielles de cacao et de café* – ne manquent pas de laisser des traces sur la population et la société.

La population, grâce en particulier aux soins médicaux, connait une croissance de plus en plus rapide, tandis que l'urbanisation de l'ensemble de la colonie, accélérée par le développement et la création des centres administratifs ou économiques de la Basse-Côte, favorise à son tour les mouvements migratoires, qui se superposent aux migrations, suscitées par les exigences administratives diverses (*recrutement militaire, mobilisation à la veille de la guerre, prestations diverses).*

La pénurie de main-d'œuvre, devenue une préoccupation permanente des planteurs, tant européens qu'africains, suscite, elle aussi, de la part de l'administration une politique de recrutement massive d'ouvriers agricoles. Ceux-ci proviennent essentiellement du Plateau mossi, auxquels s'ajoute une masse de travailleurs agricoles, certes moins importante en nombre mais bien plus hétérogène, venue des régions du Baoulé, de l'Ouest ivoirien, voire de la colonie voisine de Gold-Coast. Ils s'implantent de préférence dans la région lagunaire, autour des grands centres d'Abidjan et de Bassam, mais aussi dans la zone de production cacaoyère et caféière de l'Est ivoirien, y compris le Moronou[359].

Quelle proportion représentent, à l'époque, les planteurs qui éprouvent le besoin de faire appel à la main-d'œuvre extérieure ? Un nombre insignifiant certes, mais dont l'influence au sein de la société se mesure moins au nombre qu'à la richesse acquise grâce aux cultures spéculatives et au prestige que leur confèrent la réussite et une certaine participation à la civilisation du colonisateur. Par leur réussite sociale, ils en imposent aux autres couches de la société, aussi bien à la hiérarchie ancienne qu'à la masse de la population.

---

[359] Par exemple, en 1937, sur 4 928 travailleurs originaires de la Haute Côte-d'Ivoire (Haute-Volta), 2 454 (49,79%) s'implantent dans le cercle des Lagunes (Abidjan), et les 2 474 autres (50,21%) dans le Sud-est ivoirien (Agnéby, Assinie et Indénié). Cf. S.P. Ekanza, *op. cit.* p.91.

D'autre part, l'apparition de nouvelles structures sociales, issues de la colonisation: gardes de cercle et autres fonctionnaires de l'administration, comptables de maisons de commerce et artisans, contribue à modifier l'ordre social ancien. En effet si la masse de la population rurale continue de mener une existence, pour ainsi dire, identique à celle du passé, les nouvelles catégories sociales, issues de la colonisation, accèdent à des conditions d'existence plus enviables : travail moins harassant, nourriture régulière, plus abondante et plus variée ... L'aspiration à un sort meilleur est le dénominateur commun de toutes ces couches modestes, même si le succès n'est pas toujours au rendez-vous.

Petit à petit, la fortune, qui était jusque-là le privilège des grandes familles de la classe dirigeante traditionnelle, change de mains. Accuser l'ancienne chefferie dirigeante du Moronou d'être réfractaire aux innovations serait inexact et injuste. Certains éléments de cette couche supérieure de la société, très ouverts au progrès, adoptent les cultures nouvelles et font fructifier de belles et immenses exploitations, consolidant ainsi leurs privilèges. Mais, c'est l'exception.

Héritiers du *dja* (trésor familial), acquis par les générations successives, auquel beaucoup parmi eux demeurent fortement attachés, ils manifestent moins d'empressement à posséder des superficies de cacao et de café de taille raisonnable, leur permettant de subvenir à leurs propres besoins et à ceux de leur clientèle. Ils accusent ainsi, progressivement, par rapport à l'élite nouvelle, propriétaire d'immenses plantations, un net retard dans l'accumulation des richesses économiques, nouveau critère de différenciation sociale.

Moins nantie en sources de revenus pour pouvoir s'imposer, la hiérarchie traditionnelle perd ainsi pied dans ce monde nouveau où prévaut désormais un système de valeurs différent, fondé, non pas sur la naissance, mais sur l'accumulation d'une masse monétaire importante.

Si la suppression de l'esclave par le colonisateur avait constitué une première étape de la rupture entre les différentes couches sociales, l'avènement de l'économie de profit en représente dorénavant le sommet. Avec la démocratisation de plus en plus poussée des rapports sociaux, le Moronou rompt, définitivement avec un monde réparti jusque là en groupes sociaux étanches. Une société profondément ébranlée dans ses fondements et dans ses structures, à la recherche d'un nouvel équilibre, tel est le sens de l'évolution du Moronou pendant la période coloniale.

CHAPITRE 9

EVOLUTION DE LA POPULATION ET DES STRUCTIJRES SOCIO-ECONOMIQUES AU COURS DE LA PERIODE COLONIALE

L'implantation de la main-d'œuvre extérieure dans le pays, en même temps qu'elle influe sur l'évolution de la population, provoque un éclatement de la structure de production agricole traditionnelle, tandis qu'émergent et s'affirment de nouvelles structures socio-économiques, produits du contexte colonial: agents du commerce européen ou assimilés, artisans, interprètes et gardes de cercle de l'administration coloniale...

Toute cette population bigarrée, d'origines diverses, se caractérise par des traits démographiques spécifiques. Sans doute, l'on continue comme par le passé de naître, de nouer des unions et d'être frappé par la mort. Mais ces phénomènes ne sont plus vécus, ressentis, selon le même rythme et par conséquent de la même manière.

Autant de faits nouveaux et divers, caractérisant cette population coloniale du Moronou, auxquels nous sommes confrontés dans ce chapitre. Une condition fondamentale pour appréhender ces structures et phénomènes qui émergent à l'époque coloniale: les données de nos sources. Celles-ci sont-elles crédibles et permettent-elles de restituer la population dans ses divers mouvements et activités ?

I. SOURCES ET METHODE D'APPROCHE

Tributaire de ses sources, l'historien ne peut manquer, par souci d'honnêteté, de rendre compte de sa démarche, surtout lorsque confronté à un certain nombre de difficultés, il est conduit à opérer des choix.

A. Problème des sources

Les premiers effectifs de population du Moronou datent de 1907, l'époque de Marchand, premier administrateur de la région. Les éléments démographiques, issus des dénombrements partiels et des sondages, opérés par Marchand, ne peuvent prétendre au titre de « *recensement* », au sens où l'entend la science démographique actuelle. Les autres dénombrements postérieurs, d'origine administrative [360] , ne réalisent pas davantage les critères de l'enquête statistique organisée. Aussi décevants que tous les recensements coloniaux de l'époque, les dénombrements effectués dans le Moronou offrent les mêmes déficiences, déjà stigmatisées dans leurs écrits par certains administrateurs contemporains et, à leur suite, par les historiographes de notre époque[361].

Ces imperfections tiennent, comme le souligne Tirefort, aux *« fonctions essentielles du recensement »*. Celui-ci sert en effet à établir les rôles de l'impôt de capitation, à contrôler les perceptions et enfin à procéder au recrutement militaire. Ainsi perçus comme une des manifestations du pouvoir colonial, mal accueillis, les recensements développent presque toujours des réactions de franche hostilité, *« de nombreuses absences (...) malgré la date du recensement annoncée à l'avance »*[362], et l'interdiction explicite d'aller à la plantation, à la pêche ou à la chasse, bref de vaquer aux occupations coutumières.

A cette première série de difficultés s'ajoutent la modicité des moyens mis en œuvre, « *le non-respect des circulaires administratives, l'égarement de certains dossiers et les nombreuses différences dans la diversité des critères retenus et dans les méthodes d'évaluation* ».[363] Ces dernières remarques nous amènent à aborder le contenu *même* de nos sources. A cet égard, on est d'abord frappé par la divergence des chiffres. Ceux-ci présentent des variations extrêmement sensibles selon que les sources sont d'origines politique, économique ou que les informations proviennent des statistiques médicales ou encore des rôles de l'impôt. On constate d'autre part des estimations surprenantes. Ainsi, la population des deux cantons de la subdivision de Bongouanou, de 21 586 habitants en 1921, grimpe brutalement à 26 661 habitants en 1926, puis dégringole

---

[360] Voir ANCI, précisément le fonds « Administration générale », série D, regroupant toutes les évaluations effectuées en Côte-d'Ivoire, à l'époque coloniale, particulièrement les « recensements » de 1904,1921, 1926, 1931, 1936 et 1938.

[361] Citons R. Grivot et H. Labouret parmi les administrateurs coloniaux, D. Domergue et A. Tirefort parmi les historiens contemporains.

[362] R. Grivot, « Le Cercle de Lahou, Côte-d'Ivoire », *Bulletin IFAN, t. IV*, n°s 1-4, 1942, p. 1-54.

[363] H. Labouret, *Paysans d'Afrique*, *op. cit.* p. 37-38.

à 22 371 habitants en 1931, avant de poursuivre une progression plus régulière, à partir de cette date. Que s'est-il passé dans la subdivision de Bongouanou, de 1921 à 1926, qui puisse rendre compte de ces fluctuations subites? Aucun évènement qui puisse nous mettre sur la piste d'une explication plausible de cette variation irrégulière et particulière à la courbe d'évolution de la population de cette subdivision.

Par ailleurs d'autres déficiences sont à signaler : les états de populations des cantons ou de la subdivision, établis à partir des évaluations par villages sont présentés le plus souvent sous forme de tableaux raturés, aux totaux inexacts, ne correspondant pas toujours à la somme des composantes. Quelquefois même les estimations globales de population, au niveau de la circonscription administrative, prêtent à confusion, à défaut d'une distinction suffisamment claire et rigoureuse, entre par exemple : population *« indigène »* et population étrangère, deux catégories que l'on se proposait au départ de suivre distinctement.

Enfin, il serait superflu de noter que les estimations sur la natalité, le mariage et la mortalité ne tiennent qu'une place restreinte dans les sources ayant trait à notre région. L'Etat-civil ne fait son apparition dans le Moronou qu'à l'extrême fin de notre période. Encore n'a-t-il que peu de succès auprès des autochtones.

B. Méthode d'approche

Devant le risque d'erreurs dans l'utilisation de tels chiffres, la prudence est de règle. C'est pourquoi, outre la rectification des résultats des différentes évaluations partielles qui s'imposait, il a été procédé, étape après étape, chaque fois qu'il a été possible, au contrôle de la démarche suivie par l'agent recenseur, dans la formation des chiffres de synthèse de population. Par la suite, ces derniers ont été confrontés les uns avec les autres. N'ont été retenus que ceux qui, ne s'écartant pas d'une suite logique, paraissent plus conformes à la réalité. Quoi qu'il en soit, ces chiffres de population ne veulent rien traduire de plus que d'être le reflet des grandes tendances de l'évolution de la population, à l'époque coloniale.

Envisageant l'évolution des mouvements naturels de la population, quelle place pouvait-on accorder aux phénomènes de natalité et de mortalité, dans la mesure où l'Etat-civil était quasi-inexistant dans le Moronou ? Il paraît absurde de vouloir obstinément se référer aux registres de l'Etat-civil, étant donné que la célébration de chacune de ces cérémonies, en milieu africain de l'époque, se référaient à des prescriptions particulières, propres à chaque ethnie. La coutume n'ayant pas force de loi, ces cérémonies ne pouvaient être enregistrées à l'Etat-civil. Seuls quelques rares sujets à notre époque sollicitent l'intervention de l'officier de l'état-civil. Dans ces conditions, il paraît difficile de trouver des vestiges de célébration de baptême ou de mariage, selon la coutume africaine, dans les cahiers d'état-civil. Tout au plus pourrions-nous nous reporter aux registres paroissiaux des missions chrétiennes. Mais combien de Morofwè avaient embrassé le christianisme, avant 1939[364] ?

La difficulté méthodologique a été cependant tournée partiellement, en ayant recours aux appréciations qualitatives des différents chefs de poste administratifs et surtout en faisant appel à certaines sources démographiques *« ndirectes »*, essentiellement à l'estimation quantitative de la population, traduite selon des catégories fort à la mode à l'époque coloniale: *« population imposable »* regroupant les hommes et les femmes dits *« adultes »*, âgés de plus de 10 ans ; et *« population non-imposable »* comprenant d' une part les enfants, âgés de moins de 10 ans, et d'autre part les vieillards et les infirmes. Ainsi, eût-il été possible, en se référant à la catégorie de la *« population imposable »* des deux sexes, d'établir le sex-ratio et d'aboutir à une certaine approche de la nuptialité d'autant plus que dans le contexte africain de l'époque, le mariage est une nécessité qui s'impose à tout homme et à toute femme parvenus à l'âge adulte.

Mais ce qui nous préoccupait ici, c'était d'appréhender les phénomènes de natalité et de mortalité. Grâce aux sources archivistiques, essentiellement aux rapports du service de santé et aussi aux sources bibliographiques récentes, il a été possible d'aboutir à quelques résultats positifs. La nécessité de dégager, tout au moins, la tendance générale de la population, nous a déterminé à recourir à un certain nombre de procédés *« non classiques »*, peu conformes aux voies orthodoxes, utilisées

---

[364] Si le Moronou compte quelques chrétiens, dès 1916, la paroisse catholique de Bongouanou, la plus ancienne du Moronou, n'est fondée qu'en 1939. Cependant, il faudra attendre 1943 pour voir s'y installer le premier prêtre, en la personne du père André Chassaignon, SMA.

habituellement en démographie historique. Pour plus de commodité, nous nous sommes réservé d'en rendre compte en lieu opportun.

II. MOUVEMENT NATUREL ET MIGRATIONS

Malgré les données fragmentaires, voire discutables, de certaines de nos sources, ont pu être appréhendées les grandes tendances des mouvements naturels et quelques uns des courants migratoires qui ont affecté la population.

A. Les composantes démographiques

En 1939, le Moronou compte 40 284 habitants contre 18 310 en 1908, soit un accroissement de 120 % tout à fait remarquable, nettement supérieur aux 53 % du taux colonial ivoirien[365]. En fait la progression ne s'est pas effectuée de façon uniforme: de 1908 à 1926, elle est de 5, 2 % et de 1926 à 1939 de 0,98 %. S'il y a accélération du phénomène, au cours des dix-huit premières années de l'implantation coloniale dans le Moronou, les treize années qui s'écoulent de 1926 à 1939, sont au contraire marquées par un mouvement de décélération. Par ailleurs, les effectifs de la population évoluent différemment, selon les cantons, comme l'indiquent les chiffres suivants:

Evolution des indices de la population
Cantons du Moronou
Année de référence 1908 : 1 000

Période	*Canton Agni(Subd.Dimbokro)*	*Cantons Ahua et Ngatianou*
1908	1 000	1 000
1926	1 250	2 447
1931	1 544	2 053
1933	1 614	2 120
1936	1 652	2 496
1939	1 675	2 584

Sources : ANCI 5 D-VI-11/5 (3 036), *Résultats du recensement 1926.*

365 D'après les sources du Service de santé, les chiffres de population de la Côte-d'Ivoire sont : 1 532 000 habitants en 1907 et 2 350 000 habitants. en 1939. D. Domergue, « La Côte d'Ivoire : essai de démographie historique (1905-1945) », in *African historical demography*, 1977.

Tous les cantons du Moronou croissent de façon spectaculaire, aussi bien ceux de la région occidentale, désignée administrativement sous le nom de *"canton Agni"*, que ceux de l'Ahua et du N'gatianou, formant la subdivision de Bongouanou. Cependant, tandis que le *canton Agni* (67,5 %) offre une croissance ininterrompue de 1908 à 1939, les cantons ahua et n'gatianou, qui réalisent une performance plus étonnante encore (158,4%) en fin de période, piétinent passablement de 1931 à 1936, après avoir connu une phase de hausse initiale dont le sommet se situe en 1926.

1. La population enfantine

A priori on peut penser que le mouvement naturel contribue pour une bonne part à cette remarquable croissance. Mais est-il possible de le vérifier, étant donné que la série des moyennes annuelles de naissances fait totalement défaut ? S'il n'est pas possible d'obtenir le nombre de naissances annuelles, du moins est-il à notre portée de mesurer l'évolution des effectifs d'enfants en bas âge. Les états de dénombrement de population, d'orientation purement démographique ou agricole, nous en donnent la possibilité. Ils opèrent en effet, dans la présentation des résultats, une distinction judicieuse entre population *"imposable"* et population *« non-imposable »*. Il suffit alors de calculer le taux de la population enfantine. En prenant pour base une population de 1000 habitants, celui-ci s'obtient en rapportant l'effectif des enfants en bas-âge à la population totale. On obtient ainsi les taux de population suivants qui traduisent bien le mouvement d'évolution de la population enfantine.

EVOLUTION DU TAUX DE POPULATION ENFANTINE (pour 1 000 hab.)

Période	Canton Agni	Canton Ahua	Canton Ngatianou	Moronou	Cercle Nzi-Comoé
1921	419	444	444	432	398
1926	273	273	-	323	216
1933	319	335	368	340	245
1936	330	329	329	329	189

Sources : ANCI 1QQ 98, *Esquisse sur situation politique et économique, Nzi-Comoé 1921*
1 EE 139 (14), *Rap. politique, Nzi-Comoé, 3e trimestre 1925*
5 D-XIII-44-104/895-916 (121), *Etat comparatif par cantons. Recensements 1926 et 1936*
D-IV-18-73 (3 739), *Recensement, Nzi-Comoé 1933*
4 D5-XII-27-5/8 (700), *Tableau, cercles, subdivisions,* actes *d'Etat civil de la Côte d'Ivoire.*

Notons au niveau de l'ensemble du Moronou que le taux de population enfantine régresse entre 1921-1926 (-109 %^{0}). Au contraire, entre 1926-1933, le mouvement s'inverse, accusant une légère augmentation (17 %°) ; puis se produit un nouveau décrochement avec une tendance à la baisse (-11 %°), entre 1933-36. Ainsi l'évolution de la population enfantine, entre les deux dates extrêmes où il est donné de la suivre, se caractérise-t-elle par une forte baisse de l'ordre de 103 %^{0}. Ce mouvement de chute de l'effectif des enfants en bas-âge, enregistré dans le Moronou, reflète dans ses variations celui relevé au niveau de l'ensemble du N'zi-Comoé, bien que les écarts d'amplitude soient ici plus prononcés : - 182 ‰ entre 1921-1926, + 29 entre 1926-33 et -56 entre 1933-36.

L'évolution n'est cependant pas homogène au niveau des différents cantons du Moronou, comme le montre la comparaison des taux de population enfantine, tels qu'ils figurent dans le tableau ci-après:

Périodes	Canton Agni	Canton Ahua	Canton Ngatianou
1921-26	- 146	- 71	?
1926-33	+ 46	- 38	?
1933-36	+ 11	- 6	- 39

Si la régression est générale, au cours des cinq premières années (1921-26), elle est cependant plus accentuée dans le *canton Agni* (-146), suivi de l'Ahua (-71). Entre 1926-33, le *canton Agni* est en progrès (+46), tandis que l'Ahua subit à nouveau un léger fléchissement (-38). Enfin, au cours de la dernière période, le *canton Agni*, toujours en progrès, connaît cependant un certain essoufflement, pendant que l'Ahua et le N'gatianou sont, à des degrés divers en recul.

Le taux de natalité n'est pas sans avoir une influence sur l'évolution de la population enfantine, même si d'autres facteurs, telle la maladie, y interviennent. Bien qu'il ne soit point connu de nous, on peut néanmoins supposer qu'il est en net recul de 1921 à 1926, qu'il connait une remontée épisodique de cinq années (1926-33), suivie d'un second fléchissement plus atténué, entre 1933-36. Bref, on peut dire que pendant l'entre-deux-guerres le Moronou traverse une période de dénatalité.

2. La mortalité

Au niveau du Moronou, la mortalité est encore plus difficile à appréhender, à travers les sources écrites coloniales. Aussi sommes-nous réduits à recourir, outre les appréciations qualitatives, à des données quantitatives générales, certes utiles mais qui ne permettent pas de cerner convenablement ce phénomène, au niveau local.

Le taux de mortalité pour l'ensemble du territoire ivoirien est évalué en 1906 à 40,6 %°, il est réduit approximativement à 35 %° en 1934, puis tombe à 21‰ en 1938. Comparativement,· la population européenne de la colonie semble en apparence témoigner d'une plus grande résistance aux causes de la mortalité. Le taux de mortalité européenne, selon Tirefort, passe de 27 ‰ entre 1905-07 à 15,5 %° en 1936. D'autre part les enfants sont extrêmement exposés à la mort: 30 % des décès, en 1934, concernent les enfants de moins de 7 ans, tandis que l'on enregistre un taux de mortalité infantile très élevé, de l'ordre de 126-230 ‰, *« en 1937 pour quinze villes sur lesquelles on a quelques renseignements partiels »*[366].

[366] P. Kipré, *Les Villes de Côte d'Ivoire, op. cit.* p. 396.

Bien que toutes ces informations nous soient d'un précieux secours, elles ne reflètent pas de façon précise la situation locale du Moronou, où *« ni les naissances ni les décès ne sont déclarés au cercle »*. Tout au plus, relève-t-on de temps à autre, ici et là, à travers les différents rapports administratifs, quelques cas de décès, qui ont frappé l'opinion par leur caractère exceptionnel. Il en est ainsi des épidémies qui sévissent dans la région. En janvier et février 1923, neuf décès, survenus à la suite d'une épidémie de grippe, sont signalés successivement à Tanosso et à N'zanfouénou[367]. Une année auparavant, en juillet-août 1922, une première « *épidémie espagnole* » avait fait dans les régions ahali et amantian "un« *vingtaine"* de victimes[368]. En 1924, trois autres décès, survenus dans le cercle, retiennent l'attention du médecin-chef de Dimbokro, qui les consigne dans le rapport médical du mois de décembre de cette année-là[369]. Il s'agit de « *trois indigènes indigents* »: un homme travaillant sur les *« chantiers des coupeurs de bois »* et deux femmes. Enfin en 1928, à la suite d'une épidémie de coqueluche, localisée à Adibrobo, près de Tiémélékro, dont sont atteints tous les enfants du village, cinq d'entre eux trouvent la mort[370].

Voici suggérée indirectement l'une des causes de la mortalité enregistrée dans le Moronou : les épidémies devant lesquelles la population semble totalement désemparée. Si en tête de liste des maladies, se détachent les épidémies qui ont surtout frappé l'opinion par leurs caractères soudains et violents, on ne peut manquer de mentionner les affections gastriques, pulmonaires[371] et aussi le paludisme, « ce *tueur d'enfants »*", fortement répandu dans toute la colonie, et contre lequel la lutte est à peine ébauchée, à une date aussi tardive que l'année 1931. Mais, outre toutes ces maladies, le Moronou se caractérise par le *« triple fléau »*, constitué par la syphilis, le ver de guinée et

---

367 ANCI 1 EE 139 (11), n° 631, *Rap. politique du N'zi-Comoé, 1e trimestre 1923, a/s situation sanitaire.*

368 *Ibidem.*

369 ANCI 1 H-IV-17-26 (3726), *Rap. médical du N'zi-Comoé, décembre 1924.*

370 *Ibidem*, voir particulièrement les années 1924-1928.

371 Entre 1929 et 1932, *« elles représentent 54% des entrées dans les dispensaires de la voie ferrée et causent 93% des décès déclarés »*. P. Kipré, *op. cit.* p. 396.

l'alcoolisme [372] . Déjà en 1922, l'administrateur de cercle soulignait les ravages de la syphilis, au sein des populations de sa circonscription

> Les maladies vénériennes, conséquence de la débauche et de l'incurie des femmes baoulés sévissent avec intensité aussi bien dans les centres que dans la brousse[373].

En 1924, la situation sanitaire ne s'était pas améliorée; elle avait même empiré, semble-t-il, auprès des habitants du Moronou, désignés de « *population en détresse* », triste constatation faite par la commission mobile de recrutement militaire, lors de son passage à Bongouanou :

> Il est malheureusement certain que la syphilis a causé de tout temps chez eux des ravages ; il est par ailleurs indéniable qu'ils sont très fragiles des poumons et des voies respiratoires et que c'est toujours chez eux que la grippe est la plus maligne.[374].

Le ver de guinée, « *le second grand ennemi, après la syphilis, de la population du Nzi-Comoé* », fait encore, en 1924, des ravages considérables, et ce, *« malgré les conseils donnés depuis plus de vingt ans à ces populations sur la façon de s'en préserver »*. Quant à l'alcoolisme, autre cause non moins flagrante de la mortalité et de la dénatalité, contre lequel l'administration se déclare impuissante en 1929, il était fortement répandu dans notre région :

> Les arrêtés, interdisant dans le Nzi-Comoé, la vente de tous alcools de traite aux indigènes, demeurent inopérants du fait que la même interdiction ne s'étend pas, par exemple, aux circonscriptions limitrophes de l'Agnéby et de l'Indénié où le gin, cet épouvantail poison s'écoule

---

372 ANCI IV-4-182 (3 307), *Rap. politique du N'zi-Comoé, 1e trimestre 1929, a/s situation sanitaire.*

373 ANCI 1 EE 139, *op. cit. 3e trimestre 1922.*

374 *Ibidem, 1e trimestre 1924.*

> par milliers de caisses. Quelle que soit notre bonne volonté et les mesures de surveillance édictées, nous ne pouvons empêcher la contrebande et il est malheureusement indéniable qu'une fraude active s'exerce notamment chez les Agni de la subdivision de Bongouanou[375].

Ainsi à l'alcoolisme, à la syphilis et aux autres maladies, la population du Moronou paie un lourd tribut, d'autant plus coûteux que les structures sanitaires, embryonnaires à l'époque, ne peuvent le stabiliser. La forte mortalité, sentie plutôt que saisie, à travers ces lignes pessimistes sur l'état sanitaire, a de toute évidence un impact négatif sur l'accroissement naturel de la population. Tout en admettant, avec le médecin général Sorel, que *« la fécondité des mères indigènes est remarquable »,* force est de nous rendre à l'évidence que le taux élevé de la mortalité, surtout infantile, face à une natalité de plus en plus en régression, ne permet guère à la population de se renouveler de l'intérieur.

Un tableau aussi sombre de l'évolution naturelle de la population est loin de confirmer l'impression première donnée par les chiffres bruts de croissance. On ne peut donc expliquer le mouvement ascendant de la population, perçu dans les dernières années de notre période, par le mouvement naturel. Quels sont les facteurs qui ont influencé cette évolution ?

B. Les migrations

L'ouverture du Moronou sur l'extérieur en 1908, à la suite de la pénétration coloniale, l'exploitation des produits de traite et l'introduction des cultures spéculatives dans la région, la conscription et les réquisitions répétées seront à l'origine de plusieurs mouvements de population, de signification et de portée fort diverses. On en distingue en général trois de nature différente : les migrations à l'intérieur du Moronou; les migrations dans une autre région de la colonie, vers les pôles attractifs, essentiellement dans les centres urbains de la Basse-Côte d'Ivoire, et enfin les migrations à l'extérieur de la Côte-

---

375 ANCI IV-4-182 (3 307), *Rap. politique du N'zi-Comoé, 1e trimestre 1929, a/s situation sanitaire.*

d'Ivoire, orientées principalement sur la colonie britannique de la Gold-Coast, le « pays de leurs ancêtres ».

1. Les Migrations internes au Moronou

La mobilité a été un phénomène caractéristique de la population du Moronou, au cours des premières années de la colonisation française. « *Clef de voûte de toute la politique du cercle* » du Nzi-Comoé, elle a constitué un écueil sérieux à une réelle administration, dans la mesure où l'on eut du mal à la maîtriser. Signalée dès le mois de juin 1910, dans la subdivision, elle se manifeste par *« la désertion des villages et la constitution de campements clandestins »*. En effet, pour échapper au « pillage dont ils étaient victimes de la part des tirailleurs de passage », et aux réquisitions, en particulier à « *la fourniture du grand nombre de porteurs exigés* », les habitants s'éclipsent au cœur de la forêt ou *« se dispersent aux quatre coins du cercle ».* Que faire pour mettre fin aux déplacements continuels de la population ?

L'administration procède au regroupement des villages le long des principaux axes routiers du Moronou. Tout ceci ne va pas sans difficulté. Les habitants disséminés en majorité dans de minuscules hameaux, répandus ici et là, sous le couvert de la forêt [376] , opposent une vaine résistance. Les anciennes agglomérations sont détruites, certaines d'entre elles se déplacent et changent de site. En lieu et place surgissent de nouveaux villages, bâtis pour la plupart sous la surveillance des gardes de cercle. Dans cette tâche, certains chefs, acquis à la cause coloniale, ne sont pas en reste. Tel Aonzi Kokora, le chef de canton du N'gatianou, qui, prenant les devants, mène à outrance *« la guerre aux campements »*:

> Aonzi Kokora s'est mis énergiquement en campagne et j'ai eu la joyeuse surprise au village de Boadikro (...) de trouver une centaine de personnes là où cinq mois plus tôt je n'avais rencontré âme qui vive. Le mouvement est

[376] Par exemple, les *Béda*, essaimés précédemment dans dix campements, sont regroupés à Anoumaba et à Agbanou. Les *Ngatiafwo*, échelonnés sur une poussière de campements entre N'zuékokoré et Tanosso, sont regroupés dans quelques villages. ANCI 1 EE 147, *Rap. politique du poste de Bongouanou, novembre 1909*.

> déclenché et d'autres résurrections de la nature de celle du village de Boadikro ne manqueront pas de se produire. Mais nous féliciter que cette véritable chasse à l'homme soit conduite par les chefs de tribus en personne car, elle sera beaucoup plus efficace et surtout infiniment mieux acceptée[377].

Ainsi progressivement les Morofwè finissent par se stabiliser définitivement dans des « villages importants » entre 1921-25, l'adoption des cultures pérennes du cacao et du café, accélérant le processus.

On devine, à travers les sources coloniales, l'étendue du phénomène migratoire qui se circonscrit à l'intérieur du Moronou. Malheureusement, on a peine à le mesurer, si ce n'est à travers l'apparition de nouveaux villages, au nombre plus restreint, mais de taille de plus en plus imposante, aux *« cases confortables et bien disposées le long de larges voies bien entretenues »*, remplaçant désormais la poussière de campements qui s'égrenaient précédemment dans la forêt. Jusque là, la population habitait « de *minuscules et misérables hameaux, ne totalisant pas cinquante imposables »*[378].

La taille croissante des villages, rassemblant de plus en plus une forte concentration de population, permet de prendre quelque peu la mesure de cette migration interne. La répartition des agglomérations, entre 1909 et 1914, à partir des recensements partiels effectués dans le poste de Bongouanou, est, de ce point de vue, significative.

---

377 ANCI 1 EE 139 (7), *Rap. politique du N'zi-Comoé, 2e trimestre 1921.*

378 *Ibidem,* 4e trimestre 1921.

REPARTITION NUMERIQUE DES VILLAGES SELON LEUR TAILLE
(Nombre d'habitants)

Période	20 50	50 100	100 200	200 500	500 700	700 1 000	+ 1 000	Total
1909	3	7	12	19	1	-	-	42
1910	2	8	13	18	1	-	-	42
1914	-	2	6	11	3	6	2	30

Source : 1 EE 147, Rapport mensuel du poste de Bongouanou 1909-1918.

Il convient de noter la disparition des agglomérations minuscules de moins de 50 habitants. De même, les villages dont le nombre d'habitants s'échelonne entre 50 et 500 habitants, diminuent. Par contre, fait remarquable, les agglomérations de 500 à 700 personnes triplent. En 1910, le Moronou ne compte ni village entre 700 et 1 000 âmes, ni agglomération de plus de 1000 âmes ; en 1914, il en existe 6 de 700 à 1 000 habitants et 2 de plus de 1 000 habitants, Le fait le plus marquant est cependant la concentration des grosses agglomérations dans la partie est du Moronou, dans le Sahié, l'Ahua et l'Assiè[379]. Cette redistribution de la population dont les origines sont antérieures au fait colonial, s'opère certes ! au profit des zones réputées riches en gisements aurifères mais aussi propices aux cultures spéculatives.

2. *Les migrations interrégionales*

Bien que la mobilité de la population du Moronou en direction des autres régions ivoiriennes et vice-versa, n'atteigne point l'ampleur de celle circonscrite dans les limites du Moronou, celle-ci n'est cependant pas négligeable. Est-il possible de quantifier le volume des déplacements dans l'un ou l'autre sens? L'analyse de ces mouvements migratoires de sens

[379] En 1914, on peut citer dans le Sahié: Andé (1 393 habitants), Elinzué (610 habitants), Afféré (906 hb.) ; on énumère dans l'Ahua : Arrah (1 532 hab.), Abongoua (871 hb.). Les quatre agglomérations Assiè (Kumasi, Assasso, Kokorè et Méakro) regroupés, totalisent, à la même date, 1 329 habitants. ANCI 1 EE 147 (2/2), *Rap. politique mensuel du poste de Bongouanou.*

opposé, dont les causes sont relativement bien saisies, ne nous permet pas cependant d'en appréhender l'ampleur, dans la mesure où nous n'avons pas une vision correcte du solde migratoire, résultant de la différence entre le taux d'accroissement réel de la population et le taux d'accroissement naturel. Une seule référence archivistique, isolée, par conséquent d'aucune utilité, permet d'apprécier quelque peu, en 1935, les différents courants migratoires qui traversent l'ensemble du cercle de l' 1ndénié auquel se trouve rattachée la subdivision de Bongouanou. L'immigration apparente, à cette date, portant sur 7392 individus, le cède quelque peu sur l'émigration, estimée à 8 621 personnes[380].

Mais quelles sont les caractéristiques principales des migrations interrégionales ? Liées à diverses causes, les émigrations s'orientent dans plusieurs directions, provoquant un flux migratoire impressionnant de Morofwè. Les causes de ce mouvement sont multiples. L'impôt de capitation, la conscription, le portage, les prestations sur les routes, bref la moindre exigence administrative donne lieu à des départs massifs :

> Un rien provoque l'exode des habitants : l'annonce d'un palabre de l'administrateur ou d'un chef de subdivision, l'arrivée dans le village d'un ordre prescrivant l'exécution de certains travaux dans les cacaoyères, les palmeraies… en demandant des prestataires. Je ne parle pas de la préparation d'un recrutement qui a pour effet d'affoler complètement la population, au point que, pour fuir plus vite avec leurs femmes, les hommes abandonnent parfois leurs enfants[381].

Les nécessités économiques sont aussi à l'origine des émigrations. Ainsi, les populations riveraines du Nzi : Alangwa et N'gan, mais aussi N'gatiafwè de Fronobo et Assiè quittent leur pays d'origine, à la recherche de terrains plus propices à la culture cacaoyère, dans *« la subdivision de Bocanda, à Daoukro*

---

[380] ANCI IV-43/5 (3 304), Rap. politique du cercle de l'Indénié, 1e semestre 1935.

[381] ANCI 2 EE 7 (26), *Extrait d'un rapport de Bourgine, a/s des chefs indigènes du N'zi-Comoé, 1923.*

et même sur les bords du Comoé ». De même, plusieurs Morofwè, particulièrement des Sahié, des Ahua et des Essandané partent dans le Gouro et l'Indénié, «*faire du caoutchouc* ». Ce mouvement dont les origines remontent en 1912, s'accentue au cours du second semestre de cette année, où l'on estime à 400 personnes le nombre des Agni présents dans le pays gouro[382]. Le flux migratoire devient si sensible dans certains villages que les chefs s'en *« plaignent »* et *« souhaitent voir ce mouvement enrayé »,* tant il porte préjudice aux localités du Moronou. Et le chef de poste de Bongouanou d'ajouter :

> Il serait utile, je crois, d'arrêter ce mouvement et de l'empêcher même, car la présence des Morofwè est nécessaire dans le Moronou, maintenant que nous avons souvent des plantations indigènes : funtumia et kolas[383].

Effectivement des mesures administratives sont prises pour empêcher les Morofwè d'aller récolter du caoutchouc à l'extérieur de leur territoire. Quant à ceux qui se trouvant déjà dans le Gouro et l'Indénié, dépourvus d'un laissez-passer, ils sont pourchassés, arrêtés et ramenés de force dans le Moronou. D'ailleurs cet engouement pour la récolte du caoutchouc, lié au boom que connaît ce produit, tombe brutalement, dès les premiers signes de la crise du caoutchouc en Côte d'Ivoire. En janvier 1914, le chef de poste de Bongouanou annonce le retour des premiers récolteurs de caoutchouc :

> Les Morofwo qui étaient en pays gouro pour faire du caoutchouc rentrent tous en ce moment dans le Moronou, le prix peu élevé de ce produit les forçant à revenir dans leur pays[384].

Les derniers récolteurs de caoutchouc morofwè à rentrer au bercail sont signalés en septembre 1915. Enfin, des Morofwè sont engagés, à leur corps défendant, « pour aller travailler loin

---

[382] ANCI 1 EE 147 (2/4), n° 139, *Rap. politique mensuel du poste de Bongouanou.*

[383] ANCI 1 EE 147 (2.4), n° 92, *Rap. politique mensuel du poste de Bongouanou, mai 1912.*

[384] ANCI 1EE 147 (2/6), *n°6 Rapport politique mensuel du poste de Bongouanou, pour le mois de janvier 1914.*

de chez eux », précisément sur les chantiers de coupe de bois ou des exploitations agricoles, européennes ou africaines, situées dans des cercles voisins. Combien sont-ils ? Il est impossible de chiffrer les Morofwè affectés sur les différents chantiers de la colonie, encore moins de suivre l'évolution des recrues annuelles fournies par le Moronou[385]. Il eût été cependant intéressant de connaître la contribution du Moronou sur les différents effectifs des travailleurs fournis au niveau du cercle.

Outre les chantiers publics et privés drainant une partie des travailleurs morofwè, les centres de la Basse-Côte : Abidjan et Bassam, attirent les jeunes gens qui y « *trouvent facilement à louer leurs services* »[386] :

> Les jeunes abandonnent le travail des les plantations familiales pour aller se faire embaucher dans les centres urbains comme chauffeurs, employés de commerce ou devenir chômeurs[387].

3. Les migrations en Gold-Coast

A côté des migrations internes ou des déplacements temporaires, circonscrits dans les limites du territoire ivoirien, le courant migratoire en direction de la Gold-Coast tient une place considérable.

Les premiers mouvements migratoires au *« pays des ancêtres »*[388] se dessinent peu après *« la conquête militaire »* du Moronou, au moment où s'opère le désarmement, en octobre et novembre de l'année 1909. Refusant de se laisser désarmer, certains éléments de la population préfèrent quitter le Moronou. Ils passent dans l'Indénié, le territoire agni voisin, et de là gagnent la Gold-Coast. Outre les récits de tradition orale,

---

[385] Un seul chiffre, isolé, indique le nombre de travailleurs recrutés dans la subdivision de Bongouanou (et non dans tout le Moronou) pour 1928. Aucune autre mention de recrues n'est faite ni pour aucune autre année, ni pour l'ensemble du Moronou.

[386] ANSOM Côte-d'Ivoire, Affaires politiques, Carton 567, *Rapport annuel sur la situation politique 1938*.

[387] ANCI 1 E3-43/5 (3304), n° 350 APA/I *Rap. politique de l'Indénié, 1e semestre 1938.* Le gouverneur souligne avec amertume : « région particulièrement fertile, le cercle d'Abengourou connaît cependant de nombreux exodes vers Abidjan ».

[388] Expression populaire agni pour désigner la Gold-Coast, d'où sont venus leurs ancêtres.

explicites sur ces faits[389], le rapport politique mensuel du poste de Bongouanou confirme implicitement ce premier exode pour la Gold-Coast, quand il souligne, en décembre 1911 que *« quelques Sahié de ceux qui avaient quitté leur tribu, sont revenus »*. Dans ce même rapport politique mensuel, il est noté par ailleurs une augmentation sensible du chiffre de rentrée des impôts que le chef de poste, Sargenton, attribue à la *« tendance prononcée chez les Essandané et quelques Sahié à intégrer les villages »*[390].

Le flux migratoire en direction de la Gold-Coast, après un répit en 1911, reprend en 1912, se poursuivant sans interruption durant toute l'année, et en 1913, malgré le contrôle sévère, exercé par l'administrateur Chéruy à la frontière de l'Indénié et de la Gold-Coast, pour arrêter les Morofwè *« qui se disposaient à passer en Gold-Coast»*. Par ailleurs, bien qu'il soit général au Moronou, il est davantage accentué chez les Anohou d'Aféré, les Sahié et les Ahua, tout particulièrement de 1915 à 1918, au moment où se développent les recrutements militaires successifs. Il est aussi marqué notamment chez les Assiè entre 1918-20. Mais il faut attribuer l'affolement de ces dernières années, qui s'empare de quelques éléments de population de la région, aux rumeurs qui circulent sur de nouvelles levées de troupes et surtout à l'horreur suscitée par la vue des premiers blessés de guerre, revenant du front.

Si l'on signale encore, ici et là en 1923, des départs pour la Gold-Coast, suscités par le mécontentement produit dans la population, à la suite de *« nomination de chefs administratifs, sans référence à la coutume et à la tradition »,* il est à noter cependant que le courant migratoire s'est déjà inversé, à partir de 1921, par la rentrée dans le Moronou de quelques uns des « transfuges ». Le relevé systématique des plus-values, opéré par l'administration, au moment du paiement de l'impôt de

---

[389] « Quand nous étions plus jeunes, certains de nos pères nous avaient précédés à *Inglésa (de English, expression Agni qui est une déformation du terme anglais « english », employée pour désigner la Gold-Coast, le pays où l'on parle anglais), au moment où le Blanc voulait prendre leurs fusils. Moi-même, je prendrai le chemin pour « Inglésa » quelques années plus tard ».* Eonan Messou, *Angamabossofwè, 82 ans. Entretien le 10 janvier à Bongouanou.*

[390] ANCI 1 EE 147 (2/3), *op. cit.* décembre 1911.

capitation, sans prétendre cerner le volume exact des émigrés, permet néanmoins de se faire une idée approximative du nombre des réfugiés qui décidèrent de retourner dans leur pays d'origine.

4. L'Immigration

Mettre en évidence les résultats statistiques des dénombrements effectués à propos des transfuges morofwè, rentrant de la Gold-Coast, et aussi du courant d'immigration étrangère, tel est l'objet de ce chapitre. En nous fondant sur les estimations chiffrées, extraites des rapports administratifs, l'on dénombre 200 immigrés morofwè, venus de Gold-Coast en 1921, 698 en 923 et 648 en 1929, soit 1 556 Morofwè, rentrés définitivement au pays, entre 1921 et 1929. A défaut d'estimations chiffrées au-delà de 1929, force nous est de nous contenter d'appréciations qualitatives, pour appréhender le courant d'immigration postérieure. Ainsi en 1930, l'administrateur du cercle relève :

> Les Agni qui avaient quitté le cercle du N'zi-Comoé pour la Gold-Coast, il y a plusieurs années, sont revenus assez nombreux (...) par petits groupes[391].

En 1935, puis en 1939, les documents archivistiques mentionnent à nouveau *« le retour à Bongouanou de quelques familles (...) parties en Gold-Coast, il y a quelques années »*.

Qu'est-ce qui attire les fugitifs d'hier dans le Moronou ? La fin des recrutements militaires[392]. Mais aussi le fait que les cultures spéculatives, connaissant un bel essor dans le Moronou, les poussent à revenir ; ils avaient compris qu'il *« valait mieux travailler pour eux et chez eux plutôt que d'être, de l'autre côté de la frontière, les salariés des autres »*. Enfin, les intéressés eux-mêmes invoquaient la cherté de vie dans la colonie britannique et la difficulté de trouver un emploi rémunérateur.

---

391 ANCI B4-IV-10-67, *confident. 9 C de l'administrateur de cercle, de Coutouly, a/s migrations*. Dimbokro, le 20/1/30.

392 « *Nous avons quitté la Gold-Coast, lorsque nous avons appris qu'il n'avait pas été demandé de tirailleurs dans la Subdivision de Bongouanou* ». C'était la réponse fournie par les immigrants, lorsqu'ils étaient interrogés par l'administrateur de cercle.

Qui sont les autres immigrants et pour quels motifs s'installent-ils dans le Moronou? Il semble que le développement des cultures spéculatives mais aussi la richesse des ressources naturelles, à peine entamées au début de la colonisation : caoutchouc et cola, aient aussi attiré très tôt dans le Moronou une population d'immigrants d'origine composite.

Dès l'instauration de la paix coloniale dans le Moronou, les marchands soudanais qui étaient déjà présents dans le pays, davantage rassurés sur la liberté et la sécurité du commerce[393], vont et viennent sur les routes et pistes du Moronou, pénétrant dans les moindres villages pour offrir leur pacotille. En 1908, Angbanou, agglomération agni, composée de sept villages, fief des Beda, issus de Sawua, *« attire 500 à 600 étrangers dont une partie vit du commerce et d'industries, alimentés par les travailleurs du chemin de fer »*. De même, à Tiémélékro, une forte colonie de Dioula, *« regroupés dans 30 à 40 cases »*, anime un « *commerce très actif* » entre Dimbokro, Agboville et Abidjan. Ces populations soudanaises, formant des îlots au milieu de la population autochtone agni, le long du chemin de fer, à Anoumaba, Tiémélékro et dans les grands centres de Dimbokro et Bongouanou, contractent quelquefois mariage avec des femmes agni. Liés désormais par des attaches familiales, ils se fixent alors de façon définitive dans le pays.

D'autre part, des Ashanti, des Fanti, originaires de la Gold-Coast, parcourent la forêt du Moronou, riche en essences à latex, à la recherche du caoutchouc. Ce sont les *« poyofwè »* des rapports administratifs, dont certains éléments, fort actifs, s'étaient infiltrés jusque dans le Haut-Sassandra. L'effectif des récolteurs de caoutchouc, originaires de la Gold-Coast, était particulièrement impressionnant: 1 500 personnes au total, en 1912, dans l'ensemble de la colonie ivoirienne.

---

[393] A l'époque ancienne, la liberté et la sécurité du commerce dans le Moronou n'étaient pas toujours assurées. Au cours des premières années de la colonisation, le danger était encore permanent sur les routes. Témoin l'assassinat, en décembre 1910, d'un Dioula, près du village de Tanosso, sur la route « caravanière », Bongouanou/Dimbokro, par « *deux indigènes* » qui avaient l'intention de dépouiller leur victime qu'ils croyaient porteur d'une forte somme ». ANCI 1 EE 147 (2/3), *Rap. politique mensuel du poste de Bongouanou, janvier 1911.*

Outre les Malinké et les sujets britanniques, d'autres peuples font leur apparition dans le Moronou, pendant la colonisation, précisément à la période de l'éclosion des grandes plantations de cacao et de café. Ils viennent pour un but bien déterminé : louer leur service auprès des planteurs de la région. Cette main-d'œuvre est d'autant plus appréciée que les surfaces cultivées augmentent progressivement d'une année à l'autre. Ce sont en général les Baoulé, voisins immédiats, mais aussi plusieurs éléments des populations de l'Ouest ivoirien: Bété, Gouro, Wobè et Gagou.

L'approche démographique de cette population d'immigrants, partielle, ne couvre qu'une partie du Moronou, la subdivision de Bongouanou, et seulement l'extrême fin de la période étudiée, pour laquelle nous disposons de documents chiffrés. En 1935, la majorité d'entre eux (45 %) est originaire du pays baoulé, quelque 20 % du pays bété, 15 % du pays gouro, 10 % de la région de Man et 10 % du Soudan[394] . En 1937, c'est-à-dire deux années plus tard, le nombre d'immigrants fait plus que triplé dans la subdivision de Bongouanou. En effet de 1 000 individus, l'effectif passe à 3 199. La fin de la période de crise, suivie d'un intérêt plus grand porté aux diverses cultures, et aussi de la reprise des affaires dans le Moronou, exerce, semble-t-il, une attraction plus forte sur la population étrangère, fixée dans le pays. S'il ne nous est pas possible de répartir géographiquement, dans la subdivision de Bongouanou, la population d'immigrants, du moins est-il à notre portée de procéder à sa composition ethnique.

En 1937, le groupe le plus important est toujours formé par les Baoulé avec 2 000 personnes, soit 62,5 % du total. Les 20 sujets britanniques, originaires de la Gold-Coast (0,6 %), viennent loin derrière. Quant aux autres immigrants, désignés sous la rubrique « *divers* », ils représentent 1 179 personnes (36,8 %). De cette dernière catégorie d'immigrants « divers », le pourcentage le plus important est, à n'en pas douter, représenté par l'élément soudanais, suivi des ressortissants de l'Ouest ivoirien: Bété, Wobè, Gouro et Gagou. Enfin, il faut noter un

[394] Population d'immigrants de la Subdivision de Bongouanou, classée par ethnies : Baoulé (450 individus), Bété (200), Wobè (100), Gouro (150), Dioula (100). *Rapport politique du cercle de l'Indénié, a/s classement par races de la population recensée. 1e semestre 1935.*

faible contingent d'Européens: Français et assimilés, au nombre de 12 (0,04 %)[395].

Que représente l'apport allogène dans la subdivision-Est du Moronou ? Par rapport aux *«autochtones » agni*, le nombre des étrangers joue, apparemment, un rôle modeste, avec 11,7 % des effectifs totaux en 1937. Et cependant la différence est fort nette sur ce point avec les autres circonscriptions administratives voisines: Abengourou et Dimbokro. La proportion d'immigrants, selon les résultats statistiques du dénombrement de 1937-38, est de 7,5 % dans la subdivision centrale d'Abengourou[396] et de 9,8 % dans l'ensemble du Cercle d'Abengourou[397]. La proportion d'étrangers est encore plus faible dans le cercle du Nzi-Comoé auquel est rattaché administrativement l'ouest du Moronou. Elle est ici de 2 %[398]. Le taux d'étrangers, calculé à la même date, sur l'ensemble du territoire ivoirien qui regroupait une bonne partie de la Haute-Volta, n'est que de 0,7 %, autrement dit encore plus bas[399].

Ainsi la subdivision de Bongouanou se range-t-elle parmi les circonscriptions administratives ivoiriennes où le taux d'immigration, à la fin de notre période, demeure à notre connaissance le plus fort. Aussi, devons-nous conclure que l'incidence de l'immigration sur le développement de la population constitue-t-elle un facteur non négligeable.

---

395 Population d'immigrants de la subdivision de Bongouanou en 1937 : Baoulé (2 000), Gold-Coast (20), Européens (12 dont 9 Français et 3 assimilés), divers (1 179). ANCI 5 D 3-XIII-26-9/65-67 (172), a/s *population de la subdivision de Bongouanou 1937.*

396 Population de la subdivision d'Abengourou : 1/ Agni : 24 500 hb. ; 2/ Immigrants : 2 000 habitants dont Baoulé (800), Dioula (200), Divers (1 000). ANCI D XIII-44-104/895-916 (121), *Tableau de la population non européenne, 1938.*

397 Population du cercle de l'Indénié : 1/ Agni : 48 565 hb. : 2/ Immigrants (5 294). Cf. *Ibidem, Population du cercle de l'Indénié.*

398 Population du cercle du N'zi-Comoé en 1938 : Agni (12 124 hb.) ; Baoulé (101 664 hb.) ; Immigrants (2 346 hb.). ANCI D XIII-44-104/895-916 (121), *Tableau de la population non-européenne de la Côte d'Ivoire, 1938.*

399 *Ibidem*, ANSOM, Carton 567, *Rap. sur la situation politique annuelle 1938.* Population de la Côte-d'Ivoire en 1938 : 3 983 149 hb (y compris la Haute Volta). Population étrangère en Côte-Ivoire en 1938 : 29 275 .

III. LE REFLUX DE LA SOCIETE TRADITIONNELLE

Les profondes transformations survenues dans l'économie du Moronou, les mouvements migratoires qui en découlent, impliquent des modifications sensibles de la structure économique de la population active. Les chiffres manquent pour apprécier l'évolution des effectifs des catégories socio-économiques. Dans le domaine agricole en particulier, l'on « sent » plus que l'on ne mesure le développement des unités économiques, plus nombreuses et surtout plus étendues qu'à l'époque précédente.

Pouvoir subvenir à la nourriture quotidienne des siens, mais aussi posséder quelques pécules, afin de faire face aux nécessités présentes, pousse chaque adulte à être propriétaire d'un bloc cultural [400] . L'exploitation tend ainsi à devenir individuelle. Il en résulte que la structure de production ancienne fait les frais de cette transformation. La collaboration familiale subsiste, mais elle ne suffit plus dans la majorité des cas. Afin de rentabiliser l'exploitation individuelle, devenue chose courante, on fait appel à la main-d'œuvre étrangère.

Par ailleurs font leur apparition, dans cette société du Moronou en pleine mutation, de nouvelles catégories sociales : agents de commerce, cadres subalternes de l'administration qui, de près ou de loin, s'intéressent au fruit du travail du planteur morofwè.

---

400 J.M. Gastellu distingue dans le Moronou plusieurs échelles dans l'organisation du travail : 1/ la *parcelle* définie comme « la portion de terre cultivée par un seul exploitant, d'un seul tenant, et quui a été mis en culture en totalité la même année. Elle porte sur toute son étendue une culture ou une seule association de culture » ; 2/ la *plantation* : « Elle résulte de la juxtaposition de parcelles mitoyennes, mises en culture à des époques différentes et se trouvant à divers stades de production. Elles relèvent des décisions d'un même individu, le planteur ». Ce dernier terme est synonyme, d'après toujours Gastellu, de *« bloc de culture » ; 3/* l'expression *« exploitation agricole s'applique au contraire à plusieurs « plantations » ou («blocs culturaux »), situées en divers lieux-dits au sein du terroir villageois, et parfois dans d'autres régions du pays ».* J.M. Gatellu, *Une économie du trésor : les grands planteurs du Moronou, tome 2 l'organisation économique, 1981, ORSTOM,* Petit Bassam, 131 p. multigrade. p. 29.

A. La structure de production à l'époque des cultures spéculatives : une structure superposée.

L'Agni n'est pas artisan; il est encore moins doué pour le commerce qu'il n'a exercé qu'occasionnellement et par nécessité. Quant à l'extraction aurifère, son activité principale à l'époque ancienne, fortement concurrencée par l'agriculture spéculative, depuis l'introduction du cacao et du café, elle a été progressivement abandonnée. Analyser la structure de production à l'époque coloniale, c'est donc se fonder presqu'exclusivement sur l'agriculture, devenue l'activité dominante dans le Moronou.

L'analyse des rares sources de l'histoire du Moronou précoloniale, confrontée à la réalité socio-économique actuelle dont rendent compte aujourd'hui les enquêtes de terrain et les études anthropologiques, permet de mesurer la profonde transformation subie par la structure de production, depuis l'introduction des cultures pérennes de cacao et de café, à l'époque coloniale. La taille des unités de production grandissant d'année en année, il a été nécessaire de compenser le faible nombre des aides familiaux par une main-d'œuvre étrangère, d'autant plus nombreuse que les superficies cultivées sont étendues. Ainsi la structure de production qui se réduisait, à l'époque précédente, au chef d'exploitation, aux proches et assimilés [401] , bref à la *« cellule domestique »,* se double désormais d'une *« cellule étrangère ».* D'où son aspect de structure superposée.

1. La cellule de production domestique

Dans le Moronou précolonial, la production est collectivisée. Sur le gisement aurifère découvert, travaillent les membres de la grande famille[402], bien que le nombre de travailleurs exploitant un puits soit circonscrit à un groupe relativement réduit, en général à la famille restreinte :

---

[401] En général les esclaves.

[402] Les rapports administratifs de la première période coloniale mentionnent encore plusieurs migrations internes de familles entières, d'un placer à un autre. Il en fut ainsi de Salé et de deux de ses frères, des Essandané, s'installant dans le Ngatianou, précisément à Koyonou. Par ailleurs, l'administrateur Hubert écrit : « Généralement pour la recherche de l'or, les gens restent groupés par famille ». ASOMI, Abidjan. Hubert, *Rap. sur une mission effectuée en mars-juin 1914.*

> A Nganda Kpli, *mô* Amlan et les autres femmes de ton grand-père[403]travaillaient, chacune, avec « ses » enfants, autour d'un puits[404].

Les récits de tradition orale y sont explicites. Pouvait-il d'ailleurs en être autrement, quand on sait que certains puits atteignaient 30 mètres de profondeur[405] et que la présence de plusieurs dizaines d'ouvriers sur un puits était nécessaire pour rentabiliser l'exploitation? A l'époque coloniale, le développement d'ensemble de l'économie de plantation conduit à une véritable métamorphose. Chaque adulte dispose, sur le terroir villageois, d'un bout de terrain planté, la première année, de cultures vivrières, puis la seconde année, de cultures pérennes : cacao ou café, suivant la nature du terrain. Il se fait fort d'organiser personnellement le travail sur sa parcelle. La gestion de celle-ci souffre rarement d'être sous la responsabilité de deux individus, quand même ceux-ci seraient des frères, appartenant à la même communauté de résidence, c'est-à-dire habitant la même *« concession »*.

Ainsi, est-ce à juste titre que Gastellu a mis en avant *« l'individualisme économique »* du Morofwè. En effet contrairement à beaucoup de peuples d'Afrique où l'activité économique est collectivisée, mieux, où plusieurs membres de la famille se mettent ensemble pour constituer une seule et même exploitation agricole, ici au contraire l'unité d'exploitation est composée exclusivement, comme à l'époque précoloniale, du chef de famille, de son ou ses épouses et de leurs enfants. Parfois cette communauté s'enrichit momentanément d'un neveu, *« rejeté »* par son père, ou d'une sœur ayant perdu son mari. Cette aide providentielle est d'autant plus appréciée que l'on ne puisse plus compter, comme dans l'ancien temps, sur la collaboration des esclaves, libérés par l'administration.

---

403 Nanan Attikora Ekanza de Bongouanou, descendant de Nanan Sangban, ex-chef de Canton des Essandane.

404 Damoa Amoakon Noêl, notable de Bongouanou, le 10 janvier 1980.

405 « Certains puits, creusés suivant les méthodes du pays, atteignent une profondeur de 30 mètres ». ANCI 1 QQ 98, *Esquisse sur la situation politique et économique du N'zi-Comoé*. Dimbokro, le 23/4/ 1921.

Est-il possible de se faire une idée de l'évolution des différentes composantes de la cellule domestique de production dans le Moronou ? La comparaison des dénombrements de 1926 et 1936 est, à ce point de vue, fort significative. Malheureusement, elle se limite à l'ouest du Moronou, au *canton Agni* de la subdivision de Dimbokro, le seul sur lequel nous disposons d'éléments quantitatifs appropriés.

Evolution de la cellule domestique de production

Période	Hommes	Femmes	Enfants	Total
1926	2 827	3 743	2 475	9 045
1936	3 873	4 137	3944	11 954

Sources : DXIII-44-1ü4/895-916 (121), *Etat comparatif des dénombrements de 1926 et 1936.*

Une approche des unités de production et aussi de la taille de la cellule domestique de production est réalisable, à partir du mode de classement retenu par les dénombrements successifs de 1926 et 1936. En supposant que chaque homme adulte est à la tête d'une unité de production, on enregistre, entre ces deux dates, non seulement une augmentation des unités de production, mais aussi des chefs d'exploitation: 2 827 en 1926 et 3 873 en 1936, soit 37 %. La main-d'œuvre féminine, dont l'apport dans l'exploitation des cultures pérennes demeure appréciable[406], croît pendant la même période de 394 personnes, soit 10,5 %. Quant aux enfants qui contribuent, selon leur force, aux travaux de culture, d'entretien et de récolte des plantations,

406 Tout en se spécialisant dans la production des cultures vivrières, les femmes ont pour tâche principale, sur les exploitations des cultures pérennes, de récolter et de transporter les grains de café et les cabosses de cacao. Sans identifier la relation conjugale à un rapport d'employeur à employé, l'homme, chef d'exploitation, tend à utiliser la femme comme main-d'œuvre. Une telle situation est génératrice de multiples conflits conjugaux qui aboutissent quelquefois au divorce. En effet, qu'à la traite, l'époux omette de rémunérer ou rémunère mal son épouse, en ne lui procurant pas le nombre de pièces de pagnes nécessaires, celle-ci manifeste son mécontentement par l'abandon du foyer conjugal. Il serait intéressant d'étudier le nombre de divorces qui' semble-t-il, croît pendant notre période, en rapport avec le développement des cultures pérennes.

leur nombre croît de 59,3 %, soit une augmentation fort importante de 1469 individus.

Comment évoluent ces différents groupes au sein de la structure de production familiale, pendant les dix années où il nous est donné de les observer ?

REPARTITION DES GROUPES
AU SEIN DE LA STRUCTURE DE PRODUCTION
DOMESTIQUE (EN %)

Structure de production	1926	1936
Chefs d'exploitation	31,2	32,3
Femmes	41,3	32,3
Enfants	27, 3	32,9

Source : D XIII-44-1ü4/895-916 (121), *Etat comparatif des dénombrements de 1926 et 1936.*

De 1926 à 1936, le pourcentage des chefs d'exploitation agricole passe de 31,2 % à 32,3 %, soit une augmentation supérieure à 1 %, signe de l'intérêt accru, accordé au développement des cultures pérennes, pendant cette période. Par contre le nombre de l'aide familiale d'origine féminine est en recul; c'est l'exception relevée au niveau de tous les groupes sociaux, symptôme de la mobilité des femmes, davantage attirées par les centres urbains du sud de la colonie. Enfin, le nombre de la population enfantine est en hausse. La participation de cette fraction de la population à l'exploitation des cultures, bien que bénévole, n'est pas moins permanente et d'un effet manifeste sur l'extension des plantations. Néanmoins quelle que soit l'importance de la taille de la structure de production familiale, celle-ci ne peut faire face aux tâches de plus en plus étendues et multiples, exigées par les cultures de profit. Le recours à une main-d'œuvre extérieure devient indispensable.

2. La cellule de production étrangère

Le Moronou, grâce aux bénéfices retirés de la vente des produits *« riches »,* fait figure d'un *eldorado* et attire non seulement les voisins baoulé [407] mais aussi d'autres peuples étrangers : ivoiriens de l'Ouest et Soudanais [408]. La plupart s'engagent sur les exploitations du Moronou, en tant que manœuvres et constituent ainsi la deuxième fraction de la structure de production agricole.

En s'appuyant sur les résultats statistiques de l'époque, on note d'abord l'apparition d'une diversité d'éléments étrangers, puis une poussée brutale de leurs effectifs, au cours des dernières années de notre période. En effet de 1 000 à la fin du premier semestre 1935,[409] l'effectif étranger bondit à 3 199 en 1937, au niveau de la seule subdivision de Bongouanou. Pour l'ensemble du cercle de l'Indénié auquel se trouve rattachée, au cours des dernières années de la période étudiée, la région-est du Moronou, la poussée étrangère n'est pas moins forte. Toujours d'après les résultats des dénombrements de l'époque, les étrangers, de 5 294 en 1938, passent à 6 011 en 1939[410]. Au niveau du Cercle de Dimbokro, englobant la partie ouest du Moronou - le *canton « Agni »* - l'effectif étranger fléchit exceptionnellement de 1938 à 1939 ; de 2 346 (2 % de la population globale du cercle), il tombe à 1 776 (1,5 %)[411].

---

[407] La présence de plusieurs communautés baoulé dans le Moronou est soulignée par maints rapports administratifs de la période 1920-1929. Salverte Marmier révèle explicitement de son côté : « *Pour se procurer plus rapidement la monnaie devenue nécessaire, les habitants d'un certain nombre de villages (baoulé) ont commencé à émigrer vers le sud et le sud-est, et à louer leurs services à des planteurs autochtones –Agni , Atié, Abè (contrat Abu nzan ou au tiers »).* Salverte Marmier, *op. cit.* p. 57.

[408] Les manœuvres Mossi, d'origine voltaïque, ne font leur apparition dans le Moronou qu'après 1939.

[409] ANCI IV-43/5 (3 304), *Rap. politique du cercle de l'Indénié, 1e semestre 1935.*

[410] ANCI D-XIII-44-104/895-916 (121), *op. cit.* D'après cette source, les 5 294 étrangers représentent en 1938, 9,8% de la population totale du cercle, estimée à 53 839 habitants, et les 6 011 immigrants de 1939, 11% de la population globale du Cercle, chiffrée alors à 54 529 habitants.

[411] *Ibidem, op. cit.*

Comment se répartit cette population d'immigrants ? Selon les résultats des dénombrements des dernières années, la répartition géographique des immigrants serait la suivante :

EVOLUTION DES IMMIGRANTS : SUBDIVISION DE BONGOUANOU, CERCLES D'ABENGOUROU ET DE DIMBOKRO, DE 1935 A 1939 (en %)

Immigrants	Subdivision de Bongouanou		Cercle d'Abengourou		Cercle de Dimbokro	
	1935	**1937**	**1938**	**1939**	**1938**	**1939**
Baoulé	45	62,5	52,8	38,2	-	-
Bété	20	-	1,8	0,8	-	-
Wobè	10	-	2	1,8	-	-
Dyula	10	-	3,7	3,3	79,1	81,6
Gouro	15	-	-	-	10,5	8,8
Gold-Coast	-	0, 6	2,2	18,4	0,4	0,5
Bobo	-	-	16,2	13,3	-	-
Lobi	-	-	3,7	-	-	-
Mossi	-	-	15,5	13,3	9	3,9
Maures	-	-	0,2	-	0,8	-
Sénégalais	-	-	0,3	-	-	0,8
Divers	-	36,8	-	10,6	-	4,1

Source : ANCI D-XIII-44-104/895-916 (121), *op. cit.*

On note d'abord la diversité d'origines des immigrants. Quatre régions ivoiriennes sont représentées dans la subdivision de Bongouanou : les régions baoulé, bété, gouro et wobè. Les autres éléments étrangers proviennent, soit du Soudan français ou de la zone ivoirienne immédiatement limitrophe (région d'Odienné), soit de la Gold-Coast. De tous ces étrangers à la subdivision de Bongouanou, l'élément dominant, aussi bien en 1935 (45 %) qu'en 1937 (62,5 %), est le Baoulé, suivi du Bété (20 %}, puis du Gouro (15 %) et enfin du Wobè (10 %), mentionnés séparément par le dénombrement de 1935, et représentés globalement en 1937 sous la rubrique *« divers »*. A cette date, apparaît dans les statistiques de la subdivision l'élément ashanti ou fanti, désigné sous la mention de *Gold-Coast* (0,6 %).

Au niveau du cercle d'Abengourou, où est représenté un plus large éventail d'immigrants, domine aussi l'élément baoulé, même s'il fléchit de 52,8 % à 38,2% entre 1938 et 1939. Il est suivi de loin par les immigrants d'origine voltaïque: Bobo (16,2% en 1938 et 13,3 % en 1939), Mossi (15,1 % en 1938 et 13,3 % en 1939) et Lobi (3,7% en 1938). Puis viennent les Dioula (3,7 % en 1938 et 3,3 %) et les ressortissants de la région ouest de la colonie : Wobè (2 % en 1938 et 1,8 % en 1939) et Bété (1,8 % en 1938 et 0,8 % en 1939). Fermant la liste déjà longue d'immigrants, les Sénégalais (0,3 % en 1938) et les Maures (0,2 % en 1938) se signalent par la faiblesse numérique de leur représentation. Une place spéciale doit être réservée ici aux éléments étrangers, originaires de la Gold-Coast, dont la prépondérance numérique, particulièrement marquée en 1939, s'explique à la fois par la proximité du voisinage et l'attrait de la prospérité de l'Indénié.

Dans l'ensemble du cercle de Dimbokro, seuls les effectifs *« Dyula »* (79,1 % en 1938 et 81,6 %en 1939) et *« Gofd-Coast »* *(0,4* % en 1938 *et 0,5* % en 1939) sont en hausse. L'effectif de tous les autres éléments étrangers accuse une baisse: la population mossi chute de 9 % en 1938 à 3,9 % en 1939, tandis que l'élément gouro du cercle décline de 10,5 % en 1938 à 8,8 % en 1939. L'évolution originale de l'élément immigrant au niveau de ce cercle s'explique. Le commerce et les affaires extrêmement florissants, surtout au niveau du centre de Dimbokro, attirent les éléments commerçants et artisans, représentés par les Dioula, les Sénégalais et les sujets britanniques, originaires de la Gold-Coast ; tandis que les autres éléments étrangers: Mossi, Gouro et autres, davantage orientés vers l'exploitation agricole, dirigent leurs pas vers les zones de grosse production cacaoyère et caféière de Bongouanou et d'Abengourou.

Est-il possible de déterminer le pourcentage des travailleurs agricoles, à partir de la distribution des effectifs d'immigrants ? En nous référant à la répartition, selon le pays d'origine des manœuvres agricoles, issue d'enquêtes récentes, menées sur le terrain[412], il est possible de distinguer, malgré les faibles indices

[412] Enquête menée dans les villages d'Agbossou, Assoumoukro et Kouassikro « auprès de 281 chefs d'exploitation, employant 789 manœuvres permanents ». Les manœuvres sont répartis selon les pays d'origine, de la façon suivante : Haute-Volta (621), Côte d'Ivoire (78), Mali (26), Bénin (2), Non-réponses (10). Cf. J.M. Gastellu, *Une économie du trésor : les grands planteurs du Moronou*, t.2, p. 65.

obtenus des sources de l'époque, celles des populations qui exercent, dès notre période, le métier de manœuvres agricoles. En transposant à l'ensemble du Moronou les chiffres de travailleurs agricoles, obtenus à partir de nos sources, il résulte la liste suivante :

ORIGINE GEOGRAPHIQUE DES MANOEUVRES AGRICOLES DU MORONOU (%)

Année	Total Valeur absolue	**Baoulé %**	**Région-ouest %**	**Soudanais %**	**Bobo %**	**Lobi %**	**Mossi %**
1935	1 000	45	45	10	-	-	-
1937	3 179	62,5	35,7	3,7	-	-	-
1939	5937	38,7	5,3	27,7	13,4	-	14,7

Sources : ANCI IV-43/S (3 304), *Rap. polit.* de l'Indénié, 1e trimestre 1935 ;
ANCI 5 D3-XIII-26-9/65-67 (172), population non- européenne de la subdivision de Bongouanou 1936-37.

A l'examen de ce tableau sur l'origine géographique des manœuvres agricoles, on relève entre autres que le courant d'immigration dont le Moronou se trouve être le centre de gravité, intéresse aussi bien des régions voisines comme le Baoulé, l'Ouest ivoirien que des régions plus éloignées, situées au-delà des limites du territoire ivoirien : Soudan français et Haute-Volta (Burkina-Faso). Enfin, l'intensité de ces courants démographiques, qui correspondent aussi à des facteurs économiques, est fonction de la distance séparant les lieux d'origine du Moronou, considéré comme pôle d'attraction.

B. Les transformations de la société du Moronou : l'apparition de nouvelles catégories socio-économiques

En même temps que le Moronou accueille des effectifs d'immigrés de plus en plus nombreux, s'opèrent au sein de la société de notre région des transformations d'ordre qualitatif. En effet émergent et s'affirment progressivement des commerçants de métier et des agents de l'administration coloniale dont l'influence est de plus en plus prépondérante sur le monde rural traditionnel du Moronou. Mais la transformation la plus profonde, c'est la mutation dont est l'objet le noyau de population autochtone agni. Attaché jusque-là de façon exclusive à l'extraction aurifère, aux activités de chasse, de cueillette, et à une agriculture de subsistance, l'Agni embrasse sans réserve, après les réticences de la première période coloniale, les cultures du cola, du caoutchouc et des palmistes et, à leur suite, le cacao et le café.

Cette souplesse d'adaptation, plutôt étonnante, est à l'origine du développement tout aussi frappant que connaissent, dans le Moronou, les cultures de profit: cacao et café. Simple extracteur d'or et cultivateur occasionnel à l'époque de la pénétration coloniale, le Morofwè devient un planteur convaincu des cultures pérennes de cacao et de café, dans les dix dernières années qui précèdent la deuxième guerre mondiale. Comment s'opère ce changement structurel ? C'est ce à quoi s'attachent en premier lieu les pages qui suivent.

1. Les transformations du monde rural : appropriation du sol et exploitants

On assiste progressivement à un accroissement numérique du groupe des planteurs, à partir de la deuxième décennie de colonisation, à un renforcement de ses assises foncières par l'appropriation du sol, notion inconnue jusque-là. Tout ceci provoque des modifications au sein de la structure sociale, apparemment homogène à l'époque précédente.

Sources et méthode

Du niveau régional, il convient de descendre au niveau cantonal, afin d'analyser avec plus de finesse les changements survenus dans le monde rural. Ils n'ont pas les mêmes caractères ni les mêmes rythmes. D'autre part, les documents cadastraux ne sont pas universellement présents. Même quand ils existeraient partout, il n'eût été guère possible de suivre, au travers de plusieurs dénombrements, les transformations survenues au sein de tous les cantons de notre région. Aussi, avons-nous pris le parti de fonder cette étude sur les cinq gros villages du canton Assiè[413]. En effet, ce canton a l'avantage de bénéficier d'un cadastre foncier[414] et, qui plus est, il porte mention des premières exploitations de cultures pérennes.

---

413 Ce sont : Assiè-Kumasi, Assiè-Assasso, Assiè-koyèkro, Assiè-Méakro, Assiè-Kokorè.

414 Il a été dressé récemment en 1952 et communiqué par Bio Sawué Ishola, étudiant de maîtrise, travaillant sur le canton Assiè en 1978-1979.

Evolution des parcelles de cacao et de café

Un relevé systématique de toutes les parcelles de cacao et de café, créées au niveau du canton, entre 1914 et 1939, permet d'obtenir le chiffre total de 460 parcelles. Leur distribution, selon la taille en hectares et par tranches d'année de création, est fort suggestive.

Canton Assiè

Distribution des parcelles de cacao et de café selon leur taille en hectares 1914-1939

Périodes	*0-0,99 ha*	*1- 4, 99 ha*	*5 – 19,99 ha*	*+ 20 ha*
1914-1919	1	1	1	-
1920-1925	-	3	-	-
1926-1931	10	57	10	1
1932-1939	72	234	68	3
Total	83	295	79	4

Source : Sous-direction régionale agricole de Bongouanou. Cadastre des villages assiè (1952-1956)

A l'examen du tableau, le démarrage des cultures du cacao et du café paraît bien lent. Au cours de la première période de cinq ans (1914-1919), trois parcelles seulement ont été créées: une de très petite dimension (moins de 1 hectare), une seconde de petite dimension (1-5 ha) et une troisième de moyenne dimension (5-20 ha). Aucune parcelle de taille supérieure à 20 hectares n'est enregistrée, pendant ces cinq premières années. La seconde période de cinq ans (1920-1925) semble être une période de flottement : seules deux parcelles de petite taille (1 - 5 ha) sont créées. Le lancement réel des plantations dans le canton Assiè n'est à situer qu'au cours des années 1926-1931 : 10 exploitations de très petite taille (moins de 1 hectare) y font leur apparition contre 57 de petite taille (1 - 5 ha) et 10 de taille moyenne (5 - 20 ha-) et 1 grande exploitation (plus de 20 ha). 1932-39 représente la période du grand boom des cultures pérennes : 72 exploitations de très petite taille, 234 petites exploitations, 68 exploitations moyennes et 2 grandes exploitations.

2. Typologie et évolution des planteurs

L'approche typologique des planteurs de notre échantillon est aussi réalisable à partir des cadastres, dans la mesure où ces derniers fournissent des listes nominatives. En s'inspirant de la classification préconisée dans les études récentes, réalisées tantôt sur le Ghana, tantôt sur la Côte d'Ivoire[415], nous obtenons la liste des catégories de planteurs suivante:

Catégories de planteurs

Catégories de planteurs	*Nombre de planteurs*	*% planteurs*
Très petits planteurs (- 1 ha)	21	6,3
Petits planteurs (1ha - 5 ha)	181	54, 6
Planteurs moyens (5ha-20ha)	110	33,2
Grands planteurs (20-50 ha)	17	5,1
Très grands planteurs + 50ha	2	0,6
Total	331	100

Source : Sous-direction régionale agricole de Bongouanou *Cadastre des villages assiè (1952-1956).*

Remarquons la diversité de situations des planteurs. Une place de choix doit être faite aux petits planteurs qui représentent plus de la moitié de la totalité des planteurs (181 planteurs, soit 54,6 %). Ils sont talonnés par les planteurs moyens (110, soit 33,2 %), suivis de loin par la catégorie des très petits planteurs au nombre de 21, soit 6,3 %. Le trait le plu frappant, c'est l'émergence de la «classe» des grands planteurs (17, soit 5,1 %)

415 Pour le Ghana, voir entre autres : P. Hill, *The Gold Coast cocoa farmers*, London, 1956; "Social factors in Cocoa farming", in *Agriculture and land use in Ghana*, édité par B. Wills, London, 1962, p. 278-285 (communication du meme auteur). Pour la Côte-d'Ivoire: J.M. Gastellu, *Les plantations de cacao au Ghana (rapport de mission)*, ORSTOM, Abidjan, 1980 ; Rép. de Côte d'Ivoire, Ministère de l'agriculture, *Recensement national de l'Agriculture*, tome 3 : « Exploitations agricoles traditionnelles ». Abidjan, 1976, multigrade.

et aussi de la couche de très grands planteurs, même si ces derniers ne constituent qu'un nombre encore restreint: 2 planteurs, soit 0,6 %.

Quelle a été l'évolution entre 1919 et 1939 du secteur agricole? L'ensemble de toutes les catégories de planteurs est en progression ininterrompue entre 1919 la fin de la première période, choisie pour marquer le début des cultures de cacao et de café, et 1939 la fin de notre période. Cependant il est à noter l'inconsistance du groupe des planteurs au cours des dix premières années de l'introduction des cultures pérennes. Jusqu'en 1919, seuls trois habitants du canton embrassent les cultures nouvelles ; en 1925, trois autres planteurs emboîtent le pas aux initiateurs, encouragés probablement par les prix rémunérateurs pratiqués sur le cacao et le café[416]. Les chutes successives de prix, enregistrées par le cacao et le café, n'ont aucun effet annihilant sur le gonflement des effectifs. Les planteurs de toutes les catégories, pendant les huit dernières années, témoignent d'un robuste dynamisme.

Evolution du secteur agricole entre 1919 et 1939

Catégories de planteurs	*1919*	*1925*	*1931*	*1939*
Très petits planteurs	-	-	4	17
Petits planteurs	1	3	32	145
Planteurs moyens	2	-	18	90
Grands planteurs	-	-	2	15
Très grands planteurs	-	-	-	2

Source : Sous-direction régionale agricole de Bongouanou. *Cadastre des villages assiè (1952-1956).*

Il convient cependant de distinguer les différentes situations. L'augmentation des effectifs est plus sensible chez les grands planteurs (650 %) que chez les planteurs moyens (400 %). Ce dernier groupe s'étoffe à son tour de façon plus importante que

416 Le prix du kilogramme de cacao au producteur, très haut, est encore de 4 F en 1928. Quant au café, il s'achète à 3,87 F. le kilogramme en 1930, avant d'atteindre l'une de ses pointes – 5,02 F. le kg – en 1933.

la couche des petits planteurs (553 %), qui l'emporte à son tour sur la catégorie des très petits planteurs (325 %)[417].

Ainsi, au sein de la classe des propriétaires agricoles, s'ébauche à la fin de notre période, au contraire de l'homogénéité de la société ancienne, une stratification sociale de plus en plus complexe.

C. L'apparition de nouvelles catégories sociales

Parmi les autres catégories sociales ne tirant pas directement leurs ressources de la terre, nous noterons l'émergence des commerçants et des artisans. Il ne s'agit pas ici du secteur traditionnel préexistant du commerce et de l'artisanat, mais des animateurs des courants d'échanges, nés avec la colonisation et crées par les besoins nouveaux. Quelles sont les grandes étapes du commerce d'origine européenne ? Après les avoir brièvement décrites, nous évoquerons quelques unes des structures similaires ou dérivées, qui font aussi leur apparition dans la société du Moronou.

1. L'irruption du commerce européen

Le Moronou, jusqu'à la deuxième décennie du siècle, demeure pour ainsi dire fermé au commerce européen. Certes, les articles industriels, importés d'Europe et transitant par la Basse Côte, y font déjà leur apparition, sous la forme d'armes à feu, de cotonnades et d'alcools frelatés. Mieux, à la veille de la pénétration française, les commerçants fanti et apollonien ainsi que les colporteurs soudanais fréquentent les villages de la région, mais il faudra attendre l'année 1913 pour que la première maison, d'origine européenne, la maison Bailly, s'installe à Bongouanou. Quelques années auparavant, les commerçants européens avaient afflué en masse dans son voisinage : à Tiassalé et surtout à Dimbokro avec l'arrivée du rail. Ils guettaient, en quelque sorte, à la frontière du Moronou, prêts à y faire leur entrée dans le sillage des militaires et des administrateurs.

En 1927, quelque quatorze ans plus tard, on dénombre dans la seule subdivision de Bongouanou une centaine d'implantations de boutiques, autant dire cent boutiquiers. Sur ce

---

[417] % calculé entre le nombre absolu de 1931 et 1939, de toutes les catégories de planteurs.

nombre, seuls *« quatre vingt trois paient patente »*[418], les autres échappant au fisc. Ces boutiques sont implantées essentiellement à Bongouanou, comptant à cette date treize maisons de commerce, et dans onze autres centres du Moronou[419]. Quelques années plus tard, sous l'effet de la crise, certaines d'entre elles disparaissent; elles ne sont plus que 78 au début de l'année 1929. Malgré ce passage à vide et les tracasseries administratives [420], les maisons de commerce réapparaissent en force en 1936. Cette année-là, le commerce atteint le chiffre record de 93 boutiques, payant patente.

Les effectifs du commerce européen ont dû prendre encore plus d'ampleur, au cours des deux dernières années de la période étudiée, si l'on en croit les échos obtenus des deux dernières traites de 1938 et 1939, qui furent particulièrement prospères pour le commerce. Celui-ci n'a pas hésité, à l'occasion, à accroître ses effectifs, afin de faire face à ce *« boom »* nouveau, immédiatement postérieur à la crise passagère de 1937. Selon l'administrateur du cercle de Dimbokro, qui témoigne à la fois de ce qui se passe à Dimbokro et à Bongouanou, la traite de 1938 fut marquée dans ces deux centres par une telle apothéose que pour mieux l'affronter, certains commerçants locaux durent conclure, sur le dos du producteur, des *« associations »* tandis que d'autres démissionnaient des grandes maisons de commerce, *« pour s'établir à leur compte »,* bref que le commerce engagea la bataille *« à effectif doublé par rapport en* (sic) 1937 ».

Poursuivons cette analyse des structures commerciales en abordant l'évolution du commerce de détail au niveau des villages, tenu par ceux qui, dans le pays, sont désignés du nom de *"Dyula"* : soudanais, sénégalais, maures et autres peuples portant boubou et n'ayant en commun que leur foi en l'islam et la profession commerciale. Dans quelle mesure ce petit commerce, dont la survie est en étroite dépendance avec la présence dans la

---

418 ANCI 1 R 11-IV-39-162 (3 442), *Liste des opérations commerciales de la Subdivision de Bongouanou, 1927.*

419 Fronobo (5 boutiques), Brou-Akpaoussou (6 boutiques), Banabo (1), Boadikro (1), N'zuékokoré (1), Krégbé (11), Andé (10), Abongoua (10), Arrah (9), Kotobi (14).

420 Deux arrêtés successifs du gouvernement local limitent en 1931 et 1935 les centres d'achat des produits du cru.

colonie des articles manufacturés, dispensés principalement par les boutiques des gros centres, a-t-il progressé ?

Aujourd'hui, l'omniprésence des descendants des premiers *"Dyula",* dans le secteur du petit commerce, est indéniable. Serait-ce la preuve que, dès notre époque, celui-ci était déjà dominé par les Soudanais, les Sénégalais et les Maures dont portent témoignage nos sources ? Malheureusement ils n'ont laissé à travers ces dernières que des traces fugaces. Aussi, sommes-nous loin de pouvoir rendre compte avec précision du nombre exact de ceux parmi eux qui, à l'époque, embrassèrent la carrière de marchand. Pouvons-nous tout au plus restituer quelques chiffres qui reflètent de très loin l'effectif exact des marchands sahéliens qui tissent, progressivement, leur toile jusque dans les plus petits hameaux du Moronou.En nous fondant sur les dénombrements administratifs de l'époque, il nous est révelé que la subdivion de Bongouanou comptait en 1935,100 *dioula* (sous-entendu commerçants sahéliens), que l'ensemble du cercle de Dimbokro rassemblait un total de 1856 Dioula et 19 Maures[421], trois années plus tard en 1938. Mais sur ces nombres de population étrangère, combien pouvait-on compter effectivement de marchands ?

2. L'apparition de nouvelles structures artisanales

L'examen du secteur artisanal est tout aussi instructif sur l'immigration d'artisans étrangèrs dans la région, qui voit apparaître, à côté des marchands, une nouvelle structure inconnue jusque là, celle des artisans. Les maçons, les charpentiers et les menuisiers illustrent le mieux les nouveaux métiers artisanaux qui naissent dans le Moronou, ils constituent, parmi ces services, les groupes les plus conséquents ; ils sont représentés par quelques Soudanais, Guinéens et surtout par des sujets britanniques, originaires de la Gold-Coast. Le dénombrement de 1937 signale la présence d'une vingtaine de ces derniers dans le Moronou. Parmi les facteurs explicatifs de leur affluence dans notre région, mentionnons la traite particulièrement prospère de l'année 1938. Celle-ci suscite l'ouverture de plusieurs chantiers de construction, tout particulièrement dans les principaux centres urbains comme

---

421 ANCI D-XIII-44-104/895-916 (121), *op. cit.*

Dimbokro et Bongouanou, où l'on découvre *« l'insuffisance de maçons, de menuisiers et de charpentiers »*.

Les pratiques ostentatoires dans la mode vestimentaire, devenues aujourd'hui monnaie courante jusque dans les hameaux les plus reculés du Moronou, étaient loin d'être alors répandues. Toutefois, le goût de la « sape » et des plus beaux atours ne saurait être lié, par nature, à un environnement social prospère. Sinon, comment expliquer la tendance de tant de jeunes des cités ivoiriennes, voire africaines d'aujourd'hui, à vouloir « paraître », se montrer sous des dehors plutôt flatteurs ?

Le faible niveau de revenu par tête d'habitant ne doit pas faire illusion. Le changement dans la mode et l'usage vestimentaires, fût-il modeste, était déjà manifeste dans ce monde rural, où s'activaient tailleurs, couturières et cordonniers. Non seulement leur présence était remarquée dans le Moronou, mais leur progression y était remarquable, au fil des années. Ainsi, petit à petit, le Morofwè se familiarisait-il avec le prêt à porter, les babouches et autres chaussures. Témoin *« l'augmentation des achats indigènes en matière de vêtements et de chaussures »,* enregistrée en 1939 par Harambat, le gérant de la firme Batta, qui *« fait des mois de* 15 *à* 18 *000* francs de vente ».

Pour conclure, soulignons le grand intérêt que présente l'analyse de l'évolution de l'artisanat, fidèle reflet des mutations d'un monde rural qui s'intègre peu à peu dans un type nouveau de rapports économiques, et s'ouvre aux habitudes et aux mentalités occidentales. Parallèlement les structures traditionnelles craquent, et la brousse du Moronou subit l'influence du modèle de la ville coloniale. A la fin de notre période, bien que le phénomène soit encore peu perceptible, on note cependant, sur le plan de la vie matérielle en particulier, un rapprochement des comportements des masses rurales du Moronou et des artisans ou des ouvriers venus de la ville, auquel contribue puissamment la mobilité géographique. Ce phénomène est particulièrement sensible à proximité des centres administratifs de Dimbokro, Bongouanou ou encore des gares ferroviaires d'Anoumaba et de Tiémélékro, lieux de brassage de population plus intense.

Ainsi, apparaît un décalage entre les petits centres *« urbains »* du Moronou, foyers de diffusion de comportements nouveaux, et le pays profond. Mais pour combien de temps ? Une chose est certaine : les transformations au sein de la société rurale traditionnelle sont manifestes au terme de la crise de 1929-33, au moment où est injectée dans le Moronou une masse monétaire importante, consécutive aux prix relativement hauts, pratiqués sur le cacao, le café et les autres produits de vente.

CHAPITRE 10

LES CONDITIONS D'EXISTENCE DU MOROFWE

Le Morofwè de l'époque précoloniale ne pouvait somme toute attendre beaucoup de l'existence et devait subir fréquemment la dureté des conditions matérielles: famines et disettes, épidémies diverses ... Grâce essentiellement au développement des cultures industrielles, la population voit progressivement se transformer son mode d'existence. La diffusion des cultures pérennes change les rapports de l'homme avec le sol et l'acquisition d'un certain capital monétaire, par l'intermédiaire des nouvelles cultures, modifie profondément les relations des hommes entre eux, non seulement au niveau du lignage, mais aussi au niveau du village.

Cependant si de nouvelles perspectives s'ouvrent à lui, avec l'avènement de la colonisation, ce n'est pas sans contrepartie, celle-ci l'introduit dans un nouveau système plutôt contraignant, fait de prestations et de contributions de toutes sortes. Peut-il néanmoins espérer un avenir meilleur?

I. LA DENSITE DU TRAVAIL

Les Agni du Moronou, comme tous les ivoiriens soumis au régime colonial de l'époque, ont bénéficié des avantages sociaux et matériels, créés par le système. Mais on peut se demander si le colonisé morofwè n'a pas payé chèrement les divers avantages dont il eut à jouir, en se pliant désormais à un travail pénible, constant et aux autres obligations qui lui furent imposées à son corps défendant, dans le cadre du système colonial. La question mérite d'être examinée, tant il était constamment occupé, soit dans les champs vivriers et de cultures pérennes, soit en tant que manœuvre administratif ou contractuel, engagé temporairement sur les chantiers publics ou privés de la colonie.

A. Le travail agricole quotidien et annuel : sa constance, sa régularité et sa dureté

Deux cas se présentent : ou le Morofwè est ouvrier agricole au service d'un patron, ou il est lui-même propriétaire et responsable de sa propre exploitation. Dans le premier exemple où l'ouvrier agricole se trouve lié par un contrat, il est soumis à une durée journalière de labeur, prévue par la législation coloniale du travail. Celle-ci a varié au cours de la période étudiée. Fixé à 10 h en y incluant la durée du trajet *aller et retour*, au cours des premières années de la colonisation, le temps règlementaire du travail est réduit à 9 heures en 1938. En fait, le travail a été « *mené de tout temps de 6h30 à 12 h avec une demi-heure d'arrêt à 8 h ; et de 14h à 17h 30* », soit 9 heures de travail effectif. Pour apprécier, comme il se doit, l'aspect pénible du labeur soutenu auquel est astreint l'ouvrier agricole, il faut prendre en compte non seulement la durée mais aussi le moment de la journée. Travailler sous les tropiques, au lever du jour, quand la température est relativement fraîche, est beaucoup moins pénible et n'a pas la même signification, pour l'ouvrier qui peine aux heures chaudes de la journée. Même le rendement du travail en pâtit. D'avoir imposé à l'ouvrier agricole la reprise du travail de 14 heures, en pleine canicule, fut une erreur monumentale autant qu'une mesure *inhumaine, contraire aux habitudes du travailleur noir.*

La plus tardive des sources à notre disposition, dans laquelle la durée du travail est envisagée, est la lettre du gouverneur Crocicchia au président de la Chambre de commerce de Côte-d'Ivoire, datée du 11 juin 1940. Dans ce document, le premier laisse entendre au second *« qu'il va incessamment porter la durée quotidienne du travail à 10h »*, comme par le passé, et *« astreindre à travailler, le dimanche matin »,* aussi bien les employés à solde mensuelle que les journaliers[422]. L'application d'une telle mesure, pour le moins maladroite, aura des conséquences sociales extrêmement graves. Elle suscitera entre autres de vives protestations, auprès des communautés chrétiennes villageoises, privées du repos dominical, soutenues dans leurs revendications par les pères de la mission

---

[422] ACCCI, n° *1 142 O.T. du gouverneur de la Côte d'Ivoire, Crocicchia au président de la Chambre de commerce de Côte d'Ivoire.* Abidjan, le 11 juin 1940.

catholique[423]. Cette mesure sera rapportée en 1941, sous la pression de l'opinion générale. Il n'empêche que le travailleur contractuel des exploitations agricoles privées aura eu à souffrir énormément de cette loi scélérate, avant sa suppression définitive.

Qu'en est-il de l'emploi de temps du planteur villageois, cultivant son bien avec l'aide des membres de sa famille ou d'un nombre limité de manœuvres ? Il est difficile d'évaluer ici la durée réelle de la journée du propriétaire exploitant, le cas le plus généralisé dans le Moronou. En effet celui-ci doit accomplir chaque jour, selon la saison, des tâches déterminées; leur réalisation varie selon le rythme de travail propre à chaque individu, autrement dit selon qu'il est lent ou rapide, suivant aussi la fréquence et les temps d'arrêt, consacrés aux funérailles, aux prestations diverses requises par les travaux d'intérêt commun : réfection des routes de la subdivision, nettoyage des pistes villageoises et autres ...

Quoi qu'il en soit, la journée de travail de l'exploitant agricole est fort longue. Levé au petit jour, il accomplit souvent une ou deux heures de marche[424], avant d'être rendu à la plantation. Il s'accorde alors quelque moment de répit, le temps de faire le tour de la parcelle vivrière, afin d'inspecter les pièges posés la veille, puis il entame effectivement le labeur du jour : débroussaillement, nettoyage de la caféière, cueillette des cabosses de cacao ... tout dépend de ce qui est prévu au menu du jour. Le milieu de la journée est marqué par un temps d'arrêt; il prend alors son repas, frugal, composé seulement de quelques tranches d'ignames ou de banane plantain, cuites à la braise, ou bouillies à l'eau. Après cette pause, rarement prolongée d'une sieste, comme on aurait tendance à le croire, il se remet au travail. Aux environs de 16 h, il s'arrête, jette un dernier coup d'œil aux pièges posés le matin, inspecte le travail accompli par

---

[423] Témoignage recueilli auprès d'un groupe de chrétiens catholiques de la paroisse St André de Bongouanou. Bongouanou, le 28/12/1979.

[424] « La marche à pied est le moyen le plus utilisé par les planteurs pour se rendre au champ : les 2/3 pour les Agni, les 4/5 pour les autres, ce qui implique chaque jour un grand nombre d'heures perdues par la communauté de Bongouanou. ». *Etude de géographie sur les villes moyennes de Côte d'Ivoire : le cas de Bongouanou.* Abidjan, 1980, p. 36-45 (p. 41).

ses aides et reprend le chemin du village, à moins qu'il ne décide de passer la nuit au campement, quand il en existe un sur l'exploitation, comme c'est le plus souvent le cas.

Quant au calendrier agricole annuel, il est presque immuable, quand il n'est pas perturbé par les réquisitions administratives[425] : défrichement et apprêt du terrain destiné à recevoir les cultures vivrières, traite du cacao, de novembre à février ; buttage des ignames, récolte intermédiaire du cacao, du café, de mars à juin; récolte des nouvelles ignames, débroussaillement des différentes surfaces de cultures et récolte du cacao, de juillet à novembre. Ainsi, se boucle le cycle annuel des travaux agricoles, besogne déjà harassante à elle seule, qui ne représente malheureusement qu'une partie des peines du colonisé morofwè.

B. Le travail prestataire

Le *« magnifique essor »* des cultures de cacao et de café dans les limites du Moronou, jouant en quelque sorte le rôle de *« couverture »,* préserve notre région du recrutement de main-d' œuvre exorbitant[426] dont sont victimes les autres subdivisions du Nzi-Comoé et de la majeure partie des cercles de la colonie. Mais ce privilège exceptionnel ne fonctionne pas de façon absolue. Aux moments de forte pénurie de main-d'œuvre et en certaines circonstances particulières, les Morofwè sont enrôlés, au même titre que tous les autres ivoiriens, dans la deuxième portion du contingent[427]. Ainsi, réquisitionnés, quelquefois avec leurs familles, femmes et enfants, au profit des planteurs

---

425 Celles-ci peuvent tenir le planteur éloigné de son exploitation pour plusieurs semaines, voire des mois, surtout lorsque ce dernier, petit exploitant, ne peut justifier d'un minimum de « 2 hectares de caféiers et de 3 hectares de cacaoyers en rapport ». Encore cette mesure de faveur(…) ne fut-elle prise que bien plus tard, après notre période d'étude, par le gouverneur de Côte d'Ivoire, A. Latrille, en mai 1945. Cf. L.G Damas, *Rapport n° 11 348 sur les incidents survenus en Côte-d'Ivoire, tome III*. Abidjan, 1965, p. 1 0065.

426 « *IL (le recrutement de la main-d'œuvre) sur toutes les Subdivisions du Cercle à l'exception toutefois de celle de* Bongouanou, oubliée à dessein pour n'y pas compromettre le magnifique essor qu'a pris la culture du cacaoyer ». ANCI 1 QQ 104, n° *2 197 de l'administrateur du N'zi-Comoé à l'inspecteur Mérat. Dimbokro, le 25/2/1924.*

427 « L'armée de travail », autre expression pour désigner les recrues du travail forcé, par opposition à « l'armée de combat » qui regroupe les soldats de la première portion.

européens, ils étaient obligés d'abandonner l'entretien de leurs propres plantations. Bien que lacunaires, et ne permettant pas de suivre de façon continue le rythme des recrutements, nos documents laissent cependant soupçonner quelque peu l'importance numérique des hommes et des femmes, qui furent contraints de s'éloigner momentanément de leurs villages, et de se mettre de force au service, soit de l'Etat colonial, soit des exploitations privées européennes. Le tableau suivant est assez éloquent par lui-même :

Manœuvres originaires du N'zi-Comoé

Années	Manœuvres pour Entreprises privées	Manœuvres pour Entreprises publiques	Total
1919	-	235	235
1920	135	74	209
1921	-	-	-
1922	-	244	244
1923	268	31	299
1924	840	250	1 090
1929	2 353[428]	2410[429]	4 763
1935	305	-	305
1936	508	29 850	30 358
1938	1 235	-	1 235
Total	5 644	33 094	39 043

Sources : ANCI 1 QQ 104, *op. cit.* 1924 ; ANCI 1 E2-IV-4-182 (3 307), *op. cit.* 1929 ; ANCI 2H4-IV-15-125 (3742), *Programme d'action sociale, cercle de Dimbokro.*

Deux remarques s'imposent : on notera la progression ininterrompue en dehors des années lacunaires - pendant dix-neuf ans, de J9J9 à 1938, de l'exigence, en main d'œuvre, des chantiers publics et privés. Par ailleurs le nombre cumulé de manœuvres recrutés - 39 043 en 1938 - relativement élevé, représente à cette date 33,6 %de la population totale du Nzi-Comoé, estimée à 116 J34 habitants[430]. Autant de bras dont furent privées les exploitations familiales du cercle, au profit de l'Etat colonial et des chantiers privés de la colonie !

428 Dont 38 de la subdivision de Bongouanou

429 La totalité de la seule subdivision de Bongouanou.

430 ANCI D-XIII-44-104/895-916 (121), *op. cit.* 1938.

Traduit en nombre de journées, ce chiffre de manœuvres livre réciproquement : 2 709 journées ou 12 *« années d'absence »*, passées hors du village, au service des entreprises privées[431], et 337 428 journées au service de l'Etat colonial ivoirien[432]. Ainsi le flux migratoire de main-d'œuvre à l'extérieur du cercle, de 1919 à 1938, représente autant de journées perdues aux dépens des cultures familiales, véritable chemin de croix pour le colonisé morofwè.

II. L'EVOLUTION DU NIVEAU DE VIE

L'étude du chapitre 6, consacrée aux « fruits de l'expansion », a révélé la rentrée d'argent relativement importante, enregistrée dans le Moronou, par la vente des divers produits de culture. Dès lors, on peut se demander quelles en ont été les incidences sur l'existence quotidienne des habitants, quelles transformations se sont opérées dans ce domaine, notamment en ce qui concerne la nourriture, l'habitat, en un mot quelle a été l'évolution du niveau de vie des couches populaires.

Ce problème sera essentiellement abordé sous l'angle qualitatif, nous appuyant éventuellement sur les données statistiques d'enquêtes et de monographies anciennes mais surtout récentes, réalisées au-delà de notre période[433]. Mais d'abord, comment se présente la situation matérielle des habitants ?

---

[431] La durée du contrat de travail sur les chantiers privés étant égale à un minimum de 6 mois (30 j. x -), c'est sur cette base que le chiffre a été obtenu, soit 180 jours par 5 644 le nombre de manœuvres au service des entreprises privées.

[432] Avant 1936, le nombre de jours de prestations est estimé à 12 jours annuels par personne ; après 1936, il est réduit à 10 journées. Le calcul, opéré sur ces bases, livre le chiffre de 337 428 journées passées sur les chantiers publics.

[433] Essentiellement *Côte-d'Ivoire, Enquête de nutrition, niveau de vie, Subdivision de Bongouanou, op. cit.*

A. Une situation matérielle en progrès

Partie d'un stade plutôt médiocre, la vie matérielle progresse assez rapidement, même si elle n'atteint pas une très haute performance.

1. La dureté des premières années coloniales

La vie matérielle, antérieure à la colonisation et même durant les premières années de la pénétration française, peut être caractérisée d'un seul mot: la dureté de l'existence. En effet, à cette époque, bien que l'igname, déjà répandu sous ses multiples variétés, constitue la base de la nourriture, sa production annuelle s'avère, par imprévoyance, bien souvent inférieure aux besoins de la consommation locale. Aussi, durant les années de pénurie ou les périodes de soudure, plus fréquentes qu'à l'époque coloniale, l'on a recours à l'approvisionnement extérieur,[434] à moins de se rabattre de préférence sur les *boluo* (les ignames sauvages) ou les racines, les baies sauvages et les tubercules de manioc. C'était encore l'époque, où le riz était inconnu dans la région et où l'administration coloniale n'y ayant pas encore fait son apparition, les habitants se contentaient, pour les champs vivriers, de superficies extrêmement réduites, à peine de quoi porter la récolte nécessaire à la subsistance familiale.

Les animaux domestiques - bœuf, petit bétail, volaille – existaient certes, mais leur consommation n'était pas d'un usage courant, bien que l'Agni consente à vendre ou à abattre de temps à autre quelques têtes de bétail ou des volatiles, pour les funérailles et autres cérémonies rituelles. C'est que pour l'Agni, le bétail domestique constitue en quelque sorte un capital, thésaurisé, consommé rarement et en petites quantités. La boisson communément employée est l'eau. Encore celle-ci, souvent souillée, provoque-t-elle, dans les villages, de fréquentes atteintes de ver de guinée. Bref, la nourriture assez pauvre, fortement déséquilibrée – excès de glucides, carence en

[434] Par exemple, en 1920, année de pénurie vivrière dans le Moronou, les Agni renouent avec les habitudes anciennes en s'adressant pour leur ravitaillement, soit au pays baoulé (Ouellé), soit au pays abron (Bondoukou), malgré le coût élevé de l'igname sur ces différents marchés (8 F les dix ignames à Ouellé et 7 F. les dix à Bondoukou). ANCI 1 EE 139 (7), n° 120, *Rap sur la situation agricole et économique du N'zi-Comoé, 2e trimestre 1921.*

lipides et en protides - était le plus souvent à l'origine de l'état déficient des enfants, voire des adultes.

L'habillement est aussi des plus sommaires: « *les enfants des deux sexes vont nus, comme des vers* », écrit en 1893 Pobéguin, à propos de la population de Tiassalé proche, par le territoire et les mœurs, des habitants du Moronou. Quant aux hommes et aux femmes, continue Pobéguin, « *ils portent simplement une bande d'écorce tannée ou d'étoffe large de 5 centimètres environ qu'ils passent entre leurs jambes et rattachent devant et derrière sur une ceinture faite d'une simple liane* »[435]. Si la population se pare d'ornements de prix: perles, bracelets de cuivre, bijoux en or, c'est à des occasions exceptionnelles, aux jours de grande liesse.

Le logement laisse aussi à désirer. Rares sont à ce sujet les commentaires élogieux. Jacotot, dans le rapport mensuel de janvier 1910, relève sur l'aspect des villages du poste de Bongouanou :

> Les uns construits en lattes ressemblent à des campements provisoires où les indigènes ne font que de courts séjours ; d'autres construits en pisé ressemblent à des ruines, les toitures effondrées laissent passer l'eau qui désagrège les murs et finissent par tomber[436].

Par ailleurs l'insuffisance, l'insalubrité sont constamment évoquées : *les habitations sont basses, malsaines et peu aérées*, découvre-t-on régulièrement dans les rapports.

2. *L'évolution des conditions matérielles : alimentation, vêtements et logement*

A partir de la deuxième décennie de l'installation coloniale, apparaissent les premiers rapports administratifs sur l'évolution des conditions d'existence des populations ivoiriennes. Elles seront suivies des grandes enquêtes sociales, entreprises par le gouvernement du Front populaire[437], qui n'ont laissé, en ce qui

---

[435] ANSOM (rue des Franc-bourgeois), 231 MI 8, Dossier 6, *Lettre de Pobéguin pour Bailly*. Tiassalé, 1893.

[436] ANCI 1 EE 147, *op. cit.* janvier 1910.

[437] ANSOM, Carton 49..., *Enquêtes de : Octobre-novembre 1936, Avril-mai 1937, Février-mars 1938 et mai 1939.* L'enquête de mai 1939, qui devait porter sur les conditions de la main-d'œuvre salariée, n'eut point lieu, à

concerne la colonie ivoirienne, que peu de traces. Rapports administratifs et enquêtes tendent tous à la même conclusion: au contact de la civilisation occidentale, les conditions de vie des populations colonisées s'améliorent.

Effectivement, bien qu'aucune étude systématique n'ait été menée sur ce sujet dans notre région, il est néanmoins possible de tenter une approche des changements survenus dans ce domaine, en ayant recours à un certain nombre d'indices: l'augmentation progressive, tant en quantité qu'en qualité, de la ration alimentaire des ouvriers agricoles et des chantiers forestiers de toute la Côte d'Ivoire[438] : la place de plus en plus prépondérante accordée, dans l'alimentation de l'ensemble de la population des régions forestières, y compris le Moronou, à la viande de boucherie et au poisson fumé, importé des régions lagunaires de la Basse-Côte [439]. Par ailleurs, de nouveaux chapitres comme les obligations familiales (dons, paiement de l'impôt de capitation pour un parent, dot), l'acquittement en espèces de la prestation annuelle, apparaissent au poste des dépenses du budget de l'ouvrier, sur son lieu de travail dans le Nzi-Comoé. D'autre part, des postes, comme ceux de l'habillement et de la santé, prennent dans ce même budget une

---

cause de la guerre. Celle de février-mars 1938 sur l'alimentation, l'habitat, les migrations internes à l'Afrique, le problème des métis dans les colonies, n'a pas laissé de trace, en ce qui concerne la Côte d'Ivoire, dans les archives coloniales.

438 La réglementation officielle de la ration alimentaire, prévue pour la main- d'œuvre des entreprises privées et publiques, livre les chiffres suivants :

Aliments	1922	1927	Différence	Calories/100 gr.
Riz	0,400 Kg	0, 700 Kg	+ 75%	350
Ou Igname	1,500 -	2,500 -	+66%	337
Ou mil	-	1 400 -	-	348
Ou banane	-	3 500 -	-	335
Viande séchée	0,125 -	0,100	- 20%	115
Ou poisson sec	0,125	0,080	- 36%	71
Huile de palme	0,040 -	0,040	-	-

Source : J.O.C.I. 1922 et 1927, G. Hardy et Ch. Richet, *l'Alimentation indigène dans les colonies françaises, Paris 1933, p. 100-110.*

439 P. Kipré, *Les villes de la Côte d'Ivoire, op. cit.*, p. 712, écrit : « *Il faut toutefois indiquer que la plus large commercialisation de la viande de boucherie et du poisson fumé, après 1935 et jusqu'en 1939, notamment en zone forestière, permettra d'accroître légèrement la part de ces produits dans les dépenses familiales* ».

place prépondérante, au cours de la période coloniale. Enfin des passages, relevés ici et là, à travers les différents rapports administratifs, confirment cette impression de progrès matériel. Le rapport du deuxième· trimestre 1928 sur la situation sanitaire et l'hygiène de la subdivision de Bongouanou, tout en soulignant qu'on mange *« peu de viande dans cette circonscription administrative »,* insiste sur l'abondance de la nourriture de la population, qui « *se compose principalement de bananes, d'ignames et de maïs* ». Il donne aussi des indications sur la qualité excellente de l'eau dans la subdivision dont de *« nombreux villages possèdent des puits où les habitants vont puiser cette denrée destinée à leurs usages domestiques »*[440].

En 1935, le rapport politique du second trimestre de l'Indénié, abordant le problème de l'existence matérielle des populations des subdivisions de Bongouanou et d'Abengourou, présente même une vision quelque peu idyllique de la réalité :

> La situation économique est d'ailleurs excellente et exerce une influence salutaire sur la politique indigène. La richesse du pays permet aux indigènes de bien manger, de se bien vêtir. Les villages sont propres, les habitations confortables : beaucoup sont construites à l'européenne, en matériaux durables[441].

En 1939, à l'extrême fin de la période étudiée, les informations disponibles corroborent cette impression de progrès matériel généralisé dans la partie- est du Moronou :

> Les ressources du pays assurent une alimentation suffisante à la population autochtone[442].

Même l'Ouest du Moronou, la zone rattachée administrativement au Nzi-Comoé en 1937, beaucoup moins

---

[440] ANCI 1 EE –IV-17-27 (9 268), Rap. sur la situation sanitaire et l'hygiène de la subdivision de Bongouanou, 2e trimestre 1928.

[441] ANCI 1 E 3 –IV-43/5 (3 304), *Rap. politique du cercle de l'Indénié, 1e trimestre 1939.*

[442] ANCI 1 E 3-VI-14/2 (4014), *Rap. politique du cercle de l'Indénié, 1e trimestre 1939.*

favorisé par la nature offre, en cette fin de période, sous bien des aspects, un visage enviable:

> Les enfants ne sont plus quasiment nus comme autrefois ; on les habille de plus en plus avec goût (…) La paix française a jeté un peu d'air et de lumière parmi ces hameaux et ces chaumières. Ils sont devenus plus vastes et sont plus dignes d'abriter des êtres humains[443].

Au total, en 1939, dans le domaine des conditions matérielles, un bond avait été accompli dans le Moronou. Mais le progrès était loin d'être partout homogène, et en maints endroits beaucoup demeurait encore à accomplir.

B. L'alcoolisme, un fléau pour le Moronou ?

Les Agni en général et ceux du Moronou en particulier se sont taillé une solide réputation de grands buveurs d'alcool, dont témoignent les premières sources écrites sur la région agni[444]. Dans quelle mesure la population du Moronou subit-elle les effets de l'alcoolisme ? Il est difficile de formuler une réponse, faute de documents statistiques précis. Il eût fallu, pour apprécier correctement les méfaits de l'alcoolisme, un document aussi exact que celui réalisé à la même époque sur le cercle de Lahou[445]. Or, les résultats pernicieux de ce fléau, dénoncés par nos sources, ne sont point propres à notre région; ils s'appliquent tantôt à l'ensemble de la colonie ivoirienne, voire à l'A.O.F.[446],

---

443 ANCI 2 H4-IV-15-125 (3 742), *Programme d'action sociale pour le cercle de Dimbokro, 1937.*

444 Delafosse signale, dès 1901, l'existence du gin, de l'anisette et d'autres liqueurs dans les régions agni. Ces alcools entraient déjà pour une bonne part dans toutes les cérémonies coutumières, en particulier des funérailles. Depuis le contact avec l'Europe, ces alcools se seraient substitués aux boissons locales. Cf. M. Delafosse, *Manuel de langue agni, op. cit.* p. 22.

445 Grivot, « le Cercle de Lahou, Côte d'Ivoire », *Bull. IFAN, t.IV, n° 1-4,* 1942, p. 1-154.

446 « *L'alcoolisme fait de jour en jour, en AOF, des ravages terrifiants chez les indigènes. L'administration devrait interdire l'alcool, l'administration n'ose pas* ». « Extrait d'une délibération à la Chambre des députés, 2è séance du 19 décembre 1912 », cité par le BCCCI, numéro relié 1911-1919, à l'article « alcoolisme à la Côte d'Ivoire ».

tantôt au vaste ensemble régional auquel appartient le Moronou[447].

Incontestablement, la consommation d'alcool augmente en Côte d'Ivoire, au contact de l'Europe, et singulièrement depuis l'implantation coloniale, encouragée par le commerce local et même l'Etat colonial, qui y trouvent leur compte[448]. En effet, l'importation de l'alcool connait en Côte d'Ivoire, au travers des vicissitudes, une remarquable progression. Les registres douaniers font état de 1 105 206 litres d'alcool entrés en Côte-d'Ivoire en 1900, 659 109 litres en 1905 et 898 753 litres en 1911[449].

Rapprochée du chiffre de population ivoirienne, estimée à 1,266 million d'habitants en 1912, la quantité d'alcool importée à cette date, se chiffrant à 8 579 183 litres, paraît stupéfiante. La consommation moyenne par habitant et par an serait de 0,70 litre, un chiffre record qui « *dépasse de loin la consommation de la France, considérée parmi les nations occidentales comme celle où l'on consomme proportionnellement le plus d'alcool* »[450].

A cette consommation de l'alcool d'importation européenne, il faut ajouter le vin de palme, de fabrication locale, dont la consommation n'était pas moins importante. Dans le Nzi-Comoé, 10 000 palmiers et 15 000 rôniers sont régulièrement abattus par an, pour l'extraction de cette bière locale. Le stationnement des troupes coloniales à Dimbokro, chef-lieu de cercle, où demeurent en permanence une compagnie de tirailleurs et une brigade indigène, ne doit pas être étranger à

---

[447] D'après une étude sur l'alcoolisme en Côte-d'Ivoire, réalisée en 1912, une carte de ce fléau permettrait de diviser la colonie en deux zones distinctes. Dans la première partie, constituée par les régions côtières et l'hinterland dont l'Indénié et le Moronou, « *les indigènes dotés de suffisamment de richesse, consomment énormément d'alcool,* ***le liquide qui brûle la gorge et l'estomac*** ». Citation extraite du BCCCI, numéro relié (1911-1919), à l'article « Lutte contre l'alcoolisme ».

[448] Les recettes douanières perçues sur l'importation d'alcool en Côte-d'Ivoire, de 1907 à 1911, s'établissent ainsi : 3 292 919 F. en 1907, 3 456 624 F. en 1910, 4 334 390 F. en 1911. *Extrait du BCCCI n° des années 1911*-19, p. 166.

[449] BCCCI 1912, p.166.

[450] J.O.C.I. 1913. Voir à la partie non-officielle, le *rapport sur l'alcoolisme*, p. 1 et sq.

« l'augmentation du nombre de marchands de vin de palme »[451]. L'absorption immodérée du *bangui* (vin de palme) dans les débits de boisson, qui se multiplient clans le centre de Dimbokro, aux abords des autres grosses agglomérations du cercle et le long des pistes conduisant aux plantations de culture, donne lieu à des *« désordres et rixes multiples »,* qui seront à l'origine de l'intervention administrative. L'autorité coloniale s'alarme, non sans exagération, de la multiplication des cabarets.

Deux arrêtés successifs, évoquant tous ces motifs, suppriment, d'abord en 1915 dans le N'zi-Comoé la vente du vin de palme, puis une année plus tard en 1916, dans les Imites de toute la colonie, *« la fabrication et la circulation du bangui en vue de la vente »*.[452] La lutte contre l'alcoolisme se poursuit par la suite avec des résultats plus ou moins heureux dans notre région. Temporairement s'estompe l'usage immodéré aussi bien du vin de palme que des alcools frelatés d'importation. Mais, pour triompher dans cette bataille, il eût fallu non seulement toute l'autorité morale de la Chambre de commerce et de son président, l'impétueux Louis Barthes, mais surtout la coopération honnête de l'ensemble du commerce. Pour n'avoir pas toujours prêté un concours efficace dans cette lutte, le commerce doit être désigné comme complice de l'échec partiel enregistré dans ce domaine[453].

---

[451] ANCI 1 RR 104, *Rap. en séance du Conseil d'administration du 8 mai 1915, a/s de l'intervention de la vente du vin de palme.*

[452] Arrêté local 338 A du 8 mai 1915 interdisant la vente des boissons dites vin de palme, bans (sic), rôniers dans le N'zi-Comoé et arrêté n° 40 A de janvier 1916.

[453] Le médecin-capitaine Petit, à l'occasion des opérations de recrutement militaire de 1929, décrit ainsi l'état sanitaire général du cercle : « *Triple terrible fléau, constitué par la syphilis, le vers de Guinée et l'alcoolisme. Nous pouvons atteindre les deux premiers, mais nous sommes à peu près impuissants pour lutter avec efficacité contre le troisième (...) Quelle que soit notre bonne volonté et les mesures de surveillance édictées, nous ne pouvons empêcher la contrebande, et il est malheureusement indéniable qu'une fraude active s'exerce notamment chez les Agni de la subdivision de Bongouanou* ». ANCI 1 EE 3-IV-4-182 (3 307), *op. cit.* 1e trimestre 1929.

C. Le progrès des soins médicaux et de l'hygiène

Des cas d'épidémies assez fréquents de variole, de grippe; des affections diverses, depuis le paludisme, les maladies des voies respiratoires, urinaires, de l'appareil digestif, considérées comme graves jusqu'aux maladies cutanées : pian, gale, regardées comme bénignes, sont signalés régulièrement par le personnel médical, à l'issue des tournées effectuées trop rarement hélas ! dans les villages et centres principaux du Moronou. Par ailleurs, les rapports médicaux laissent aussi entrevoir de temps à autre l'état général misérable des habitations, dont certaines, dans quelques secteurs reculés du Moronou, *« amas informes de chaume pourri, de bois rongés (...) dégageant une odeur pestilentielle »,* n'ont de cases que le nom.

Par les conseils, les amendes infligées mais surtout par la persuasion, le progrès pénètre, lentement, le domaine de la santé. Bien que les effets y soient moins visibles, ils ne sont pas pour autant plus dignes d'être soulignés. Le développement de l'action médicale, malgré la carence permanente des moyens d'intervention, témoigne de l'intérêt de plus en plus poussé que l'habitant du Moronou porte à sa santé. Outre le poste médical de Bongouanou, doté d'une maternité en 1938, les centres de consultation d'Anoumaba et de Tiémélékro voient le jour en 1937. D'autre part, le nombre de consultations augmente progressivement d'une année à l'autre: 2 744 consultations en 1933 pour l'ensemble du Nzi-Comoé, 4 154 en 1934, 5 493 en 1935, 12 322 en 1936 et 12 821 en 1937, soit une augmentation de 367,2 % en l'espace de quatre ans. Ce qui représente une croissance moyenne annuelle de 91,8%.

Par ailleurs les habitudes de soins se modifient lentement. En effet, soit sous forme d'achats de médicaments, soit sous forme de cotisations pour la construction du dispensaire et de la maternité de Bongouanou, des centres de consultation d'Anoumaba et de Tiémélékro, ou encore de participation au financement du dispensaire d'Abengourou ou des pavillons sanitaires de l'ambulance de Dimbokro, les Agni du Moronou dépensent des sommes relativement importantes pour leur santé. Naturellement les formes traditionnelles de la médecine africaine, utilisant des produits locaux fort efficaces, malgré ce que pouvaient en penser les coloniaux de l'époque, restent fort vivantes; et les consultations de féticheurs et de pseudomarabouts tiennent encore plus de place dans le budget agni. Cependant la première maison, autorisée à vendre des produits pharmaceutiques, fait son apparition à Bongouanou, en 1936. Elle est tenue par Joseph-Albert Penny, qui assume également la gérance de la CFCI à Bongouanou. Selon le rapport du deuxième semestre du Nzi-Comoé, sur la situation commerciale, l'on enregistre dans la région une *« augmentation des ventes des produits pharmaceutiques »,* l'indice d'une conscience plus nette de la population en l'efficacité de la médecine occidentale.

La thérapeutique occidentale se conjuguant avec la médecine traditionnelle, on peut penser que l'état de santé général de la population a été en s'améliorant, au cours des dernières années. L'observation de nombreux indices concourt à corroborer cette impression : le dépistage des syphilitiques, malgré le procédé encore défectueux, existe désormais en 1939; le succès des premières interventions chirurgicales a un heureux effet sur la population et le nombre de celles-ci croît; d'autre part, les chiffres des accouchements et des consultations prénatales des années 1936 et 1937, les seuls disponibles, sont en nette progression. Enfin, d'un commun accord, le commandant de cercle et le médecin-chef de la région adoptent en 1937 un plan d'action, afin d'augmenter le rendement des différents services médicaux et sanitaires de la région. Ils prévoient pour cela un supplément de personnel, de crédits et aussi la construction d'un nouveau pavillon d'hospitalisation à l'ambulance de Dimbokro.

D. Pouvoir d'achat et ressources réelles

Après l'appréciation de l'évolution qualitative du niveau de vie, est-il possible d'aller plus avant et d'évaluer le budget du ménage morofwè ? Si l'étude du budget a pu être conduite dans le Moronou, à la fin de la période coloniale, grâce à un relevé quotidien des revenus ct des dépenses au sein du ménage[454], la chose paraît difficile à l'époque antérieure, dans la mesure où toute préoccupation de cet ordre est absente de nos sources. Même si nous parvenions à préciser le budget du ménage, tous les obstacles ne seraient pas pour autant levés. Il est indispensable, afin d'avoir une description exacte du niveau de vie du Morofwè, consommant une grande partie des produits

[454] Côte d'Ivoire, *Enquête de nutrition, niveau de vie, Subdivision de Bongouanou, op. cit.*

récoltés, de connaître aussi la quantité des produits autoconsommés. Comment rendre compte de cet apport personnel dans la consommation quotidienne ? Mais tentons d'abord de prendre la mesure du revenu monétaire du planteur moyen.

1. Le revenu monétaire

Comment parvenir à déterminer le revenu du planteur morofwè ? A défaut d'autre source, recourons au cadastre. L'analyse sera limitée à celui de nos cinq villages du canton Assiè, déjà connu. Elle permet de déterminer l'âge des exploitations, leurs superficies et le nombre de personnes qui vivent sur chacune d'elles. Contrairement aux parcelles de café dont la superficie n'a pu être appréhendée de façon exhaustive, à défaut d'une détermination précise de leur âge, l'analyse de ce cadastre fournit, sur les cacaoyères, les éléments fondamentaux suivants, illustrés par le tableau ci-après :

Canton Assiè :

Evolution de la Superficie cacaoyère et Main-d'œuvre (1926 – 1939)

Age de la parcelle	1926-1932	1936-1939
Aide familiale	283	1 262
Main-d'œuvre	78	960
Superficie en hectare	1 115,6	1 258,9
Nb ha par personne active	3,09	0,5

Source : S/direction régionale agricole de Bongouanou, *Cadastre des villages assiè 1952-1955*

Entre 1926 et 1932, 1 115,6 hectares de cacaoyers ont été mis en valeur par 361 personnes actives[455] contre 1 258,9 hectares cultivées par 2 222 personnes, pour la période postérieure, 1933-1939. En rapportant la superficie cacaoyère au total de la main-d'œuvre, on obtient la superficie par personne active, soit 3,09

[455] Y compris les enfants qui contribuent, selon leur force, à la mise en valeur des cultures. Ils sont comptés ici comme une unité dans le nombre de personnes à charge.

hectares de 1926 à 1932, et 0,5 hectare de 1933 à 1939. Connaissant par ailleurs le rendement moyen par hectare de la cacaoyère familiale de l'époque[456], il est possible d'évaluer la production annuelle théorique, au niveau de chacune des deux périodes,[457] et de calculer ensuite le revenu annuel, en nous référant au prix moyen du kilogramme de cacao à l'acheteur[458]. Celui-ci est de 2 530 F de 1926 à 1932 contre 366 F de 1933 à 1939[459], soit une baisse substantielle de 85,5 % du revenu.

L'apport de la vente de la production cacaoyère n'est qu'un élément du revenu monétaire du planteur morofwè. Il convient d'ajouter, pour en obtenir le montant total, le produit des ventes du café, des produits de cueillette, et des vivriers, éventuellement offerts à la vente sur le marché local et même à l'extérieur. L'analyse du cadastre ayant permis de disposer des surfaces caféières cultivées par personne active pour chacune des deux grandes périodes - 0,18 ha pour 1926-1932 et 0,27 ha pour 1933-1939[460] – la production annuelle de café par personne active, en référence au rendement moyen à l'hectare, estimé à 450 kg, peut être établie à 81 kg pour la période 1926-1932 et à 121,5 kg pour les dernières années 1933-:939. A raison de 3,87F et de 4,75 F le kilogramme de café à l'acheteur, respectivement pour 1926-1932 et 1933-1939, le revenu annuel par tête est estimé à 313, 47 F de 1926 à 1932 et à 577,12 F de 1933 à 1939.

---

456 Le rendement moyen de la cacaoyère « indigène » est de 400 à 500 kg à l'hectare contre 1 000 à 1 200 kg pour la cacaoyère européenne. ANS 2 G 38-63, *Rap. annuel de la production agricole des subdivisions de la Côte-d'Ivoire, 1938.*

457 1 390,5 kilogrammes de 1926 à 1932 et 225 kg de 1933 à 1939.

458 Cf. le tableau de l'évolution des prix du cacao, p.133.

459 Le revenu annuel moyen, théorique, a été obtenu en multipliant le prix moyen du kilogramme de cacao à l'acheteur (calculé séparément pour chaque tranche de période) par le rendement à l'hectare.

460 Canton Assiè : évolution de la superficie caféière par personne (1926-1939).

Age plantation	**1926-1932**	**1933-1939**
Personnes actives	12	40
Superficie caféière en hectare	2,20	11,05
Nb d'hectares par personne	0,18	0,27

Que représente le produit de vente des vivriers et des récoltes de cueillette ? La question est beaucoup plus délicate. Nous ne disposons ici d'aucun point d'appui sûr. Les seuls points de comparaison, sur lesquels nous puissions nous appuyer, se situent en aval, quelque seize ans après la dernière année de la période envisagée ici. Encore s'agit-il de pourcentages, fournis par l'enquête sur la nutrition, réalisée en 1955-56, dans la subdivision de Bongouanou[461].

L'estimation des montants de vente, attribuée alors aux vivriers et aux produits de cueillette représentés par le cola, se chiffrait respectivement à 4,5 % et à 2% de la totalité du revenu monétaire par personne, pour l'ensemble de l'année d'enquête 1955-1956[462]. Tout en gardant à l'esprit que les vivriers et les produits de cueillette devaient peser plus lourdement, dans le revenu monétaire à la période étudiée, qu'en 1955-56, période du grand "boom" du cacao et du café dans l'économie régionale, et en se souvenant que tout résultat obtenu ne représente qu'un ordre de grandeur, il est possible de se fonder sur les pourcentages des vivriers et des produits de cueillette, pour tenter cl' atteindre leurs montants respectifs dans l'étude de revenu monétaire du planteur morofwè , à l'époque antérieure.

Nous obtenons ainsi respectivement pour les vivriers : 138,33F de 1926 à 1932 et 45,88 F. de 1933 à 1939 et pour l'ensemble des produits de cueillette: 61,48 F. de 1926 à 1932 et 20,39 F de 1933 à 1939. Ce qui permet de réaliser le tableau sur l'origine des revenus :

---

461 Côte-d'Ivoire, *Enquête de nutrition, niveau de vie, Subdivision de Bongouanou, op. cit.* Les résultats de cette enquête ont été également exploités par J.L. Boutillier, *Bongouanou, Côte d'Ivoire*. Paris, 1960, 224p.

462 J.L. Boutillier, *Bongouanou, Côte d'Ivoire*, Paris, 1960, 224 p. (p. 82).

Origines du revenu annuel du planteur morofwè
(En franc CFA)

Origine	1926 – 1932	1933 - 1939
Vente du cacao	2 530 F	366 F.
Vente du café	313,47 F	577,12 F.
Vente de vivriers	138,33 F.	45,88 F.
Vente produits cueillette	61,48 F.	20,39 F.
Total	3 043, 38 F.	1 009,39 F.

Source : S/direction régionale agricole de Bongouanou, *Cadastre des villages assiè 1952-1955.*

Quelle est l'orientation fondamentale du mouvement de revenu *pro capite* ? De 1926 à 1932, le revenu monétaire du paysan morofwè demeure relativement substantiel. Puis il enregistre une baisse de forte amplitude de l'ordre de - 201,50 %, à laquelle n'est pas étrangère la crise de 1929 dont l'effet se fait sentir durablement dans la région, à partir de 1933. Cependant la crise dont les effets sont, sans aucun doute, dévastateurs, ne peut expliquer, à elle seule, ce phénomène pour le moins curieux. En effet, alors qu'il y a essor de la production du cacao et du café, les deux principaux produits de vente de la région, et que la main-d'œuvre active y devient de plus en plus nombreuse surtout au cours de la dernière période 1933-1939, le bien-être général y décroît. L'on est tenté de voir dans cette évolution caractéristique du *trend*, la marque même d'une croissance discontinue, du modèle de l' « *ancien régime européen* », à propos duquel Fernand Braudel écrit:

> Durant le XVIe siècle, si vanté (…), et jusqu'en 1620-1650, il y a essor de la population et de la production, l'Europe se repeuple à grands pas, mais le bien-être général ne cesse de décroître.

Puis il ajoute :

> Pas de progrès sans que la note ne soit payée, c'est la règle[463].

[463] F. Braudel, *Civilisation matérielle, Economie et Capitalisme XVe-XVIIIe siècle, tome 3 : Le temps du monde*, Paris, 1979, 607 p. (p. 535).

2. L'autoconsommation, une ressource non négligeable

Nous intéressant au niveau de vie du Morofwè, nous fausserions les données du problème, si nous ne prenions en considération que le seul revenu monétaire. Il faut ajouter à celui-ci la part des produits vivriers, cultivés et autoconsommés par le cultivateur-planteur du Moronou. Il eût été intéressant de connaître quel taux représente à notre époque l'autoconsommation par rapport à la consommation des produits vivriers locaux, à la consommation alimentaire dans son ensemble et aussi à la consommation totale[464]. Aucune enquête alimentaire, réalisée à l'époque, n'ayant poussé aussi loin ses investigations, il est difficile de répondre à toutes ces interrogations.

Nous sommes cependant fondés, grâce à ce qui se vit aujourd'hui sous nos yeux dans les campagnes du Moronou, à reconnaitre qu'autoproduction et autoconsommation sont loin d'avoir été négligeables. Jusqu'à nos jours, la presque totalité des ménages à la campagne se suffit en produits vivriers : ignames, bananes et condiments de toutes sortes, nécessaires à la confection du *foutou* (le plat régional, fait de pains de banane ou d'igname, accompagné d'une sauce). Au besoin, l'on avait recours aux produits de cueillette et de ramassage : escargots et champignons dont la valeur nutritive est reconnue supérieure à celle des légumes courants.

Dans des proportions variables, difficiles à déterminer, les ménages morofwè ont fait appel, tout au long de leur histoire, à l'autoconsommation, sans que pour autant l'on puisse parler d'autarcie. Celle-ci d'ailleurs a-t-elle jamais existé, à part quelques rares communautés humaines dont l'existence fut soulignée, avec fracas par l'ethnologie, au début du siècle ? Il semble que les Morofwè aient dépassé depuis longtemps le stade de l'économie « primitive » selon lequel, chaque groupe familial, en ce qui concerne la nourriture, vit en autarcie absolue. Depuis

[464] En 1955-56, l'autoconsommation alimentaire représentait 90% de la consommation des produits vivriers locaux, environ 70% de la consommation alimentaire (denrées locales plus denrées importées) et 42% du « total consommé », c'est-à-dire dépenses monétaires alimentaires et non-alimentaires plus autoconsommation. Cf. J.L. Boutillier, *op. cit.* p. 33.

l'époque de l'immigration dans le Moronou, les Agni - nous l'avons montré en lieu et place - ont été ouverts sur l'extérieur, ne serait-ce que par la densité de leurs échanges commerciaux avec le golfe de Guinée ou encore avec le Nord soudanais. Si, au début de leur installation dans le Moronou, ils privilégient, dans la recherche de leur subsistance quotidienne, la chasse, la cueillette et l'agriculture vivrière, ils renoncent progressivement à quelques unes de ces premières activités, en adoptant de plus en plus les cultures d'exportation. Ainsi, une partie des revenus, recueillis de la vente du café et du cacao, a dû servir de plus en plus à leur procurer une alimentation moins déséquilibrée, et à faire face à de nouveaux besoins.

3. Nouveaux besoins et dépenses

Se libérer des *« impératifs alimentaires dictés par le milieu naturel »*, en ayant recours au marché, en vue d'améliorer son régime alimentaire, est à la portée du Morofwè, grâce à son pouvoir d'achat relativement élevé. Il s'adresse au commerce, pour se pourvoir non seulement en aliments riches en protéines, comme la viande de boucherie, le poisson fumé, importé de Basse-Côte, ou encore l'*adjô'nvan* (poisson faisandé), venu du Soudan, à l'odeur particulière mais non moins appréciée dans la cuisine africaine. Le Morofwè se ravitaille par ailleurs en légumes, épices et arachides qui font l'objet de transactions locales. On relève même, dans quelques centres, assez éloignés des terrains de cultures, l'achat de tubercules (ignames, manioc) et aussi de banane plantain, surtout à l'époque de la soudure. C'est là l'une des conséquences de l'extension des cultures spéculatives du cacao et du café, qui accaparent de plus en plus les hommes, provoquant parallèlement une désaffection vis à vis de certaines activités anciennes comme l'agriculture vivrière.

Dans ce contexte, s'éclaire tout le sens de la circulaire du gouverneur Mondon sur l'intensification des cultures vivrières, écrite en 1937, de Korhogo, véritable programme d'action économique et sociale en vue d'améliorer le quotidien de l' « indigène » :

> Le devoir nous incombe de parvenir à une organisation méthodique du travail qui tienne compte de tous les besoins et des exigences des saisons pour obtenir plus de denrées vivrières,

> condition d'enrichissement et partant du progrès matériel (...)
> Il faut également organiser méthodiquement les greniers de réserve de vivres et de semences qui seront l'objet des préoccupations constantes des administrateurs.
> Ces greniers doivent être approvisionnés régulièrement dans des conditions telles que, non seulement le spectre de la famine soit à jamais proscrit, mais encore que les moments pénibles de la soudure disparaissent, eux aussi, à une époque de l'année où les travaux de la terre réclament justement le plus gros effort des cultivateurs[465].

La nécessité d'améliorer le sort du colonisé ivoirien, proclamée depuis Korhogo par la plus hauté de la colonie, traduit la volonté de corriger les disparités régionales, particulièrement entre le cultivateur sénoufo du nord ivoirien, menant une existence plus précaire, sans commune mesure avec le paysan de Basse-Côte, à la tête d'une exploitation de cacao et de café, cultures rémunératrices.

L'aisance matérielle de ce dernier, si modeste soit-elle, lui permettait de faire face à un certain nombre de dépenses auxquelles ne pouvait prétendre le cultivateur des terres arides et moins généreuses du nord. Déjà, en 1937 et au cours des années d'avant-guerre, l'Agni, propriétaire de cultures de rente, pouvait compter sur le produit de vente de ses récoltes pour faire face, par exemple, à des dépenses alimentaires qui étaient loin d'être à la portée de l'indigène ordinaire, au nombre desquelles on pouvait enregistrer la consommation des boissons alcoolisées, et dans une moindre mesure les produits importés d'Europe: sel de mer, pain, conserves, lait, sucre qui reflètent l'extension de nouvelles modes alimentaires. D'autre part, l'élévation relativement importante du pouvoir d'achat du planteur morofwè se traduit, dans d'autres domaines, par une amélioration spectaculaire. Evoquons les transformations vestimentaires et les articles de toilette qui se traduisent par

[465] ACCCI 55, n° 208 bis C du Lt-gouverneur de la Côte d'Ivoire à MM. Les administrateurs commandants de cercle et chefs de subdivision, a/s *Programme d'action sociale pour l'amélioration du sort de l'indigène par le travail.* Korhogo, le 21 février 1937.

l'importation massive des cotonnades imprimées aux dessins multicolores, des flacons de parfum aux effluves si caractéristiques; l'adoption par la cuisinière morofwè de nouveaux ustensiles: marmites en fonte, timbales, gobelets, cuvettes et récipients de toutes dimensions, chassant définitivement plats, pots et cruches en terre cuite, objets familiers du cadre traditionnel. Les premières bicyclettes et automobiles, acquises par les planteurs de la région, font aussi leur apparition dans ce décor rural africain. Disparaît aussi, simultanément, le portage sur la tête ou à dos d'homme des sacs de cacao ou de café, sur les pistes de village, pour le grand soulagement du planteur.

D'autres dépenses reflètent aussi des besoins nouveaux, liés au développement de l'exploitation agricole. Il semble que l'on puisse ranger dans cette rubrique les sommes investies dans l'achat des fusils de chasse, cartouches et permis, des souricières, collets et traquenards en acier, destinés à piéger rongeurs et ruminants sauvages, machettes, houes et autres instruments agricoles.

Enfin, on se doit de mentionner toutes les autres dépenses occasionnées par les principaux événements de la vie sociale, désignées habituellement de l'expression de « dépenses somptuaires »: couvertures de type *"bomo" et «kita »* (tissus de luxe) et pagnes d'apparat, acquis pour les funérailles ou offerts à une jeune épousée, boissons alcoolisées, consommées aux cérémonies de naissance, de mariage, aux funérailles et jugements coutumiers. On ne saurait omettre ici le rhum et le gin (*déigni-dégni*), souvent frelatés, d'origine hollandaise, dont les bouteilles vides achèvent leur parcours sur les tombes de certains défunts. Fréquemment toutes ces cérémonies sont accompagnées de festins, de danses, de coups de fusils tirés en l'air qui mettent tout le village en émoi.

Il n'est pas à douter que dans le· contexte de prospérité générale, toutes ces dépenses, liées au déroulement de la vie sociale, ont connu à notre époque une augmentation en valeur absolue.

E. Des conditions d'existence inégales

En guise de conclusion à cette partie consacrée au niveau de vie, soulignons que ni le revenu monétaire révélé dans les pages précédentes, ni l'autoconsommation décrite, ne rendent compte, de façon satisfaisante, de la variété de conditions d'existence des différentes couches sociales, représentées dans les limites du Moronou, et par conséquent des différences de niveau de vie. Entre autochtones agni et éléments immigrés, venus d'autres régions ivoiriennes ou des territoires de l'Afrique de l'Ouest, existe une séparation très nette à ce niveau, inscrite jusque dans le sol, et qui tient à la fois à des facteurs économiques et socioculturels.

L'Agni, autochtone, est propriétaire à la tête d'une exploitation agricole familiale qui lui permet, bon an mal an, de de pourvoir à ses besoins les plus élémentaires ainsi qu'à ceux de sa famille; il se réclame, par ailleurs, par ses origines historiques, de la brillante civilisation akan dont le foyer de rayonnement se trouve être aujourd'hui Kumasi, dans le Ghana actuel. Il a conscience de sa supériorité économique, sociale et aussi de son opposition culturelle avec l'immigré, en général d'origine nordique, drapé constamment dans un boubou, et assimilé au musulman.

Le niveau de vie de l'Agni, supérieur à celui de l'immigré, se traduit à la fois par le revenu monétaire *per capita*, plus élevé et aussi par la structure des dépenses, fort différente. Mais d'abord l'opposition est nettement soulignée au niveau de l'habitat. Dans les villages du Moronou, le quartier habité par les étrangers, appelé habituellement *dioulakro* (village dioula), est isolé de la communauté agni. Situé en général à la sortie du village, le quartier *dioula* se présente sous des dehors peu flatteurs : murs des cases en banco, fissurées de partout, toitures composées d'un mélange de palmes et de *papo*, nid privilégié des termites. Le contraste est vraiment saisissant avec les maisons du quartier agni, massives, crépies de ciment, quelquefois blanchies à la chaux et presque toujours couvertes de tôle. Enfin, l'habitat agni, édifié de part et d'autre d'une rue centrale, se partage en plusieurs concessions ou groupes de cases, séparées les unes des autres par de longs couloirs parallèles et perpendiculaires à la voie centrale, assimilables à des ruelles. Ainsi donc, le quartier agni du village, agencé et ordonné, offre-t-il une allure plutôt élégante et distincte de l'entassement désordonné et confus des cases qui caractérisent le quartier dioula ou étranger : *« cet habitat même est le signe d'un niveau de vie assez bas et d'une installation provisoire »*[466], comme le stigmatisera plus tard Boutillier.

On peut imaginer que les dépenses consacrées aussi à l'alimentation et aux vêtements quotidiens sont ici relativement réduites, tandis que la proportion des sommes destinées au paiement de l'impôt, à l'achat des biens durables, susceptibles d'être emportés au pays d'origine : quincaillerie, bicyclettes ... demeure relativement élevée. Que les éléments des communautés d'immigrants répartissent de cette façon leurs dépenses, en comprimant au maximum celle-ci, cela se comprend. En effet, si quelques uns parmi eux cherchent à s'installer à demeure, la majorité ne fait que passer dans le Moronou. Leur principal souci est donc d'amasser, autant que faire se peut, le maximum d'argent dans un minimum de temps, et rentrer rapidement dans leur village d'origine. Ceci même explique le décalage des niveaux de vie entre l'Agni et l'immigrant : manœuvre agricole, artisan, petit commerçant, qui se contente de peu dans son habitat, son alimentation et sa mise de tous les jours.

Ainsi, l'évolution économique de la région a abouti - et c'est l'un des traits majeurs de notre période - à créer, au niveau des gros centres du Moronou, d'importantes communautés d'immigrants qui, si elles apparaissent très hétérogènes du point de vue ethnique, n'en constituent pas moins un ensemble homogène quant au mode et au niveau de vie, et sont parfois unies, en face de la communauté agni majoritaire. La dépendance de ces deux communautés, l'une vis à vis de l'autre sur le plan économique, ne laisse pas moins planer des inquiétudes sur leur coexistence pacifique. La relation établie entre les deux communautés ne saurait à l'époque être politique, bien que le discours colonial ambiant « classificatoire » ait eu tendance à percevoir dans l' « autre », venu d'un domaine colonial différent ou même d'une autre région de la Côte-d'Ivoire, un « étranger » par son activité mais surtout par ses origines ethnique ou territoriale.

---

466 J.L. Boutillier, *op. cit.* p. 152.

CHAPITRE 11

MOBILITE ET STRUCIURES SOCIALES

L'un des critères qui permet de prendre la mesure du dynamisme d'une population est sa mobilité sociale. Les populations du Moronou colonial se caractérisent-elles en ce domaine par leur stabilité ou leur turbulence ? L'une des meilleures réponses eût été de pouvoir faire état des mutations opérées, en observant l'itinéraire suivi par les habitants. Mais à défaut de listes nominatives dans nos sources archivistiques, force est de nous rabattre sur l'analyse qualitative des transformations, survenues au sein de cette société.

Avec l'extension des cultures de profit et à la faveur de la prospérité générale, le Moronou s'enrichit d'un apport de plus en plus considérable d'immigrants, venus de tous les horizons. Face à la communauté agni, ceux-ci constituent, malgré l'hétérogénéité de leurs origines, un ensemble homogène. Les rapports entre ces deux communautés ne sont pas dépourvus de tout germe de tension. Si, à notre époque, les causes de dissension ne sont pas encore une menace sérieuse pour la symbiose économique, réalisée entre les deux communautés, elles ne laissent pas moins entrevoir le développement des conflits de l'époque ultérieure.

Au sein de la société agni elle-même, les rapports sociaux subissent une transformation radicale : les liens traditionnels de dépendance entre la hiérarchie lignagère et les autres membres de la communauté se relâchent, de même que les relations de dépendance maître/esclave dépérissent, finissant par disparaitre totalement, à la suite de la libération des captifs, décrétée, en 1905, par l'autorité coloniale. La hiérarchie traditionnelle, fondée sur la naissance est progressivement éliminée de la vie sociale, tandis qu'émerge une nouvelle élite rurale, dont les critères sont avant tout le montant des revenus et accessoirement le niveau d'instruction. D'autres nouvelles catégories sociales, produits de l'expansion de l'économie de profit, font aussi leur apparition dans un monde, où la société devient de plus en plus globalisante. Entre l'ancienne structure sociale, hiérarchisée, fondée sur la naissance, où le passage d'une catégorie sociale à l'autre, était impensable, et les nouvelles catégories sociales à base économique, l'opposition devient extrêmement vive.

L'une des sources de conflit est entre autres la mise en cause de l'ordre ancien par l'apparition de nouvelles valeurs fondées essentiellement sur l'argent. Celui-ci est en voie de tout démocratiser dans une société, dont la hiérarchie était avant tout fondée sur la naissance.

Tel apparaît le sens fondamental de l'évolution dans le Moronou colonial: un bouleversement de l'ordre social ancien par l'avènement de nouvelles catégories sociales, fondées sur des critères économiques.

I. UNE STRUCTURE SOCIALE TRADITIONNELLE FORTEMENT EBRANLEE

L'ancienne hiérarchie semble être la plus sévèrement touchée par les bouleversements sociaux. Les chefs coutumiers, gardiens de la tradition sont, non seulement dépossédés du pouvoir politique par l'administration coloniale, mais perdent tout contrôle sur la jeune génération, qui désormais obéit davantage aux impératifs économiques qu'elle ne se laisse guider par les principes de l'ordre ancien. Privés par ailleurs des anciens privilèges économiques, reconnus par la tradition, les chefs tentent, vainement, quelquefois contre toutes les règles de l'honnêteté, de réagir contre une situation dont ils ont perdu totalement le contrôle. Quant aux esclaves, situés au bas de l'échelle sociale, désormais libérés, l'accession aux échelons les plus élevés de la nouvelle échelle économique leur est ouverte. Si, au départ, les chances sont inégales, la persévérance et le courage peuvent venir à bout des difficultés.

A. Le reflux de la hiérarchie traditionnelle

Les chefs vont être doublement atteints à la fois dans leur pouvoir politique et dans leurs privilèges économiques.

1. La perte du pouvoir politique

De nombreux chefs coutumiers avaient été éliminés, lors de la pénétration coloniale. Ceux qui demeurent en poste, sont réduits au rôle de simples auxiliaires. Mais les « alliés », maintenus ou installés, ne donnent guère satisfaction pour la plupart :

> Beaucoup de chefs n'ont qu'une autorité toute nominale et les indigènes ont depuis longtemps désappris l'obéissance[467].

Et cependant des chefs à très forte personnalité subsistent ici et là, à la tête des différents groupes Morofwè: tel Assoumou Baka, du groupe sawua, *« dévoué et rempli de bonne volonté »*, et dont la *« la ligne de conduite envers nous n'a guère varié depuis »*; tel aussi Dia Kadio, chef des Amantian, *« intelligent et énergique »*[468]. Il y eut cependant un tournant dans la politique des chefs. A la fin de la première guerre mondiale[469], lorsqu'on songe à renouveler le personnel administratif, on s'oriente vers la suppression progressive des chefs traditionnels, les successeurs réels, selon la coutume, des premiers guides de la migration. Entre 1921 et 1923, la plupart des chefs, ennemis de jadis ou amis de la France, sont éliminés[470].

Dans la mesure où ils deviennent plus encombrants qu'utiles à l'administration[471], les authentiques représentants des vieilles familles sont brisés et remplacés par de petites gens sans prestige et trop souvent sans scrupule :

---

[467] ANCI 1 EE 148 (2/1), *Rap. politique du poste de Dimbokro, août 1909.*

[468] ANCI 1 EE 148 (1), *Rapport politique du poste de Dimbokro, 1e semestre 1917*. Dimbokro, le 25/6/1917.

[469] On lit, dans le rapport du poste de Dimbokro, pour le 4e trimestre 1918, a/s de l'autorité des chefs : « Ces derniers (chefs de village) n'ont qu'une autorité nominale et ne peuvent se faire obéir par leurs gens. Les chefs de tribu même n'ont aucune influence (...) Notre administration se trouve donc compliquée de ce fait et il sera nécessaire d'instaurer un nouveau système politique, afin de faire cesser cette quasianarchie ». ANCI 1 EE 148 (1°, *op. cit., 4e trimestre 1918.*

[470] Application locale et fort tardive du *décret du 23 octobre 1904, titre II, art. 10*, abolissant la souveraineté théorique des chefs africains.

[471] L'inspecteur Bourgine souligne en 1923, au niveau du N'zi-Comoé, les difficultés auxquelles se heurte l'administration à trouver de véritables auxiliaires parmi les chefs dûment nommés selon la coutume. Les habitants leur « obéissent », écrit-il, à condition qu'ils ne soient point chargés de faire exécuter les ordres de l'administration, auquel cas « ils perdent toute autorité et personne ne veut plus leur obéir ». ANCI 2 EE 7 (26), *Extrait du rap de l'inspecteur Bourgine, a/s chefs indigènes du N'zi-Comoé, 1923.*

> Il nous faut donc nous préoccuper de choisir des hommes jeunes, énergiques écoutés pour les mettre à la tête des villages et l'élément « anciens tirailleurs » sera peut-être la source revivifiante à laquelle nous pourrons puiser avec le plus de chances de succès[472].

C'est ainsi que le titulaire de la *« chaise »* des Alangwa du Moronou[473], Assémian Aka, est remplacé, le 15 juillet 1919 à la tête des Alangwa, par Koidio Koné de Niandian, dans le N'gatianou[474]. Bien que membre de l'une des plus vieilles et des plus prestigieuses familles du Moronou, Koidio Koné n'était point habilité, selon la loi coutumière de succession, à monter sur la chaise des Alangwa, Mais pour s'être signalé, depuis les premiers moments de la pénétration coloniale, comme un loyal et dévoué serviteur de la France, il fut choisi, par l'autorité coloniale, pour être le chef supérieur de tous les Alangwa avec comme résidence le village d'Assahara. De même, les chefs : Ettien Kwa de Ngohinou, Kadio Tienté dAkounienou (Ahali), les titulaires officiels des « chaises » de ces deux villages, jugés *« inaptes au commandement »,* sont révoqués, dès 1913, par l'autorité coloniale[475]. Il en est de même d'Ani Kouamé, chef des Essandané, qui, promu chef de canton en 1920, se voit non seulement destitué de ce poste en 1929, mais perd en outre la « chaise » de Nanan Sangban, dont il est le successeur légitime selon la loi coutumière, au profit de Nganza de Kangandissou, qui la lui subtilise par intrigue[476].

De telles mesures suscitent de vives réactions dans le Moronou. Commettre en effet de telles *« entorses »* vis à vis de la coutume, considérée comme sacrée, revient à la bafouer, geste condamnable aux yeux des populations. Celles-ci manifestent

---

472 ANCI 1 EE 139 (7), *Rap. politique du N'zi-Comoé, 4e trimestre 1921.*

473 Une autre partie des Alangwa est restée rattachée à l'Indénié, au bord du Comoé, à Bébou, Ehuaso et environs.

474 ANCI 2 EE 7 (26), *Extrait du rapport de l'inspecteur Bourgine, a/s chefs du N'zi-Comoé, 1923.*

475 ANCI 2 EE 15, *Fiches de renseignements sur divers chefs décédés.*

476 ANCI B4-IV-10-67, *Rap. confidentiel 135 C de l'administrateur du N'zi-Comoé au gouverneur de Côte-d'Ivoire à Bingerville, a/s plainte contre l'interprète Messou N'guessan et Aounzi Kokora, chef de canton du Ngatianou.* Bongouanou, le 21/12/1928.

spontanément *leur* réprobation, en prenant le chemin de l'exode, en direction de la Gold-Coast, le pays des ancêtres, chaque fois que l'occasion leur est donnée [477]. Quant aux chefs, ainsi désignés, en dehors des normes coutumières, ils se trouvent en butte à toutes sortes de difficultés : perte de toute autorité morale et par conséquent de toute influence sur leurs sujets. Mais le préjudice le plus grave subi par le *« chef administratif »,* imposé à la communauté villageoise, se situe au niveau économique.

2. La perte des privilèges matériels et économiques

A l'époque précoloniale, le chef de village, en raison de ses droits éminents sur le sol, perçoit toujours une redevance sur l'exploitation de toute parcelle du terrain villageois. Ainsi, l'exploitation de l'or lui procure des ressources à deux titres : d'une part, l'extraction directe du métal précieux lui assure des gains rémunérateurs en rapport avec le nombre de captifs dévolus à son service; et d'autre part, la redevance due par tout orpailleur, s'adonnant au lavage des alluvions quartzeuses ou à l'exploitation de placers, situés dans les limites du terrain villageois. Celle-ci équivaut au tiers de la récolte. Il est d'usage cependant que le chef accorde une partie des droits perçus à l'*inventeu*r, pour le récompenser de sa découverte.

De même sur l'ivoire, un certain nombre de droits sont acquis au chef de la communauté. Les défenses de tout éléphant, abattu sur le terrain de chasse du village, reviennent au chef. La queue de l'éléphant ainsi que certains morceaux qui passent pour être très appréciés, comme la trompe et le foie, reviennent de droit au chef.

Toutes ces redevances diverses, les revenus de la justice et ceux attachés aux *ndaa* (jurements) [478], toutes les sources traditionnelles de revenu, bref *« tous les avantages attachés à la chaise lignagère »*, lui sont supprimés à l'époque coloniale, du

---

[477] ANCI 2 EE 7 (26), *op. cit.*

[478] Serment de forme figée, évoquant un événement grave, catastrophique, du passé. Il n'est, en général, prononcé qu'en des circonstances critiques, pour protester de son innocence, contre l'injustice dont on a été victime. Cette institution originale et ancienne, pervertie dans le Moronou du 19e siècle, était devenue « une source de revenu important ». Kodjo Nyamkey Georges, » *Ndani*, source historique », *Colloque interuniversitaire Ghana-Côte d'Ivoire, les populations communes de la Côte-d'Ivoire et du Ghana*, p. 506-51 (p. 511).

moins officiellement. De même il ne pourra plus prétendre aux prestations gratuites de main-d' œuvre, dont il bénéficiait jadis de la part de ses administrés et des captifs.

3. *Le poids financier des charges administratives*

Sa situation devient encore plus critique, dans l'exercice des charges, qui lui sont confiées dans le nouveau système administratif, mis en place. Contre une « *remise allouée sur l'impôt, fort insignifiante* », on exige de lui la collecte de l'impôt, les réquisitions de main-d'œuvre, les corvées à accomplir, le recrutement militaire à fournir. De surcroît, il doit héberger et nourrir gratuitement le garde de cercle ou le fonctionnaire en tournée, entretenir des agents ou représentants au poste de subdivision, chargés de lui transmettre les ordres du chef de poste. Comment faire face décemment à des charges aussi multiples et surtout aussi lourdes ! Le chef se *« rattrape »* en infligeant ici des amendes et en pratiquant là des exactions. Le témoignage de l'un d'entre eux, Langui Brou, chef de Dimbokro, est à cet égard fort instructif :

> Comment vivraient les chefs s'ils ne rendaient pas la justice, s'ils n'infligeaient pas des amendes. Moi-même appelé vingt fois par jour à la Résidence pour les affaires de l'administration, je n'ai pas eu le temps de faire faire des plantations j'ai touché 800 F. de remises d'impôt : c'est moins que ce que je dépense pour entretenir mes porte-cannes et le représentant du village. Pourtant il faut que je vive et fasse vivre ma famille

Pauvre chef du Moronou, pris entre une administration implacable et des administrés, qui refusent de se soumettre à son autorité ! Il a souvent recours à toutes sortes de procédés « abusifs », pour détourner, par exemple, à son profit la main-d'œuvre prestataire ou encore l'équivalent de leur prestation en espèces, acquitté par quelques uns de ses administrés. L'administration fermera le plus souvent les yeux sur ces malversations, jugées *« normales »,* à condition que n'éclate aucun scandale. Ainsi, bon gré mal gré, le chef devient un tyran. C'est le cas de Nouaman Téhoua, dont les abus et les exactions suscitent plaintes et doléances de la part de ses subordonnés[479]. Rares sont cependant ceux parmi les chefs qui, en usant gratuitement de cette main-d'œuvre disponible, parviennent à se créer des superficies de cacao et de café au dessus de la moyenne de 10 hectares. Bien au contraire, les détournements de la main-d' œuvre prestataire à son profit, bien que couverts par l'administration locale[480], portent cependant un grave préjudice au prestige de la hiérarchie traditionnelle, cela d'autant plus que celle-ci n'avait pas auparavant très bonne presse. L'une des conséquences immédiates, c'est que les administrés prennent encore un peu plus leurs distances vis à vis de la chefferie administrative.

Ainsi la hiérarchie traditionnelle en définitive, dépourvue de sources de revenu suffisant pour s'imposer, est *« bousculée »*, dans le système de l'ordre nouveau, à un rang inférieur à celui de l'élite rurale, formée de nouveaux planteurs. Celle-ci, après s'être créée, à la force de ses bras, de vastes exploitations de cacao et de café, s'impose à son tour par son influence économique et sociale.

---

[479] ANCI 1 D7-VI-13/1 (3038). Voir en particulier la *lettre des nommés Ané Kouamé et Messou Aman de la subdivision de Bongouanou au lieutenant-gouverneur à Abidjan,* Abidjan, le 26 avril 1935. On y lit : *« Le chef de canton, Téhoua a fait arrêter les nommés Koutou, Kouamé, Edja, sous prétexte qu'ils avaient refusé de faire leurs prestations alors que nous nous étions rendus tous à Abidjan pour vous demander de racheter lesdites prestations »*. Voir aussi la lettre de demande pour rachat des prestations de tout un groupe d'habitants d'Assoikro (Bongouanou), en date du 15 novembre 1935, et enfin celle du 5 avril 1935, écrite par les habitants de la Subdivision de Bongouanou, dans laquelle on lit : *« Nous savons par ailleurs que c'est le chef de canton qui s'évertue à nous forcer à effectuer les prestations en nature, car il en profite pour faire travailler les prestataires dans ses plantations »*.

[480] Le chef de Subdivision, Carlton, se fait rappelé par le gouverneur Reste, dans une lettre-télégramme, en date du 10 avril 1935, écrite à la suite d'une lettre collective des villages de la subdivision que les *« prestations peuvent être acquittées en argent ou en nature au gré des contribuables »*. ANCI 1 D 7 –VI-13) 1 (3038), *Télégramme-lettre du gouverneur Reste à l'administrateur à Abengourou, a/s prestations des habitants de la subdivision de Bongouanou.*

B. La montée du « captif » dans l'échelle sociale

La rupture entre les différentes couches sociales, dans le Moronou, est totale. On naît soit *« homme libre »,* soit esclave ou captif et on le demeure, toute sa vie, sans possibilité de passer d'un niveau à l'autre. La suppression de l'esclavage et la libération des captifs de case constitue une première étape de la démocratisation des rapports sociaux. Mais c'est avec l'apparition de l'économie de profit dans le Moronou que se rompt définitivement l'étanchéité entre groupes sociaux. Jusque là ont toujours existé, à l'intérieur de la communauté villageoise, certaines obligations de travail. Des prestations de travail, comptabilisées en journées, étaient dues au maître par les captifs et les descendants de captifs. Il ne serait pas étonnant - mais nous n'avons pas les moyens pour le vérifier - que cette coutume ancienne se soit prolongée au-delà de la suppression théorique de l'esclavage, et que les premières plantations de cacao et de café appartenant au groupe *"dominant"* des chefs et des hommes libres, aient été constituées, en ayant recours à la main-d'œuvre servile.

Par la suite, les rapports s'étant démocratisés, la possibilité a été donnée au captif d'hier d'acquérir sa fortune personnelle. En effet, selon le droit foncier coutumier, tout membre de la société Agni a libre accès à la terre. L'esclave, étant devenu libre et membre à part entière de la société, peut jouir de son droit d'usufruit sur le terrain villageois. Ainsi, soit sous la pression administrative, soit par une volonté de libération économique, les anciens captifs se créent d'immenses plantations, supérieures par la taille et le rendement aux exploitations de la hiérarchie ancienne[481].

Ainsi, naît l'élite sociale rurale, à côté et en face du groupe dominant ancien, dont le prestige n'est point fondé sur la naissance, mais sur l'argent, acquis grâce aux cultures de profit.

---

[481] Celle-ci, en effet, habituée à bénéficier gratuitement des prestations de travail de la main-d'œuvre servile ou des habitants villageois, se voit désormais obligée, avec leur disparition, de recourir à la main-d'œuvre étrangère. Or, celle-ci se raréfiant, l'extension et l'entretien des exploitations laissent de plus en plus à désirer.

II. LA NOUVELLE STRATIFICATION SOCIALE.

L'ascension du captif dans l'échelle sociale ainsi que le reflux de la hiérarchie traditionnelle, mouvements parallèles, ne sont que l'illustration de résultats antinomiques d'un seul et même phénomène: le bouleversement introduit, dans la structure sociale, par l'éclosion de l'économie de profit. D'autres transformations de structures apparaissent, liées aussi à ce même contexte. Quelles sont-elles et comment se décompose désormais la nouvelle communauté villageoise du Moronou ? Mais ce passage, d'une forme de société à structure économique *"archaïque"* à une autre forme plus complexe, ne va pas sans tensions graves et sans modification des institutions anciennes.

A. Tensions sociales et modifications des institutions traditionnelles

Les fortes migrations dans le Moronou, suscitées par le développement de l'économie de profit, ont contribué à l'essor économique de notre région. Mais ce flux migratoire n'est pas sans poser des problèmes de coexistence entre communautés étrangères et communautés autochtones. A cette tension sociale s'ajoutent les bouleversements internes, propres à la société agni. C'est sur cette toile de fonds de *"tension,"* qui constitue en quelque sorte la trame de la vie quotidienne, que s'opèrent les mutations de structures sociales.

1. Tensions sociales entre Agni et immigrants

La coexistence entre la communauté Agni, autochtone et les immigrants dont la prépondérance numérique devient écrasante à Bongouanou et dans quelques autres centres du Moronou, au cours des dernières années de la colonisation, a engendré de nombreuses frictions: conflits de travail, litiges fonciers, conflits de droits personnels [482] . Il serait cependant anachronique d'évoquer, avant 1939, des crises de grande ampleur, même si les rapports entre Agni et immigrant ont toujours été empreints, dès cette époque, d'un certain froid, dont les préjugés raciaux

---

[482] Par exemple, en cas de mariage, de divorce, de garde d'enfants, il y a conflit entre le droit coutumier agni dérivé du système matrilinéaire et les coutumes des migrants correspondant en général au système patrilinéaire. J.L. Boutillier évoque abondamment des conflits qui ont pour théâtre le Moronou des années 1950. J.L Boutillier, *op. cit. p.* 204.

sont en grande partie responsables. Néanmoins les réactions des Agni à l'égard des immigrants ont été de toujours des réactions de défense. La ségrégation de fait, dans des quartiers séparés, de la presque totalité des étrangers ; les lenteurs manifestées à leur concéder des terrains de culture, en sont les signes les plus manifestes.

L'Agni nourrit d'autre part un certain complexe de supériorité à l'égard des étrangers, bien que ses jugements, très nuancés, varient cl' un peuple à l'autre. En fait, l'opposition entre Agni et étranger s'explique à la fois par l'histoire et les contacts culturels anciens. Mais, fondamentalement elle repose sur des bases économiques : décalage des niveaux de vie en faveur de l'Agni ; difficultés pour l'étranger d'obtenir un terrain de culture auprès de l'Agni ; retards apportés par l'employeur agni dans le paiement du salaire à l'ouvrier agricole ... Autant de motifs qui entretiennent un certain climat de tension dans les rapports entre Agni et immigrants.

Ces conflits larvés, à peine suggérés par nos sources, sont néanmoins perceptibles à travers les rares lignes qui exposent le problème de la main d'œuvre étrangère, au niveau des exploitations de notre région. Ces extraits, empruntés au *Rapport du second semestre 1939*, consacré à la main-d'œuvre du Nzi-Comoé, sont, à ce sujet, fort suggestifs:

> Plus délicate a été et surtout sera la question de la main-d'œuvre utilisée par les employeurs indigènes (…) On n'attirera plus, on n'a déjà plus attiré cette année, des gens désireux de travailler en leur donnant pour tout salaire quelque argent de poche, et même en l'admettant au grand plaisir de manger le foutou patronal à la table familiale (…) En pays agni, il y a eu déjà des ennuis causés par ces questions (…). Or, les rapports entre planteurs indigènes et manœuvres demandent un règlement. L'inspection du Travail aura besoin de passer par là[483].

[483] ANCI 1 Q2-IV-15-120 (3 743), *Rapport sur la main-d'œuvre du cercle de Dimbokro, 2e semestre 1939.*

2. Désorganisation de la communauté villageoise

Au sein même de la société agni, à la faveur du développement de l'économie de profit, les rapports sociaux se sont aussi radicalement transformés. Les liens de dépendance, qui existaient à différents niveaux, essentiellement entre anciens et jeunes générations, se distendent. Les jeunes s'émancipent de la tutelle des anciens, on signale leur esprit frondeur qui n'est d'ailleurs qu'un esprit d'indépendance à l'égard des vieux notables[484].

L'opposition prend quelquefois des formes extrêmement aiguës, « *dans les villages, entre vieux attachés encore aux vieilles pratiques fétichistes et aux traditions* », et le groupe *« des jeunes émancipés et partisans du progrès (...) adeptes des missions chrétiennes »*[485] . Même le rythme de la vie villageoise semble perturbé. Le village, déserté pour les campements à cause des travaux de nettoyage et d'entretien des cultures, ne renaît qu'à la traite, période de récolte et de vente des produits. Tout le monde revient alors au village. Pendant ces quelques semaines qui marquent la fin du cycle des travaux annuels, celui-ci connaît une intense activité sociale : fête de la nouvelle igname, somptueuses funérailles, séances interminables de réconciliation, de règlement des conflits... L'intrusion de l'économie de plantation, en privilégiant cette période particulière de la vie villageoise, semble avoir du même coup porté atteinte à d'autres traditions :

> La société se désagrège, les vieilles coutumes ne sont plus respectées, les fêtes traditionnelles ne sont plus célébrées[486].

D'autre part, l'affaiblissement des liens de dépendance se manifeste également sous la forme de l'exode rural dont ne sont point épargnées des régions aussi riches que le Moronou. Abidjan et les autres villes coloniales de Basse-Côte exercent *"un mirage trompeur"* sur les jeunes gens qui quittent en masse

---

484 ANSOM, Côte d'Ivoire, Affaires politiques, Carton 567 : *rapport annuel sur la situation politique de 1926 par le gouverneur La palud.*

485 *Ibidem, op. cit.*

486 *Ibidem, op. cit.*

le village natal et vont *« grossir le nombre des sans travail ou celui des employés mal rétribués »*[487]. Enfin, autre aspect de la désorganisation sociale, la diminution de la prépondérance des « grandes familles » face à la montée des *« leaders »* nouveaux: élite rurale, instituteurs, commis de l'administration... Ainsi plusieurs chefs de village du groupe *Essandane*, rejetant l'autorité d'Ani Kouamé, chef de ce groupe, nommé de surcroît par l'administration coloniale au rang de chef· de canton[488], entreprennent en 1929, une démarche auprès de celle-ci, afin que le successeur légitime de Nanan Sangban, le premier guide de ce groupe, soit révoqué de ses fonctions[489]. De même, à la même date, Assandé Edoukou, chef de canton des Afféré, malade, voit son autorité battue en brèche par ses administrés,[490] au point que le chef de poste de Bongouanou, *« sans songer à le remplacer, souhaite sa disparition qui sera un bien pour le village d'Afféré et de tout le canton qu'il commande »*[491].

C'est aussi le sens profond des plaintes, portées en 1939 par Henri Messou Kouamé, Alias Edmond Kouamé, élève de la mission catholique d'Abengourou et originaire d'Assiè-Kumasi, contre Manan Akou, chef du canton assiè. [492] De même, la protestation du vieux chef des Sahié, Assoumou N'zèbo, appuyé de toute la jeunesse du Sahié[493] contre le rattachement de son canton à celui des Ahua, dominé par « l'énergique » Nouaman Téhoua, vise à la fois l'autonomie de son canton, mais aussi le rejet de l'autorité tyrannique du détenteur de la « chaise » d'Ané

---

[487] ANCI 1 E3-IV-43/5 (3 304), *n° 350 Apa/I du gouverneur Mondon à l'administrateur, commandant le cercle d'Abengourou.* Abidjan, le 14 octobre 1938.

[488] Depuis 1920.

[489] ANCI 1 E2-IV-15-124 (3 307), *Rap. politique de la subdivision de Bongouanou, 2e trimestre 1929.*

[490] Plusieurs administrés, dont « *deux habitants d'Afféré* » refusent de lui obéir, *« sans un ordre du Chef de la subdivision ».* Mieux, l'un d'entre eux « *regagne la Gold-Coast d'où il était rentré récemment* ». ANCI 1E2-IV-15-124 (3 307), *op. cit.*

[491] *Ibidem, op. cit.*

[492] Cf. ANCI, 1D7-13-/1 (3 3038), *Administrateur d'Abengourou au gouverneur à Abidjan, a/s Henri Messou Kouamé, Alias Edmond Kouamé, originaire d'Assiè-Kumasi (Bongouanou) pour plainte contre Manan Akou, 1938.*

[493] ANCI 1 E3-IV-43/5 (3 304), *Rap. politique de l'Indénié pour le 1er semestre 1935, a/s chefferie de Bongouanou.* Abengourou, le 30/6/ 1935.

Kpanyi. La lutte qui oppose, dans les années 1935, Nouaman Téhoua aux Sahié, ainsi qu'à certains ressortissants ahua, gros planteurs de cacao et de café, peut être saisie sous l'angle de la rivalité pour la prééminence économique, dans ce secteur oriental du Moronou : en effet, le chef de canton, Nouaman Téhoua, s'oppose à ce que certains planteurs de sa circonscription rachètent leurs prestations, afin de s'adonner plus librement à leurs plantations personnelles, et de devenir ainsi des concurrents dans la montée sociale.

B. Tensions au niveau des relations familiales

Sur le plan même des relations familiales, on ne peut minimiser les bouleversements entraînés par le passage d'une « société à économie de trésor[494] » vers une société de forme plus complexe, davantage axée vers l'économie de profit, tant au niveau de la hiérarchie des intérêts qu'au niveau de l'attitude de l'Agni vis-à-vis du *dja* (le trésor familial) et de l'héritage.

1. Le bouleversement de la hiérarchie des intérêts

C'est un lieu commun de souligner que dans la société ancienne, la collectivité prime l'individu. Cela est encore si vrai au début de l'époque coloniale que l'administrateur du Nzi-Comoé, de Coutouly, note que l'individu, « mandataire, commis à la vente de la charge de palmiste, après l'avoir vendue sur le marché mensuel de Dimbokro, ne peut disposer librement de la somme perçue, celle-ci revenant en totalité à la communauté villageoise[495] ».

Cet exposé des faits implique, même si l'administrateur omet de le dire, que le travail de production des palmistes est collectif. De là, l'obligation morale qui s'impose au mandataire de ne point distraire le moindre centime du montant de vente, avant de l'avoir présenté, de retour au village, au doyen de la famille. Le fruit de la vente des palmistes, comme autrefois l'extraction de l'or, servait à la constitution du *dja* (le trésor familial).

---

494 Expression inspirée par le titre de l'ouvrage de J.M. Gastellu : *Une économie du trésor : les grands planteurs du Moronou*, 2 tomes.

495 ANCI 1 QQ 20, *n° 25, Administrateur de Coutouly au Lieutenant-gouverneur de la Côte d'Ivoire à Bingerville*. Dimbokro, le 1e octobre 1921.

La finalité du *dja*, formé de biens de grande valeur[496], amassés patiemment sur plusieurs générations, est essentiellement de garantir l'autonomie des membres de la communauté familiale, étroitement unis autour du chef de lignage. Si la garde du trésor familial est confiée au chef de lignage qui en a la gestion, celui-ci ne peut l'utiliser à des fins personnelles, car le trésor n'est pas une propriété individuelle. Au contraire, qu'un membre de la famille soit menacé dans sa vie et dans ses biens, le chef de lignage intervient immédiatement, en ayant recours au trésor familial, pour racheter le parent réduit en captivité, rembourser la mise en gage, ou encore pour éteindre la dette ou réparer le dommage causé. Aussi est-ce à juste titre que J.L. Boutillier a écrit : *« la puissance et la richesse dépendaient naguère de l'appartenance à tel ou tel lignage »*[497]. Or, avec le développement des cultures de profit, progressivement *« la hiérarchie des intérêts a été bouleversée »*[498].

Un certain individualisme économique, de plus en plus accusé, s'est fait jour, au point que désormais c'est le ménage, détenteur de l'exploitation agricole qui a pris la première place, *"en tant que dispensateur de flux importants et renouvelés de revenus »*. Même les sentiments nourris à l'égard de l'héritage évoluent. Certes, l'on ne met pas en cause - loin de là - le principe de succession, fondé sur la prépondérance du lignage utérin. Mais l'attitude des uns et des autres, à l'endroit du trésor familial, en tant qu'héritage, se modifie sensiblement.

2. Attitude à l' égard du ***dja****: une certaine désaffection*

Jusqu'à l'introduction des cultures industrielles, le trésor familial était le seul capital dont pouvait disposer la communauté familiale. Funérailles, dettes, dépenses diverses étaient assurées en totalité sur ces fonds, en raison des ressources personnelles plutôt insignifiantes, comparativement à cette caisse commune, alimentée concurremment par le produit de l'extraction aurifère, mais aussi par les dons coutumiers de toutes provenances. Ce rapport est totalement interverti avec le

---

[496] Le *dja* est composé de biens de diverses natures : objets rituels (statuettes, pagnes), de l'or (bijoux, pépites, poudre), des poids à peser l'or, des balances, des cuillers et aussi de l'argent liquide.

[497] J.L. Boutillier, *op. cit.* p. 205.

[498] *Ibidem,* p. 205.

développement des produits de cueillette, suivi de l'essor des cultures de cacao et de café: l'ensemble des revenus individuels, fruit de la vente des produits, précédemment énumérés, dépasse de loin le capital collectif, représenté par le *"trésor"*. Par ailleurs, ces revenus se renouvellent périodiquement, chaque année, au moment de la traite, alors que les ressources du budget collectif étaient plutôt irrégulières, voire aléatoires. Il se produit donc un changement dans l'attitude des Agni à l'égard des biens hérités. Si dans l'ancien temps, l'héritage constituait pour l'Agni l'unique moyen d'acquérir des biens, la création de plantations lui offre désormais la possibilité de disposer d'une fortune personnelle. L'ambition pour le trésor familial passe au second plan, d'autant plus que les biens acquis par héritage sont grevés le plus souvent de toutes sortes d'obligations morales : entretien des personnes âgées, prise en charge des veuves et des enfants du défunt, extinction éventuelle d'amendes et de dettes… Même les plantations de cultures industrielles de cacao et de café, transmises en héritage, assimilées aux biens du trésor, représentent dans la plupart des cas autant de charges que de profits. Aussi, s'établit progressivement une certaine réticence à devenir le dépositaire du *"trésor familial* ". Lorsqu'on est obligé de l'accepter, à son corps défendant, on préfère négliger, par exemple, l'entretien des plantations héritées, qui retournent, au bout de quelques années, à la brousse.

Parallèlement à cette désaffection envers le « trésor familial », entraînant un affaiblissement des liens de dépendance de l'individu à l'égard de la communauté familiale, on assiste à un resserrement des liens entre le père et le fils. En effet celui-ci, vivant sous le toit paternel, crée ses premières plantations avec l'aide de son père et à côté des siennes. Lorsque l'entente entre père et fils est parfaite, le fils demeure le plus longtemps possible auprès de son père. Dans le cas contraire, il quitte assez tôt le village de son père et sa famille, et rejoint le village de sa mère, celui de son lignage - où il se crée sa propre exploitation, la seule qui lui demeurera. Car, à la mort de son père, toutes les plantations de ce dernier, assimilées à un héritage, sont dévolues en ligne maternelle, c'est-à-dire dans un premier temps entre les frères du défunt, puis, à l'extinction de cette génération, entre les neveux utérins. Ainsi, comme on le voit, la norme de succession ne fait aucune place au fils. C'est pourquoi le père, en récompense à un fils dont il a particulièrement apprécié l'aide, lui fait, de son vivant, une donation ou prévoit pour celui-ci le legs d'une partie de ses plantations.

Ce procédé qui, somme toute, n'est qu'une faible compensation à la contribution et à l'économie en salaire de manœuvre, inestimables, apportée par le fils à son père, très mal accepté le plus souvent par les membres du lignage du père, a été, dès notre époque, à la source d'une recrudescence d'empoisonnements, d'actes maléfiques de sorcellerie, abondamment rapportés par Tauxier, sur l'Indénié voisin, dont il fut l'administrateur, de novembre 1924 à avril 1925. On peut admettre, sans grand risque de se tromper, que les mêmes actes, dans les mêmes proportions, ont eu pour champ de théâtre le Moronou qui était sensiblement au même niveau de développement économique.

D'autres conséquences, enregistrées, sont à lier à l'essor économique exceptionnel, qui prévaut dans notre région, avec le triomphe des cultures du cacao et du café. De nombreux et jeunes planteurs, à la mort de leur père, ont préféré demeurer dans le village de leur père, afin de gérer plus efficacement les plantations qu'ils ont eux-mêmes créées et qui leur assurent par ailleurs un revenu constant, plutôt que de courir au devant d'un héritage qui est le plus souvent source de déboires. Une autre conséquence, découlant de la première, c'est l'éclatement du lignage dans l'espace, qui conduit nécessairement à un affaiblissement des liens lignagers. En effet le fils, ayant opté de demeurer dans le village de son père, souvent différent de celui de la mère, du fait de l'exogamie, ne rejoint plus jamais le village du lignage maternel. On assiste donc de plus en plus à *« une atomisation du lignage, dont naguère encore la presque totalité des éléments masculins mariés étaient concentrés dans quelques cours d'un même village »*[499].

Quant à la conduite qui fut observée à l'égard du *« trésor familial »*, on peut dire que la légitimité des droits de lignage, selon la lignée utérine, n'a jamais été contestée, hormis la tentative évoquée, tendant à tourner le droit successoral, afin de donner une certaine compensation au fils. La crainte de l'empoisonnement et ces autres sanctions traditionnelles

[499] J.L. Boutillier, *op. cit.* p.116.

explique la progression timorée, effectuée en direction de l'avenir.

C. Comment se décompose la nouvelle société du Moronou ?

Tensions sociales, bouleversements enregistrés au niveau de la famille ont pour effet de susciter, au sein de la société, une nouvelle stratificat.ion sociale, qui obéit davantage au critère monétaire, aux signes objectifs d'un niveau de vie plus élevé, bref au système de nouvelles valeurs qui s'imposent de plus en plus. Comment se décompose la nouvelle société du Moronou ?

1. les grands planteurs

En haut de l'échelle sociale, se situent quelques grands planteurs, en général autochtones ou installés de longue date dans le pays, au point d'être désormais assimilés. On peut inclure à ce groupe les rares exploitants européens : E. Harambat, P. Beuglot, et Bardon, ainsi que les fonctionnaires de l'administration, retraités, ayant leur domicile dans la région. Combien sont-ils les grands planteurs de la région ? 5,7 % de planteurs autochtones selon les résultats de l'analyse du cadastre de la zone Assiè.[500] Un pourcentage vraiment insignifiant sur le nombre des planteurs, si l'on extrapole ce chiffre à l'ensemble du Moronou. Cette catégorie de planteurs regroupe: exceptionnellement des éléments de la chefferie traditionnelle, d'anciens captifs et de jeunes planteurs particulièrement dynamiques. Toutefois, les chefs traditionnels, profitant de *« l'effet surprise »* au moment de l'introduction des cultures industrielles, surent, mieux que d'autres, s'adapter rapidement aux nouvelles conditions. Ayant compris tout le bénéfice qu'ils pouvaient tirer des cultures nouvelles, et profitant de leur situation de domination, ils créèrent d'immenses exploitations, aidés à la fois des membres de la famille et d'une *« clientèle »* pléthorique, faisant surtout appel aux prestations gratuites, dont ils continuaient de bénéficier auprès des villageois. Dia Kadio, chef du groupe amantian, l'un des tout premiers chefs morofwè à s'initier à la culture du cacao, a pu largement bénéficier de cette main-d'œuvre providentielle. En effet, il se signale, non seulement par son esprit d'initiative, mais encore par la tenue

[500] 2 sur 19 grands planteurs possèdent une exploitation, supérieure à 50 hectares.

parfaite de son exploitation personnelle. De même nos sources mettent particulièrement l'accent sur le rôle prépondérant joué par les chefs et les notables de la région dans l'introduction et la diffusion du cacao[501]. Une quinzaine d'entre eux, accompagnés du chef de poste de Bongouanou, se rendent à Abengourou, en août 1916, pour constater *de visu* les premières expériences, tentées dans la culture du cacao, un véritable succès enregistré dans ce domaine par les habitants de l'Indénié.

Cependant la hiérarchie ancienne n'est pas la seule à donner le ton pour l'importance des exploitations. De jeunes planteurs, particulièrement entreprenants, conscients qu'à la disparition de leur père, ils ne peuvent prétendre hériter de ses plantations, s'affranchissent très tôt de sa tutelle. Ils créent alors leurs propres plantations auxquelles ils donnent le maximum d'extension. Enfin, les captifs et leurs descendants, pour s'émanciper de leur condition d'infériorité congénitale, jouissent pleinement de leur droit d'usufruit sur la terre, en se taillant d'immenses superficies de cultures industrielles. Ils parviennent ainsi en général à s'élever en richesse au-dessus de l'ancienne classe dominante.

Comment définir ce premier groupe de planteurs qui marque le pas sur tous les autres, dans l'échelle sociale ? Il eût été plus indiqué de nous fonder, sur la production plutôt que sur la superficie des cultures, pour déterminer les grands planteurs. Mais outre que les chiffres de rendement sont sujets à des fluctuations saisonnières, fréquentes, aucune de nos sources ne fait cas des productions individuelles. Les superficies de cultures, plus fiables, ont paru donc être un indicateur précieux, dans la mesure où les chiffres étaient disponibles dans l'immédiat et épargnaient un long détour en temps de travail.

Nous avons convenu de dénommer *« grands planteurs »* tous ceux dont l'exploitation dépasse 20 hectares. Ils représentent 5,7% dans l'échantillon choisi. Ces grands planteurs offrent par ailleurs d'autres caractéristiques. Ils disposent d'une main-d'œuvre relativement abondante, à la fois familiale et extérieure.

---

[501] « *Tout le monde, chefs, notables (...) plante avec une ardeur qui ne permet plus au personnel, d'ailleurs réduit, de la station agricole, de surveiller l'exécution de tous les travaux* ». ANS 2G 14-21 (1) Côte d'Ivoire. Service de l'agriculture. *Rapport de tournée du chef de service d'Assikasso (Circonscription agricole de l'Est) du 3 au 26 juin 1914.*

D'autre part, ils sont à l'abri de l'endettement, alors que la plupart des planteurs éprouvent d'énormes difficultés à équilibrer leur budget, que beaucoup vivent, non pas sur la traite passée, mais sur celle à venir, en recourant à des emprunts à court terme, auprès des commerçants, afin de recommencer un nouveau cycle cultural. Pendant ce temps, le grand planteur parvient à épargner et à disposer de quelque excédent monétaire.

L'utilisation de cette épargne peut paraître pour le moins curieuse. En effet, si elle sert, par l'achat de produits manufacturés, à améliorer son niveau de vie - on peut en douter - à améliorer son habitat, par l'édification de maisons en briques, en aucun moment, elle « ne contribue à l'allongement du détour de production. Tout au plus sert-elle à établir de nouvelles plantations, afin d'augmenter son revenu. Au contraire les voies les plus utilisées sont celles dictées habituellement par la tradition: dépenses somptuaires à l'occasion des funérailles par exemple, thésaurisation, dans des canaris [502], des billets de banque, qui devenaient le plus souvent la proie des termites, à moins qu'ils ne soient échangés contre leur équivalent en poudre d'or, symbole de puissance et source de prestige. Enfin, nos sources suggèrent que, pour pallier la pénurie de transport des produits, à la période de la traite, le planteur, se faisant occasionnellement transporteur, investit son capital dans l'achat de camions[503].

2. Les autres planteurs

Immédiatement après les grands planteurs, vient la masse des moyens et petits planteurs. Selon l'étude cadastrale du secteur *Asiè,* les planteurs moyens, dont l'étendue d'exploitation peut être estimée entre 5 et 20 hectares, représentent 33,2 % de l'ensemble des planteurs. Bien qu'ils fassent régulièrement appel à une main-d'œuvre salariée, ils disposent d'un revenu plutôt modeste. Aussi sont-ils assez régulièrement à la merci des

[502] « Ancien chercheur d'or, il est, par des habitudes ancestrales, accoutumé à entasser le précieux métal, et s'il ne peut s'en procurer, il n'hésite pas à placer ses économies en billets de banque dans des canaris ». ANCI 1 Q2 –IV-15-120 (3 743), *Considérations générales sur le développement économique du N'zi-Comoé*, 1er trimestre 1939.

[503] « L'indigène, surpris par tant d'argent inespéré, avait dépensé, qui pour boire, qui pour faire des maisons et acheter des camions ». ANCI 1 Q2-IV-15-120 (3 743), *op. cit. 2e trimestre 1939.*

prêteurs usuriers, gros planteurs ou le plus souvent traitants d'origine africaine ou méditerranéenne. Mais tout particulièrement les petits planteurs, (54, 6 %), qui ne mettent en valeur que quelques acres, afin de faire face à l'impôt personnel et à celui des membres de leur famille, sont la proie désignée de ces trafiquants, profiteurs d'autant plus insatiables que la victime est sans défense.

La traite de 1939 fut particulièrement *« juteuse »* pour ces intermédiaires qui avaient jeté leur dévolu sur le Moronou. Ces *« margouillats »,* comme les appelait l'administrateur en poste à Dimbokro, étaient d'autant plus encouragés dans leur *œuvre* de spoliation du petit planteur, que certaines grandes maisons commerciales de la colonie, *« par bonne politique (...) leur avaient consenti de fortes avances ».* Il résulta du mouvement commercial, qui frisait l'escroquerie, un véritable désastre commercial et financier: des stocks entiers de plusieurs tonnes de cacao et de café disparurent des magasins, comme par enchantement; des fortunes entières furent englouties, en quelques jours. Même une maison, solidement implantée dans le Moronou, comme la CICA, fut victime d'un important détournement de 93 tonnes de cacao. Rendant compte de ce désordre commercial qui *« provoqua un désordre comptable »* non moins important, *« suivi d'affaires judiciaires »*, l'administrateur de cercle use d'expressions tout en nuances, déguisant assez mal l'énorme scandale, qui éclabousse momentanément le commerce local. Par délicatesse il attribue les détournements de stocks et de fonds, dont sont également victimes les producteurs, à *« l'embouteillage des magasins » et au surmenage du personnel commercial (européen et indigène)* »[504].

Outre la faillite des "commerçants isolés" de la région, les principales victimes de cet énorme scandale commercial, sont les petits planteurs. Démunis d'argent au cours de cette traite, ils ne purent effectuer les achats indispensables dans le commerce. Pis, les sources soulignent un *« arrêt momentané du progrès »*.

Cette "crise" de fin de période suggère l'hypothèse d'une mobilité du petit planteur vers d'autres activités jugées plus rentables. La ville, proche ou éloignée, de Basse-Côte, apparaît

[504] ANCI 1 Q2-IV-15-120 (3 743), *op. cit. 2e semestre 1939.*

sous un jour extrêmement attrayant. Elle offre toute une gamme de métiers extrêmement prisés: maçons, chauffeurs, mécaniciens. Le petit planteur, ruiné, qui n'a pas beaucoup à espérer de son exploitation, mais aussi le jeune aide agricole, qui apporte un concours précieux à son père, mais qui se sait déjà éliminé de la succession à l'héritage de celui-ci, préfèrent, l'un et l'autre, assurer, pendant qu'il en est encore temps, leur avenir, en optant pour un métier de la ville. Cette tendance *"des jeunes à s'affranchir de plus en plus de l'autorité du chef de famille et celle du chef de village »*, déjà notée par l'administrateur en 1929, s'accentue davantage, en fin de période :

> Beaucoup vont chercher fortune au loin, courent d'une entreprise à l'autre[505].

Cependant, quand il en a la possibilité, le jeune planteur opte de rester au village, en créant sa propre exploitation agricole, ou encore de devenir - cas plus rare - salarié agricole.

3. La main-d' œuvre agricole

Elle représente la troisième catégorie sociale. De souche étrangère, destinant son épargne à son pays d'origine, la main-d'œuvre agricole est loin d'être homogène. On distingue en effet le manœuvre *abusan*, assimilé au métayer, et lié au propriétaire de l'exploitation de cacao et de café, pendant toute la durée du travail, en général une saison, à l'issue de laquelle il perçoit le tiers du produit de la récolte. Cette modalité de travail laisse une certaine initiative à l'employé, libre de ses heures de travail, de prévoir et d'organiser les tâches à accomplir. Le choix lui est même laissé de se faire loger et nourrir par son employeur. D'une façon générale, l'*abusan* a pris très tôt l'habitude de cultiver, à son propre compte, son champ de vivriers, et d'implanter sa propre « concession », différente de celle du patron, surtout quand il vit, entouré de sa femme et de ses enfants. L'employeur aussi bien que l'employé apprécient cette forme de travail, relativement proche de l'entreprise d'association, qui assure à l'un la récolte maxima, en le libérant des tâches de contrôle et de surveillance, et à l'autre les

---

505 ANSOM, Côte d'Ivoire, Affaires politiques, Carton 567, *Rap. annuel sur la situation politique de 1929.*

avantages de prendre des initiatives et d'amorcer la formation de sa propre plantation.

L'*abusan,* que l'on pourrait déjà qualifier d'entreprise avec participation aux bénéfices, n'est consenti à notre époque, en tant que contrat de travail, qu'à une certaine catégorie de travailleurs de confiance, proches, par les mœurs et l'ethnie, de l'employeur. Progressivement, même des Agni, venus de régions voisines, ne répugnent pas à se lier par ce type de contrat.

Outre *l'abusan*, se rencontre plus régulièrement le travailleur à la tâche, journalier, surveillé et contrôlé par le planteur, nourri quotidiennement, pendant toute la durée de la récolte ou du contrat pour lequel il est employé. Il y a aussi le travailleur salarié, payé sur la base de contrats mensuels ou annuels, et le contractuel spécialisé dans l'une ou l'autre des tâches comme le défrichage, l'abattage des arbres… Sont engagés plus couramment ici: Voltaïques, Lobi du nord ivoirien, Soudanais, venus momentanément acquérir sur les plantations du pays agni, la somme nécessaire pour l'acquittement de l'impôt de capitation.

Comme on le voit, il existe autant de manœuvres qu'il y a de formes d'embauches, liant planteurs et travailleurs. Le travail salarié sur les plantations du Moronou a ainsi engendré plusieurs catégories de travailleurs ou manœuvres. Selon que ceux-ci sont plus ou moins proches ethniquement du planteur agni, les rapports sont soit familiaux, soit distants. Aussi, Dupire a-t-elle pu écrire que certaines *« relations personnelles de type patriarcal ont (...) empêché la naissance d'une conscience de classe chez les travailleurs ruraux »*[506]. Il n'empêche cependant qu'une situation de classe a pu caractériser les rapports entre planteurs et manœuvres. Témoin l'exploitation dont ces derniers sont souvent l'objet. Et Dupire d'évoquer que *« souvent (le planteur) commence par satisfaire ses besoins personnels et familiaux, remettant à plus tard le règlement des manœuvres, qui dans l'espoir d'être un jour payés, se résignent à rester à son service »*[507].

---

[506] M. Dupire, *Planteurs autochtones et étrangers en Basse Côte d'Ivoire orientale*, Collection Etudes éburnéennes, n° 8, IFAN, Abidjan, 1960, 27p. (p. 40).

[507] *Ibidem*, p. 39.

Enfin, il convient de souligner que la mobilité entre ces différentes catégories sociales a été très souple, le manœuvre, étant tantôt employé au tiers, se contentant tantôt d'une rétribution monétaire. Cependant la trajectoire normale observée se dessine de la façon suivante : le travailleur agricole commence sa carrière comme manœuvre salarié, journalier ou contractuel, accède au système *abusan* et finit par s'établir comme propriétaire, à la tête de sa propre exploitation. Plus d'un cas, respectant ce modèle d'ascension sociale, nous a été révélé, au fil des conversations que l'auteur a pu avoir à Bongouanou. Voici le récit d'une promotion type:

> Kouamé, arrivé du pays Baoulé, à l'âge de 20 ans environ, vers 1930, a travaillé comme contractuel chez Assémien, planteur agni de Bongouanou, pendant plusieurs saisons consécutives. Au bout de cinq années environ, les rapports entre l'employeur et l'employé, étant devenus plus cordiaux, le planteur consent à utiliser Kouamé comme *abusan*. Il lui confie une première parcelle de cacao. Au bout de l'année, l'exploitation ayant rapporté beaucoup d'argent, il lui confie à nouveau, l'année suivante, l'exploitation de la même parcelle, plus une deuxième plantation de cacao.
>
> Kouamé, devant l'immensité de la tâche, sous-emploie à son tour deux autres « compatriotes ». La deuxième traite, malgré l'immense espoir fondé sur elle, rapporte peu d'argent.
>
> Pendant l'intersaison, Kouamé étant retourné dans son « pays d'origine », se marie et revient avec sa femme. L'employeur lui renouvelle sa confiance pour une troisième année en lui demandant de mettre en valeur les mêmes parcelles.
>
> Sept ans plus tard, après la première expérience, Kouamé entreprend sa propre plantation, tout en continuant de demeurer au service d'Assémien. Aujourd'hui, Kouamé est assimilé en tant que membre de la communauté villageoise, lui et tous les siens. Il possède sa propre cour à Bongouanou, où il vit avec sa femme et ses enfants, et héberge de temps à autre des « compatriotes » de passage,

> les employant à l'occasion comme travailleurs sur sa propre exploitation[508].

4. Commerçants et artisans.

Sont regroupés ici commerçants et artisans, attirés dans le Moronou par la traite des produits d'exportation: cacao, café, et aussi par le développement des besoins de la population, consécutif à l'élévation du pouvoir d'achat, bref par l'afflux de l'argent. Sous-produit de l'expansion monétaire dans la région, commerçants et artisans constituent en quelque sorte des marginaux par rapport au noyau de population autochtone, bien qu'ils soient désormais partie intégrante de la société globale du Moronou colonial.

Outre les comptoirs des grandes maisons de la colonie, le réseau commercial comprend quelques commerçants européens et libano-syriens, installés à Bongouanou, chef-lieu de subdivision, dans quelques gros villages, et tout un ensemble de commerçants africains, soit ambulants, soit installés à demeure. La gamme d'activités que recouvre le vocable de commerçants est extrêmement étendue: acheteur de produits, commis traitant, commerçant de cola, boutiquier, colporteur, tablier, boucher, etc.

Il peut paraître arbitraire de rassembler, sous la même rubrique, des éléments aussi disparates et ayant des conditions de vie si différentes. Cependant la distinction, qui s'impose à première vue entre commerçants fixes et commerçants ambulants, s'est révélée comme peu significative, en raison de l'imbrication des activités et aussi de la mobilité extrêmement fluide d'une profession à l'autre. Aucun obstacle infranchissable ne sépare en effet le commerçant à poste fixe du commerçant ambulant. Un marchand peut exercer le colportage de village en village à certaines périodes de l'année, et être installé sur un marché, le reste du temps.

A la différence des commerçants, les artisans étrangers: maçons, menuisiers, cordonniers, mécaniciens, bijoutiers..., attirés aussi par les nombreux débouchés, créés par l'extension des besoins, subissent beaucoup moins de mutations. Ils représentent davantage l'aboutissement d'un processus extrêmement long, comprenant plusieurs années d'apprentissage.

---

[508] Récit recueilli à Bongouanou, le 7 août 1977 auprès de J.B. Atoukora, 80 ans environ, notable du quartier agni.

Et le fait qu'ils ne font que passer dans le Moronou, où leur présence répond à des demandes souvent ponctuelles des Agni, ne nous fournit point l'occasion d'observer leurs trajectoires respectives.

Bouleversement de l'ordre social ancien, rupture des cadres hiérarchiques par l'apparition d'une nouvelle échelle sociale, consécutive à l'adoption des valeurs économiques, imposées par les cultures de profit, tel est le sens fondamental de l'évolution sociale dans le Moronou colonial.

CONCLUSION GENERALE

A la veille de la guerre de 1939, l'économie agricole du Moronou, après avoir été fortement secouée par les deux crises successives, celles de 1929-33 et 1937, a repris de l'élan, et poursuit un développement satisfaisant. La production ainsi que les superficies des vivriers sont partout en augmentation. Mieux, les chiffres des prévisions du plan quinquennal régional, pour certaines cultures comme l'igname, sont largement dépassés[509].

Les cultures industrielles accusent aussi *« un rendement satisfaisant »*. La subdivision de Bongouanou produit, à la fin du premier semestre 1939, 7 000 tonnes de cacao, autrement dit un tonnage plus important que la totalité de la production de tout le cercle du Nzi-Comoé, en 1938 [510]. La production du café dépasse, dès juillet 1939, toutes les espérances: 620 tonnes pour l'ensemble de la production *« indigène »*[511]du Nzi-Comoé contre 247 tonnes, l'année précédente, à la même époque. Même les produits de cueillette, qui étaient depuis quelques années en régression, connaissent, selon les sources administratives, un certain regain, auprès des habitants. On peut certes déplorer que le progrès ne soit pas aussi sensible au niveau des méthodes et des instruments de culture. Mais que de chemin parcouru depuis 1908, date de la conquête coloniale et de l'emprise de *Mako* sur le Moronou !

Mais encore quelle conclusion tirer de cette étude ? Le pays lui-même a été profondément transformé sous les aspects de la végétation, de la faune et du climat. Essentiellement par l'action de l'homme. Quelque deux siècles auparavant, la région n'offrait pas cet aspect de forêt dégradée par le développement des plantations, le long des routes et des principales pistes. Inhabitée pour ainsi dire, elle était âprement disputée, sur toute son étendue, entre la savane et la forêt, avec cependant une prédominance pour la forêt. Il serait illusoire de prétendre à une

---

509 ANCI 1 Q 2-IV-15-120 (3 743) *op. cit.* 1e semestre 1939.

510 La production du Cercle du N'zi-Comoé était, en 1938, de 6 600 tonnes. Cf. Tableau de la production du cacao, *Annexe n° 5 p.379.*

511 A ce chiffre, il convient d'ajouter les 140 tonnes de production des exploitations européennes du Cercle. Cf. ANCI 1 Q2-IV-15-120 (3 743), *op. cit.*

restitution plus affinée de la végétation de l'époque. Tout au plus cette étude, qui ne forme qu'un seul et même ouvrage avec *Le Moronou,terre méconnue de Côte d'Ivoire*[512], déjà paru, permet-elle d'ajouter que le capital forestier ira en s'amenuisant avec comme corollaire une poussée de plus en plus importante de la savane. Le climat, mais aussi les feux de brousse et les cultures ne sont pas étrangers à la disparition progressive de la forêt vierge, dont les rares vestiges demeurent aujourd'hui les forêts classées de l'*Agbo*, d'Arrah et autres. Une autre conséquence de l'action humaine, c'est la raréfaction du gros et du petit gibier. En est à l'origine la chasse, l'une des activités privilégiées de l'Agni, qui s'est multipliée avec l'importation des armes à feu.

Survient, au début du vingtième siècle, la pénétration française. Le Moronou entre alors dans une phase essentielle de son évolution : le pouvoir colonial s'installe en lieu et place du pouvoir des anciens chefs. Mako, tout puissant, joue les premiers rôles, prenant en main le développement économique de la région, y introduisant en particulier les cultures de rente.

Ce fut le moment où administrateurs, agents d'agriculture, sociétés diverses à vocation économique s'employaient, par leur pression ou leurs conseils et encouragements, à stimuler l'évolution agricole. Contrairement à d'autres régions ivoiriennes, où la contrainte administrative fut nécessaire au démarrage des cultures, dans le Moronou, l'initiative, pour certaines cultures comme le cacao, est à attribuer à quelques planteurs pionniers. Séduits, au cours de leurs déplacements soit dans les régions voisines, soit à l'étranger, par le succès remporté par certaines cultures nouvelles comme le cacao, ils s'empressent d'en expérimenter la culture et en deviennent par la suite les ardents diffuseurs. Par ailleurs, grâce à une densité assez remarquable des moyens de communications, acquis au prix du travail prestataire tant de fois décrié, les campagnes du Moronou ont pu être désenclavées assez tôt. Le chemin de fer mais surtout les pistes villageoises et les *« grandes voies »* du Moronou stimulèrent alors le développement des cultures commerciales.

[512] Le titre complet : *Le Moronou,terre méconnue de Côte d'Ivoire. Géographie, histoire et société,* Paris, Harmattan, 2015, 186 p.

Une certaine souplesse d'adaptation à la demande, illustrée par l'abandon progressif de certains produits comme les palmistes ou le caoutchouc qui, à la fin de notre période, ne répondent plus aux nécessités de l'heure, au profit du cacao et du café, mieux côtés sur le marché, est à la fois le signe de l'assimilation des mécanismes de l'économie de marché et de l'intégration de l'agriculture du Moronou à l'économie internationale. D'autre part, la notion du meilleur profit réalisable constitue la toile de fond des transformations, survenues dans ce domaine, et témoigne éloquemment par ailleurs du dynamisme des planteurs de la région. Cette évolution comporte d'ailleurs - et il convient de le souligner - ses côtés négatifs.

Lorsque survient une dépression mondiale, comme ce fut le cas, pendant la crise de 1929-33 et celle, momentanée, de 1937, les planteurs du Moronou, producteurs de matières premières, sont gravement touchés par la *« détérioration des termes de l'échange »*. Le bouc émissaire à l'occasion est vite trouvé: c'est le commerce local, le responsable de la mévente des produits. Le mécontentement se traduit par la mobilisation des esprits et un mouvement de revendications et de protestations, dirigé par quelques chefs locaux, et soutenu en coulisse par des « indigènes évolués ».

Dans la lutte pour l'entretien des surfaces cultivées, dans l'effort mené pour améliorer la qualité du produit de la récolte, les sociétés â vocation économique, en particulier la Chambre de commerce, intervenant par l'intermédiaire des contrôleurs de produits, ont joué un rôle efficace. En incitant le planteur du Moronou à soigner l'entretien de son exploitation pour une plus grande rentabilité, et en le poussant à offrir au commerce un produit de plus en plus impeccable, les sociétés à vocation économique ont participé à une intégration plus étroite du planteur morofwè au système économique de traite.

Toutes les dimensions d'exploitations sont déjà représentées à notre époque, et contribuent, chacune à son niveau, à attirer dans le Moronou une main-d'œuvre de plus en plus nombreuse. La croissance y apparaît déjà étroitement liée à l'utilisation d'une abondante main-d'œuvre. Un tel modèle de développement qui, dans un contexte autre qu'africain, pourrait paraître original, n'offre point ici ce caractère, dans la mesure où la terre, accessible à tous, n'est pas considérée comme un capital. L'unique critère de différenciation se situe ici au niveau du dynamisme déployé par le planteur à étendre la superficie cultivée, en s'attachant à son service un nombre important d'ouvriers agricoles.

L'étude du revenu du planteur morofwè et du salaire du manœuvre attaché à son service, artisans du bond prodigieux accompli par la production agricole, constitue l'une des dimensions de l'évolution sociale de cette époque. Mais comment appréhender cette réalité ? Comment marquer les nuances de degré de revenus entre le planteur, à la tête d'une exploitation personnelle, et l'ouvrier agricole, louant la force de ses bras ? En l'absence de toutes sources privées sur les entreprises de l'époque coloniale, tant européennes qu'africaines, une telle tâche s'est avérée comme une gageure. Prenant le risque de tenter cette aventure, nous avons envisagé, à l'aide de quelques sources de comptabilité théorique, de restituer le revenu tiré des seuls produits du cacao et du café, à défaut de toute autre source de comptabilité sur les cultures secondaires et vivrières. C'est une lacune de taille que cette étude n'a pu pallier.

Cette poussée incontestable des revenus et des salaires à qui profite-t-elle ? Aux Morofwè, certes, qui par les exploitations drainent la quasi-totalité du produit de vente. La rentrée d'argent, enregistrée par la vente des divers produits, a eu les plus heureuses incidences sur la vie quotidienne, en particulier en ce qui concerne la nourriture, la santé et l'habitat. En a tiré également parti la main d'œuvre, étrangère au Moronou, qui rapatrie, sans en faire profiter notre région, la totalité du salaire perçu, légitime rétribution du travail effectué.

Effectivement au plan social, l'un des aspects les plus visibles de l'évolution réside dans l'afflux de la main-d'œuvre extérieure, l'implantation de commerçants et d'artisans étrangers, tous attirés par le niveau de vie relativement élevé du Moronou, consécutif à une introduction de masse monétaire relativement importante. Ce sont en général les marchands soudanais, les *poyofwè*, récolteurs de caoutchouc, d'origine ashanti et fanti, ou encore des Baoulé, Bété, Gouro et Wobè du Centre et de l'Ouest ivoiriens, venus louer leur service auprès des planteurs de la région.

Malgré la faible proportion de ces étrangers – ils représentent, en 1937, 11,7 % de la population totale de la subdivision-est du Moronou - ils jouent particulièrement un grand rôle dans le progrès agricole de la région. L'exploitation familiale épousant chaque année une taille de plus en plus grande, la main-d'œuvre domestique s'avère insuffisante. Afin de rentabiliser l'exploitation, on fait appel à la main d'œuvre étrangère. La structure de production ancienne de l'époque précoloniale, composée exclusivement d'aides familiaux et d'une clientèle fort proche, fait les frais de cette transformation économique. A la *« cellule domestique »* d'autrefois s'ajoute désormais une *« cellule étrangère »*. D'où la double dimension superposée que revêt la structure de production.

La coexistence de la communauté autochtone agni et des populations étrangères opposées sous bien de rapports, imposée par le développement économique de la région, ne va pas sans soulever quelques frictions : conflits de travail, litiges fonciers et autres ... La communauté agni, elle-même, n'est pas épargnée par les changements. On assiste progressivement à un accroissement numérique du groupe des planteurs - ceci est particulièrement sensible à partir de la deuxième décennie de colonisation – à un renforcement de ses assises foncières par l'appropriation du sol, notion inconnue jusque là. Que de chemin parcouru depuis l'implantation agni à l'époque ancienne ! Que de changements opérés entre l'Agni de cette époque, attaché exclusivement à l'extraction aurifère, aux activités de chasse, de cueillette et pratiquant occasionnellement une agriculture de subsistance, et le planteur convaincu des cultures pérennes de cacao et de café de l'époque coloniale !

D'autre part au sein de la population autochtone, la vie communautaire souffre de plusieurs tensions : les anciens liens de dépendance se relâchent, de nouveaux se créent, fondés sur des critères autres que ceux qui régissaient précédemment l'ordre ancien. Des comportements originaux, en général réfractaires à tout ce qui, de près ou de loin, reflète le passé, se dessinent au sein de la communauté lignagère. Même les structures sont atteintes par l'érosion sociale. L'ancienne hiérarchie disparaît ; en lieu et place une nouvelle hiérarchie, fondée essentiellement sur des critères monétaires, fait son apparition. Au haut de l'échelle sociale, domine le grand planteur dont l'exploitation est supérieure en superficie aux 20 hectares. Bénéficiant d'un revenu appréciable, il peut disposer d'une main-d'œuvre relativement abondante. Enfin, dernière caractéristique importante, il est à l'abri de l'endettement, alors que le planteur moyen et l'ouvrier agricole, autres éléments de la structure sociale, éprouvent d'énormes difficultés à équilibrer leur budget, et que beaucoup vivent, non pas sur la traite passée, mais sur celle à venir, en recourant à des emprunts à court terme, auprès des commerçants.

Ainsi l'analyse du milieu humain, aussi sommaire qu'elle soit, tend à montrer que le développement économique, dont nous avons suivi l'évolution jusqu'en 1939, n'a pas été sans entraîner de profonds bouleversements sociaux, qui laissent présager, avec l'extension de l'économie de profit, des mutations sociales plus radicales, au lendemain de l'après-guerre. / …

ANNEXES

ANNEXE 1

RESSOURCES NATURELLES DU N'ZI-COMOE A L'EPOQUE DE L'IMPLANTATION COLONIALE

Le cercle, principalement le district du Moronou est riche en or ; depuis le mois de novembre 1908, les indigènes ont versé dans les coffres de la colonie au titre des diverses contributions dont ils ont été frappés, non loin d'un million en or qui a été reçu à raison de 2, 80 F le gramme.

Les diverses peuplades qui habitent le cercle, toutes descendantes, comme on l'a vu plus haut, des Achanti, grands chercheurs d'or eux-mêmes, se sont, dès leur arrivée dans le pays, c'est-à-dire depuis 150 ou 200 ans, livré à l'exploitation de l'or. Cette exploitation se fait à la manière primitive: la terre, extraite de puits dont quelques uns ont jusqu'à 15 m. de profondeur, est lavée dans des plats hémisphériques en bois, l'or, resté au fond, est recueilli.

Il n'y aucune culture d'exportation; le palmier à huile qui pousse cependant bien, n'est pas cultivé en grand ; il est extrêmement rare de trouver un village de la forêt qui ne possède quelques palmiers, mais ces peuplements sont de peu d'étendue; leur importance est proportionnée aux besoins du groupement qui les possède. Leur propriété n'est pas indivise, mais bien personnelle à telle ou telle famille qui a seule le droit d'en prendre les fruits ou de les abattre pour en extraire sa provision de *« vin de palme »*. Aucune palmeraie n'est entretenue, on ne prend pas soin dé la reproduction.

Le *funtumia elastica*, en agni *Efounou moundou* est, dans la partie forestière, la seule essence productrice de bon caoutchouc, il n'est pas cultivé. Dans le nord du Mango, la *landolphia*, (*amoué niama),* en agba *aoupé*, se rencontre, mais en petite quantité.

Le caoutchouc extrait du *funtumia* se prépare sous forme de boules, de moyenne grosseur, et surtout en grosses plaques rectangulaires très épaisses, qui pèsent 30 à 40 Kg, nommés *lumps* en langage commercial; les indigènes incorporent dans les lumps les latex de plusieurs autres végétaux qui altèrent la qualité du produit, et en avilissent la valeur, mais qui en augmentent le poids, seul côté de la question qui les intéresse.

Le kolatier existe dans toute la forêt à l'état isolé; il paraît pousser spontanément ; autour de maints villages il existe des peuplements de peu d'importance, œuvre des indigènes. La seule tribu des Ngan qui habitent (…) le nord-ouest du cercle, cultive en grand les kolatiers: on estime à 15 ou 20000 le nombre de kolatiers qu'elle possède.

Le riz est peu cultivé; depuis trois ans sous l'impulsion de l'administration locale, les habitants du Moronou ont commencé à faire quelques plantations de riz et paraissent comprendre les avantages qu'ils peuvent en tirer. Ces plantations ont été exclusivement faites dans les terrains non inondés (…)

Les principales cultures indigènes sont par ordre d'importance: l'igname qui fait le fond de la nourriture et dont les plantations occupent les trois quarts de la superficie cultivée; le maïs, le manioc et les bananes.

ANCI DD 146/015.
HOSTAINS, *Monographie du N'zi-Comoé,* 1912.

ANNEXE 2

LIMITATION DES CENTRES D'ACHAT

Dimbokro, le 20 Septembre 1928

Mon cher président,

En séance du 4 sept, vous avez bien voulu me nommer rapporteur sur la question: limitation des centres d'achats. Voici mon avis à ce sujet.

Dans les régions à cacao surtout, aucun poste d'achat nouveau, ne devrait être établi, sans avis favorable du commandant de cercle qui prendrait au préalable l'avis des producteurs et des commerçants.

Dans la région de Bongouanou et sur un parcours de 60 kilomètres au plus, il y a déjà comme centres d'achats réunissant plusieurs commerçants et maisons de commerce : Bongouanou, Akpahoussou, Abongoa, Arrha, Andè, Brou-Akpahoussou, Kérégbé, Daoukro, soit en tout 8 centres d'achats, dont certains éloignés du précédent de 5 Km, 8 km, 17 Km.

Ne sont pas compris dans cette liste les villages où sont installés un ou deux commerçants seulement. Il résulte de cet état de choses, que le contrôle des produits à l'achat, est inexistant.

A la saison, on peut voir les commis passer dans les plus petits villages, avec des bascules portatives, acheter 50 kilos ici, 200 kilos là. Le cacao étant étendu au soleil pour être séché, le vendeur sollicité par l'un, sollicité par l'autre, vend de guerre lasse son produit encore humide.

Certains commerçants partent le matin de Dimbokro, avec leur camion et une bascule. Tout le long de la route, ils achètent, donnent des rendez-vous à l'avance et si pour le retour leur chargement n'est pas complet, ils le finissent aux endroits où ils ont des commis à demeure. Cette façon de faire empêchant tout contrôle, porte préjudice aux centres naissants où un lotissement a été fait. Le commerce se trouvant partout et nulle part, nous ne sortirons pas du régime de la boutique de pisé couverte en chaume. La région d'Akpahoussou, devrait avoir actuellement de belles constructions, il n'en est rien et ce ne sera qu'un centre raté, si la limitation des points d'achats n'intervient pas.

La limitation des centres est d'une importance capitale, si l'on veut assurer une surveillance efficace des produits destinés à l'exportation.

Recevez, mon cher président, mes respectueuses salutations.

« Lettre de R. Sendral, commerçant et correspondant de la Chambre de commerce à Dimbokro, au président de la Chambre de commerce de la Côte d'Ivoire à Abidjan ».

Arch. de la Chambre de commerce de la Côte d'Ivoire à Abidjan, 23-4. Contrôle des produits.

ANNEXE 3

PRODUCTION ANNUELLE DES PRODUITS "DITS DE CUEILLETTE" (en tonnes) 1917-1939

Année	Produits		
	Cola	**Caoutchouc**	**Palmistes**
1917	202,5	24,2	651,6
1918			
1919	226		1200
1920	273	7	675
1921	314	7,26	256,6
1922	429	3,5	458
1923	516,946	0,604	648,8
1924	343	83,934	350
1925	1024,662	278,9	2221,74
1926	1331,498	108,88	2357,982
1927			
1928			1413
1929			1317,3
1930	670	29,7	1104
1931	411,46	59,783	817,7
1932	794		1043,16
1933	628,427	16,626	64
1934	239,157		48,15
1935	759		261
1936			
1937			
1938	250		260
1939	363	22,5	166,6

Sources : ANCI 1RR 39, *op. cit.* / ANCI 1 RR 94, *op. cit.* / ANS 2 G 38-63.

PRODUCTION ANNUELLE DES PRODUITS "DITS DE CUEILLETTE" (en tonnes) 1917-1939

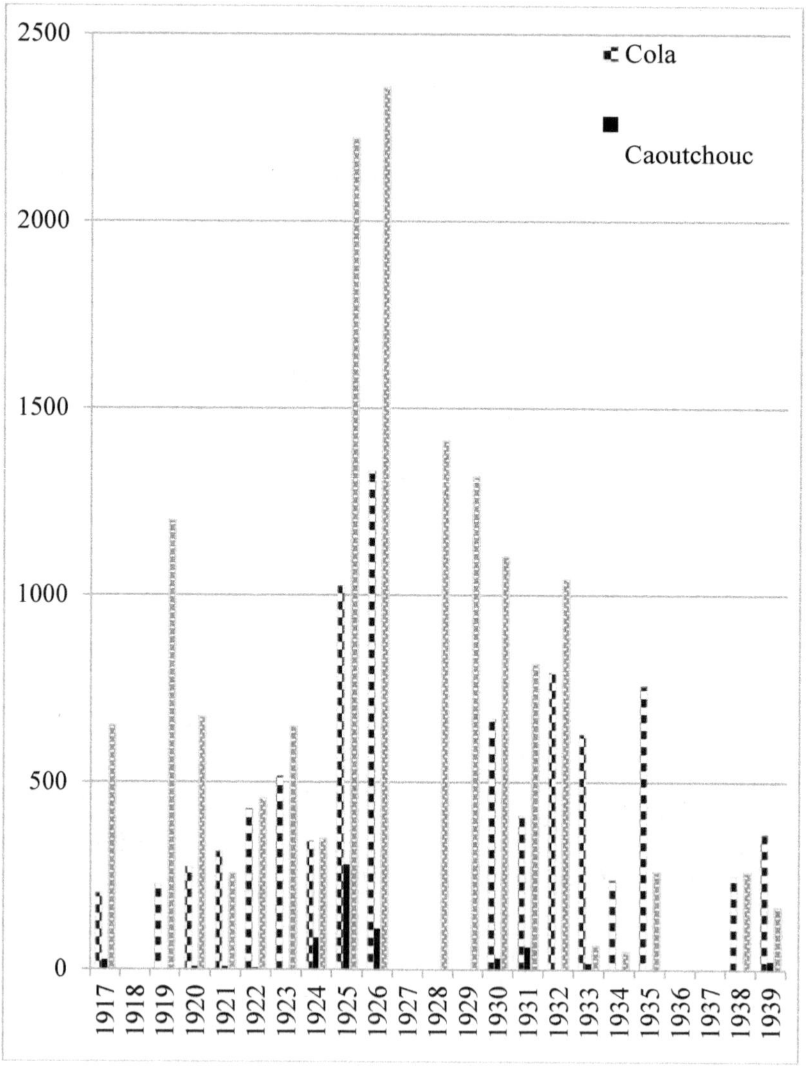

ANNEXE 4

CERCLE DU N'ZI - COMOE: EVOLUTION ANNUELLE DE LA SURFACE CULTIVEE EN CACAO (en hectares)

	Superficie en ha Cacao	Superficie en ha Café
1917	67,5	
1929	5250	50
1930	1570	134
1931	1540	166
1932	1320	172
1933	446	265
1934	3200	340
1935	11503	4000
1936	6000	
1937		4500
1938	11800	4000

Sources : ANCI 1RR 39, *op. cit.* / ANCI 1 RR 94, *op. cit.* / ANS 2 G 38-63.

CERCLE DU N'ZI - COMOE: EVOLUTION ANNUELLE DE LA SURFACE CULTIVEE EN CACAO (en hectares)

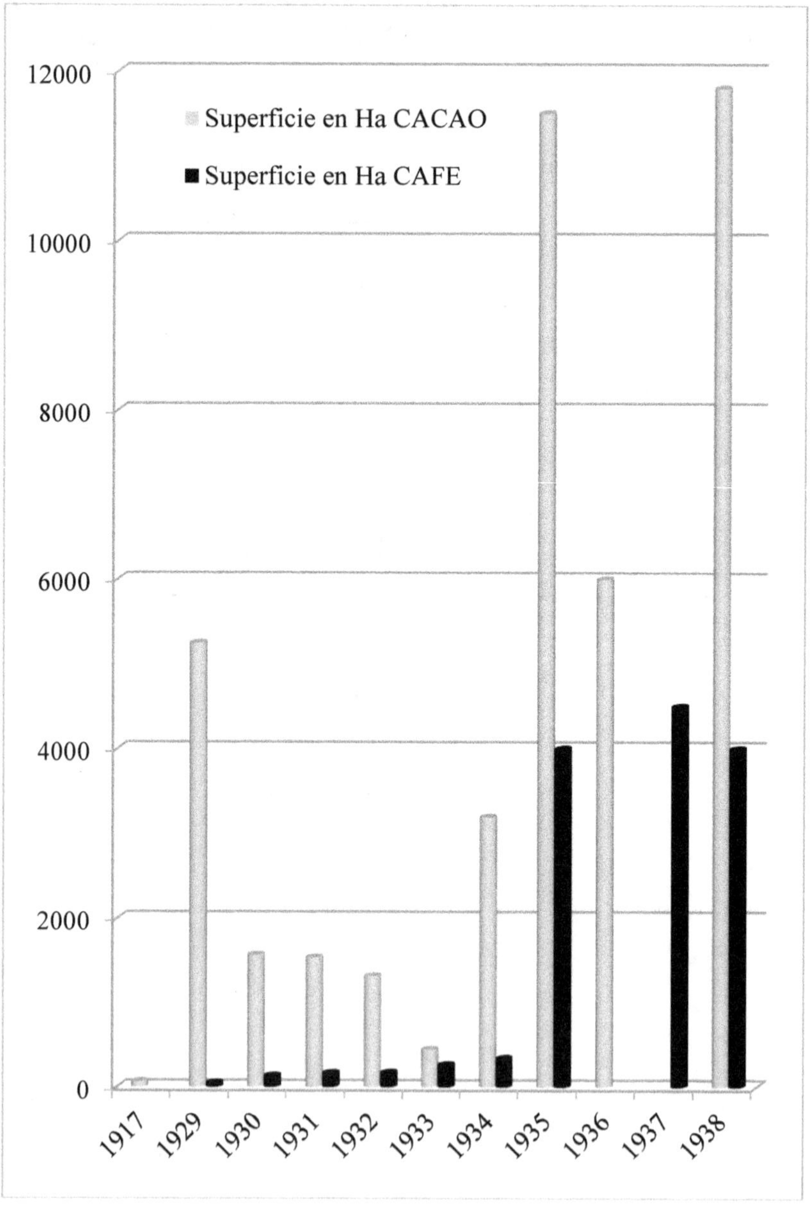

ANNEXE 5
CERCLE DU N'ZI – COMOE
PRODUCTION ANNUELLE DU CACAO ET DU CAFE
1917-1939 (en tonnes)

Année	Cacao	Café
1917	2	
1918		
1919		
1920	10	
1921	31	
1922	76	
1923	105,674	
1924	260	
1925	317,725	
1926	671,994	
1927	1610,026	
1928	1769,357	
1929	2243,28	
1930	3337,905	
1931	3991,961	0,1
1932	5310,392	14,903
1933	7873	44,641
1934	2560	20
1935	6908,6	96,121
1936		
1937	4000	200
1938	6600	480
1939	8812,5	1089,86

Sources : ANCI 1RR 39, *op. cit.* / ANCI 1 RR 94, *op. cit.* / ANS 2 G 38-63

CERCLE DU N'ZI – COMOE
PRODUCTION ANNUELLE DU CACAO ET DU CAFE
(en tonnes) 1917-1939

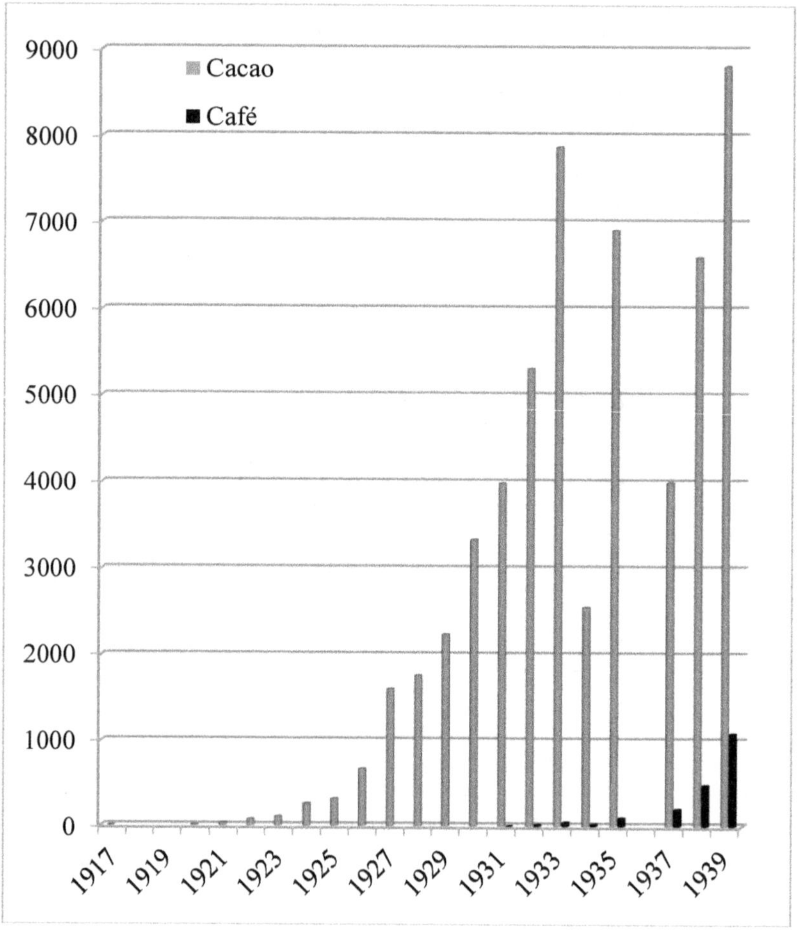

ANNEXE 6

CERCLE DU N'ZI-COMOE: EVOLUTION DU PRODUIT ANNUEL BRUT DU COLA
en milliers de francs

ANNEES	PAB
1917	456
1918	456
1919	800
1920	1911
1921	1000
1922	987
1923	2000
1924	3000
1925	5122
1926	4000
1927	3500
1928	2500
1929	
1930	800
1931	720
1932	1151
1933	829
1934	304
1935	668
1936	
1937	1100
1938	1280
1939	1673

Sources : ANCI 1RR 39, op. cit. / ANCI 1 RR 94, op. cit. / ANS 2

G 38-63

CERCLE DU N'ZI-COMOE: EVOLUTION DU PRODUIT ANNUEL BRUT DU COLA en milliers de francs

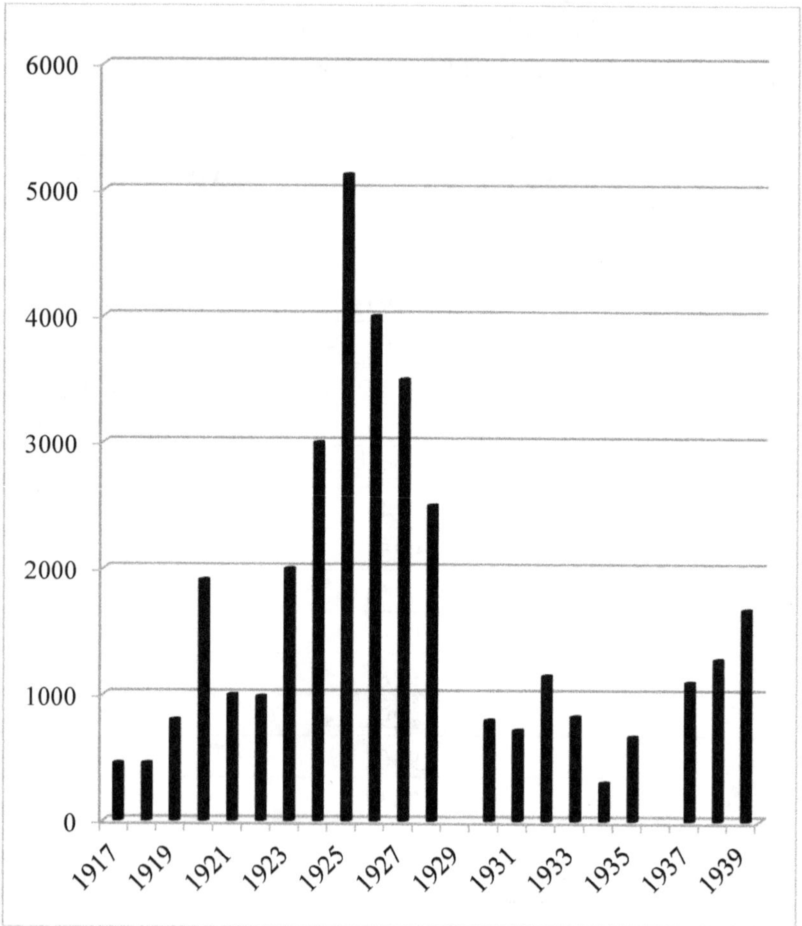

ANNEXE 7

CERCLE DU N'ZI-COMOE: EVOLUTION DU PRODUIT ANNUEL BRUT DU CAOUTCHOUC
en milliers de francs

ANNEES	PAB
1917	92
1918	
1919	
1920	21
1921	17
1922	
1923	3
1924	
1925	1935

Sources : ANCI 1RR 39, *op. cit.* / ANCI 1 RR 94, *op. cit.* / ANS 2 G 38-63

CERCLE DU N'ZI-COMOE: EVOLUTION DU PRODUIT ANNUEL BRUT DU CAOUTCHOUC
en milliers de francs

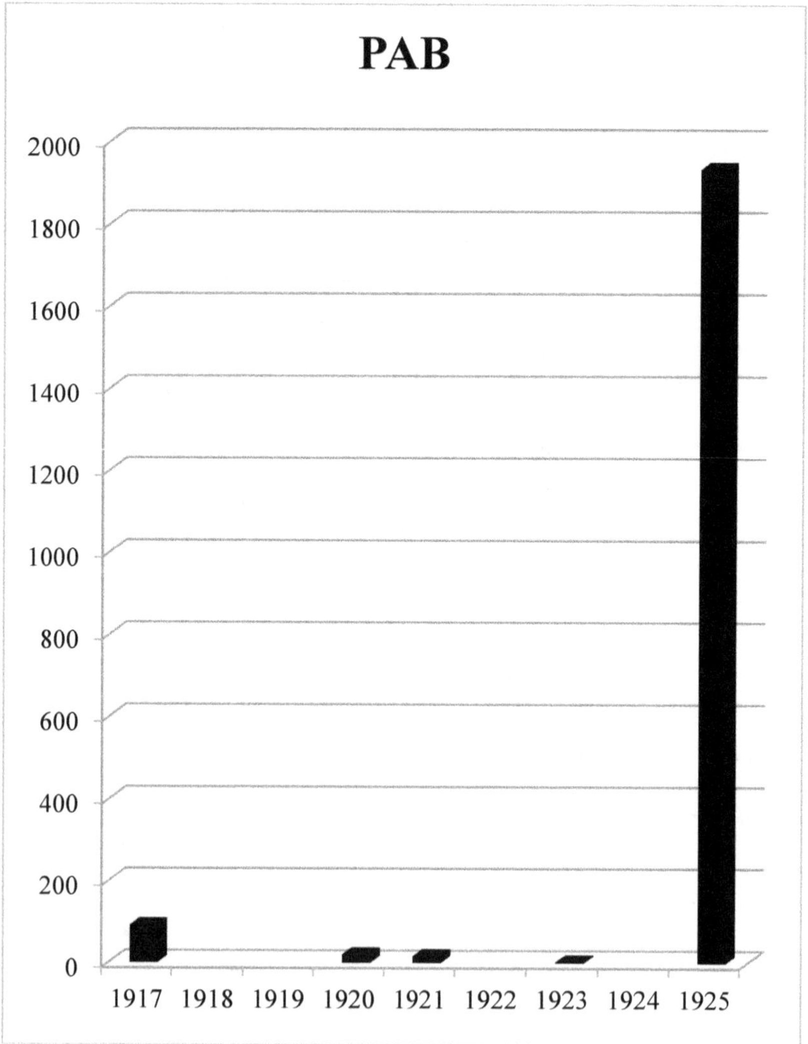

ANNEXE 8
CERCLE DU N'ZI-COMOE: EVOLUTION DU PRODUIT ANNUEL BRUT DE PALMISTES
en milliers de francs

ANNES	PAB
1917	260
1918	
1919	
1920	371
1921	177
1922	298
1923	1006
1924	
1925	2647
1926	2600
1927	2500
1928	
1929	
1930	
1931	311
1932	313
1933	12
1934	7
1935	91
1936	
1937	
1938	224
1939	125

Sources : ANCI 1RR 39, *op. cit.* / ANCI 1 RR 94, *op. cit.* / ANS 2 G 38-63.

CERCLE DU N'ZI-COMOE: EVOLUTION DU PRODUIT ANNUEL BRUT DE PALMISTES
en milliers de francs

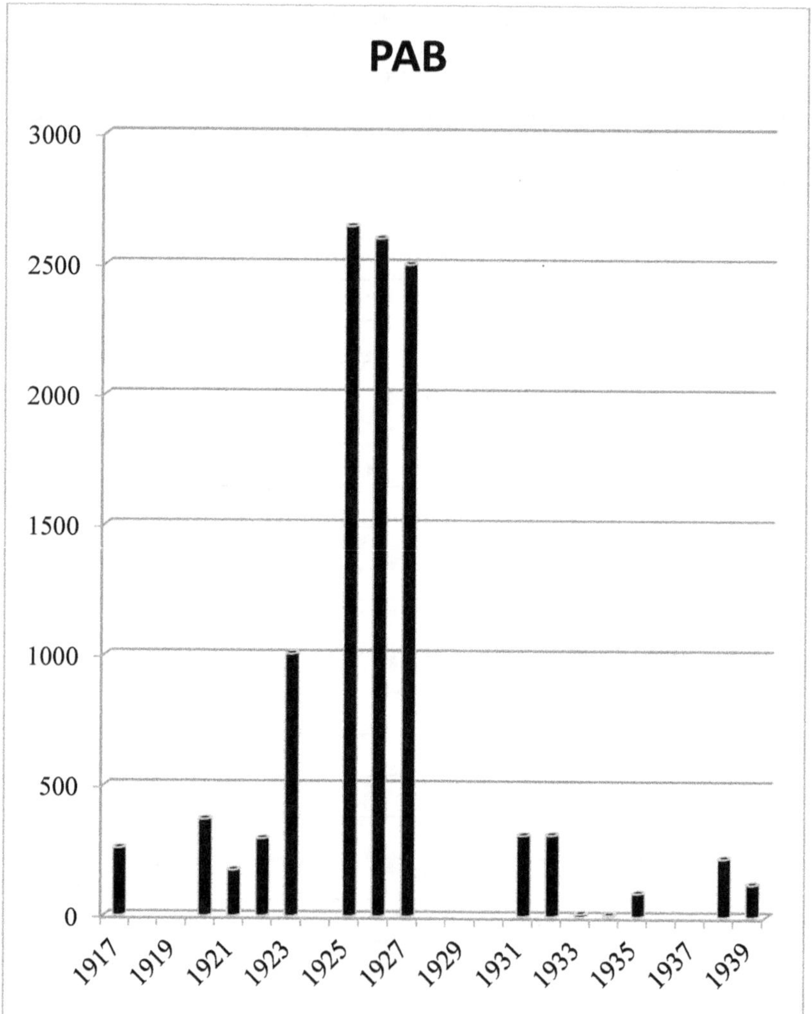

ANNEXE 9

CERCLE DU N'ZI-COMOE: EVOLUTION DU PRODUIT ANNUEL BRUT DU CACAO

en milliers de francs

ANNEE	PAB
1920	50
1921	54
1922	167
1923	211
1924	598
1925	874
1926	
1927	
1928	7077
1929	
1930	4340
1931	3154
1932	6320
1933	7480
1934	2381
1935	6218
1936	
1937	31200
1938	29868
1939	35262

Sources : ANCI 1RR 39, *op. cit.* / ANCI 1 RR 94, *op. cit.* / ANS 2 G 38-63.

CERCLE DU N'ZI-COMOE: EVOLUTION DU PRODUIT ANNUEL BRUT DU CACAO
en milliers de francs

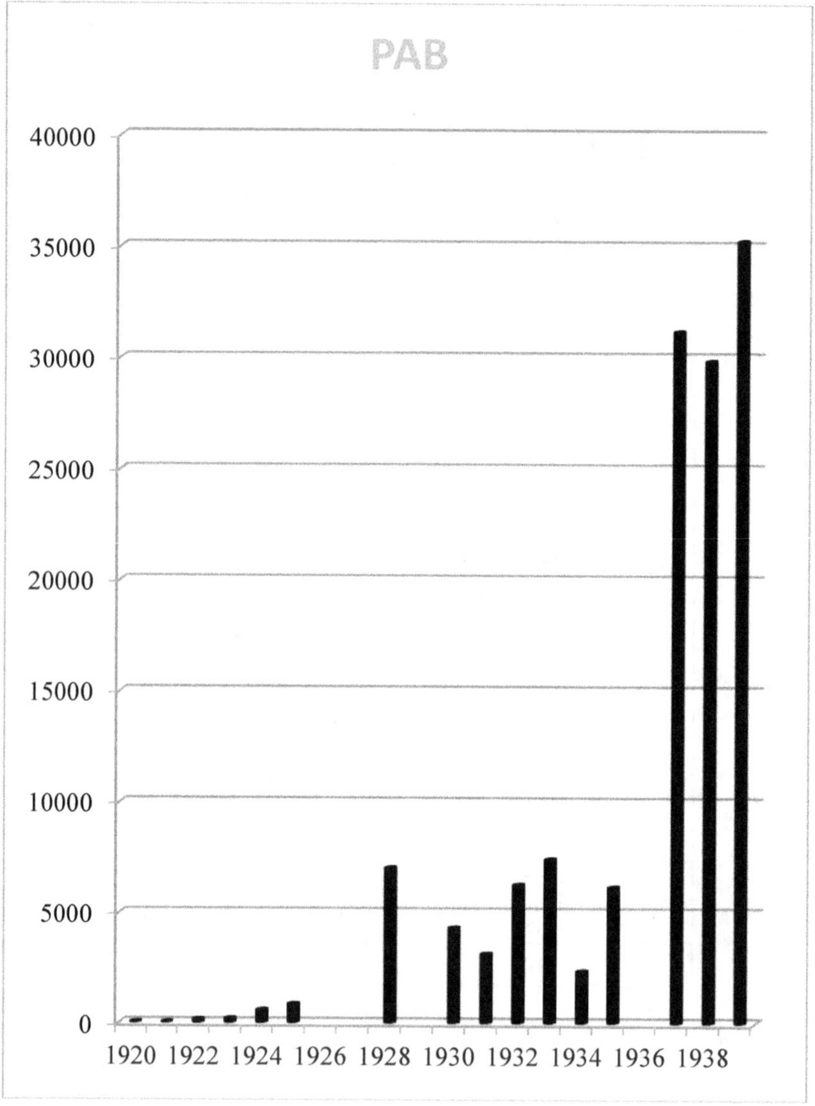

ANNEXE 10

EVOLUTION DEMOGRAPHIQUE DU MORONOU 1908-1938

	1908	1926	1936	1938
Moronou	18310	35706	39153	40284
Cercle du N'Zi-Comoé	73650	123522	111575	116134
Côte d'Ivoire	1141730	1724545	3850000	3983149

Sources :

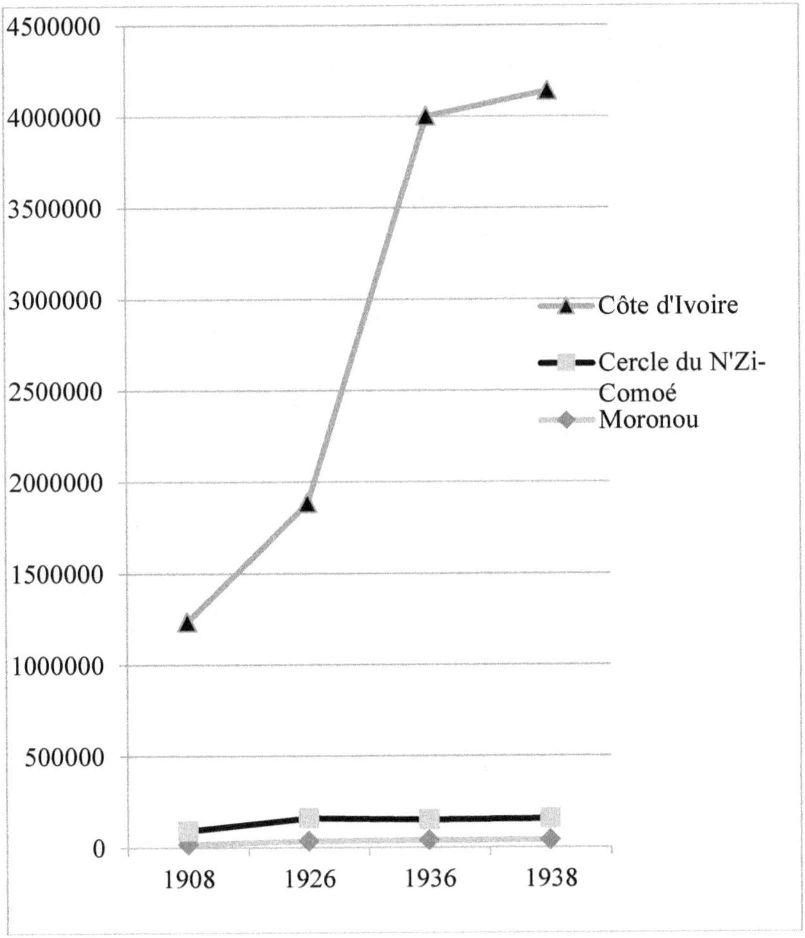

ANNEXE 10''

LOCALITES ANCIENNES DU MORONOU

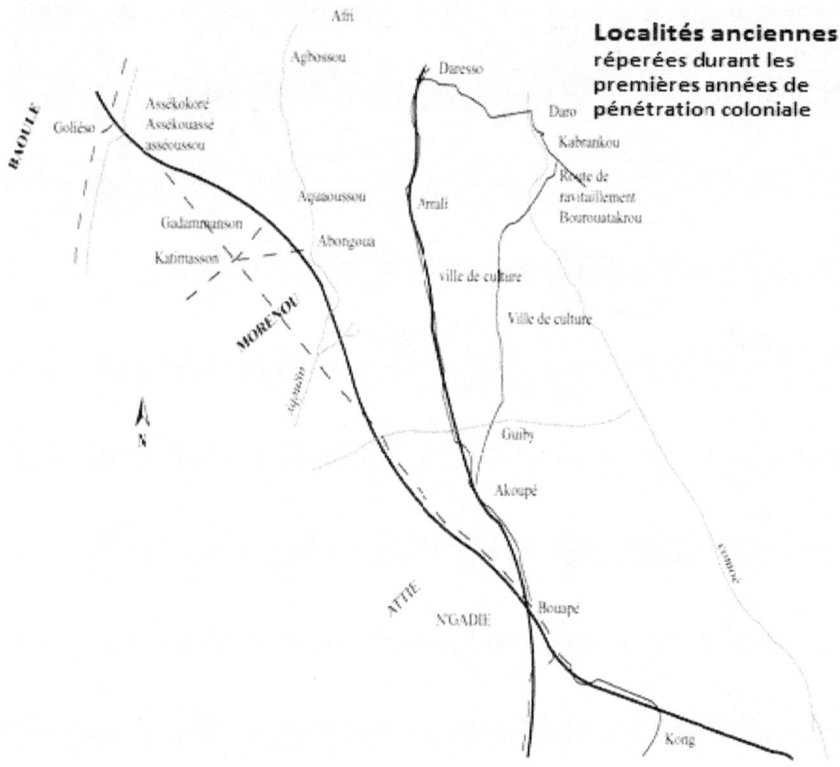

ANNEXE 11

PRECIS CHRONOLOGIQUE
LES MOROFWE ET LE MORONOU

Date	Faits politiques	Faits sociaux et économiques
Fin 15e siècle-16e siècle	Départ des Anyuanyuan de Bono-Tekyiman. Etapes successives en Adanse, puis à Anyuanyuan-Amanfi. Les Anyuanyuan vivent étroitement liés au Denkyira.	Les commerçants de l'Adanse ainsi que ceux du Denkyira et tous ceux des Etats environnants, désignés sous le vocable de « Akani » par les documents européens de l'époque, se livraient régulièrement au commerce de l'or avec les comptoirs européens de la côte.
1650 -1670	L'Aowin-Ebrosa devient le refuge de tous les peuples voisins, mécontents du Denkyira	La réputation de l'Aowin en tant que gros producteur d'or grandit et parvient à la côte, où il est considéré auprès des commerçants européens comme étant l'Etat producteur d'or le plus fin et le plus pur de toute la Guinée.
1677-1714	L'Aowin-Ebrosa, Etat autonome. Deux combats successifs dans une guerre contre le Denkyira, suivis de la défaite de l'Aowin-Ebrosa. Préparation militaire active en alliance avec d'autres peuples dont l'Asante, s'achevant par la victoire de Feyiase contre le Denkyira en 1701.	L'Aowin est aussi connu pour sa production d'ivoire. Il écoule les deux produits : l'or et l'ivoire sur la côte. En retour, il s'approvisionne en armes et munitions.
1701 - 1714	L'Aowin face à l'Asante. 1712 : accueil de 3 000 soldats mutins d'origine asante en Aowin et de plusieurs autres réfugiés d'origines diverses. Préparation de la guerre contre l'Asante et ses alliés par l'achat d'armes et munitions sur la côte.	L'Aowin-Ebrosa augmente et intensifie son approvisionnement en armes et munitions, en diversifiant ses centres d'approvisionnement : Cape-Coast, mais aussi Axim et occasionnellement Assinie.
1715	Guerre contre l'Asante, marquée par la bataille d'Anyuanyuan, entrecoupée de moments de trêves et de harcèlements de l'ennemi.	Défaite et début de l'émigration vers l'Ouest et le Sud côtier.

1721	Invasion de l'Aowin-Ebrosa par l'Asante	Nouvelles vagues d'émigration Aowin-Ebrosa
1715 -1730	Le temps de l'exode	Les Aowin, battus militairement et pourchassés, sont à la recherche de nouvelles terres d'accueil.
1730	Arrivée probable des premiers émigrants Ebrosa dans le Moronou. Etablissement près du *Moro* et du pays environnant	Plusieurs itinéraires sont empruntés par les Aowin-Ebrosa en fuite : l'ouest par le Sefwi, et le sud en direction d'Assinie et de Krinjabo.
1730-1770	Première phase du peuplement : essaimage tous azimuts	Extraction aurifère au bord du N'zi et en zone baoulé, le motif majeur de la guerre Agni-Baoulé
1770 -1780	Guerre Agni-Baoulé	Le Moronou habité est pillé, ravagé. Plusieurs prisonniers de guerre sont conduits en captivité en pays baoulé
1780-1850	Seconde phase de peuplement : essaimage naturel	Les villages sont reconstruits ou abandonnés au profit de nouvelles terres, le peuplement s'orientant en direction de l'Est et du Comoé.
1850 -1889	Peuplement de l'Essandane, du Sahié et de l'Ahua	Fondation de Bongouanou, Arrah, Agoua, Andé et autres localités du secteur-est. Extraction aurifère sur l'ensemble de l'étendue du Moronou. Chasse à l'éléphant et au gros gibier.
1889 -1899	Début de l'exploration française	Binger longe la bordure orientale du Moronou, en descendant le fleuve Comé, d'Attakrou à Aniansué. Mission topographique Houdaille dans le Moronou.
1904	Pénétration française.	* Missions Crosson-Duplessis, Jordan et autres missions topographiques. * Boa Kouamé, notable de M'basso (Indénié), est envoyé par l'administrateur de Zaranou, comme agent de renseignements auprès de Koffi Kpli d'Arrah. Il est arrêté, battu et gardé en otage. * Des colporteurs dioula sont signalés dans le Moronou.
1907	Installation administrative	H. Marchand arrive, en janvier à Sawua, pour y créer un poste administratif.
1908	Intervention militaire, suscitée par l'hostilité de certains chefs locaux. Du 18 octobre au 18 novembre, les troupes coloniales, fortes de 200 soldats, se déploient dans tout le Moronou.	Révélation à l'administration par les colporteurs dioula, d'un complot de meurtre ourdi par les Essandane contre l'administrateur-adjoint Vallon.
1909	Au mois de juin, onze chefs et notables du Moronou, convaincus d'avoir été les instigateurs de	Mise en circulation dans le Moronou de la monnaie divisionnaire française.

	mouvements de troubles et de résistance à l'égard du pouvoir colonial, sont condamnés à être internés pour une période dix ans. En octobre, achèvement de construction du poste administratif de Bongouanou	
1910	8 des 11 chefs du Moronou condamnés à l'internement, bénéficient de la grâce gouvernementale du pouvoir colonial, ils sont remis en liberté Début du regroupement des campements et création de grosses agglomérations	En janvier, désertion des commerçants dioula de la région, à l'annonce de la révolte des Abè voisins. Conséquence : arrêt momentané du commerce des articles importés dans le Moronou. Guerre contre la monnaie anglaise qui continue de « primer » toujours la monnaie française. Cette dernière est toujours regardée avec mépris par les Morofwè.
1911	Reddition des « *derniers* » fusils, après la paix française	• Introduction de l'agriculture de traite dans le Moronou. Des chefs et des notables manifestent le désir de recevoir des cabosses de cacao et d'en entreprendre la culture. • Aménagement des peuplements naturels de colatiers, d'arbres à caoutchouc et de palmiers à huile
1912	Premières « *fuites* » en Gold-Coast, enregistrées dans l'Ahua et le Sahié, afin de se dérober au portage et aux autres réquisitions administratives.	• Premières cultures arbustives. Celles-ci sont précédées en 1911 par l'aménagement de pépinières, suivies de réalisations des premières plantations en 1912.
1913	Le recrutement militaire provoque un mouvement de forte émigration en Gold-Coast	• Impact de la crise de caoutchouc dans le Moronou
1914	L'ancien chef du Ngatianou, *« vieillard sans autorité »*, Assiélou, est remplacé par Aonzi Kokora, *« jeune, riche et sérieux »*.	• Première interdiction administrative des monnaies métalliques d'origine locale. • Création du marché mensuel de palmistes de Dimbokro.
1915	Emigrations toujours intenses en direction de la Gold-Coast. L'administration réagit, en arrêtant et en condamnant certains recruteurs étrangers	• Les boutiquiers et autres commerçants africains de la région refusent de céder leurs articles contre les billets de banque. • Essai des premières plantations de cacao.
1921	Rentrée des	• Le cacao est réellement *« lancé »*

	premiers émigrés de Gold-Coast	dans l'est du Moronou : des plantations de cacao existent dans tous les villages. On enregistre, à la même date une baisse de la production de palmistes et autres produits de cueillette.
1925		• Création de centres d'achat à Bongouanou et à Kotobi. • L'automobile fait son apparition dans le Moronou en tant que mode de transport. En janvier 1925, sur l'artère principale : Bongouanou-Dimbokro, huit à dix camions circulent régulièrement. En décembre, leur nombre passe à trente-cinq.
1926		• Début de la culture du café
1927		• Les centres d'achat sont, dans la subdivision, au nombre de 83.
1929	• Canton Assiè. Le chef Kofi Allou est reconnu comme chef de canton, en remplacement de Akessé Kakou Kokora, nommé par le gouverneur. • Le chef de Brou-Akpaoussou, Ndoli kadio, mort en avril, est remplacé par son neveu Nguessan Boongo. • Cabale contre Ani Kouamé, chef de canton Essandane, afin de le remplacer par Kofi Ngaaza. • Assandé Edoukou, chef de canton des Afféré, gravement malade, est remplacé par son neveu, N'guessan Affoumané.	• Crise économique qui affecte, dès cette année-là, le marché du cacao et des autres produits.
1931		• Extension et intensification des cultures
1933		• Les centres d'achat passent à 93 entre 1933-36, dans la seule subdivision de Bongouanou.
1934	La subdivision de Bongouanou est rattachée au cercle de l'Indénié en janvier 1934.	
1936		• Le cercle de l'Indénié auquel la subdivision de Bongouanou vient

		d'être rattachée, est doté de : 1 motopresse, 3 dépulpeurs et 4 déparcheurs.
1938		• Implantation d'une usine de traitement de café à Abengourou.
1939	Canton Assiè : plaintes contre Menan Akou. Protestation du vieux chef des Sahié, Assoumou Nzebo, appuyé de toute la jeunesse contre le rattachement de son canton à celui des Ahua.	Avec le développement des cultures de profit, on assiste à un bouleversement de la hiérarchie des intérêts : concomitance entre la désaffection à l'endroit du trésor familial et la prépondérance du détenteur de l'exploitation agricole

SOURCES ET BIBLIOGRAPHIE

I

SOURCES

Trois types de sources sont privilégiés dont nous ne donnons ici que quelques aspects marquants pour cette étude: les sources orales, les fonds d'archives et les sources imprimées. Les sources orales et les manuscrits des différents fonds d'archives ont fait préalablement l'objet de publication dans le précédent volume pour que l'on soit dispensé d'y revenir. Rappelons simplement que les différents récits de tradition orale, auxquels fait allusion l'ouvrage, ont été recueillis, non seulement auprès des populations du Moronou, mais proviennent aussi des populations voisines, et même de l'extérieur de la Côte-d'Ivoire, principalement des populations du Ghana actuel, qui conservent des souvenirs encore vivaces des ancêtres des Morofwè.

Quant aux documents des différents fonds d'archives de Côte d'Ivoire et d'ailleurs, qui ont pu être consultés, il ne nous paraît pas essentiel de les énumérer intégralement. Ne prennent donc place ici que ceux qui ont été jugés essentiels pour éclairer quelques passages prêtant à discussion, en guise d'appoint à la démonstration.

A. LES SOURCES ORALES

Nous retenons les entretiens suivants, les plus significatifs pour le sujet que nous abordons :

1. ***Kadio Ekiè***. Agée de 73 ans environ, fille de Kadio Konin de Niandian, celui qui *« introduisit le Blanc »* dans le Moronou.

- Lieu et date d'enquête : Bongouanou, 10 janvier 1981 ;
- Thèmes abordés :

• Kadio Konin, le personnage, vie et exploits, celui qui « *arrive* » avec le Blanc, le chef administratif adulé de l'administration ;

• La construction des routes : Bongouanou-Daoukro et Bongouanou-Dimbokro.

2. **Darius Angbomon**, 75 ans, chef chrétien à Bongouanou, planteur, ancien « commis » à la SCOA ;

- Lieu et date d'enquête : Bongouanou, le 30 mars 1981 ;
- Thèmes abordés :
- Le commerce de traite et les sociétés commerciales dans le Moronou (leur nombre et les lieux d'implantation) ;
- La crise de 1929 et son incidence dans le Moronou.

3. **Eonan Messou,** 80 ans environ, planteur. A vécu pendant plus de 20 ans à Tarkwa, Prestea (Wassa) au Ghana.
- Lieu et date de l'enquête : Bongouanou, 11 janvier 1981 ;
- Thèmes abordés :
- La pénétration française dans le Moronou,
- *Le cacao.* Comment il fut introduit au Ghana par Quatchi, et dans le Moronou par « *Coco Kouamé* »;
- *Le café.* Le café *à gros grain* fait son apparition dans le Moronou avec la pénétration française.

4. **Damoa Amoakon Noël**, 60 ans environ. Notable à la cour du chef agni de Bongouanou. Sangbanbossofwè de la famille de Nanan Sangban, l'un des guides de l'émigration.
- Lieu et date de l'enquête : Bongouanou, le 10 janvier 1981 ;
- Thèmes abordés :
- La cueillette du caoutchouc et des palmistes ;
- L'introduction des cultures industrielles du cacao et du café ;
- L'installation administrative à Bongouanou, sous le règne de Nanan Adoni, chef de Bongouanou.

5. **J.B. Attikora**, notable à Bongouanou, 70 ans environ ;
- Lieu et date de l'enquête : Bongouanou, le 30 mars 1981.
- Thème abordé
- L'organisation du travail et sa répartition sur les plantations.

6. **Kwa Séni,** fils de Kessé Kwa, troisième chef de la dynastie des Ahua ;
- Age : 85 ans environ : « *J'étais déjà majeur » quand fut arrêté Kofi Kpli, chef d'Arrah et déféré à Bingerville (1908) ;*

- Lieu et date de l'enquête : Arrah, le 18 mars 1973.
- Thème abordé : Le commerce dans l'ancien temps.

7. **Coulibaly Fofana**, né à Dabakala, 80 ans environ, musulman, l'un des chefs dioula d'Arrah ;
- Lieu et date : Arrah, le 19 mars 1973.
- Thèmes abordés :
- L'arrivée des Dioula (Soudanais), musulmans et commerçants à Arrah ;
- Leurs relations avec les autochtones agni.

8. **Georges Kassi Kpa**, né à Assiè-Kumasi en 1916, planteur ;
- Lieu et date de l'entretien : Assiè-Kumasi, le 27 juin 1980 ;
- Thèmes abordés
- L'extraction aurifère, une activité antérieure aux cultures du cacao et du café ;
- Quand et comment le cacao a été introduit dans le pays assiè ?
- Les premières cultures de café.

B. FONDS D'ARCHIVES

Moyen privilégié dans cette recherche, les sources d'archives se distinguent, sans s'opposer, en sources manuscrites, assimilées à tort aux *« Archives »,* et en sources imprimées, auxquelles se rattachent les sources dactylographiées, qui ne sont toutes les deux catégories que des formes différentes du **texte écrit**.

Les fonds d'archives, qui ont été nécessaires à l'élaboration de l'ouvrage, ne se limitent pas à l'Afrique. Quelques uns des fonds qui fournissent une vue synthétique sur les divers problèmes économiques, sont représentés dans les centres de recherche du Sénégal, plus précisément Dakar, et aussi en France, compte tenu de la division administrative coloniale qui soumettait l'ancienne colonie de la Côte d'Ivoire au Gouvernement général de Dakar, qui prenait lui-même instructions et ordres de Paris, capitale de la métropole. On comprend alors pourquoi il était nécessaire de faire ici une place, non négligeable, aux centres de recherche de ces deux pays qui conservent encore aujourd'hui, une bonne partie du précieux patrimoine de la Côte d'Ivoire.

1. LES ARCHIVES NATIONALES DE LA COTE-D'IVOIRE, A ABIDJAN

L'ordre de classification adopté est celui du classement alphanumérique. Les séries de documents qui ont été des plus utiles sont les suivantes :

- *A) Série B : Correspondance*

Cette serie de documents, intitulés « *correspondance générale* », regroupe les lettres, les télégrammes, « les affaires confidentielles », adressés dans les deux sens, émanant tantôt du cabinet du Lieutenant-gouverneur, tantôt du commandant, administrateur du cercle. Malgré les renseignements importants qu'elle livre sur les Amantian et les Ahali habitants de la partie ouest du Moronou, cette série n'a été que de très peu d'utilité pour le traitement de notre sujet. On pourrait toutefois consulter avec profit la sous-série *3 BB 110 (Affaires confidentielles*), regroupant tout un ensemble de lettres et de télégrammes qui rendent compte des résultats d'une enquête entreprise en 1921 sur ces deux groupes de populations.

- *B) Série D : Administration générale*

Cette série recèle, en revanche, des documents indispensables à la rédaction du sujet : des monographies successives (1905, 1912, 1904-1952) sur la région, des dénombrements, voire des recensements par cantons sur la population, le cheptel, les pépinières et les cultures, des bulletins mensuels sur la situation de l'agriculture, des coupures de journaux et articles, des rapports étoffés, relatifs aux efforts déployés par les producteurs des cultures industrielles ou encore des informations ponctuelles sur des incidents qui ont émaillé la vie politique ou économique du Moronou. On peut citer utilement les sous-séries suivantes :

- S/série DD 145 (013) : *Monographies du cercle de l'Indénié (1905,1911 et 1912)* ;
- S/série DD 146 (015) : *Monographie du N'zi-Comoé, 1904-1952*) ;

- S/série D-IV-18-73 (3 739) cercle du N'zi-Comoé. *Recensement de la population, du cheptel, des cultures et pépinières, 1933-1934 ;*
- S/série D XIII-44-104/895-916 (121) cercle du N'zi-Comoé. *Etat comparatif par cantons, du dénombrement de la population de la subdivision de Dimbokro, suivant les recensements de 1926 et 1936 ;*
- S/série 1 D7-IV-13/1 (3038). *Rapports sur l'exode des populations en Gold-Coast 1924-1934 ;*
- S/série 1 D7-IV-48/5 (2 918) *Boycottage du commerce local par les indigènes, producteurs de cacao et hold-up du cacao en Gold-Coast, 1937-1938*;
- S/série 5 D-VI-11/5 (3 036). *Statistiques démographiques, 1926-1941* ;
- S/série 5 D3-XIII-26-9/65 (172), *Tableaux récapitulatifs, population générale de la Côte d'Ivoire pour 1937, avec correspondance afférente et un état statistique comparatif des années 1936-1937.*

- *C) Série E : Affaires politiques*

Malgré le désordre et la confusion relevés dans le classement de cette série – en effet si le classement alphanumérique y prévaut jusqu'à l'année 1928, il est abandonné après cette date au profit du classement topographique – elle se présente comme l'une des plus riches et des plus utiles pour notre étude. Ont été consultées :

- S/série 1 EE 138 (1), *Situation politique du cercle du N'zi-Comoé, 1908, 1910* ;
- S/série 1 EE 138 (1/3). *Correspondance au départ du cercle, relative à la politique du cercle, 1907-1917 :* cette correspondance renferme plusieurs rapports de l'administrateur de Sahoua, H. Marchand, relatifs à son installation à Sahoua, aux renseignements recueillis sur les différents groupes de populations, aux tournées dans les différentes localités et à divers incidents survenus ici et là.
- S/série 1 EE 139. *Rapports trimestriels du N'zi-Comoé, 1913-1925*. Ces rapports sont lacunaires, se réduisant assez souvent à une moyenne de 2 pages ;

- S/séries 1 EE 140 à 148. Dans ces séries sont recensés les rapports mensuels, les tournées effectuées, les opérations militaires (1908) du poste de Sahoua, puis de Bongouanou, de 1908 à 1915.
- S/séries 2 EE. Les documents traitent des *affaires indigènes* : départs en Gold-Coast, chefs indigènes... On y note particulièrement la réclamation de Boa Koassy, roi de l'Indénié, demandant le retour dans l'Indénié des gens du village de Bocassi (1916).

- *D) Série H : Santé et Assistance*

- S/série 1 H4-XVII-27-32 (6 873). *Rapports mensuels médicaux des postes, 1930-1932* ;
- S/série 1 H11-IV-17-24 (3728). *Epidémies dans le cercle de Dimbokro, 1920-1940* ;
- S/série 2 H4-IV-15-125 (3 742). *Programme d'action sociale pour l'amélioration du sort de l'indigène par le travail, 1937* ;
- S/série 1 H11-XVII-35-4 (6 074), *Epidémies diverses signalées en 1931-32 (fièvre jaune, variole, etc.) en Côte-d'Ivoire, 1931-1932.*

- *E) Série Q : Affaires économiques*

Cette série représente une mine pour l'étude entreprise. Parmi les divers dossiers, aussi riches les uns autant que les autres, ne figurent ici que les principaux.

- S/série 1 QQ 4. *Copie du Rapport et du P.V. de la Commission des mercuriales, fixant les valeurs du caoutchouc, au niveau de la colonie, 1910-1919* ;
- S/série 1QQ 12. *Correspondance relative aux moyens à mettre en œuvre pour développer les productions commerciales en vue d'en approvisionner la métropole, 1916-1917* ;
- S/série 1 QQ 13. *Correspondance entre gouverneur de la Côte d'Ivoire et administrateurs de cercle, a/s expédition caoutchouc, copal et tannants en France, 1916- 1919 ;*
- S/série 1 QQ 42. Banque. Interdiction de la circulation des monnaies indigènes (manilles, *sombè*), 1910-1919 / Introduction des billets de banque et propagande en faveur de leur circulation, 1910-1919 ;

- S/série 1 QQ 43. *Correspondance relative aux monnaies, 1915-1920 et 1925-1928* ;
- 1 QQ 98. *Rapport économique et commercial du N'zi-Comoé*. Voir le *rapport du poste de Bongouanou, 1915, 1920-1924 ;*
- *1 QQ 104. Rap. économique de la mission d'inspection Louis Mérat, 1924 ;*
- S/série Q-XVII-9-19 (3063). Colonie de la Côte d'Ivoire, affaires économiques, production et documentation, échange de correspondance entre le gouverneur général et le gouverneur de la Côte d'Ivoire, *a/s des productions naturelles et de leur développement, 1936—1939.*

Ce volumineux dossier renferme des rapports fort intéressants, en relation avec l'étude. Citons entre autres :

- le *rapport du 4 avril 1937 à M. le Ministre des colonies, Marius Mouttet,* de passage à Abidjan, par la délégation des planteurs et des exploitants-forestiers, a/s de la main d'œuvre, des primes et taxes diverses sur les produits.
- Le *décret du 4 juillet 1919, portant création de la Société de prévoyance* en Côte d'Ivoire.

- S/série Q-XXIII-164 (3 134). *Demandes de recrutement de la main-d'œuvre accordée par le Lt-gouverneur, 1929* ;
- S/série Q-XXIII-15-1 (3 135). *Demande de recrutement de la main-d'œuvre en provenance des cercles, adressée au gouverneur, 1935* ;
- S/série 1 Q1-VI-8-203 (3 373). *Circulaire sur l'intensification de la production agricole et pastorale en Côte d'Ivoire, 1931 ;*
- S/série 1 Q1-VI-4-160 (3 381). *Rapport sur le plan quinquennal de production, 1932* ;
- S/série 1 Q1-VI-4-193 (3 384). *Production et commercialisation, 1932 (production, prix d'achat du café, politique alimentaire et économique)* ;
- S/série 1 Q 2-VI. Cette sous-série comporte les rapports économiques, commerciaux et agricoles de l'ensemble de la colonie, pour la période 1930-1939. Cependant, les faits d'ordre économique, relevant du cercle de Dimbokro (N'zi-Comoé), font l'objet d'un dossier particulier et sont traités dans la sous-

série 1 Q 2-IV-15-120 (3 743), *rapports économiques du cercle de Dimbokro, 1933-1939.*

F) *Série R : Agriculture et Elevage*

Le traitement des questions relatives à l'agriculture et à l'élevage est réservé à la série *« R ».* On y trouve toute la correspondance des cercles sur le thème (rapports, bulletins, projets et résultats, ainsi que les instructions, circulaires et arrêtés de l'autorité supérieure). Les dossiers de cette série sont, non seulement nombreux, mais denses et fort éclairants sur l'évolution des cultures, de la production, du traitement des plants, de la commercialisation, des taxes et autres sur les différents produits. Est ici reproduit l'essentiel de la liste des dossiers.

- 1 RR 9. Colonie de la Côte d'Ivoire : correspondance relative au virement de crédit agricole à Dimbokro, 1913-1914 ; *Bulletins et rapports agricoles et économiques de la subdivision de Bongouanou, 1909-1919* (document lacunaire) ;
- 1 RR 10. *Correspondance, rapports au sujet de la création des sociétés de prévoyance de secours et de prêts mutuels agricoles, 1914-1916* ;
- 1 RR 39. *cercle du N'zi-Comoé, 1905-1936.*
- 1 RR 48. Service de l'agriculture de la colonie, 1931 et 1936 : *projets, résultat de la crise commerciale ;*
- 1 RR 65. *Correspondance relative aux champs d'essai de coton dans les cercles de Korhogo, Dimbokro, N'zi-Comoé et Gouro, 1927-1928* ;
- 1 RR 100. Rapports, circulaires et correspondance portant sur les cultures des noix de cola, 1911-1918 ;
- 1 RR 108. Rapports annuels portant sur les cultures agricoles : café, cacao, palmier à huile, etc. dans les cercles des Lagunes, Agnéby, N'zi-Comoé, Baoulé, 1921 ;
- 1 RR 118. Rapports, circulaires et correspondance relatifs à la culture du caoutchouc dans la colonie, 1908-1909, 1911-1914, 1918, 1929.

La suite des autres documents de la série obéit à un classement topographique. Ainsi, toute la série « 1 R1-XI », affectée d'un numéro d'ordre de classement topographique, est-elle entièrement consacrée aux *rapports agricoles annuels* de l'ensemble de la Côte d'Ivoire, de 1926 à 1939. Aussi, n'a-t-il pas paru opportun de les énumérer successivement, année après année. En revanche, dans la même série « topographique », quelques documents pour l'intérêt qu'ils représentent, méritent d'être connus. Ce sont :

- 1R 1-XI-35-383 (893). Rapport agricole de l'Indénié, 1937 ;
- 1 R1-IV-17-46 (3 722). Le café dans le cercle de Dimbokro, 1930-35 ;
- 1 R1-X-5-91 (1 824) : Circulaire du gouverneur Reste, relative au programme d'action économique, 1933 ;
- 1 R1-XI-30-193 (840). Circulaires et instructions du Lt-gouverneur et du gouverneur général, 1934 ;
- 1 R11-XI-107 (3 765). Questions agricoles diverses se posant à l'ensemble de la colonie, 1936-1939.

2. LES ARCHIVES DE LA CHAMBRE DE COMMERCE DE LA COTE-D'IVOIRE A ABIDJAN

On peut recourir au *Répertoire de la Chambre de commerce de la Côte d'Ivoire*, guide sommaire, manuscrit, d'une vingtaine de pages. Outre le fonds, extrêmement varié et riche sur la production agricole, la commercialisation des produits, leur conditionnement, les conflits de travail ... on aura intérêt à consulter la série complète du *bulletin mensuel*, relié en plusieurs volumes et qui couvre une grande partie de la période étudiée (1911-1939). L'exemplaire, mis à la disposition du public, est en pagination continue, du premier numéro au dernier. Les séries du fonds consultées sont les suivantes :

A) Série n° 8 Cacao

- S/série 8.1 Culture et production/ Conditionnement du cacao ;
- S/série 8.2 Revalorisation et protection du cacao/ Achats et ventes.

B) Série n° 9 Café

- S/série 9.1 Culture et Production/Conditionnement/Protection et soutien ;
- S/série 9.2 Prix des cafés/ Exportation, marché à terme ;

C) *Série n° 10 Caoutchouc*

- Production
- Conditionnement
- Glu, gomme

D*) Série 20 Commerce et industrie*

- Sous-série 20.9 : Mesures de guerre, mobilisation économique ;
- Sous-série 20.10, Questions économiques générales:

- Crise économique en A.O.F., 1930 ;
- Commissions d'enquêtes ;
- Productivité et niveau de vie.

E) *Série 23 Contrôle des produits*

- S/série 23-4 : centres d'achats et marchés/ textes, correspondance

F) *Série 41 Oléagineux*

- 41.1 arachides
- 41.2 huile de palme
- 41.3 palmistes

G) *Série 45 Production –Prévoyance*

- 45.1 Production, questions générales, développement, recherches agricoles.
- 45.2 Sociétés de prévoyance : textes et rapports.

H) *Série 47 Produits divers* : ivoire, cola, tabac

I) *Série 48 Produits vivriers* : 48.1 riz/ 48.2 Autres produits vivriers (maïs, ignames)

J) *Série 52. Santé publique* : Comité d'hygiène et salubrité/Assistance médicale

K) *Série 55. Travail et Sociologie*

- 55.3 Conflits de travail (Affaire Brunot/Barthe 1925 ; Affaire Mondon/planteur 1937)

- 55.4 Main-d'œuvre voltaïque (Recruteur de main-d'œuvre, projet de décret sur la main-d'œuvre, réglementation du travail indigène (décret de 1925 et textes).

3. LES ARCHIVES DE LA SOCIETE POUR LE DEVELOPPEMENT MINIER DE CÔTE-D'IVOIRE (SODEMI)

Les séries du fonds sont classées selon l'ordre géographique et, à l'intérieur de ces grandes divisions, par ordre alphabétique d'auteurs. Seules les sources de la série 8.1.6., ayant trait aux régions aurifères du Centre-est ivoirien : Alangoua-Indénié et Moronou, ont été consultées.

- ANONYME, *Rapport sur les travaux miniers de M. Druart,* Colonie de la Côte d'Ivoire, T P., section des mines, Abidjan, 12 janvier 1936.
- ARCHAMBAULT (J.), *Les gisements aurifères de la région de Dimbokro- Abidjan-Dabou-Divo-Bouaflé. Notes complémentaires à la mission de 1934-1935.* Gouvernement général AOF, I .G.T.P. Services des mines, Dakar, 20 nov. 1935.
- ARNAUD (G.), *Notes sur les travaux de M. Druart.* G.G. A.O.F., Direction des mines, Dakar, 20 février 1937.
- AUBERT de la RUE (E), *Rapport n°1: Recherches géologiques et prospections minières dans le cercle du N'Zi-Comoé*, gouvernement de Côte d'Ivoire, Bingerville, 1926.
- BONNAULT (D), *L'or dans les pays agni*, G.G. A.O.F., I.G.T.P., Service des mines, Dakar, 15 septembre, 1934.
- BONNAULT, *Rapport sur l'or dans le sud-est de la Côte-d'Ivoire (tournée 1934-1935), G.G.A.O.F.*, Service des mines, Dakar, 10 juillet 1935.
- BOUIGE (L.)., *Rapport sur l'or dans la région de Bouaké-Katiola-Groumania-Ouellé-Bocanda (Tournée 1934-1935),* Dakar, 1935.
-HAURE (H.), *Résultats des missions effectuées pour le compte de la S E M CI, 1928-1930.*
- HUBERT (H.), *Rapport sur une mission effectuée en mars-juin 1914*, G.A.O.F., Dakar, septembre 1914.

- JORDAN (P.), *Mission à la Côte d'Ivoire (Rapport de l'ingénieur des mines)*, Paris, 14 avril 1914.

4. LES ARCHIVES DE LA SOUS-DIRECTION AGRICOLE A BONGOUANOU.

Cadastre des villages assiè :

- Assiè-Kumassi
- Assiè-Assasso
- Assiè-Koyékro
- Assiè-Kokoré
- Assiè-Méakro

5. LES SOURCES SENEGALAISES

Les sources ivoiriennes, conservées dans les archives sénégalaises à Dakar, sont extrêmement riches ; elles ne tarissent pas d'informations sur la plupart des questions. Rapports de synthèse périodiques, transmis régulièrement au gouverneur général à Dakar, les dossiers, classés par grands thèmes, renseignent sur les domaines aussi divers que les missions, la politique, l'économie et le social. Quelques sous-séries ont été exploitées avec profit, parmi lesquelles tranche nettement, par la pertinence de son contenu, la sous-série **2 G.** Deux autres sous-séries ont été néanmoins de très grande utilité pour l'éclairage apporté sur les premières missions d'exploration et les mesures économiques particulières, prises pour le ravitaillement de la métropole au cours de la période 1914-1917, en raison de l'état de guerre. Plutôt qu'une énumération exhaustive de leur contenu, un aperçu sur quelques dossiers suffira à convaincre le lecteur de l'utilité de ces différentes sous-séries.

1) Sous-série 1 G : Missions

- 1 G 90, *Mission Binger et Treich-Laplène à Kong, 1887-1888.*
- 1 G 267, *Mission économique de vulgarisation en AOF de M. Boulland de l'Escale, syndic de la presse coloniale.* Voir le *Rapport sur la Côte d'Ivoire, 1909.*

2) Sous-série 2 G : Rapports périodiques 1895-1940

Cette sous-série rassemble des documents appartenant à plusieurs domaines : politique, économique, social... En voici quelques aperçus :

- a) *Rapports d'ensemble sur l'année en Côte-d'Ivoire*. Sont ici rassemblés, année par année, des rapports annuels d'ensemble couvrant toute la période d'étude. N'ont été consultés que les rapports de 1904 à 1927 (2 G 4-9 ... 2 G 27-13) ;
- b) *Côte d'Ivoire : Affaires économiques*. Les renseignements économiques fournis sont, tantôt mensuels, tantôt trimestriels, ou annuels dans de rares cas. Ils ont été consultés sur la période s'écoulant de 1920, au lendemain du conflit mondial, moment où le colonisateur, revenu du front, peut librement s'adonner à la « mise en valeur » de la colonie, jusqu'en 1940 (2 G 20/17 ... 2 G40/44) ;
- *c) Côte* d'Ivoire : *Rapports agricoles annuels*. La consultation couvre la période qui s'étend de 1907 à 1939 (2 G7 ... 2 G 39) ;
- d) Côte d'Ivoire : *Mines et géologie*. La consultation commence en 190 et s'arrête à 1929 (2G5-23 ... 2G 29-62) ;
- e) *Côte-d'Ivoire : Main d'œuvre*. Trois dossiers ont été consultés :

2G 36-32 Inspection du travail. *Rapport annuel sur la main-d'œuvre, 1936*, 59 p. (*Annexe : recrutement sur la main-d'œuvre*) ;

2G37-40. Office central du travail. *Rapport sur la main-d'œuvre, 1937 (semestriel, annuel et annexe : p.v. de la séance du 20 juin 1937, 57 p.)* ;

2G 38-34. *Rapport annuel sur le travail, 1938,* 55 p.

6. LES SOURCES FRANCAISES

Trois centres de dépôts d'archives françaises, accessibles au public, furent visités : les Archives nationales de la rue des Franc-bourgeois à Paris, la Section d'Outre-mer à la rue Oudinot à Paris et les Archives d'Outre-mer à Aix-en-Provence.

- ***Rue des Franc-bourgeois***. La série microfilm, *231 Mi : Papiers Marchand (1 à 9 bobines)* s'avéra utile pour l'étude, particulièrement la *Bobine n° 2*, consacrée au commerce sur le Comoé (à Béttié, Anyansué et Attacrou).
- **Rue Oudinot**. Outre le Fonds public, les archives de la rue Oudinot abritaient aussi un Fonds privé. Le Fonds public, consacré à la Côte-d'Ivoire, a été consulté, particulièrement les séries suivantes :

Côte-d'Ivoire IV : *Expansion territoriale et Politique indigène* (dossier 3 : régions Béttié et Baoulé 1889-1901, dossier 4 : Indénié et Baoulé 1894-1901) ;

Côte-d'Ivoire XIII : *Agriculture et Industrie* ;

Côte-d'Ivoire, Affaires politiques : *Carton 517/Dossier 4*, tentatives pour empêcher l'exode vers les pays limitrophes, 1918-1919 ; *Carton 568/ Dossier 21*, revendications du Comité du Cercle de l'Indénié, 1937 ; *Carton 2760/Dossier 1*, mission Picanon, 5 rapports sur la situation en Côte-d'Ivoire, 1924-1925 ; *Carton 2 809/Dossier 1*, exploitations aurifères, 1934.

Le *Fonds Archives Privées des Colonies* (A.P.C.) renseigne sur l'action de quelques figures illustres de la colonisation :

- 1) 64 A.P.C. Marchand : sur la jeunesse et la carrière militaire de J.B. Marchand ;
- 2) 68 A.P.C. Treich-Laplène;
- 3) 83 A.P.C. Papiers Mouttet :

- *Carton 1/ Dossier3*, questions sociales ; *Dossier5*, questions économiques 1936 ; Dossier 10, discours du ministre aux funérailles de Binger, le 14 novembre 1936 ;
- *Carton 4/ Dossier110, main-d'œuvre en Côte-d'Ivoire et dans le reste de l'AOF ; Dossier 116,* lettre du ministre au

président du Comité d'Action colonisatrice et de paysannat indigène, le 29 juin 1936.

- **Archives d'Aix-en-Provence**. Il est utile de rappeler que les documents de l'ex-AOF, conservés au dépôt d'Aix-en-Provence, se présentent sous forme de microfilms. Ils ont été consultés préalablement, pour la plupart, à partir des originaux du centre d'Archives du Sénégal, conservés à Dakar. En conséquence, ne sont mentionnés ici que deux séries de documents sur lesquels il a été jugé nécessaire de revenir pour combler certaines lacunes.

- *La série 8 Mi* comportant 10 bobines qui reproduisent les différents numéros du Bulletin du Comité de l'Afrique française, de 1895 à 1911.
- *La série 14 Mi 779 (5 G 48). Politique indigène.* Une dizaine de pièces de la série, relatives à la politique administrative dans le Moronou, au début de la pénétration (soumission de Koffi Pri, arrestations et tournées dans le Moronou de 1908 à 1909), ont été d'un apport appréciable.

C. LES SOURCES IMPRIMEES

Leur masse dissuade de les énumérer en totalité. Que retenir des publications de documents de l'époque, officielles et non-officielles, des périodiques métropolitains ou africains à caractère variable, relatif au titre aussi bien qu'au contenu, sans parler de leur parution plus ou moins régulière ? Il faut enfin faire référence aux multiples études et ouvrages d'époque, présentant un caractère de sources. La liste serait interminable pour cette étude qui se veut synthétique. Qu'il suffise de mentionner les parutions les plus constantes, couvrant une large partie de la période étudiée, et se révélant essentielles pour l'étude.

- **1. Les publications officielles**
- *Bulletin officiel de la Côte-d'Ivoire, 1900-1908*

• *Journal officiel de la Côte-d'Ivoire, 1895-1958.* Une partie, non officielle, est réservée aux « *renseignements économiques* ».

• *Annuaires administratifs (*Annuaire du gouvernement général, 1900-1922 et Annuaire du Ministère des Colonies, 1898-1942).

- **2. Les périodiques**

• *Documentation officielle* à caractère épisodique ayant une vue d'ensemble ou orientée (inventaires chroniques, expositions).

• *Publications à périodicité variable, mensuelle, trimestrielle, annuelle :*

$. *Bull. du Comité de l'Afrique française* qui devient, à partir de 1909 *Bull. de l'Afrique française ;*

$. *Bull. mensuel de la Chambre de commerce de Côte d'Ivoire* à Abidjan (BMCCCI);

$. *Bull. du Comité d'Etudes historiques et scientifiques de l'AOF* (BCEHS) ;

$. *Renseignements coloniaux (supplément à l'Afrique française)* ;

$. *Revue coloniale* ;

$. *Le tour du monde* (nouveau journal des voyages) ;

$. *Notes Africaines, IFAN* ;

- **3. Les ouvrages imprimés**

• *Encyclopédies, Atlas.*

• *Recueil de documents et de textes.*

• *Récits de voyage.*

• *Missions, Témoignages.*

• *Ecrits sur la colonisation ivoirienne* dont voici quelques uns :

Angoulvant, G., *La pacification de la Côte-d'Ivoire,* Paris, 1916 *;*

Bonneau, Lt., *La Côte-d'Ivoire, notices historiques et géographiques*, Paris, 1899.
Clozel, F. J., *Dix ans à la Côte-d'Ivoire*, Paris, 1906.
Delafosse, M., *Les frontières de la Côte-d'Ivoire, de la Côte d'Or et du Soudan*, Paris, 1908.
Joseph, G., *La Côte-d'Ivoire, le pays, les habitants*, Paris, 1917 ;
Idem, *Côte-d'Ivoire*, Paris, 1944.
Richaud, L., Villamur, R., *Notre colonie de la Côte-d'Ivoire*, Paris, 1903.

- *Ouvrages spécifiques sur :*

Les ressources aurifères ;
L'agriculture ;
Les peuples et les sociétés ;
L'économie, le commerce et les voies de communication.

II- LA BIBLIOGRAPHIE

Sans ignorer l'existence d'ouvrages et articles de référence (bibliographiques et méthodologiques), innombrables, qui ont servi à l'élaboration de l'étude, on se gardera cependant de les évoquer et de n'offrir au lecteur que quelques documents spécifiques, susceptibles de lui permettre de mûrir en lui-même ses réflexions et, au besoin, de les prolonger.

- **A. Sur le milieu physique et les ressources naturelles**

Avenard, J.M., et Alii, *Le milieu naturel de la Côte-d'Ivoire*. O.R.S.T.O.M. Paris, 1971.
L'ouvrage renferme quatre (4) études : la géomorphologie, le climat, les régimes hydrologiques, la végétation et les sols. D'abondantes pages de cet ouvrage collectif sont consacrées au Moronou.
Gibily, G., *Le bois dans l'économie ivoirienne*. Bordeaux, 1969, thèse de IIIe cycle.
Maynar, J., Souchère, P., *Etude pédologique du Sud-est de la Côte-d'Ivoire*. O.R.S.T.O.M. Adiopodoumé (Abidjan), 1963, multigr.

Riou ; G., *Etude de quelques formations superficielles des régions de Toumodi-Bouaké-Abengourou-Bongouanou.* O.R.S.T.O.M. Abidjan, 1960, multigr.

Perraud, A., Souchère, (P. de la), *Notice explicative de l'esquisse pédologique de la Côte-d'Ivoire à 1/500 000.* O.R.S.T.O.M. Abidjan, 1963, multigr.

Sonnendrucker, P., « Rapport n° 193 de novembre 1967 pour le compte de la SODEMI ». *Synthèse sur l'or en Côte-d'Ivoire et au Ghana. Etude géologique et économique.* Abidjan, 1967.

Idem, « Rapport n° 220 de novembre 1968 pour le compte de la SODEMI ». *Etude de synthèse sur l'or en Côte-d'Ivoire – les régions aurifères dispersées* (1 carte métallo génique et une partie appréciable du rapport ont trait à la région aurifère du Sud-est englobant le Moronou).

- **B. Sur l'agriculture et le développement**

Avice, E., *La Côte-d'Ivoire.* Paris, 1951 (vue générale sur l'économie ivoirienne).

Badouin, R., *Le développement économique en Afrique occidentale*, Paris, 1971.

Bairoch, P., *Le tiers-monde dans l'impasse*, Paris, 1971.

Berthélémy, J.C., *La filière cacao en Côte-d'Ivoire.* Paris, INSEE-Coop. Multigr.

Bio Sawe, I., « Etude socio-economique du moronou : les villages assié, à partir de la culture du café et du cacao (1920-1957) », *mémoire de maitrise d'histoire*, Abidjan 1982.

Bony, M.T., *Structure économique de la Côte-d'Ivoire sous la colonisation.* Abidjan, 1977.

Boutillier, J.L., *Bongouanou, Côte-d'Ivoire. Etude socio-économique d'une Subdivision.* Paris, 1960.

Braibant, P., *La crise économique de 1929 en Côte-d'Ivoire et ses conséquences sociales et politiques.* Paris,

Côte-d'Ivoire, ministère de l'Agriculture, *Recensement national de l'agriculture. Tome 3 exploitations agricoles traditionnelles,* Abidjan, 1976, multigr.

Côte-d'Ivoire, ministère du Plan, *L'agriculture de plantation en zone forestière de la Côte-d'Ivoire.* Abidjan 1977, multigr.

Côte-d'Ivoire, ministère du Plan, *La situation de la culture du café et de la culture du cacao en Côte-d'Ivoire, d'après les résultats du recensement national de l'agriculture*. Abidjan, s.d. multigr.

Djeto, A.M., La problématique de l'implantation étrangère dans le Moronou (rapport de stage). Abidjan, ORSTOM, 1977.

Dupire, M., *Planteurs autochtones et étrangers en Basse Côte-d'Ivoire orientale*. Abidjan, ORSTOM, 1960.

Dupriez, H., *Les paysans d'Afrique noire*, Nivelles (Belgique), 1980.

Gastellu, J.M., *Note sur le repérage statistique des planteurs du Moronou*. Abidjan, ORSTOM, 1976.

Idem, Mais où sont donc ces unités économiques que nos amis cherchent tant en Afrique ? Abidjan, ORSTOM, 1979.

Idem, Disparition de la main-d'œuvre étrangère? Abidjan, ORSTOM, 1979.

Idem, Une économie du trésor : les grands planteurs du Moronou, Abidjan, ORSTOM, 1981.

Gourou, P., *Les pays tropicaux*, Paris, 1966.

Hill, P., *The Gold-Coast Farmers*, Londres, 1956.

Idem, "Ghanaian Capitalist Cocoa Farmers", in Konczacki, Z.A. et J.M., éd., *An economic History of Tropical Africa, vol.2: The colonial Period*, Londres, 1977 (p. 125-136).

Kindo, B., *Economie de plantation chez l'Agni de l'Indénié*. Abidjan, 1973.

Kôbben, A., *Le planteur noir*. Abidjan, 1965.

Kouamé, A.K.M., *Les effets socio-économiques des cultures de traite dans le Moronou d'aujourd'hui.* Abidjan, mémoire de maîtrise, sociologie, 1979.

Kouamé Aka, J., *L'organisation économique précoloniale du Moronou, d'après les traditions orales*. Abidjan, ORSTOM, 1979, multigr.

Ley, A., *Le régime domanial et foncier et le développement économique de la Côte-d'Ivoire*. Paris, 1972.

Messoum, F.D., *Evolution de la structure économique rurale de la Côte-d'Ivoire et perspectives d'avenir.* Paris, thèse de IIIe cycle, 1963.

Pélissier, P., Les paysans du Sénégal, Paris, 1966.

Sautter, G., *Les structures agraires en Afrique tropicale*, Paris, 1968.

Tiacoh, C., *La crise de 1930 et ses conséquences sur la Côte-d'Ivoire 1928-1938*. Paris, thèse de IIIe cycle, 1977.

- **C. Sur le commerce et les transports**

Amselle, J.L., *Les négociants de la savane*. Paris, 1967 (Organisation économique et sociale des Kooroko du Mali).

Benveniste, C., *La boucle du cacao –Côte-d'Ivoire*. Paris, 1974 (étude régionale des circuits de transport dans le Moronou et les environs).

Breton, Y., *Le rôle des exportations de la croissance économique de la Côte-d'Ivoire 1947-1949,* diplôme de IIIe cycle, I.E.D.E.S. , 1971/72.

Karamoko, D., *La transformation de l'économie traditionnelle et le développement du commerce en Côte-d'Ivoire*. Paris, diplôme de l'E.P.H.E. 1968.

Maestri, F., *Le chemin de fer en Côte-d'Ivoire, problèmes techniques, influences sociales, économiques et culturelles*. Aix-en-Provence, thèse de IIIe cycle, 1976.

Meillassoux, Cl., éd., L'évolution du commerce africain depuis le XIXe siècle en Afrique de l'Ouest (éd. Bilingue anglais/français). Oxford, 1971.

Semi-Bi Zan, *La politique coloniale des travaux publics en Côte-d'Ivoire 1900-1940*, thèse de IIIe cycle. Ann. Université d'Abidjan, série I spécial 1973-1974.

- **D. Sur la démographie**

Actes du Colloque inter-universitaire Ghana-Côte-d'Ivoire. *Les populations communes de la Côte-d'Ivoire et du Ghana.* Abidjan, 1974.

Amon, Aby d', *Le problème des chefferies traditionnelles en Côte-d'Ivoire*. Paris, 1958.

Idem, *Croyances religieuses et coutumes juridiques des Agni de la Côte-d'Ivoire*. Paris, 1960.

Bourgoin, H., *Côte-d'Ivoire, économie et société*. Paris, 1979.

Comoé Krou, B., *Le jeu dans la société traditionnelle Agni.* Paris, thèse de doctorat d'Etat (sociologie), 1977, 2 vols.

Coquery-Vidrovitch, éd., *Sociétés paysannes et Tiers-monde.* Lille, 1987.

Côte-d'Ivoire. Ministère de la Santé publique, des Affaires économiques et du Plan,
Répertoire des localités de la Côte-d'Ivoire et de la population, classement par circonscription administrative. Abidjan, 1965, multigr.

Côte-d'Ivoire. Service de la statistique générale et mécanographique, *Répertoire des villages de la Côte-d'Ivoire. Classement par circonscription administrative.* Abidjan, 1955.

Côte-d'Ivoire. Direction de la Statistique et des études économiques et démographiques, *Recensement des Centres urbains d'Abengourou, Agboville, Dimbokro et Man, 1956-1957. Résultats définitifs*. Paris, 1960.

Côte-d'Ivoire - Service de la Statistique, *Inventaire économique et social de la Côte-d'Ivoire 19471958.* Paris, 1960.

Dittgen, A., Labaste, P., Sess, J.M., *Evolution de a population rurale en Côte-d'Ivoire*. Abidjan, 1978, CIRES, multigr.

Holas, B., *Changements sociaux en Côte-d'Ivoire*. Paris, 1961.

Kipré, P., *Les villes coloniales de Côte-d'Ivoire. Economie et société, 1893-1940,* Paris, doctorat d'Etat, 1981, 3 tomes.

Perrot, C. H., « Les captifs dans le royaume Agni du Ndenye », in Meillassoux, C., éd., *L'esclavage en Afrique précoloniale*. Paris, 1975.

Pescay, M., « La sociologie », in Côte-d'Ivoire. Ministère du Plan, *Région du Sud-est, étude socio-économique,* Paris, 1967.

République de la Côte-d'Ivoire. Ministère de l'Economie, des Finances et du Plan, « Rapport n° 3, Approche socio-économique (Agboville, Bongouanou, Duékoué, Oumé, Toumodi) », in *Urbanisation : villes de l'intérieur*. Abidjan, SCET, Ivoire, juin 1980.

Salverte-Marmier, P. de, « l'expansion baoulé au XIXe siècle », in Ministère du Plan, *Etudes régionales de Bouaké, Abidjan, 1966.*

Idem, « L'histoire du peuplement », in Ministère du Plan, *Etudes régionales de Bouaké*. Abidjan, 1966.

Stavenhagen, R., *Les classes sociales dans les sociétés agraires*. Paris, 1969.

Tano Brou, A., *Le Moronou*. Mémoire de maîtrise d'histoire, Paris, 1970.

- **E. Sur les conditions d'existence**

Boutillier, J.L., *La diffusion de l'économie monétaire transforme-t-elle les rapports sociaux ? Cas du pays koulango de Néssian*. Abidjan, ORSTOM, 1968, multigr.

Côte-d'Ivoire. Service de la Statistique, *Enquête sur la nutrition et le niveau de vie dans la Subdivision de Bongouanou,* Abidjan, 1955-56.

Gastellu, J.M., *Du salaire*, Abidjan, ORSTOM, 1980.

Martin, R.P., Boutillier, J.L., *L'amélioration de l'habitat dans la Subdivision de Bongouanou (Notes et documents),* Abidjan, IFAN 1950.

N'guessan, K., *La mutation de l'habitat en milieu rural baoulé. Thèse de IIIe cycle (sociologie).* Abidjan, 1979.

INDEX DES NOMS PROPRES DE PERSONES, PEUPLES ET LIEUX

NOMS PROPRES DE PERSONNES

NOMS DE PEUPLES

NOMS DE LIEUX

A

B

TABLE DES TABLEAUX ET GRAPHIQUES

TABLE DES MATIERES

Côte d'Ivoire aux éditions L'Harmattan

Dernières parutions

LAURENT GBAGBO : LA FOI EN LA DÉMOCRATIE
L'élection présidentielle de l'an 2000
Dano Djedje Sébastien
Dans une Afrique encore en proie aux réflexes du parti unique et où les anciens colonisateurs continuent de nier la souveraineté des États, Laurent Gbagbo cultive une foi inébranlable en la démocratie pour conjurer les aventures hasardeuses des coups d'État et des conflits armés. En 2000, il est élu président de la République de Côte d'Ivoire grâce à une mobilisation exceptionnelle du peuple ivoirien. Ce livre est le témoignage vivant d'un acteur majeur de cet épisode de l'accession de Laurent Gbagbo à la magistrature suprême.
(12.50 euros, 118 p.)
ISBN : 978-2-343-06249-5, ISBN EBOOK : 978-2-336-37918-0

PENSER LA RÉCONCILIATION POUR PANSER LA CÔTE D'IVOIRE
Kouakou Jean-Marie
Les contributions réunies dans cet ouvrage s'inscrivent dans le contexte de crises que traverse la Côte d'Ivoire depuis deux décennies : crise sociétale, crise institutionnelle, crise armée, crise politique. Le projet commun a été de réfléchir le problème à partir de ses fondements, de ce qui le caractérise et le nourrit afin de pouvoir proposer des solutions comme à l'effet d'un pansement.
(Coll. Études africaines, 24.00 euros, 232 p.)
ISBN : 978-2-343-06088-0, ISBN EBOOK : 978-2-336-38128-2

DU JOURNALISME EN CÔTE D'IVOIRE
Barbey Francis, Moussa Zio - Préface de Marie-Christine Lipani
Ce livre n'est pas une simple analyse du journalisme (et de ses faiblesses) en Côte d'Ivoire. Il interroge également le rôle des journalistes dans la mise en place d'un «vivre ensemble», pensé tel un bien commun. Les auteurs évoquent un «journalisme citoyen», permettant aux individus de devenir des citoyens à part entière, des personnes sociales aptes à décider de leur choix de vie, de leurs orientations sociales et politiques, et de sortir du conformisme ou de toute tentative de manipulation.
(Coll. Repenser les médias, 15.50 euros, 152 p.)
ISBN : 978-2-343-06347-8, ISBN EBOOK : 978-2-336-38178-7

UN CONCEPT DE SÉNAT IVOIRIEN
Kobou Dominique
Les crises politiques et militaires en Côte d'Ivoire proviennent en partie de la faiblesse de ses institutions nationales, incapables de maintenir la stabilité. De l'Indépendance jusqu'au multipartisme en 1990, elles ont été conçues dans une logique de parti unique centré autour du président Houphouët-Boigny. Elles doivent désormais être repensées pour permettre à toutes les tendances politiques majeures de cohabiter, notamment avec un Sénat élu à la proportionnelle au Parlement et des élections de mi-mandat.
(25.00 euros, 256 p.)
ISBN : 978-2-343-03064-7, ISBN EBOOK : 978-2-336-37429-1

LA DÉCENTRALISATION À L'ÉPREUVE DE LA CRISE ÉCONOMIQUE EN CÔTE D'IVOIRE
Mel Trotsky
Préface du Professeur Atta Koffi
C'est l'année 1980 qui marque le véritable départ de la politique de décentralisation en Côte d'Ivoire. Mais dans un contexte de crise économique comment se comporte-t-elle ? Il s'agit ici d'identifier les besoins et attentes des populations, d'évaluer la réponse de la décentralisation à la demande sociale exprimée et de mesurer les effets de la crise économique sur les investissements des collectivités territoriales et sur le cadre de vie des populations.
(Coll. Administration et Aménagement du Territoire, 28.00 euros, 266 p.)
ISBN : 978-2-343-04842-0, ISBN EBOOK : 978-2-336-37548-9

L'ASSURANCE MALADIE UNIVERSELLE (AMU) EN CÔTE D'IVOIRE
Enjeux, pertinence et stratégie de mise en œuvre
Ohouochi Clotilde
Véritable innovation en Afrique subsaharienne, l'Assurance maladie universelle devient l'un des grands chantiers de la politique sociale du gouvernement ivoirien. L'urgence en la matière est réelle et incompressible. L'État doit créer des conditions idoines pour se substituer aux mécanismes traditionnels d'aide et de soutien, en inventant une politique de solidarité nationale ambitieuse, moderne et rationnelle. Cet essai participe de la volonté affirmée de montrer que les pays africains, et principalement la Côte d'Ivoire, ont la capacité de faire croître harmonieusement des mécanismes d'AMU malgré leur relative pauvreté économique.
(Coll. IREA (Institut de recherche et d'études africaines), 19.00 euros, 182 p.)
ISBN : 978-2-343-06022-4, ISBN EBOOK : 978-2-336-37391-1

RESTAURATION DES FONDEMENTS ANCESTRAUX FACE AUX DÉFIS DE LA VIE
Kouame Augustin
Le révérend Augustin Kouame est le fondateur et pasteur principal de la mission ICN (Instrument de Christ pour les Nations) en Côte d'Ivoire. Pasteur et enseignant, il a acquis depuis près de quinze ans de nombreuses expériences pratiques qui lui valent une certaine notoriété dans le domaine du combat spirituel et de la délivrance. Il est promoteur de la retraite spirituelle dénommée «Transformation», pour la restauration des vies en Christ. Il est fondateur de l'École biblique du royaume.
(Coll. Croire et savoir en Afrique, 12.50 euros, 110 p.)
ISBN : 978-2-343-05564-0, ISBN EBOOK : 978-2-336-37381-2

QUELLE PLACE POUR LES «FOUS GUÉRIS» ?
Gbagbo Michel
Comment un ancien malade «mental», sorti de l'hôpital psychiatrique, peut-il retrouver sa place au travail, au sein de la famille, ou parmi des amis du quartier ? Le «fou-guéri» effraie. Dans l'agglomération abidjanaise, les conceptions traditionnelles de la maladie mentale ne sont pas les seules variables impliquées dans cette façon de percevoir le «fou-guéri».
(Coll. États, pouvoirs et sociétés, 23.00 euros, 234 p.)
ISBN : 978-2-343-05717-0, ISBN EBOOK : 978-2-336-37234-1

LE PROCÈS DE LAURENT GBAGBO
Côte d'Ivoire, l'Afrique face à son destin
Fouda Essomba Vincent Sosthène
Selon l'auteur, ce livre est la somme des idées de Laurent Gbagbo telles qu'il aurait souhaité les adresser aux différents chefs d'État africains et des pays de l'Amérique du Sud. Il s'agit ici de rendre public le travail qu'avait confié Laurent Gbagbo à l'auteur au cœur de la crise qui a secoué la Côte d'Ivoire dès le lendemain du second tour de la présidentielle de 2010.
(12.00 euros, 90 p.)
ISBN : 978-2-343-05128-4, ISBN EBOOK : 978-2-336-36891-7

PAR LA FORCE, ALASSANE OUATTARA PRÉSIDENT DE LA CÔTE D'IVOIRE
La démocratie à l'épreuve
Money Elie Z.
Cet ouvrage relate la prise de pouvoir d'Alassane Ouattara, actuel président de la Côte d'Ivoire, sur le régime de Laurent Gbagbo et les évènements liés à ce changement. Pour l'auteur, ce livre est une thérapie contre l'angoisse née de cette guerre : il y décrit les évènements quotidiens de ce nouveau régime caractérisé par l'ethnisme, la terreur, le pillage ou encore l'acharnement de la justice contre le camp des partisans de l'ancien président, tout en interrogeant le sort du peuple Ivoirien.
(29.00 euros, 288 p.)
ISBN : 978-2-343-04974-8, ISBN EBOOK : 978-2-336-36995-2

UN AUTRE HOUPHOUËT
Chroniques de son médecin
Bertrand Edmond
Dans ce livre, le professeur Edmond Bertrand, qui a rencontré de très nombreux malades dont le président Félix Houphouët-Boigny, rapporte des faits observés et des paroles entendues au cours d'échanges le plus souvent impromptus. Extérieur au système social et politique local, il fait apparaître des aspects peu connus de la personnalité humaine du président. Témoin naïf diront certains mais témoin sincère qui révèle «un autre Houphouët», caché le plus souvent derrière l'homme politique.
(13.50 euros, 128 p.)
ISBN : 978-2-343-05120-8, ISBN EBOOK : 978-2-336-36946-4

LES AKAN, PEUPLES ET CIVILISATIONS
Allou Kouamé René
Les populations des côtes de l'or et quaqua ainsi que de leurs arrière-pays, ont été appelées Akan. C'est à juste titre, car elles partagent des us et coutumes semblables, des institutions politiques et sociales identiques, avec parfois des particularités locales. Elles partagent une culture commune qui tire ses racines dans un héritage ancestral partagé.
(Coll. Harmattan Côte-d'Ivoire, 60.00 euros, 910 p.)
ISBN : 978-2-343-04987-8, ISBN EBOOK : 978-2-336-36899-3

TRÉSOR PUBLIC ET POLITIQUE FINANCIÈRE EN CÔTE D'IVOIRE
Des origines à nos jours
N'Gouan Patrick K.
Préface de Joseph Y. Yao
Les différentes réformes budgétaires et comptables, entreprises depuis la fin des années 1990, visent une meilleure performance de la gouvernance financière. Le Trésor public, étant au cœur de la politique économique de l'État, devrait poursuivre ses réformes internes, en termes d'innovation, de répartition et de coordination des attributions et tâches, afin de pouvoir répondre aux différents enjeux et défis de performance exigés par les perspectives financières internationales, sous-régionales et nationales.
(Coll. Harmattan Côte-d'Ivoire, 37.50 euros, 366 p.)
ISBN : 978-2-343-05594-7, ISBN EBOOK : 978-2-336-36996-9

BUDGET (LE) DE L'ÉTAT IVOIRIEN
Financer le développement
Kouyaté Mohamed D.
Préface de Daniel Kablan Duncan
Cet ouvrage dédié au budget de l'État participe de la mise en oeuvre de la stratégie de vulgarisation d'un concept largement sanctuarisé. Il veut s'essayer à la cristallisation des enseignements relatifs aux finances publiques de l'État de Côte d'Ivoire vue sous l'angle du budget. Ce livre est une invite à explorer davantage les différentes composantes de ce redoutable instrument de politique économique et sociale qu'est le budget de l'État.
(Coll. Harmattan Côte-d'Ivoire, 32.00 euros, 314 p.)
ISBN : 978-2-343-03852-0, ISBN EBOOK : 978-2-336-36495-7

CÔTE D'IVOIRE : LE VOILE EST DÉCHIRÉ
Doué Jean Jaurès - Préface d'Arsène Touho - Postface de Me Seri Zokou
La crise militaire et politique qui a secoué la Côte d'Ivoire de 2002 à 2011 a été le choc entre deux Côte d'Ivoire antagoniques : celle qui aspire à naître et celle vassalisée qui refuse de disparaître. Les acteurs de cette crise doivent assumer devant l'histoire leurs responsabilités. Et cela passe par la restitution des faits. C'est à cela que répond ce livre.
(16.50 euros, 162 p.)
ISBN : 978-2-343-04862-8, ISBN EBOOK : 978-2-336-36646-3

CÔTE D'IVOIRE (LA) FACE AU DÉFI DE LA SORTIE DE LA CRISE
Théorie et pratique des médiations africaines et débats actuels
Edou Mvelle Alain-Roger
Préface de Jean-Emmanuel Pondi ; Postface de Marcellin Nguele Abada
La problématique de ce livre tourne autour de l'apport de la diplomatie intergouvernementale africaine à la résolution de la crise ivoirienne. Partant d'une réflexion sur l'africanité des solutions offertes, l'auteur propose un modèle de décryptage du fonctionnement de la médiation à travers la routinisation d'un mouvement circulaire entre les parties au conflit et les tiers : la «roue de la médiation».
(Coll. Harmattan Cameroun, 23.00 euros, 228 p.)
ISBN : 978-2-343-05162-8, ISBN EBOOK : 978-2-336-36735-4

DROIT DES TRANSPORTS MARITIMES
Dakouri Jean-Claude
Cet ouvrage inclut les plus récentes dispositions du droit maritime ivoirien et des conventions internationales. Il présente les conventions internationales qui régissent la navigation sur la mer, les dispositions qui favorisent le financement des navires et la garantie des investisseurs ainsi que celles qui décrivent les relations entre assureurs, armateurs et autres opérateurs intervenant dans l'exploitation des bâtiments de mer marchands.
(Coll. Le droit en marche, 28.50 euros, 290 p.)
ISBN : 978-2-343-04868-0, ISBN EBOOK : 978-2-336-36521-3

ÈRE (L') DE L'ÉCONOMIE DES PLANTATIONS EN CÔTE D'IVOIRE (1900-1983)
Settie Louis E.
Depuis les années 60, «la prospérité de la Côte d'Ivoire repose sur l'agriculture» ; nombreux sont ceux qui ne voient que le café et le cacao, alors qu'il y a eu des cultures comme le coton, l'ananas, la banane, la canne à sucre, l'hévéa, le palmier à huile, avec la politique de diversification des cultures des pouvoirs publics de l'époque. C'est pourquoi cette période a été qualifiée «d'ère de l'économie des plantations». Comment celle-ci s'est mise en place ? Et comment a-t-elle évolué ?
(Coll. Harmattan Côte-d'Ivoire, 14.00 euros, 130 p.)
ISBN : 978-2-343-04072-1, ISBN EBOOK : 978-2-336-36657-9

MALADIE (LA) CHEZ LES KROU DE CÔTE D'IVOIRE
De la mémoire à l'histoire des représentations collectives
Tchero Joachim - Préface de Simon-Pierre Ekanza
Cet ouvrage permet de saisir la représentation de la maladie chez les Krou à travers un double concept : tantôt religieux d'un blâme par les puissances célestes, tantôt maléfique d'un pouvoir occulte par le sorcier. La maladie est insérée dans l'histoire d'une personne et la connaissance des maux est ainsi basée sur des jugements de valeur. Le thérapeute n'est qu'un guide et le traitement thérapeutique, une «médiation» entre le justicier et le coupable (le malade).
(Coll. Harmattan Côte-d'Ivoire, 21.50 euros, 216 p.)
ISBN : 978-2-343-04964-9, ISBN EBOOK : 978-2-336-36477-3

645853 - Mars 2016
Achevé d'imprimer par

1livre.com
du rêve à la réalité !

www.ingramcontent.com/pod-product-compliance
Lightning Source LLC
LaVergne TN
LVHW021149061026
849535LV00002B/403
* 9 7 8 2 3 4 3 0 5 1 6 4 2 *